AF538087

Robotic Process Automation mit SAP®

SAP PRESS ist eine gemeinschaftliche Initiative von SAP SE und der Rheinwerk Verlag GmbH. Unser Ziel ist es, Ihnen als Anwendern qualifiziertes SAP-Wissen zur Verfügung zu stellen. SAP PRESS vereint das Know-how der SAP und die verlegerische Kompetenz von Rheinwerk. Die Bücher bieten Ihnen Expertenwissen zu technischen wie auch zu betriebswirtschaftlichen SAP-Themen.

Damit Sie nach weiteren Titeln Ihres Interessengebiets nicht lange suchen müssen, haben wir eine kleine Auswahl zusammengestellt.

Thomas Müller, Christian Pretzsch
SAP Conversational AI
Das Handbuch für Entwicklung und Projektleitung
2021, 434 Seiten, geb.
ISBN 978-3-8362-7922-2
www.sap-press.de/5198

Finauer, Hößler, Kast, Lehmann, Zinn
SAP Business Workflow
2021, 505 Seiten, geb.
ISBN 978-3-8362-7826-3
www.sap-press.de/5170

Holger Seubert
SAP Business Technology Platform
Einsatz, Services, Erfolgsfaktoren
2., aktualisierte und erweiterte Auflage 2022, 345 Seiten, geb.
ISBN 978-3-8362-8594-0
www.sap-press.de/5384

Beyer, Kumm, Lindner
User Experience mit SAP
2020, 510 Seiten, geb.
ISBN 978-3-8362-7302-2
www.sap-press.de/4991

Oliver Koch, Guido W. Stass

Robotic Process Automation mit SAP®

Liebe Leserin, lieber Leser,

vielen Dank, dass Sie sich für ein Buch von SAP PRESS entschieden haben.

»Was ich alles vorantreiben und wie kreativ ich arbeiten könnte, wenn der tägliche Kleinkram nicht wäre!« Bestimmt haben auch Sie diesen Gedanken schon einmal gehabt. Robotic Process Automation kann hier Abhilfe schaffen, denn damit lassen sich genau die lästigen, repetitiven Aufgaben automatisieren, die uns im Arbeitsalltag oft ausbremsen.

Wir haben in unserem Team auf Anhieb ein paar heiße Kandidaten für solche Aufgaben ausgemacht. Falls Sie sich noch unsicher sind, welche Abläufe sich bei Ihnen für die Automatisierung eignen, gibt dieses Buch Ihnen Kriterien an die Hand. Darauf aufbauend erklärt das Autorenteam, wie Sie die softwaregestützten Prozesse mit SAP Intelligent RPA erfassen und automatisieren. Sie lernen die verschiedenen Werkzeuge der Lösung kennen und anwenden und erhalten hilfreiche Tipps für Ihr Automatisierungsprojekt.

Wir freuen uns stets über Lob, aber auch über kritische Anmerkungen, die uns helfen, unsere Bücher zu verbessern. Scheuen Sie sich nicht, sich bei mir zu melden. Ihr Feedback ist jederzeit willkommen.

Ihre Janina Schweitzer
Senior-Lektorin SAP PRESS

janina.schweitzer@rheinwerk-verlag.de
www.rheinwerk-verlag.de
Rheinwerk Verlag · Rheinwerkallee 4 · 53227 Bonn

Auf einen Blick

TEIL I Einführung

TEIL II Entwicklung eines Bots

TEIL III Anpassung und Verwaltung automatisierter Prozesse

TEIL IV Weiterführende Themen

Wir hoffen, dass Sie Freude an diesem Buch haben und sich Ihre Erwartungen erfüllen. Ihre Anregungen und Kommentare sind uns jederzeit willkommen. Bitte bewerten Sie doch das Buch auf unserer Website unter **www.rheinwerk-verlag.de/feedback**.

An diesem Buch haben viele mitgewirkt, insbesondere:

Lektorat Janina Schweitzer, Simone Bechtold
Korrektorat Claudia Lötschert, Neuss
Herstellung Stefanie Meyer
Typografie und Layout Vera Brauner
Einbandgestaltung Silke Braun
Coverbild iStock: 1059548978 © NicoElNino
Satz Typographie & Computer, Krefeld
Druck Beltz Grafische Betriebe, Bad Langensalza

Dieses Buch wurde gesetzt aus der TheAntiquaB (9,35/13,7 pt) in FrameMaker. Gedruckt wurde es auf chlorfrei gebleichtem Offsetpapier (90 g/m²). Hergestellt in Deutschland.

Bibliografische Information der Deutschen Nationalbibliothek:
Die Deutsche Nationalbibliothek verzeichnet diese Publikation in der Deutschen Nationalbibliografie; detaillierte bibliografische Daten sind im Internet über *http://dnb.dnb.de* abrufbar.

ISBN 978-3-8362-7768-6

1. Auflage 2022

Informationen zu unserem Verlag und Kontaktmöglichkeiten finden Sie auf unserer Verlagswebsite **www.rheinwerk-verlag.de**. Dort können Sie sich auch umfassend über unser aktuelles Programm informieren und unsere Bücher und E-Books bestellen.

Inhalt

TEIL I Einführung

Einleitung

Robotic Process Automation (RPA) ist ein derzeit breit diskutiertes Thema. Es umfasst die softwarebasierte und robotergestützte Automatisierung der Bearbeitung von strukturierten sowie regelkonformen Geschäftsprozessen und Aufgaben, die bis dato durch menschlichen Einsatz bewältigt werden. Dieser Ansatz birgt erkennbares Potenzial zur Prozessoptimierung und -kostensenkung.

Herausforderungen

Durch immer kürzere Innovationszyklen, disruptive Technologien, neue Marktteilnehmer und Geschäftsmodelle stehen Unternehmen vor vielfältigen Herausforderungen, die den Konkurrenzdruck erhöhen. Sie sehen sich mit dem Dilemma konfrontiert, auf sich immer schneller ändernde Marktanforderungen reagieren und gleichzeitig auch effizient sein zu müssen. Diesen neuen Herausforderungen steht oftmals eine historisch gewachsene IT-Landschaft gegenüber. Im Spannungsfeld zwischen Innovation und Kosteneffizienz gibt es weiterhin eine Vielzahl von manuellen Tätigkeiten, die Automatisierungs- und somit Einsparungspotenzial bieten.

Durch RPA-Lösungen ist es möglich, durch einen nur minimalen Eingriff in das Geschäftsgeschehen repetitive Aufgaben zu automatisieren. Damit können großvolumige Geschäftsabwicklungen unterstützt sowie schnell und effektiv erledigt werden. Mitarbeitenden wird damit Zeit für Aufgaben verschafft, die das Einbringen menschlicher Stärken erfordern. Die Implementierung von RPA-Lösungen führt dabei zu höherer Produktivität, Effizienz und niedriger Fehlerquote.

Zusammenspiel mit KI

Die nächste Entwicklungsstufe besteht dann in der Kombination von RPA mit Techniken der *künstlichen Intelligenz* (KI). Diese Kombination wird auch als *Cognitive Process Automation* (CPA) oder *Intelligent (Process) Automation* bezeichnet.

SAP Intelligent RPA

SAP Intelligent Robotic Process Automation (SAP Intelligent RPA) ergänzt das Lösungsportfolio der SAP SE um diese moderne, essenzielle Methodik. Aufgrund der Integration in die SAP-Landschaft erscheint SAP Intelligent RPA als besonders beachtenswertes Produkt in diesem Segment. Die Ausführungen in diesem Buch basieren auf der Version SAP Intelligent RPA 2.0.

Ziele des Buchs

Das vorliegende Buch stellt eine Anleitung zur Verwendung von SAP Intelligent RPA für Anwenderinnen und Anwender im SAP-Umfeld dar. Es ordnet die Lösung zudem in den fachlichen Bezugsrahmen ein. Die SAP-Intelligent-RPA-spezifischen Kapitel des Buchs erläutern die Funktionen der Software praxisorientiert und versetzen Sie in die Lage, sich eigenständig in die Lösung einzuarbeiten. Natürlich können Sie das Werk bei Bedarf auch zu Nachschlagezwecken verwenden.

Aufbau des Buchs

Das Buch gliedert sich in vier Kernbereiche.

Teil I

Teil I, »Einführung«, widmet sich zunächst in **Kapitel 1**, »Robotic Process Automation«, den Rahmenbedingungen, dem funktionellen Nutzen sowie anwendungsspezifischen Einsatzgebieten von RPA. Zudem wird die erfolgreiche Durchführung von RPA-Projekten behandelt. Der Schwerpunkt liegt dabei insbesondere auf den Methoden zur Evaluation des RPA-Potenzials von Abläufen und der Identifikation geeigneter Prozesse.

Weiterführend ordnen wir in **Kapitel 2**, »Technologische Grundlagen«, RPA im Verhältnis zu verwandten Technologien wie *Business Process Management* (BPM), *Process Mining*, *Workflow Management* und *Business Rules Management Systems* ein. Dabei thematisieren wir auch ein mögliches Zusammenwirken der Technologien.

In **Kapitel 3** »Einführung in SAP Intelligent Robotic Process Automation«, das auch gleichzeitig den Abschluss des ersten Teils darstellt, lernen Sie das RPA-Werkzeug von SAP mit seinen vier Kernkomponenten *Desktop Studio*, *Desktop Agent*, *Cloud Factory* und *Cloud Studio* kennen. Wir führen Sie hier in deren Hauptfunktionen ein.

Teil II

Teil II, »Entwicklung eines Bots«, fokussiert sich anschließend im Detail auf die Entwicklung eines Bots mithilfe von SAP Intelligent RPA. In diesem Zusammenhang erfahren Sie in **Kapitel 4**, »Capturing und Deklaration von Anwendungen«, wie Anwendungen über das sogenannte *Capturing* in einem Automatisierungsprozess verfügbar gemacht werden können. Dabei lernen Sie verschiedene Technologien kennen, die Sie für die Integration in den Automatisierungsprozess nutzen können.

Durch das Zusammenfügen von Einzelschritten entsteht im Anschluss an das Capturing ein Workflow. Das Design eines solchen Workflows und welche Einstellungen Sie in diesem vornehmen können und müssen, ist Gegenstand von **Kapitel 5**, »Workflows designen«. In diesem Kapitel erfahren Sie zudem mehr über die Möglichkeiten, Code zu manipulieren sowie Automationen wiederzuverwenden.

Darauf aufbauend stellt **Kapitel 6**, »Workflows erweitern«, Optionen dar, wie Sie kundenspezifische Entwicklungen in einen generierten Workflow einbinden können. Zudem lernen Sie erweiterte Funktionen kennen, mit denen Sie Ihren Workflow anpassen können, und erfahren, wie Sie mit den

Funktionen des *Editors* arbeiten, Ihren eigenen Code einbauen und Microsoft-Bibliotheken (z. B. Word und Excel) integrieren können.

Desktop Studio bietet darüber hinaus die Möglichkeit, eigene Benutzeroberflächen mithilfe des *UI Designer* zu erstellen, der im Fokus von **Kapitel 7**, »Benutzeroberflächen erstellen«, steht. In diesem Kapitel wird verdeutlicht, welche Arten von Benutzeroberflächen Sie mit dem UI Designer erstellen können, welche Komponenten in dem Werkzeug enthalten sind und wie eine Gestaltung der Oberflächen in der Praxis aussehen kann.

Zum Abschluss des zweiten Teils des Buchs wird in **Kapitel 8**, »Testen und Debugging«, als essenzieller Bestandteil der Entwicklung eines Bots das Testen der erstellten Anwendung vorgestellt und erläutert.

Teil III

Teil III, »Anpassung und Verwaltung automatisierter Prozesse«, thematisiert die Anpassung und Verwaltung der im vorangehenden Teil automatisierten Prozesse und zeigt dafür einführend in **Kapitel 9**, »Deployment und Ausführung von Bots«, wie Sie das fertig entwickelte Projekt abschließen, in die Cloud Factory importieren und dort ausführen.

Im Anschluss daran gehen wir in **Kapitel 10**, »Konfiguration und Administration automatisierter Prozesse«, auf die Funktionen, die die Cloud Factory und der Desktop Agent für die Verwaltung Ihrer automatisierten Prozesse bereitstellen, ein.

Teil IV

Als inhaltlichen Abschluss des Buchs erhalten Sie in **Teil IV**, »Weiterführende Themen«, noch vertiefte Einblicke in andere verwandte Bereiche. Dabei geht **Kapitel 11**, »Integration der Unternehmensanwendungen«, auf die Integration von Anwendungen in Ihre Automatisierungen ein und erläutert zudem, wie eine Integration des entwickelten Bots in die verschiedenen SAP-Anwendungen gelingt. Sie lernen in diesem Kapitel Möglichkeiten kennen, SAP-GUI-Anwendungen, SAPUI5-Anwendungen und Microsoft-Office-Programme in Ihrem Projekt zu nutzen.

Im Anschluss daran stellen wir in **Kapitel 12**, »Modellierung im Cloud Studio«, dar, wie Bot-Entwicklungen und Workflow-Modellierungen in der SAP-Webanwendung *SAP Intelligent RPA Cloud Studio* vorgenommen werden, mit der Bots zur Automatisierung verschiedener Anwendungen online entworfen werden können.

In **Kapitel 13**, »Robotic Process Automation und künstliche Intelligenz«, wird Intelligent RPA KI als nächste Entwicklungsstufe der RPA thematisiert.

Anschließend folgt mit **Kapitel 14** ein Ausblick, in dem wir zum einen auf die aktuellsten Bestandteile und Funktionen von SAP Intelligent RPA eingehen und zum anderen zukünftig zu erwartende Entwicklungen im Themenumfeld RPA thematisieren.

Anhang des Buchs

An dieser Stelle ist zudem ein Verweis auf den Anhang des Buchs angebracht: In diesem finden Sie die wichtigsten Befehle und Kontextmenüfunktionen des Desktop Studio und anderer im Buch thematisierter Anwendungen.

Informationskästen

In hervorgehobenen Informationskästen finden Sie in diesem Buch Inhalte, die wissenswert und hilfreich sind, aber etwas außerhalb der eigentlichen Erläuterung stehen. Damit Sie die Informationen in den Kästen sofort einordnen können, haben wir die Kästen mit Symbolen gekennzeichnet:

[»] In Kästen, die mit diesem Symbol gekennzeichnet sind, finden Sie Informationen zu *weiterführenden Themen* oder wichtigen Inhalten, die Sie sich merken sollten.

[+] Die mit diesem Symbol gekennzeichneten *Tipps* geben Ihnen spezielle Empfehlungen, die Ihnen die Arbeit erleichtern können.

Dank an die Kolleginnen und Kollegen

Kein Buch entsteht ohne die Mitwirkung und Unterstützung zahlreicher Menschen, für deren Mitarbeit und Hilfe wir uns hier bedanken möchten.

Unser Dank gilt dem Beratungsteam und den Mitarbeitenden der CTI CONSULTING GmbH, die mit Anregungen und Kommentaren das Werk vorangebracht haben. Ganz besonderer Dank gilt jedoch den folgenden Kolleginnen und Kollegen, die viel Know-how und persönliche Zeit in das Buch haben fließen lassen:

- Dr. Stephan Wildner, Projektmanager
- Dipl.-Oec. Marco Schuchardt, Projektmanager
- Julian Blumenstein B. A., Projektmanager
- Gurpreet Kaur Tangri M. Tech., Consultant
- Adrian Lautenbach M. A., Consultant
- Joseph Nserat B. A., Trainee

Ohne ihr Spezialwissen und Engagement hätte diese Veröffentlichung nicht entstehen können. Gleichermaßen bedanken wir uns beim Verlag für die große Flexibilität und Unterstützung.

Kassel, September 2021

Prof. Dr. Oliver Koch,
Guido W. Stass

TEIL I

Einführung

Kapitel 1
Robotic Process Automation

In diesem einführenden Kapitel stecken wir die Rahmenbedingungen und den Nutzen von Prozesstechnologien ab. Außerdem erläutern wir die Entwicklung der Prozessautomatisierung seit den Anfängen in Form von Workflow-Management-Systemen.

In diesem Kapitel lernen Sie in Abschnitt 1.1, »Rahmenbedingungen und Grundlagen«, zunächst die Einsatzgebiete und typischen Anwendungsfälle von *Robotic Process Automation* (RPA) kennen. Anschließend werden in Abschnitt 1.2, »Formen der Automatisierung«, die unterschiedlichen Automatisierungsformen *attended* (das heißt die benutzerintegrierte Variante) und *unattended* (das heißt die vollautomatisierte Variante) erläutert, die durch RPA ermöglicht werden.

Abschließend stellen wir in Abschnitt 1.3, »Robotic Process Automation und Projektmanagement«, Struktur und Ablauf erfolgreicher RPA-Projekte vor. Der Schwerpunkt liegt dabei auf Methoden zur Evaluation des RPA-Potenzials bestimmter Abläufe und der Identifikation geeigneter Prozesse.

1.1 Rahmenbedingungen und Grundlagen

Prozessautomatisierung

Die *digitale Transformation* hat grundsätzlich zum Ziel, die Wettbewerbsfähigkeit einer Organisation zu verbessern. Dies soll vornehmlich durch eine umfassende IT-Unterstützung der gesamten Wertschöpfungskette geschehen, womit sich dieser Abschnitt genauer auseinandersetzen wird. Zentral hierfür ist die Automatisierung von Prozessen. Die Prozessautomatisierung bietet bei der Ausführung der Prozesse hinsichtlich Geschwindigkeit und Qualität Vorteile gegenüber der Ausführung durch eine menschliche Bearbeitung.

Geschäftsprozessmanagement als Grundlage

Die sogenannte *Geschäftsprozessautomatisierung* unterstützt zudem die Reaktionsfähigkeit von Unternehmen auf externe Einflüsse. Das eigentliche *Geschäftsprozessmanagement* bildet dafür den konzeptionellen Rahmen. Es definiert die Tätigkeiten, Rollen und Voraussetzungen, die für die Digitalisierung von Prozessen in einer Organisation notwendig sind.

Prozesse werden identifiziert und, falls notwendig, anhand von zuvor festgelegten Kennzahlen analysiert und letztendlich optimiert. Zudem werden Prozesse durch betriebliche Anwendungssysteme unterstützt und in ihrer Ausführung überwacht. Diese operative Ebene wird als *Workflow Management* bezeichnet.

Definition von RPA

An dieser Stelle setzt nun RPA an. RPA umfasst die softwarebasierte und robotergestützte Bearbeitungsautomatisierung von strukturierten sowie regelkonformen Geschäftsprozessen und Aufgaben, die bis dato durch menschlichen Einsatz bewältigt werden mussten.

Potenziale von RPA

Dieser Ansatz birgt erkennbare Potenziale zur Prozessoptimierung und -kostensenkung und erscheint zudem als zielführendes, minimalinvasives Vorgehen für die Integration heterogener IT-Systeme. Dies ist im Zusammenspiel mit weiteren etablierten Integrationstechnologien insbesondere in Bezug auf eine durchgehende Prozessintegration und die Zusammenführung verteilter Datenquellen erwähnenswert.

Agenten – allgemeine Definition

Um Prozesse zu automatisieren, werden Software-Bots oder Agenten eingesetzt. Eine allgemeingültige Definition des Begriffs *Agent* im Informatikkontext gibt es bis dato in der Literatur noch nicht. Es finden sich zudem diverse synonym verwendete Begriffe wie *Bot* (kurz für Roboter), *Software-Bot*, *Softwareroboter*, *technischer Agent* oder *Software-Agent*. All diese Begriffe bezeichnen abgrenzbare technische Einheiten, bestehend aus Hardware und/oder Software, beispielsweise Computerprogramme, die zu eingeschränkt autonomem Verhalten fähig sind und mit ihrem Umfeld kommunizieren können. Das Umfeld besteht dabei aus einer Umgebung bestehend aus Geschäftsprozessen, Mitarbeitenden, Softwareanwendungen, Systemen und anderen Agenten.

KI-spezifische Definition

Im Umfeld der *künstlichen Intelligenz* (KI) wird eine Software dann als Agent definiert, wenn sie folgende Eigenschaften besitzt, die ihren Grad der Autonomie beschreiben:

- Die Software muss *autonom* sein, das heißt unabhängig von Benutzereingriffen arbeiten.
- Die Software muss *kognitiv*, das heißt lernfähig, sein.
- Die Software muss *kommunikativ* sein, das heißt, sie muss ihrer Umgebung eigene Status als Reaktion auf diese Umgebung mitteilen können.
- Die Software muss *modal adaptiv* sein, das heißt, sie muss ihre eigenen Einstellungen aufgrund der eigenen Zustände und der Zustände der Umgebung ändern.

- Die Software muss *aktiv* sein, das heißt, sie muss Aktionen aufgrund eigener Initiative ausführen.
- Die Software muss *reaktiv* sein, das heißt, sie muss auf Änderungen der Umgebung reagieren.
- Die Software muss *robust* sein, das heißt, sie muss äußere und innere Störungen kompensieren können.
- Die Software muss *sozial* sein, das heißt mit anderen Agenten kommunizieren.

Im Umfeld von RPA sowie in den folgenden Kapiteln werden Sie den Begriff des Agenten in vielen Kontexten wiederfinden. Dabei werden nicht immer alle aus KI-Sicht zwingenden vorgenannten Eigenschaften erfüllt. Vielmehr kommt häufig lediglich die allgemeine Definition des Begriffs zur Anwendung, die ihn synonym mit Software-Bot, RPA-Bot usw. setzt.

Softwareroboter

Neben diesen Synonymen ist im RPA-Umfeld vor allem der Begriff des *Softwareroboters* gebräuchlich. Mit diesem Begriff wird insbesondere die Fähigkeit von RPA-Anwendungen hervorgehoben, eine menschliche Interaktion mit den Benutzerschnittstellen von Softwaresystemen nachahmen zu können. Solche Softwareroboter erfüllen die mit der allgemeinen Definition eines Agenten aufgestellten Kriterien.

1.2 Formen der Automatisierung

Bei der Automatisierung von Geschäftsprozessen unterscheidet man grundsätzlich zwischen attended RPA und unattended RPA (siehe Abbildung 1.1).

Attended RPA – digitale Assistenten

Unter *attended RPA* versteht man den Einsatz von RPA-Bots als *digitale Assistenten*, die mit den Nutzenden interagieren und ihnen bei der Erledigung ihrer Aufgaben bzw. Prozessschritte helfen. Fachlich eignet sich diese Form von RPA insbesondere zur Automatisierung von Geschäftsprozessen, die weiterhin das Wissen und die Entscheidungen von Sachbearbeiterinnen und Sachbearbeitern erfordern. Bots übernehmen in solchen Szenarien typischerweise Aufgaben wie die Formatierung von Dokumenten, die Eingabe und Verarbeitung von Daten oder die Übertragung von Daten aus Textverarbeitungs- oder Kalkulationsprogrammen in Systeme. Darüber hinaus besteht die Möglichkeit, *Chatbots* anzubinden, die mit den Anwendenden interagieren.

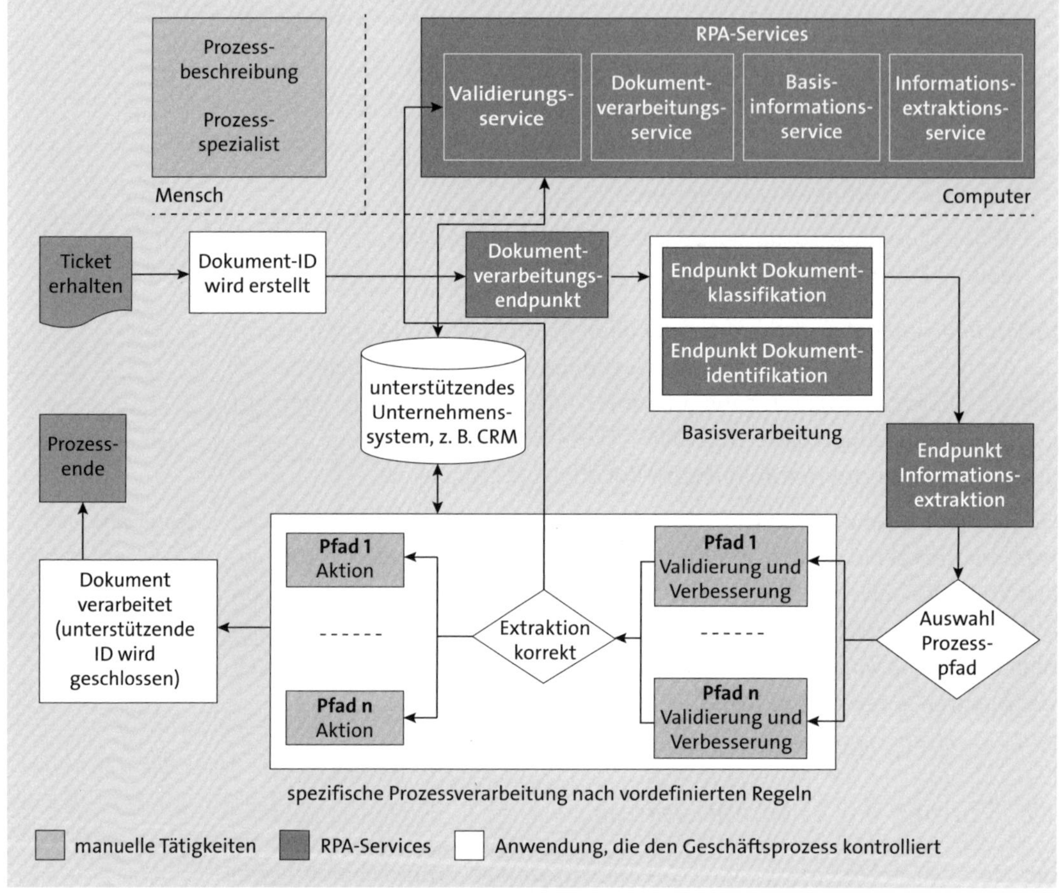

Abbildung 1.1 Formen der Prozessautomatisierung mittels RPA

Attended Bots können auch durch *System-Events*, z. B. eine neu eingetroffene Kundenbestellung, angestoßen werden. Idealerweise wird die Arbeitsteilung zwischen Menschen und Bots über einen RPA-Workflow gesteuert, sodass die Sachbearbeiterinnen und Sachbearbeiter die vom Bot vorbereiteten Informationen über Eingabemasken nur ergänzen oder freigeben müssen. So können sich die Mitarbeitenden auf wertschöpfende Aufgaben konzentrieren, und die lästige Suche nach und Eingabe von Daten wird vom Bot übernommen.

Technisch erfordert attended RPA lediglich die Installation eines Agenten auf dem Arbeitsplatzrechner der Mitarbeitenden. Im Falle von *SAP Intelligent Robotic Process Automation* (SAP Intelligent RPA) wäre dies die Komponente des *Desktop Agent*, die in Kapitel 3, »Einführung in SAP Intelligent Robotic Process Automation«, noch eingehend beleuchtet wird.

Das Ziel von attended Bots ist also, den Grad der Automatisierung in Geschäftsprozessen zu erhöhen, die aufgrund erforderlicher menschlicher Interaktionen nicht durchgängig automatisierbar sind. Dies steigert die Produktivität der Mitarbeitenden oder Kunden, erhöht die Fehlerfreiheit von Systemeingaben und trägt zur Einhaltung von Compliance-Richtlinien bei.

Unattended RPA – digitale Sachbearbeiter

Die zweite Variante zur Automatisierung von Geschäftsprozessen mittels RPA sind *unattended Bots*. Unattended Bots werden häufig auch *Digital Workers* oder *digitale Sachbearbeiter* genannt. Im Fall von unattended RPA agieren die Bots autonom entsprechend den definierten Workflows und interagieren eigenständig mit den am Prozess beteiligten IT-Systemen.

Unattended Bots werden typischerweise eingesetzt, wenn der Prozess keine menschliche Entscheidung erfordert und somit durchgängig automatisierbar ist. Ein mögliches Szenario ist die Übertragung größerer Datenmengen von einer Kalkulationstabelle in ein oder mehrere Zielsysteme, z. B. zur Anlage von Kundenbestellungen in einem SAP-System. Unattended Bots übernehmen häufig solche Aufgaben mit dem Charakter von Stapelverarbeitungen. Vorteil gegenüber den Importmechanismen der eingesetzten Systeme ist die Unabhängigkeit vom konkreten Zielsystem, das heißt, es können Teilprozessschritte in vielen verschiedenen Systemen ausgeführt und Daten an einer Stelle konsolidiert werden. Solche Lösungen erfordern ohne RPA aufwendige Schnittstellen zu verschiedenen Zielsystemen sowie eine Job-Steuerung, um die Ausführung und das Monitoring des Prozesses sicherzustellen.

Technisch werden unattended Bots typischerweise auf Servern oder virtuellen Maschinen unabhängig von den Arbeitsplatzrechnern der Mitarbeitenden instanziiert.

Zusammengefasst ist das Ziel von unattended RPA also die vollständige Automatisierung zeitintensiver, aber wenig anspruchsvoller Backoffice-Prozesse mit hoher Ausführungshäufigkeit. Vorteile gegenüber der Bearbeitung durch Menschen ergeben sich aus niedrigeren Kosten, der Entlastung der Mitarbeitenden von repetitiven Tätigkeiten, der Vermeidung von Eingabefehlern sowie der Verkürzung der Prozessdurchlaufzeit.

1.3 Robotic Process Automation und Projektmanagement

Vorteil von RPA

Der entscheidende Vorteil von RPA ist, dass Sie mit ihr Technologien automatisieren können, ohne in größerem Umfang in die bestehenden IT-Landschaften eingreifen zu müssen. Damit lassen sich Verbesserungspotenziale in Prozessen schneller nutzen – entweder als zeitweilige Lösung, bis die Prozesse durch ein Upgrade der eingesetzten Systeme besser unterstützt werden, oder sogar als dauerhafte Lösung.

Bedeutung des Projektmanagements

Dieser Umstand kann dazu verleiten, die Planung und Umsetzung von RPA-Lösungen zu leicht zu nehmen und auf ein überlegtes Aufsetzen und Durchführen eines Projekts – also ein professionelles Projektmanagement – zu verzichten. Gerade bei der Aussage, dass die Fachabteilungen mit RPA endlich ihre Anforderungen schnell und ohne Einbindung der oftmals als zu langsam wahrgenommenen IT-Abteilung umsetzen könnten, ist Vorsicht geboten.

RPA stellt stets einen Eingriff in die IT-Landschaft Ihres Unternehmens dar: Durch RPA werden Softwarekomponenten auf Servern und den Rechnern von Endanwenderinnen und Endanwendern installiert. Diese Softwarekomponenten müssen gewartet und aktualisiert werden, und Sie müssen für den Support sorgen. Sollten Sie den Einsatz einer größeren Anzahl an Bots planen, dürfen Fragen nach dem Vorgehen, der Art der Dokumentation, Namenskonventionen, der Wiederverwendbarkeit von Bots, der Verwendung bestimmter Integrationstechniken durch die Bots usw. nicht für jede RPA-Lösung einzeln oder ohne Zutun der IT-Abteilung beantwortet werden. Aus Sicht des Architekturmanagements sollten Sie RPA-Komponenten und Bot-gestützte Prozesse dokumentieren, um bei der Planung von Änderungen (durch weitere RPA-Lösungen oder »klassische« Projekte) den jeweils aktuellen Stand Ihrer IT-Landschaft zu kennen. Nur so wird nachvollziehbar, welche Systeme und Prozesse betroffen sind und auf welche Abhängigkeiten (Stichwort Schnittstellen) Sie achten müssen. Dafür sind ein Projektmanagement sowie die Einbindung der IT-Abteilung und der Enterprise-Architektinnen und -Architekten unbedingt erforderlich.

Phasen eines RPA-Projekts

Die Automatisierung von Prozessen mit Bots erfolgt im Allgemeinen wie jedes andere IT-Projekt, angefangen mit der Bestimmung des Umfangs (insbesondere der Identifikation der zu automatisierenden Prozesse) über die Beschreibung des Soll-Zustands der Prozesse bis hin zur Implementierung, zu den Tests und der Überführung in den Regelbetrieb. Abbildung 1.2 zeigt die Phasen eines RPA-Projekts im Überblick. In den folgenden Abschnitten gehen wir im Detail auf sie ein.

Rollen eines RPA-Projekts

Für die Durchführung der einzelnen Phasen eines RPA-Projekts werden Personen in verschiedenen Rollen und mit verschiedenen Fähigkeiten benötigt. Wir haben in Tabelle 1.1 eine Übersicht zusammengestellt.

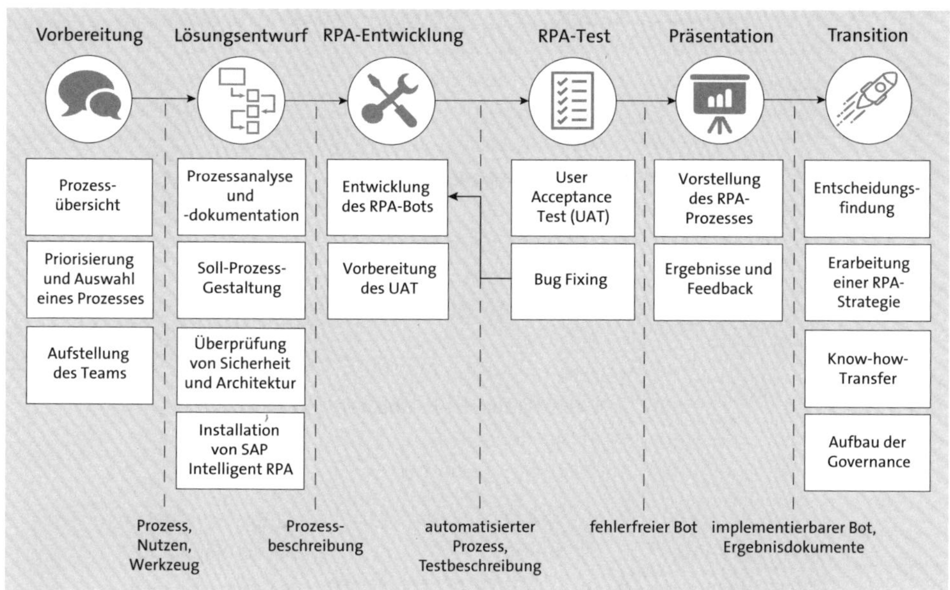

Abbildung 1.2 Phasen eines RPA-Projekts

Rolle	Beschreibung	Fähigkeiten
Process Owner	■ Schlüsselperson aus der Fachabteilung (z. B. Abteilungsleiterin oder -leiter) ■ initiiert häufig eine Bot-basierte Prozessautomatisierung ■ profitiert von der RPA-Lösung	Person der Führungsebene mit langjähriger fachlicher Erfahrung (10–15 Jahre)
Projektmanagerin oder Projektmanager	verantwortlich für die Planung, Koordination und Überwachung des RPA-Projekts	mehrjährige Erfahrung im IT-Projektmanagement sowie Erfahrungen in RPA-Projekten
RPA-Entwicklerin oder -Entwickler	■ zuständig für die Entwicklung und den Test der Softwareroboter sowie die Fehlerbehebung bei der entwickelten Lösung ■ zuständig für Support und Wartung der Softwareroboter	■ hervorragendes Know-how in Programmierung und Scripting ■ ausgeprägte Fähigkeiten im Umgang mit SAP Intelligent RPA ■ Datenbankkenntnisse ■ Kenntnisse im Umgang mit SAP

Tabelle 1.1 Rollen in einem RPA-Projekt

Rolle	Beschreibung	Fähigkeiten
Business Analyst	■ Person in zentraler inhaltlicher Rolle in einem RPA-Projekt ■ identifiziert geeignete Prozesse für RPA ■ zuständig für die Prozessdokumentation und -modellierung des Ist- und Soll-Prozesses ■ arbeitet eng mit dem RPA-Entwicklungsteam und den Fachexpertinnen und -experten zusammen	■ Kenntnisse im Prozess- bzw. Workflow Management ■ ausgeprägte Fähigkeiten im Umgang mit SAP Intelligent RPA
IT-Verantwortliche oder IT-Verantwortlicher	■ Kontaktperson aus der IT-Abteilung ■ bestimmt Vorgehensweisen für die Bot-Entwicklung basierend auf internen Richtlinien ■ prüft Einschränkungen (hinsichtlich der Architektur der IT-Landschaft, der Sicherheit usw.) ■ zuständig für die Bereitstellung aller notwendigen Systeme und Zugriffsrechte ■ Ansprechpartnerin oder Ansprechpartner für die Betreuung der RPA-Software-Installation (*Application Owner*) und den First-Level-Support ■ gegebenenfalls zuständig für den Support sowie Wartungen der Softwareroboter	Fähigkeiten im Umgang mit SAP Intelligent RPA
Fachexpertenteam	■ Prozessexpertinnen und -experten aus der Fachabteilung ■ faktisch die Personen, die den Prozess täglich ausführen	■ Wissen über den Prozess, inklusive möglicher Abweichungen sowie Geschäftsregelausnahmen ■ Anwenderkenntnisse im Umgang mit SAP Intelligent RPA

Tabelle 1.1 Rollen in einem RPA-Projekt (Forts.)

Rolle	Beschreibung	Fähigkeiten
RPA-Hersteller	Ansprechpartner bei SAP für Intelligent RPA	Produktwissen

Tabelle 1.1 Rollen in einem RPA-Projekt (Forts.)

1.3.1 Das RPA-Projektbeispiel: die Maschinenbau GmbH

Das Vorgehen in einem RPA-Projekt mit seinen einzelnen Phasen, den Aufgaben, Rollen und Ergebnissen erläutern wir in den folgenden Abschnitten genauer. Zur Veranschaulichung verwenden wir ein fiktives Unternehmen namens *Maschinenbau GmbH* als Beispiel. Dieses Beispiel nutzen wir auch in den folgenden Kapiteln, wenn wir Ihnen die Entwicklung eines Bots zeigen.

Maschinenbau GmbH

Die Maschinenbau GmbH ist ein großes mittelständisches Unternehmen, das Bauteile für Werkzeugmaschinen und den Spezialmaschinenbau herstellt. Gleichzeitig vertreibt es auch Bauteile anderer Hersteller. Kunden der Maschinenbau GmbH sind Hersteller im Bereich des Maschinenbaus, Unternehmen, die selbst Werkzeugmaschinen einsetzen, und Handelsunternehmen. Unter den Kunden sind einige wenige große Unternehmen. Die Mehrzahl der Kunden sind klein- bzw. mittelständisch.

Die Maschinenbau GmbH besitzt eine moderne IT-Landschaft. Neben speziellen Anwendungen für die Maschinensteuerung wird als zentrales ERP-System SAP ECC 6.0 eingesetzt. Das Unternehmen sucht regelmäßig nach technischen Möglichkeiten, um seine Kernprozesse zu verbessern und dadurch seine Kunden langfristig an sich zu binden.

Mit größeren Geschäftspartnern hat die Maschinenbau GmbH bereits Integrationslösungen geschaffen, um operative Prozesse sowohl in der Produktion als auch in der Verwaltung komplett elektronisch abzuwickeln. Ein großer Anteil der langjährigen, kleineren Kunden setzt jedoch kaum integrierte IT-Lösungen ein oder baut diese gerade erst auf. Daher werden die Bestellprozesse mit dieser Kundengruppe oft noch per Telefon oder E-Mail durchgeführt und beinhalten viele manuelle Schritte.

Anhand des vorliegenden Beispiels werden wir in diesem Buch die Funktionalität von SAP Intelligent RPA aufzeigen. Das Beispiel deckt jedoch nicht alle möglichen Schritte ab, die in der unternehmerischen Praxis notwendig sind.

1.3.2 Vorbereitungsphase

Ein RPA-Projekt beginnt mit der *Vorbereitungsphase*, in der der zu automatisierende Prozess, das Projektteam und das RPA-Werkzeug, das verwendet werden soll, festgelegt werden.

Prozessübersicht

Zuerst muss eine Prozessübersicht geschaffen werden, um unter den verwendeten Prozessen geeignete Kandidaten für eine Unterstützung mit RPA zu finden. Dies kann auf verschiedene Art und Weise erfolgen:

- **Brainstorming**
  Haben Abteilungen oder Einzelpersonen bereits Anforderungen hinsichtlich einer Verbesserung von Prozessen geäußert, können Sie die gewünschten Prozesse einfach im Rahmen eines Brainstormings in einer Liste sammeln und ihren Ablauf kurz beschreiben.
- **Prozessmodell**
  Sind noch keine konkreten Anforderungen geäußert worden, können Sie ein Prozessmodell des Unternehmens (also beispielsweise eine Übersicht aller Ihrer Prozesse in Form einer Prozesslandkarte) zur weiteren Entscheidungsfindung heranziehen. Hierbei arbeiten Sie sich sukzessive durch die einzelnen Prozesse durch und prüfen, ob bei den Prozessen Verbesserungsbedarf besteht und/oder ob für Kunden ein Vorteil durch eine Prozessverbesserung entsteht.

Mit der Prozessübersicht erfolgt die Priorisierung und Auswahl eines oder mehrerer Prozesse. Dafür wird jeder der in der Prozessübersicht genannten Prozesse mithilfe der im Folgenden näher erläuterten *RPA-Fit-Kriterien* bewertet.

[»]

Automatisierungspotenzial eines Prozesses

Hintergrund ist, dass nicht jeder Prozess gleich gut mit Bots automatisiert werden kann: Weist ein Prozess sehr viele Entscheidungsschritte auf, ist ein Bot weniger gut für eine Automatisierung geeignet, weil er unklare Anforderungen und individuelle Abwägungen schlechter umsetzen kann als ein Mensch. Ist ein Prozess dagegen manuell sehr aufwendig in der Ausführung, kann er für eine Automatisierung relevant werden. Wird der Prozess jedoch beispielsweise nur einmal im Jahr durchlaufen, lohnt sich der Aufwand für die Automatisierung in den meisten Fällen nicht.

Um zu vermeiden, dass zu hohe Erwartungen geweckt werden, die aufgrund eines fälschlicherweise ausgewählten Prozesses seitens der RPA-basierten Automatisierung jedoch nicht erfüllt werden können, bietet es sich an, zunächst die folgenden Kriterien zu prüfen:

- Bringt der Prozess die nötigen Voraussetzungen für die Automatisierung mit?
- Ist das Automatisierungspotenzial des Prozesses ausreichend hoch?

RPA-Fit-Kriterien: Voraussetzungen

Als Voraussetzungen für die Möglichkeit einer Automatisierung sollte ein Prozess die in Tabelle 1.2 genannten RPA-Fit-Kriterien erfüllen.

Kriterium	Beschreibung	Leitfragen/Messung
hohe Standardisierung	Der Prozess ist in seinem Ablauf und seinen möglichen Verzweigungen definiert. Es gibt keine (oder nur wenige) Varianten. Je besser der Prozess bereits definiert ist, desto schneller kann eine RPA-Implementierung erfolgen und Nutzen bringen.	▪ Ist der Prozessablauf definiert? (ja/nein) ▪ Werden Entscheidungen im Prozess von vorgegebenen Geschäftsregeln gesteuert? (ja/nein) ▪ Wie ist der Prozess dokumentiert? (überhaupt nicht, als Text, als grafischer Prozessfluss (z. B. in Microsoft Visio), im Prozessmanagement-Werkzeug (z. B. Signavio, ARIS))
hohe Stabilität	Der Prozessablauf ändert sich über einen längeren Zeitraum nicht oder nur selten. Bei häufigeren Änderungen ist auch der RPA-Bot anzupassen, was das Einsparpotenzial schmälert.	▪ Wie häufig werden Änderungen am Prozess vorgenommen (pro Jahr)? ▪ Welchen Umfang haben die Änderungen? (kleinere Anpassungen ohne Änderung des Ablaufs, Veränderungen des Ablaufs oder Ergänzung von Verzweigungen) ▪ Wie häufig werden Änderungen an den Anwendungen vorgenommen, die der Prozess nutzt? ▪ Steht in absehbarer Zeit eine Änderung an den Anwendungen oder den Daten an, die der Prozess nutzt? Gemessen wird die Häufigkeit der Änderungen (pro Jahr). Für den Vergleich zwischen den Prozessen können Sie die Werte in die Stufen gering, mittel oder hoch gruppieren.

Tabelle 1.2 RPA-Fit-Kriterien: Voraussetzungen für die Automatisierung

Kriterium	Beschreibung	Leitfragen/Messung
geringe Komplexität	Bestenfalls ist der Prozess nicht zu komplex und weist nicht zu viele Verzweigungen auf: Andernfalls dauert die Automatisierung länger und erfüllt gegebenenfalls nicht die Erwartungen hinsichtlich ihrer Ausführungszeit und ihres Einsparpotenzials.	▪ Weist der Prozess viele Entscheidungen auf? ▪ Werden durch den Prozess viele Anwendungen genutzt? ▪ Wie viele Interaktionen mit der grafischen Benutzeroberfläche weist der Prozess auf? Gute Kandidaten für RPA beinhalten grundlegend nicht mehr als fünf Entscheidungen. Zudem nutzen sie auch nicht mehr als fünf Anwendungen (um die Abhängigkeit der Bots von deren Änderungen zu reduzieren) und machen nicht mehr als 500 Klicks auf der grafischen Benutzeroberfläche aus (zu viele Klicks weisen auf einen nicht optimierten Prozess hin). Bestehende Geschäftsregelmanagementsysteme müssen dementsprechend weitergenutzt werden, anstatt die Regeln erneut mit RPA abzubilden. Für den Vergleich zwischen den Prozessen können Sie die Werte für die Komplexität in die Stufen gering, mittel oder hoch gruppieren.

Tabelle 1.2 RPA-Fit-Kriterien: Voraussetzungen für die Automatisierung (Forts.)

RPA-Fit-Kriterien: Automatisierungspotenzial

Die Prüfung des Automatisierungspotenzials eines Prozesses erfolgt mit den in Tabelle 1.3 genannten RPA-Fit-Kriterien.

Sowohl die Erstellung einer Prozessübersicht als auch die Priorisierung und Auswahl geeigneter Prozesse erfolgt durch die Person in der Rolle des Process Owner.

Projektteam zusammenstellen

Im nächsten Schritt wird das Projektteam zusammengestellt. Es wird zuerst eine Projektleiterin oder ein Projektleiter ernannt. Diese Person identifiziert alle weiteren Personen bzw. Ansprechpartnerinnen und Ansprechpartner, die sämtliche in Tabelle 1.1 genannten Rollen für die gesamte Laufzeit des Projekts abdecken können, und bindet sie in das Projekt ein. Das sollten möglichst unternehmensinterne Personen sein, um das Know-how von Beginn an im Unternehmen selbst aufzubauen und dort zu behalten. Es kann aber auch externe Beratung hinzugezogen werden.

Kriterium	Beschreibung	Leitfragen/Messung
hoher Anteil manueller Tätigkeiten	Der Prozess besitzt einen hohen Anteil an manuellen Tätigkeiten (gemessen an der aufgewandten Zeit) und wird wiederholt ausgeführt. Manuelle Tätigkeiten können durch RPA-Bots übernommen werden, um die menschlichen Mitarbeitenden für andere Aufgaben freizustellen.	▪ Werden Daten oder Dokumente manuell abgelegt/eingeordnet? ▪ Werden Daten manuell zwischen Anwendungen übertragen (per Copy-and-paste)? ▪ Werden Daten aus mehreren Anwendungen manuell gesammelt? ▪ Werden Listen erstellt? ▪ Werden E-Mails geschrieben? ▪ Werden Daten zwischen verschiedenen Formaten bzw. Strukturen konvertiert? Die Messung erfolgt als geschätzter durchschnittlicher Aufwand des manuellen Anteils pro Prozessausführung (in Stunden). Für den Vergleich zwischen den Prozessen können Sie die Werte für den Anteil manueller Tätigkeiten in gering, mittel oder hoch gruppieren.
große Häufigkeit der Ausführung	Der Prozess wird sehr häufig (z. B. jeden Tag oder jede Woche) ausgeführt. Die Übernahme von Aufgaben durch Bots (und der entsprechende Aufwand zum Umbau des Prozesses) lohnt sich in der Regel bei einer entsprechenden Menge an Ausführungen.	Gemessen wird die Häufigkeit der Ausführung des Prozesses (pro Monat). Für den Vergleich zwischen den Prozessen können Sie die Werte für die Häufigkeit in gering, mittel oder hoch gruppieren.

Tabelle 1.3 RPA-Fit-Kriterien: Automatisierungspotenzial

Kriterium	Beschreibung	Leitfragen/Messung
Kundenorientierung	Der Prozess unterstützt direkt oder indirekt die Herstellung eines Produkts oder die Erbringung einer Dienstleistung. Mit der Verbesserung des Prozesses ist somit ein direkter Nutzen für die Kundinnen und Kunden verbunden.	Wird eine Produkterstellung bzw. Dienstleistungserbringung mit dem Prozess konkret unterstützt? (ja/nein) Dieses Kriterium kann als Entscheidungskriterium (Joker) herangezogen werden, wenn es aus Sicht der anderen Kriterien mehrere Kandidaten für eine Automatisierung gibt.
Einsparpotenzial	Das Einsparpotenzial ergibt sich aus den Kriterien *Hoher Anteil manueller Tätigkeit* und *Große Häufigkeit der Ausführung*.	Dieses Kriterium ist das Ergebnis aus: Aufwand der manuellen Tätigkeit × Häufigkeit der Ausführung ÷ Jahr oder Monat

Tabelle 1.3 RPA-Fit-Kriterien: Automatisierungspotenzial (Forts.)

Kick-off-Meeting

Das Team kommt in einem durch die Projektleitung organisierten *Kick-off-Meeting* zur Vorstellung des Projekts und der gemeinsamen Zeitplanung zusammen. Darin werden die Verantwortlichkeiten für das Projekt festgelegt und somit alle vom RPA-Projekt betroffenen Abteilungen bzw. Personen von vornherein einbezogen.

Am Ende dieser Phase steht fest, welcher Prozess automatisiert werden soll und welcher Nutzen von der Automatisierung zu erwarten ist. Das Projektteam ist zusammengestellt und das Projekt formal gestartet.

Beispiel: Maschinenbau GmbH

Im Bemühen um bessere technische Lösungen für seine kundenbezogenen Prozesse evaluiert die Maschinenbau GmbH die Möglichkeiten, die sich mit der Prozessautomatisierung durch Bots bieten. Gerade für kleine Anwenderunternehmen, die sich erfahrungsgemäß scheuen, ihre eigene IT zu modernisieren, kann es attraktiv sein, trotz technischer Beschränkungen auf deren Seite zumindest die eigenen Prozesse durch Automatisierung zu beschleunigen. Auf diese Weise kann die Qualität des Ablaufs verbessert werden (z. B. Vermeidung von Fehlern beim Übertragen von Daten zwischen Anwendungen).

Die kaufmännische Leiterin der Maschinenbau GmbH trägt von daher aus ihrer Erfahrung eine Liste von aussichtsreichen Prozessen zusammen (u. a. Abgleich von Rechnungen mit der Zahllaufliste, HR-Änderungsanzeigen, Bestellprozess). Dann beauftragt sie ein langjährig für die Maschinenbau GmbH tätiges Beratungshaus, einen Workshop zur Prozessauswahl zu organisieren.

Workshop zur Prozessauswahl

Im Workshop wird für jeden vorgeschlagenen Prozess die Bewertung mithilfe der RPA-Fit-Kriterien durchgeführt. Daraus ergibt sich der Bestellprozess als bestmöglicher Kandidat für die Automatisierung. Für die genannte Kundengruppe der kleineren Anwenderunternehmen läuft dieser Bestellprozess wie folgt ab:

1. Die Kundin oder der Kunde sendet eine E-Mail mit einer Microsoft-Excel-Datei im Anhang, in der die Positionen der Bestellung aufgelistet sind.
2. Eine Mitarbeiterin oder ein Mitarbeiter der Maschinenbau GmbH sucht die E-Mails aus dem Posteingang in Microsoft Outlook heraus und bearbeitet diese dann.
3. Die Mitarbeiterin oder der Mitarbeiter öffnet das SAP-System und legt dort eine neue Bestellung an.
4. Sie oder er öffnet die der E-Mail beiliegende Microsoft-Excel-Datei und überträgt die darin befindlichen Bestellpositionen einzeln als Bestellpositionen ins SAP-System.
5. Abschließend sendet sie oder er per E-Mail eine Bestätigung über den Eingang der Bestellung an die Kundin oder den Kunden.

Bewertung nach den RPA-Fit-Kriterien

Die Bewertung des ausgewählten Prozesses nach den RPA-Fit-Kriterien ergibt sich aus Tabelle 1.4.

RPA-Fit-Kriterium	Bewertung
hohe Standardisierung	Der Prozess ist definiert und in seinem Ablauf allen Sachbearbeitenden bekannt. Spezifische Geschäftsregeln müssen nicht berücksichtigt werden. Der Prozess ist in der Prozesslandkarte des Unternehmens aufgeführt. Es existiert nur eine kurze textuelle Beschreibung über den Prozess selbst.

Tabelle 1.4 Beispiel einer Prozessbewertung mit den RPA-Fit-Kriterien

RPA-Fit-Kriterium	Bewertung
hohe Stabilität	Der Prozess wird seit Jahren wie beschrieben ausgeführt. Änderungen am Prozess sind ebenso wenig zu erwarten wie Änderungen an den drei beteiligten Anwendungen Microsoft Outlook, Microsoft Excel und SAP-System.
geringe Komplexität	Der Prozess enthält keine spezifischen Entscheidungen. Sind Angaben der Bestellung unklar, werden diese unbearbeitet an die Kundin oder den Kunden zurückgegeben. Der Prozess nutzt nur drei Anwendungen. Die Anzahl der Klicks ist abhängig von der Menge der Bestellpositionen, ansonsten aber immer gleich.
hoher Anteil manueller Tätigkeit	Der Prozess läuft faktisch komplett manuell ab. Für das Anlegen einer Bestellung wurde im Workshop eine Zeit von durchschnittlich fünf Minuten geschätzt.
große Häufigkeit der Ausführung	Im Schnitt muss das Unternehmen acht solcher Bestellungen pro Tag, also 160 im Monat, bearbeiten.
Kundenorientierung	Der Prozess richtet sich direkt an die Kunden. Durch RPA kann er schneller durchlaufen werden, auch zu Zeiten, zu denen keine Mitarbeitenden aktiv sind. Dadurch wird die Bearbeitungsdauer für die Kunden verkürzt.
Einsparpotenzial	Pro Tag ergibt sich ein Einsparpotenzial von 40 Minuten, im Monat sind das in Summe 800 Minuten (also ca. 1,67 Personenarbeitstage).

Tabelle 1.4 Beispiel einer Prozessbewertung mit den RPA-Fit-Kriterien (Forts.)

1.3.3 Phase des Lösungsentwurfs

Prozess analysieren und dokumentieren

In der Phase des Lösungsentwurfs wird der zu automatisierende Prozess dokumentiert und sein Soll-Ablauf definiert. Diese Phase startet mit der Prozessanalyse und -dokumentation, für die der Business Analyst federführend zuständig ist:

- **Recherche**
  Der Business Analyst sammelt zunächst alle Informationen und Dokumente mit Bezug zu dem ausgewählten Prozess, um möglichst viel Vorwissen über den Prozess zu erhalten (z. B. Prozesslandkarten, textuelle Beschreibungen des Prozesses, Beispiele für Dokumente, die im Prozess

erstellt oder bearbeitet werden). Die Informationen erhält er von den Fachexpertenteams und dem Process Owner.

- **Vorgehen festlegen**
  Anhand der Aktenlage entscheidet der Business Analyst, wie er bei der Prozessdokumentation vorgehen möchte. Liegen beispielsweise viele Informationen bereits strukturiert als Prozessmodell vor, reicht ein Workshop, um anhand des Modells Schritt für Schritt durch den Prozess zu gehen und das Modell auf Aktualität und Vollständigkeit hin zu prüfen. Sind die Informationen nicht strukturiert oder lückenhaft, ergibt es Sinn, den Fachexpertinnen und -experten beim Anwenden des Prozesses über die Schulter zu schauen und Screenshots zu machen oder sogar Videos aufzunehmen, aus denen dann das Prozessmodell entwickelt und danach in einem Workshop verfeinert werden kann.
- **Modellierung**
  Mit der ausgewählten Methodik modelliert der Business Analyst zusammen mit dem Fachexpertenteam (und gegebenenfalls dem Process Owner) den Prozess in seinem aktuellen Ist-Zustand – den *Ist-Prozess* – im Detail. Es entsteht ein detaillierter Prozessablauf, inklusive aller Inputs in den Prozess, geschäftlicher Ausnahmeregelungen und Outputs aus dem Prozess.

Soll-Prozess gestalten

Aufbauend auf der Dokumentation des Ist-Prozesses erfolgt die Gestaltung des *Soll-Prozesses*: Zusammen mit den Fachexpertinnen und -experten und dem Process Owner beschreibt der Business Analyst, wie der zukünftig automatisierte Prozessablauf aussehen soll. Dies wird in einer *Prozessbeschreibung* dokumentiert. Die Prozessbeschreibung ist das Anforderungsdokument für die RPA-Entwicklung.

Sicherheit und Architektur prüfen

Bevor die Entwicklung starten kann, erfolgt noch die Überprüfung von Sicherheit und Architektur:

- **Sicherheitsrichtlinien prüfen**
  In Rücksprache mit den IT-Verantwortlichen wird festgelegt, welche Sicherheitsrichtlinien die RPA-Lösung einhalten soll bzw. für sie geschaffen werden müssen (Festlegung, für welche Nutzergruppen die Bots bereitgestellt werden sollen, Einrichtung von Firewall-Regeln usw.).
- **Abhängigkeiten in der Architektur prüfen**
  Sofern es durch die Prozessdokumentation und Soll-Prozess-Gestaltung noch nicht erfolgt ist, muss geprüft werden, mit welchen Anwendungen die RPA-Lösung interagiert. Für jede Anwendung wird dann geprüft, ob die Interaktion möglich und zulässig ist und welche Auswirkungen sie auf die Anwendung hat, z. B. auf deren Sicherheit oder die Releasezyklen.

Beispiel: Maschinenbau GmbH

Das für die Maschinenbau GmbH tätige Beratungshaus hat einen Berater als Business Analyst bereitgestellt, um für den ausgewählten Bestellprozess eine Lösung zu entwerfen.

Prozessdokumentation

Der Business Analyst stellt bei der Befragung der Sachbearbeitenden und der kaufmännischen Leiterin fest, dass der Prozess allen bekannt ist, die ihn täglich ausführen, dass aber nur eine kurze textuelle Beschreibung vorliegt. Da RPA für die Maschinenbau GmbH zunächst evaluiert werden soll, entscheidet sich der Analyst für eine pragmatische Vorgehensweise bei der Prozessdokumentation. Er erstellt auf Basis der textuellen Beschreibung eine Excel-Datei mit dem Ablauf des Prozesses und bespricht und vervollständigt diese in einem Workshop mit den Sachbearbeitenden und der kaufmännischen Leiterin. Das Ergebnis des Workshops ist in Auszügen in Abbildung 1.3 dargestellt.

Schritt	Name	Beschreibung	Auslöser	Ergebnis	Vorgänger	Nachfolger	IT-Systeme
1	Prüfung der eingegangenen Bestellung	- Öffnen der E-Mail mit dem Betreff "Bestellung" - Prüfung auf Vorhandensein der Excel-Datei mit der vereinbarten Benennung	Eingang einer E-Mail im Postfach mit dem Betreff "Bestellung"	- Bestellung liegt vor und kann weiterverarbeitet werden - Bestellung liegt nicht vor	-	2, 3	Microsoft Outlook (als Teil von Microsoft Office 365 ProPlus)
2	Meldung fehlende Bestellung an Kunde	- Antwort auf die E-Mail mit einer vorgefertigen Antwort-E-Mail mit dem Hinweis, dass die Bestellung nicht als Excel-Datei beigefügt wurde	-	E-Mail versandt und Bestellbearbeitung abgebrochen	1	-	Microsoft Outlook (als Teil von Microsoft Office 365 ProPlus)
3	Ablage der Bestelldatei	- Identifikation des Kunden anhand der E-Mail-Adresse - Abspeichern der Excel-Datei in einer vorgegebenen Ordnerstruktur in einem Unterordner mit dem Namen des Kunden	-	Excel-Datei in Dateisystem gespeichert	1	4	Windows Explorer
4	Anlage einer neuen Bestellung	- Öffnen der Excel-Datei - Parallel Öffnen von SAP-Anlage einer neuen Bestellung für den Kunden	-	Neue Bestellung in SAP erfasst	3	5	- Microsoft Excel (als Teil von Microsoft Office 365 ProPlus) - SAP ECC 6.0

Abbildung 1.3 Beispiel einer Prozessdokumentation in Microsoft Excel

Auf die Frage nach der zukünftigen Ausgestaltung des Prozesses hin äußern die Sachbearbeitenden viele Wünsche, z. B. den Wunsch nach einer automatischen Übertragung des aktuellen Lieferbestands pro Bestellposition in die Excel-Datei der bestellenden Kundin bzw. des Kunden oder den nach der automatischen Berechnung der Lieferkosten für eine Bestellung anhand der Angaben der Logistikdienstleister usw. Man entscheidet sich aber gemeinsam, den Prozess zunächst so umzusetzen, wie er aktuell abläuft, anschließend das Ergebnis zu evaluieren und die geäußerten Wünsche später Schritt für Schritt zu ergänzen.

SAP Intelligent RPA installieren

Parallel zu den drei beschriebenen Tätigkeiten erfolgt – sofern noch nicht geschehen – die Installation von SAP Intelligent RPA (mehr zu den Komponenten der Software, zu ihrem Zusammenwirken und den nötigen Voraussetzungen in Kapitel 3, »Einführung in SAP Intelligent Robotic Process Automation«). Die Installation erfolgt in Zusammenarbeit zwischen den IT-Verantwortlichen und dem Hersteller. Die Ergebnisse der Phase des Lösungsentwurfs sind somit eine Prozessbeschreibung für die RPA-Entwicklung und die Bereitstellung von SAP Intelligent RPA.

1.3.4 Entwicklungsphase

In der Entwicklungsphase wird ein Bot erstellt, der den gewünschten Prozess unterstützen soll. Den Vorgaben aus der Prozessbeschreibung folgend, entwickelt das RPA-Entwicklungsteam den Bot.

Ablauf der RPA-Bot-Entwicklung

Im Groben besteht die Entwicklung eines Bots aus zwei Schritten:

1. **Deklaration**
   Zuerst definiert das RPA-Entwicklungsteam die Anwendungen, die in einem Prozess verwendet werden sollen.
2. **Workflow-Entwurf**
   Dann werden die einzelnen Schritte des Prozesses als *Workflow*, also als Sammlung von Skripten zur Automatisierung der Schritte, entwickelt.

Einzelheiten zu diesen Schritten finden Sie in Teil II, »Entwicklung eines Bots«.

Wenn nötig, hält das Entwicklungsteam Rücksprache mit den Fachexpertinnen und -experten und dem Business Analyst. Sollten sich daraus noch Änderungen für den Bot ergeben, werden diese in der Prozessdokumentation vermerkt.

User Acceptance Test vorbereiten

Zugleich wird der *User Acceptance Test* (UAT), also der Endanwendertest, vorbereitet:

- **Testfälle erstellen**
  Der Business Analyst erstellt eine detaillierte Beschreibung von Testfällen und lässt sich diese vom Process Owner und dem Fachexpertenteam genehmigen. Diese Rollen erstellen für die Testfälle entsprechende Testdaten. Tests sind für RPA-Lösungen genauso wichtig wie für »klassische« IT-Projekte. Es sollte nicht zugunsten einer vermeintlich schnelleren Umsetzung auf sie verzichtet werden.
- **Mitarbeitende schulen**
  Außerdem schult der Business Analyst die Fachexpertenteams im Umgang mit SAP Intelligent RPA, sollten diese Teams das Werkzeug noch nicht kennen.

Am Ende der RPA-Entwicklungsphase liegt ein automatisierter Prozess in Form eines Bots vor. Außerdem ist definiert, wie dieser durch die Endanwenderinnen und -anwender zu testen ist.

1.3.5 Testphase

In der RPA-Testphase durchläuft der Bot den UAT, und Fehler werden durch das RPA-Entwicklungsteam behoben.

User Acceptance Test durchführen

Im Rahmen des UAT wird der entwickelte Bot für alle definierten Testfälle in einem realitätsnahen Kontext getestet. Die Fachexpertinnen und -experten sowie der Process Owner führen den UAT durch. Treten dabei Fehler auf, werden diese in der Prozessdokumentation vermerkt.

Insbesondere wird beschrieben, wie mit Fehlern umzugehen ist: Sind es Fehler in der Programmierung, die durch das RPA-Entwicklungsteam zeitnah und mit geringem Aufwand durch ein *Bug Fixing* behoben werden können? Oder sind es Fehler, die eine Anpassung des Prozessablaufs notwendig machen? Hier ist zu entscheiden, ob die Anpassung auch im Rahmen des Bug Fixings erfolgen soll oder zu einem späteren Zeitpunkt im Rahmen der Entwicklung einer neuen Version des Bots.

Im Rahmen des Tests wird außerdem das Automatisierungspotenzial des Prozesses mithilfe der RPA-Fit-Kriterien erneut bewertet. Ergebnis dieser Phase ist der getestete Bot.

1.3.6 Präsentationsphase

In der letzten Phase des RPA-Projekts werden der Bot und die Projektergebnisse an die Beteiligten übergeben. Die Präsentationsphase sorgt für einen geordneten Abschluss des Projekts, genauso wie das gemeinsame Kick-off-Meeting für einen geordneten Start in die Vorbereitungsphase sorgt.

Prozess vorstellen

Der automatisierte Prozess wird allen Beteiligten in einer Abschlusspräsentation durch den Business Analyst vorgestellt und vorgeführt. Falls nicht alle Endanwenderinnen und -anwender bereits in die Tests eingebunden waren, kommen die verbliebenen in dieser Vorstellung hinzu und werden für den Einsatz des Bots in ihrem Arbeitsalltag geschult.

Projektdokumente bereitstellen

Im Zuge dieser Präsentation müssen auch sämtliche Projektdokumente bereitgestellt werden (Prozessdokumentation inklusive aller Änderungen und aktualisierte Bewertung mit den RPA-Fit-Kriterien). Ergebnis dieser Phase ist neben den kompletten Ergebnisdokumenten der implementierbare Bot. Sollte es sich bei dem RPA-Projekt nicht um ein Testprojekt oder

Proof of Concept handeln, wird der Bot am Ende dieser Phase produktiv gesetzt (siehe Teil III, »Anpassung und Verwaltung automatisierter Prozesse«).

1.3.7 Transitionsphase

Die Transitionsphase nimmt eine Sonderstellung ein (siehe Abbildung 1.2). Sie ist eigentlich keine klassische Projektphase, die in den Ablauf mit den anderen Phasen eingebunden ist. Sie beinhaltet stattdessen all jene Aktivitäten, die nötig sind, um RPA als Fähigkeit in Ihrem Unternehmen zu verankern und auszubauen.

Aktivitäten der Phase

Je nachdem, ob Ihr Unternehmen bisher nur RPA-Testprojekte durchgeführt oder bereits verschiedene RPA-Bots im Einsatz hat, beinhaltet diese Phase verschiedene Aktivitäten:

- **Entscheidungsfindung**
  Wurde vor Kurzem ein RPA Proof of Concept durchgeführt, kann basierend auf den Ergebnissen eine Entscheidung über die Fortführung der Anwendung dieser Technologie getroffen werden: Sind die Ergebnisse überzeugend und rechtfertigen den produktiven Einsatz von RPA oder tun sie es nicht? Sind die Ergebnisse positiv, aber noch nicht überzeugend, sodass weitere Proofs of Concept (in einer anderen Abteilung) durchgeführt werden sollten?
- **Erstellung einer RPA-Strategie**
  Wird RPA im Unternehmen als Lösung eingesetzt, sollte es dafür eine Strategie (als Teil Ihrer IT-Strategie) geben. Diese Strategie sollte folgende Fragen beantworten:
  - Wo liegen die Einsatzzwecke von RPA für Ihr Unternehmen?
  - Wie hilft RPA bei der Unterstützung des Geschäfts durch die IT?
  - Welche weiteren Prozesse bzw. Prozessbereiche sollen mit RPA zukünftig automatisiert werden?
  - Wie sieht die Roadmap für die nächsten ein bis drei Jahre aus?
  - Wer ist für die Umsetzung und vor allem die Betreuung der RPA-Bots zuständig? Gibt es eine RPA-Abteilung?
  - Wie ist der Aufbau der nötigen Kompetenzen geplant?
- **Know-how-Transfer**
  Der Einsatz von RPA und die damit verfolgten Ziele müssen im Unternehmen kommuniziert werden. Zum Know-how-Transfer gehört auch die Schulung von Verantwortlichen und Anwendenden an den RPA-Werkzeugen und in der Vorgehensweise für RPA-Projekte.

- **Aufbau der Governance**
  Es ergibt Sinn, die Aktivitäten zur Prozessautomatisierung zu bündeln. Dafür wird meist der Aufbau eines internen, sogenannten *Center of Excellence* vorgeschlagen:
  - Eine solche Abteilung setzt die RPA-Strategie um und macht der Unternehmens- und IT-Leitung regelmäßig Vorschläge für die zukünftige Anpassung und Verbesserung der RPA-Strategie.
  - Sie führt Projekte zur Automatisierung durch, indem sie z. B. die Projektleitenden, Business Analysts und RPA-Entwicklerinnen und -Entwickler stellt. Auf diese Weise kann sie auch auf die Einhaltung der strategischen Vorgaben in den RPA-Projekten achten.
  - Sie übernimmt die laufende Betreuung und Verbesserung der existierenden RPA-Prozesse und sorgt für den Know-how-Transfer ins Unternehmen.

1.4 Zusammenfassung

Im ersten Kapitel haben Sie eine Einführung in die Rahmenbedingungen und den Nutzen von Prozesstechnologien erhalten. Des Weiteren wurden die Entwicklung der Prozessautomatisierung in Form von Workflow-Management-Systemen erläutert sowie die Einsatzgebiete und typischen Anwendungsfälle von Robotic Process Automation (RPA) vorgestellt. Darüber hinaus haben Sie verschiedene Automatisierungsformen (attended und unattended) kennengelernt und zudem eine Einführung in die Struktur und den Ablauf erfolgreicher RPA-Projekte bekommen.

Nachdem Sie nun eine grundlegende Einführung in RPA und die Anwendungsgebiete dieser Technologie bekommen haben, thematisieren wir im folgenden gleichnamigen Kapitel 2 die technologischen Grundlagen und grenzen RPA von verwandten Technologien ab. Damit möchten wir verdeutlichen, in welchen Fällen RPA sinnvoll eingesetzt und genutzt werden kann.

Kapitel 2
Technologische Grundlagen

Dieses Kapitel dient Ihnen als Grundlage, die zu einem besseren, technologischen Verständnis für das Thema Robotic Process Automation beitragen soll.

Der Fokus dieses Kapitels liegt auf der Abgrenzung von RPA zu anderen Technologien. Um zu verdeutlichen, welche Prozesse sinnvollerweise mit RPA automatisiert werden können bzw. sollten und wie verschiedene Methoden zur Prozessautomatisierung zusammenwirken können, wird die Technologie in diesem Kapitel im Vergleich zu verwandten Methoden eingeordnet, die in den folgenden Abschnitten schrittweise vorgestellt werden.

Aufbau des Kapitels

In Abschnitt 2.1 wird das Business Process Management (BPM) behandelt, Abschnitt 2.2 beschäftigt sich mit dem Process Mining, Abschnitt 2.3 mit dem Workflow Management und in Abschnitt 2.4 betrachten wir die Unterschiede zu Business Rules Management (BRM). Abschließend stellen wir Ihnen in Abschnitt 2.5, »Technologische Grundstruktur von RPA-Systemen«, den grundsätzlichen Aufbau und die wesentlichen Komponenten eines RPA-Systems vor. Im folgenden Kapitel 3, »Einführung in SAP Intelligent Robotic Process Automation«, werden Sie feststellen, dass auch SAP Intelligent RPA dieser technologischen Grundstruktur folgt.

2.1 Abgrenzung zwischen RPA und Business Process Management

Definition von BPM

Business Process Management (BPM) zielt auf ein Reengineering und damit einhergehend auf eine Verschlankung von wertschöpfenden Geschäftsprozessen im Unternehmen ab. Dadurch soll die Prozesseffizienz erhöht werden, beispielsweise durch eine Verkürzung von Prozessdurchlaufzeiten und die Senkung der Prozesskosten. Dies wird durch die Analyse der Geschäftsprozesse unter Berücksichtigung verschiedener Szenarien erreicht. Auf Basis der Analyseergebnisse können Prozesse dann systematisch verbessert und die erhofften Effizienzsteigerungen durch geeignete Monitoring-Werkzeuge überwacht werden. BPM implementiert so einen Zyklus von Aktivitäten mit dem Ziel der kontinuierlichen Prozessverbesserung.

Beachten Sie, dass BPM weder eine Automatisierungstechnologie noch ein Task- oder Projektmanagement-Tool ist, sondern vielmehr eine *technologieunabhängige* Methodik.

Vergleich von BPM und RPA

Tabelle 2.1 dient der Abgrenzung von BPM zu RPA.

Merkmal	RPA	BPM
Technologie	Technologie zur Konfiguration von Bots zur Automatisierung monotoner und zeitaufwendiger Prozessschritte	Methodik zur Identifikation, Analyse und Verschlankung von Geschäftsprozessen sowie zur Auflösung von Flaschenhälsen, die die Prozessperformance limitieren
Integrationsmethode	Integration auf der Präsentationsschicht	Integration auf Ebene der Geschäftslogik
Primärer Fokus	Minimierung manueller, repetitiver und regelbasierter Aufgaben, die keiner komplexen Entscheidungsfindung bedürfen	Neugestaltung und Modifikation von Geschäftsprozessen
Aufwand	vergleichsweise geringer Aufwand, da RPA-Tools auf im Unternehmen bestehenden Prozessen und Applikationen aufsetzen	vergleichsweise hoher Aufwand, da BPM bestehende Prozesse infrage stellt und gegebenenfalls Anpassungen oder Neugestaltung bestehender Applikationen notwendig macht
Auswirkung	Schnelle und unmittelbare Effizienzsteigerungen können erzielt werden. Verborgene Ineffizienzen in den Geschäftsprozessen werden durch RPA aber nicht notwendigerweise aufgelöst.	hoher und nachhaltiger Return-on-Investment, da durch BPM die Zukunftsfähigkeit, Agilität, Produktivität und Compliance der Prozesse gesteigert und die Prozesskosten gesenkt werden können

Tabelle 2.1 Vergleich zwischen RPA und BPM

RPA wird häufig als Brückentechnologie genutzt, um teils historisch gewachsene Applikationssysteme und die darin implementierten Geschäftsprozesse zu automatisieren. So kann die Effizienz von Prozessen mit vielen arbeitsintensiven Routineaufgaben und großen zu verarbeitenden Datenmengen (z. B. das Buchen von Kreditkartenabrechnungen von Geschäftsreisen) massiv gesteigert werden, und die Mitarbeitenden können von der Monotonie entlastet werden. RPA kann allerdings keine komplexen Prozesse oder Entscheidungsfindungen automatisieren und begründen.

End-to-End-Prozesse verschlanken

Im Gegensatz dazu zielt BPM auf die Automatisierung und Verschlankung ganzer End-to-End-Prozesse ab, z. B. der typischen wertschöpfenden Prozesse:

- *Order-to-Cash*: Prozessablauf vom Eingang eines Kundenauftrags bis zum Begleichen der Zahlungsverpflichtung durch den Kunden
- *Procure-to-Pay*: Prozessablauf vom Platzieren einer Bestellung beim Lieferanten bis zum Zahlen der Eingangsrechnung

Diese Automatisierung und Verschlankung werden durch folgende Schritte erreicht:

- Identifikation aller für den Geschäftsprozess benötigten administrativen Aufgaben
- Identifikation von Rollen und Verantwortlichkeiten im Prozess
- Skizzieren der kompletten Arbeitsabläufe
- Analyse von Optimierungspotenzialen in den Arbeitsabläufen
- Modifikation der Arbeitsabläufe und Implementierung der Modifikation in den eingesetzten IT-Applikationen

Im Gegensatz zu RPA, das stets nur einen abgegrenzten Prozess zu automatisieren versucht, zielt BPM auf die holistische und nachhaltige Optimierung von Geschäftsprozessen ab.

Zusammenspiel von BPM und RPA

Die klare Unterscheidung bzw. Abgrenzung von BPM und RPA ist notwendig, um den richtigen Ansatz für anstehende Automatisierungsprojekte zu wählen. Sie sollten auf RPA setzen, wenn vergleichsweise statische Prozesse mit wenigen Änderungen der Abläufe und wenigen Varianten ohne komplexe Entscheidungsfindung zu automatisieren sind. BPM eignet sich besser für Prozesse, die zu einem signifikanten Teil durch menschliche Interaktion mit IT-Applikationen oder Maschinen ausgeführt werden und komplexe Entscheidungsfindung bzw. menschliches Erfahrungswissen erfordern.

BPM und RPA schließen sich allerdings nicht gegenseitig aus. Vielmehr kann RPA als Technologie im Rahmen eines BPM-Projekts eingesetzt werden, um einzelne monotone, regelbasierte Teilprozesse im gesamten Ende-zu-Ende-Prozess zu automatisieren. Demnach sind beide Technologien eher komplementär einzusetzen.

2.2 Abgrenzung zwischen RPA und Process Mining

Definition von Process Mining

In großen Unternehmen, die viele Dutzend Applikationen betreiben, können das Monitoring und die Analyse von End-to-End-Geschäftsprozessen zeitintensive Schulungen und Excel-Auswertungen mit Mitarbeitenden aus vielen Abteilungen erfordern. Die Schwachpunkte in den Prozessen und Datenflüssen eines Unternehmens zu finden, kann sich daher als eine sehr anspruchsvolle Aufgabe erweisen. Durch das *Process Mining* kann jedoch ein Großteil dieser Prozesse automatisiert werden. Eine Process-Mining-Software extrahiert Daten aus Anwendungsprotokollen und Anwendungsdatenbanken, um ein Bild davon zu zeichnen, wie die Daten durch die Geschäftsprozesse des Unternehmens fließen und wo Schwachstellen oder Flaschenhälse liegen könnten. Dies geschieht beispielsweise basierend auf Verzögerungen bei der Durchlaufzeit oder auch basierend auf der Rate von Übertragungsfehlern von einer Plattform zu einer anderen. Eine Process-Mining-Software bietet visuelle Darstellungen der Prozesse und der Datenflüsse entlang dieser Prozesse und hebt die Teile hervor, die am ineffizientesten sind.

RPA – nicht ohne Process Mining?

Process Mining selbst legt die erwähnten Schwachstellen in den Geschäftsprozessen offen, optimiert oder automatisiert die Prozesse jedoch nicht. An dieser Stelle können sich die Technologien Process Mining und RPA sinnvoll ergänzen. Die Kombination von Process Mining und RPA bietet klare Vorteile: Process Mining findet die Stellen, an denen mehr Automatisierung eingesetzt werden sollte, und RPA bringt die Engine mit, die diese Arbeit erledigen kann.

Vor jeder RPA-Implementierung ist es entscheidend, die richtigen Automatisierungskandidaten unter den Geschäftsprozessen zu wählen und sich einen Überblick über die in der Realität vorherrschenden Prozessabläufe zu verschaffen. Die wahrgenommene und von Mitarbeitenden beschriebene Prozessqualität kann sich in der Realität massiv von der durch Process-Mining-Tools auf Basis von Logdaten gemessenen Prozessqualität unterscheiden. Geschäftsprozesse werden also durch den Einsatz beider Technologien nicht »blind« einer Automatisierung unterzogen.

Auf der SAP-Preisliste findet man zum Thema Process Mining beispielsweise das Produkt *SAP Process Intelligence by Signavio*.

2.3 Abgrenzung zwischen RPA und Workflow Management

Definition WFMS

Workflow-Management-Systeme (WFMS) sind rechnergestützte Systeme, die die Planung, Steuerung und Protokollierung von Geschäftsprozessen und einzelnen Aktivitäten zwischen Personen in Abhängigkeit von deren Rollen in einer Organisation ermöglichen. Workflow-Management-Systeme koordinieren Prozesse, indem sie die Ausführungsreihenfolge der Aktivitäten überwachen, Daten für die Ausführung einzelner Aktivitäten bereitstellen und den bearbeitenden Personen zur Verfügung stellen. In diesem Zusammenhang sind Workflow-Management-Systeme mit den datenführenden Backend-Systemen wie beispielsweise CRM- oder ERP-Systeme, den sogenannten *Invoked Applications*, verbunden und können dort Aktivitäten triggern.

Historische Entwicklung

Während Workflow-Management-Systeme zunächst stark an formularorientierten Arbeitsabläufen einer papierbasierten Büroorganisation angelehnt waren, wurden Ende der 1980er-Jahre die ersten sogenannten *Production-Workflow-Systeme* entwickelt, die die Automatisierung stark strukturierter und häufig wiederkehrender Prozesse unterstützten. *Scanning* bzw. *Imaging* waren in diesem Zusammenhang besonders relevante ergänzende Technologien, mit denen Papierarchive sowie die neu eingehende Korrespondenz digitalisiert und auf optischen Medien archiviert werden konnten. *Dokument-Management-Systeme* als korrespondierende Technologie ermöglichten die Indizierung, die Suche sowie die Kennzeichnung der archivierten Dokumente. Workflow-Management-Systeme wiederum gestatteten das Weiterleiten solcher elektronischen Dokumente entlang eines Prozessmodells im Sinne einer elektronischen Akte.

Komponenten vom WFMS

Workflow-Management-Systeme besitzen typischerweise – wie beispielsweise bereits 1995 durch die *Workflow Management Coalition* beschrieben – eine Komponente zur Prozessdefinition, das heißt zum eigentlichen Workflow-Design, und eine Laufzeitkomponente, die häufig als *Workflow Engine* oder *Workflow Enactment Service* bezeichnet wird. Im Bereich des Workflow Enactment erfolgt die eigentliche Verarbeitung der Schritte eines Workflows, es werden Workflow-Instanzen erstellt, verwaltet und ausgeführt. Ergänzt werden diese Komponenten durch verwaltende Systembestandteile, der Administration und dem Monitoring.

Eine weitere essenzielle Komponente von Workflow-Management-Systemen stellt die Schnittstelle zur Nutzerinteraktion im Sinne einer Schnittstelle zum Austausch von Informationen zwischen Nutzerinnen und Nutzern und dem Workflow Enactment Service dar. Beginnend mit der eigentlichen Ermittlung der für den Dialogschritt relevanten Bearbeitenden und der optionalen Anbindung einer Organisationsdatenbank, folgt die eigentliche Interaktion mit der Endanwenderin oder dem Endanwender. Eine Verwaltung eingehender Arbeitsschritte für die Nutzerinnen und Nutzer im Sinne einer *Inbox* (häufig *User Work Item List* genannt) ist ebenfalls integraler Bestandteil dieser Benutzerschnittstelle.

Typische Anwendungsfälle

Das Workflow Management wurde ursprünglich in den Bereichen Fertigung und Büroautomatisierung angewandt, in denen es eine Reihe von Verfahren oder Aufgaben gibt, die Schritt für Schritt ausgeführt werden müssen. Das Workflow Management stellt dabei die optimale Lösung dar, um verschiedene Arbeitsschritte, die von einer Vielzahl von Mitarbeitenden sequenziell und unter Berücksichtigung eines nachverfolgbaren Beleg- und Dokumentenflusses ausgeführt werden müssen, zu orchestrieren. Typische Anwendungsfälle, die Sie vermutlich aus dem betrieblichen Alltag kennen, sind beispielsweise Freigabe-Workflows für Dokumente, Bestellungen, Urlaubsanträge oder die Bearbeitung eines Geschäftsvorfalls über verschiedene Abteilungen des Unternehmens hinweg.

Beispielsweise sind im Rahmen des Procure-to-Pay-Prozesses Abteilungen vom Einkauf über die Warenwirtschaft (u. a. Warenannahme und Qualitätsprüfung) bis zur Finanzabteilung (u. a. Prüfung und Bezahlung der Rechnung) beteiligt. Durch ein gutes Workflow Management können Sie sicherstellen, dass die für den jeweiligen Prozessschritt notwendigen Dokumente und Belege stets zuverlässig an das nächste Glied der Kette weitergeleitet werden. So sollte beispielsweise die Finanzabteilung die Lieferantenrechnung erst nach Erhalt der Ware und Prüfung der Qualität bezahlen.

Zusammenspiel WFMS und RPA

In Kombination eingesetzt, können Workflow Management und RPA die Automatisierung und digitale Transformation (z. B. papierlose Prozesse) weiter vorantreiben. Wie erwähnt, liegt der Fokus des Workflow Managements auf der Orchestrierung der Arbeitsschritte im Rahmen eines Ende-zu-Ende-Prozesses über Abteilungsgrenzen hinweg. Workflows können Teilaufgaben statt an Mitarbeitende auch an Bots delegieren, sofern diese Aufgaben repetitiv und regelbasiert sind. Dies gilt auch in Bereichen, in denen zu den Invoked Applications keine Schnittstellen im technischen Sinne existieren und die Emulation eines Benutzerzugriffs die einzige Interaktionsoption darstellt.

2.4 Abgrenzung zwischen RPA und Business Rules Management

Die Entscheidungsfindung ist eine Schlüsselkomponente heutiger Geschäftsprozesse und Applikationen. Komplexe Geschäftsanwendungen müssen in der Lage sein, Entscheidungen nach den gleichen Regeln zu treffen, die auch ein Mensch befolgen würde, wenn er die gleichen Entscheidungen trifft. Geschäftsregeln (*Business Rules*) sind ein wichtiger immaterieller Vermögenswert eines Unternehmens. Sie beschreiben eine Reihe von Regeln und Bedingungen sowie die bei Eintreten bestimmter Bedingungen auszuführenden Handlungen.

Häufig steckt das Wissen über die Bedingungen, unter denen Entscheidungen getroffen werden, in den Köpfen der Mitarbeitenden oder verborgen in Dokumenten wie beispielsweise Verfahrensanweisungen. Ein häufig anzutreffendes Beispiel für Geschäftsregeln sind Freigabegrenzen für Bestellungen, also die Frage, welche Managementebene befugt ist, über welches finanzielle Bestellvolumen zu entscheiden.

Definition Business Rules Management

Business Rules Management (BRM) hat das Ziel, dieses im Unternehmen vorhandene Regelwissen an einer zentralen Stelle in der sogenannten *Business Rules Engine* und in einer für nicht IT-affine Mitarbeitende aus der Fachabteilung verständlichen Sprache zu sammeln. So soll die Definition von Geschäftsregeln von der Softwareebene entkoppelt werden. In der Vergangenheit wurden diese Regeln häufig auf Codeebene implementiert, was für die Expertinnen und Experten in Bezug auf den Prozessablauf (das heißt für die Mitarbeitenden in den Fachabteilungen) weder einsehbar noch editierbar war. BRM zielt darauf ab, dass Anwendungen so gestaltet werden, dass bei entscheidungsrelevanten Arbeitsschritten auf die Regeldefinition zurückgegriffen wird.

Zusammenspiel von BRM mit Workflows und Bots

Folglich dient BRM der Definition von Regeln, die im Rahmen der jeweiligen Geschäftsprozesse Anwendung finden und bei Bedarf durch Applikationen aufgerufen werden können. Welche Applikationen letztlich auf Basis der Regeln operieren, ist zunächst unerheblich, da das Regelwissen von Softwarecode entkoppelt ist. Folglich können Geschäftsregeln sowohl durch Applikationen wie ein ERP-System als auch durch Workflow-Management-Systeme oder Bots genutzt werden. Im bereits beschriebenen Beispiel des Bestellfreigabeprozesses wird dies deutlich: Häufig werden differenzierte Freigabegrenzen definiert, über die auf verschiedenen Hierarchieebenen des Unternehmens entschieden werden darf. Legt nun eine Einkäuferin oder ein Einkäufer eine Bestellung an, kann ein Workflow sinnvoll sein, der die Entscheidung automatisiert an die richtigen Entscheidenden delegiert.

Auch Bots können Menschen wie bereits beschrieben von monotonen, regelbasierten Arbeitsschritten entlasten. Damit Bots komplexere Wenn-dann-Operationen durchführen können, sind auch sie auf gut definierte Geschäftsregeln angewiesen. Auch in Kombination mit Bots kann der Einsatz von Business Rules Engines Sinn ergeben, damit die Fachabteilung Geschäftsregeln flexibel an sich ändernde Bedingungen anpassen kann und nicht auf die Bot-Entwicklungsteams angewiesen ist, um die Entscheidungslogik des Prozessschritts zu ändern.

SAP bietet mit *SAP Business Rule Framework plus* (BRFplus) bzw. dem Business Rules Service auf der SAP Business Technology Platform (SAP BTP) zwei in das SAP-Ökosystem eingebettete Lösungen an.

2.5 Technologische Grundstruktur von RPA-Systemen

Bevor wir uns in Kapitel 3, »Einführung in SAP Intelligent Robotic Process Automation«, im Detail der Architektur von SAP Intelligent RPA widmen, erhalten Sie in diesem Abschnitt einen Einblick in die grundlegende Struktur von RPA-Systemen.

Anbieterunabhängige Grundarchitektur

Diese Struktur der RPA-Software unterscheidet sich zwar von Anbieter zu Anbieter, es lässt sich jedoch eine vergleichbare Grundarchitektur identifizieren, die aus folgenden vier Komponenten besteht:

- Entwicklungskomponente
- Prozessrekorder
- Software-Bot
- Überwachungs- und Steuerungskomponente

Je nach Hersteller werden diese Komponenten unterschiedlich benannt. Wir stellen Ihnen diese vier Komponenten im Folgenden vor.

Entwicklungskomponente

Bei der *Entwicklungskomponente* handelt es sich in der Vielzahl der Fälle um eine grafisch unterstützte Arbeitsumgebung, in der die zu automatisierenden Prozesse entworfen werden können. Die dabei entstehenden Einzelschritte definieren die *Aktivitäten*, die der Software-Bot ausführen soll. Diese Schritte umfassen u. a. auch Elemente der Benutzeroberfläche (*User Interface*, kurz UI) der Anwendungssysteme, die beim klassischen Einsatz dieser Systeme von menschlichen Nutzerinnen und Nutzern bedient werden.

Die grafisch unterstütze Arbeitsumgebung der Entwicklungskomponente ähnelt Prozessmodellierungswerkzeugen, beinhaltet jedoch wesentlich technischere Definitionsoptionen, da das prozessuale Regelwerk eines Bots viel detailliertere Informationen und Anweisungen benötigt, als sie in einem Prozessmodell zu finden sind.

Prozessrekorder

Um diese detaillierteren Informationen aufwandsarm zu generieren, besitzen viele RPA-Systeme eine Art *Prozessrekorder*. Dieser ermöglicht es, die Bedienung einer Anwendung durch die Nutzerinnen und Nutzer aufzuzeichnen. Die so erfassten Informationen können anschließend in der Entwicklungskomponente genutzt werden.

Softwareroboter

Das Produkt der Modellierung in der Entwicklungskomponente ist ein Softwareroboter oder kurz Bot. Dieser Bot kann auf einem einzelnen Desktop-PC oder auf zentralen Servern installiert und ausgeführt werden.

Überwachungs- und Steuerungskomponente

Die *Überwachungs- und Steuerungskomponente* findet sich insbesondere in komplexeren RPA-Lösungen wieder, die in größeren Unternehmenskontexten eingesetzt werden. Diese Komponente verwaltet und steuert die entwickelten Bots. Das heißt, die Instanzen werden bedarfsgerecht gestartet und deren Ausführung wird überwacht. Dashboards verhelfen dabei zu einer Übersicht über die automatisierte Prozesslandschaft.

2.6 Zusammenfassung

In Kapitel 2, »Technologische Grundlagen«, ging es uns darum, Ihnen ein besseres technologisches Verständnis des Themas Robotic Process Automation zu vermitteln. Wir haben den Unterschied zwischen RPA und anderen Technologien (Business Process Management, Process Mining, Workflow Management und Business Rules Management) erläutert und dargestellt, welche Prozesse mit RPA automatisiert werden und wie verschiedene Methoden zur Prozessautomatisierung zusammenwirken können. Des Weiteren wurden der grundsätzliche Aufbau und wesentliche Komponenten eines RPA-Systems vorgestellt.

Nachdem Sie nun in diesem Kapitel eine allgemeine Einführung in die technologische Basis von RPA erhalten haben, führt Sie das folgende Kapitel 3 in die Lösung SAP Intelligent Robotic Process Automation ein.

Kapitel 3
Einführung in SAP Intelligent Robotic Process Automation

In diesem Kapitel lernen Sie das RPA-Tool SAP Intelligent Robotic Process Automation und dessen Hauptkomponenten kennen.

Nachdem wir in den bisherigen Kapiteln detailliert auf die theoretischen und methodischen Grundlagen von RPA sowie die Abgrenzung zu verwandten Disziplinen eingegangen sind, dienen die folgenden Kapitel der Vorstellung der Möglichkeiten zur technischen Umsetzung am Beispiel der RPA-Lösung *SAP Intelligent Robotic Process Automation* (SAP Intelligent RPA). Wir beginnen in diesem Kapitel mit einer Einführung in die verschiedenen Komponenten dieser Lösung.

Aufbau des Kapitels

Zunächst liefert Ihnen Abschnitt 3.1 einen Überblick über die Hauptkomponenten des Tools. Daraufhin stellen wir in Abschnitt 3.2 das Desktop Studio, in Abschnitt 3.3 das Cloud Studio und in Abschnitt 3.4 den Desktop Agent vor. In Abschnitt 3.5 erfahren Sie mehr über die Cloud Factory, und Abschnitt 3.6 erläutert das Zusammenwirken der verschiedenen Komponenten.

3.1 Überblick

Phasen der Bot-Entwicklung

SAP Intelligent RPA umfasst vier Hauptkomponenten, die der Erstellung, Bereitstellung, Ausführung und Überwachung intelligenter Software-Bots dienen. Dieser Prozess wird in verschiedene Entwicklungsphasen aufgeteilt (siehe Abbildung 3.1):

1. Die Entwicklungsphase *Create* umfasst das Design und die Entwicklung der Bots.
2. Die Entwicklungsphase *Run* ist für den Betrieb der Bots zuständig.
3. Die Entwicklungsphase *Control* überwacht den Einsatz und bildet die Orchestrierung sowie das Monitoring ab.

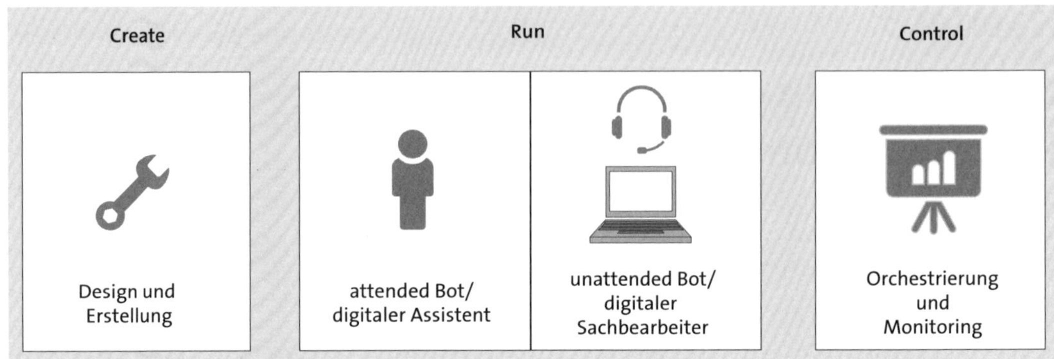

Abbildung 3.1 Die Entwicklungsphasen Create, Run und Control

Softwarekomponenten

Abbildung 3.2 zeigt die Softwarekomponenten von SAP Intelligent RPA, die wir Ihnen im Folgenden näher vorstellen.

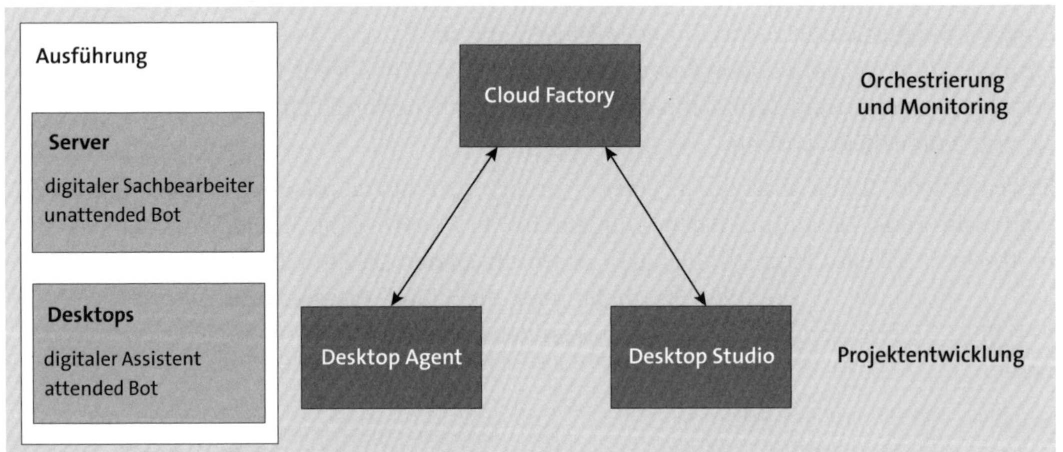

Abbildung 3.2 Softwarekomponenten von SAP Intelligent RPA

Die vier wichtigen Komponenten sind:

- **Desktop Agent**
  Der Desktop Agent ist eine Softwarekomponente, die auf dem Rechner der Anwenderin oder des Anwenders installiert wird und die entsprechende Benutzer-Session nutzt. Der Desktop Agent erfordert ein *Automatisierungsszenario*, d. h. eine Reihe von Skripten, die beschreiben, welche Aktionen vom Bot erwartet werden. Diese Skripte werden mit dem Desktop Studio oder Cloud Studio erstellt und über die Cloud Factory bereitgestellt. Der Desktop Agent interagiert mit bereits vorhandenen Anwendungen, um die entsprechenden Aufgaben auszuführen. Diese Anwendungen werden durch die Replikation von Benutzeraktionen oder

durch die Ausführung regelmäßiger Ereignisse gesteuert. Um ordnungsgemäß zu funktionieren, erfordert der Desktop Agent eine Verbindung zur Cloud Factory.

- **Cloud Factory**
  SAP Intelligent RPA Cloud Factory (im Folgenden kurz Cloud Factory genannt) ist eine Softwarekomponente, die auf der SAP Business Technology Platform (SAP BTP) läuft und gehostet wird. Sie verwaltet alle gemeinsamen Ressourcen im Zusammenhang mit SAP Intelligent RPA an zentraler Stelle. Das heißt, sie ist zuständig für die Verwaltung von Umgebungen und Bot-Hierarchien, das Deployment von Projekten durch Pakete sowie die Konfigurationen und Steuerung von Jobs, Agenten und Triggern. Die Cloud Factory stellt die Projekte, Szenarien oder auch Jobs (sowohl attended als auch unattended) auf dem Desktop Agent bereit.
- **Desktop Studio**
  Das Desktop Studio ist eine Softwarekomponente, die auf dem Rechner einer RPA-Entwicklerin oder eines -Entwicklers installiert wird. Dieses Werkzeug dient der Erstellung von Bots unter Berücksichtigung aller Aspekte der Prozessautomatisierung, einschließlich der Anwendungserfassung und -deklaration, der Definition von Szenarien und Workflows sowie dem Testen und Debugging. Das Desktop Studio benötigt den Desktop Agent und eine Verbindung zur Cloud Factory, um ordnungsgemäß zu funktionieren.
- **Cloud Studio**
  Das *SAP Intelligent RPA Cloud Studio* (im Folgenden kurz Cloud Studio genannt) ist eine Cloud-Softwarekomponente, die nicht mehr auf dem Rechner der RPA-Entwicklerin oder des -Entwicklers installiert werden muss, sondern über den Webbrowser aufgerufen wird. Das Cloud Studio ersetzt strategisch das Desktop Studio im Sinne der Cloud-First-Strategie von SAP. Genau wie sein Pendant, das Desktop Studio, dient das Cloud Studio der Erstellung von Bots unter Berücksichtigung aller Aspekte der Prozessautomatisierung einschließlich Anwendungserfassung und -erkennung, der Definition von Szenarien und Workflows sowie dem Testen und Debugging. Es benötigt eine Verbindung zur Cloud Factory, um die auf Basis abgeschlossener Design-Projekte erstellten Pakete zum Deployment zur Verfügung stellen zu können.

Automatisierbare Systeme

SAP Intelligent RPA ist eine integrierte, Cloud-basierte Lösung. Die hiermit implementierten Bots können sowohl in SAP- als auch in Nicht-SAP-Systemen eingesetzt werden, unabhängig davon, ob diese Systeme on-premise oder in der Cloud betrieben werden. Es handelt sich bei SAP Intelligent RPA um eine End-to-End-Lösung zur Automatisierung aller Arbeitsschritte.

Makros und VBA-Skripte sind beliebte Mittel, um bestimmte Aufgaben in Microsoft-Anwendungen wie Excel zu automatisieren. Sie können jedoch nur innerhalb der einzelnen Anwendung funktionieren und nicht für andere, Nicht-Microsoft-Anwendungen eingesetzt werden. SAP Intelligent RPA überwindet diese Systembrüche. Die Lösung kann sowohl mit Nicht-SAP-Systemen und Legacy-Anwendungen als auch mit SAP-Lösungen wie *SAP ERP, SAP S/4HANA, SAP Ariba, SAP Concur* und vielen anderen interagieren. Abbildung 3.3 zeigt einige Beispiele für Anwendungen, die mit SAP Intelligent RPA erfasst und automatisiert werden können.

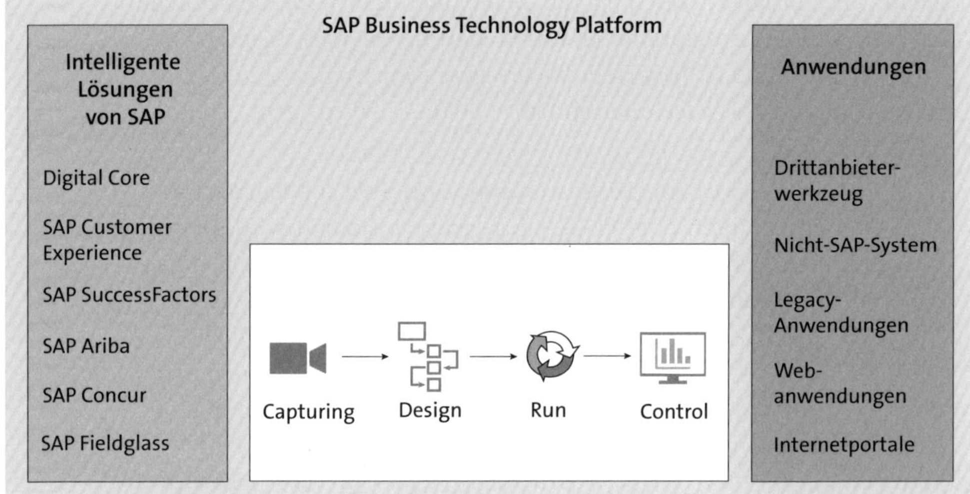

Abbildung 3.3 Anwendungen, die mit SAP Intelligent RPA automatisiert werden können

In den folgenden Abschnitten gehen wir auf die einzelnen Hauptkomponenten von SAP Intelligent RPA ein.

3.2 Desktop Studio

Entwicklungsumgebung

Das Desktop Studio ist eine integrierte Entwicklungsumgebung (IDE) zur Entwicklung und zum Testen von RPA-Bots. Es nutzt ein *Software Development Kit* (SDK), das ein Projekt-Framework und gemeinsame Ressourcen bereitstellt und Plug-ins von Drittanbietern für Aktionen wie das *Application Capturing*, also die Erfassung der Screens einer zu automatisierenden Anwendung, unterstützt. Das Desktop Studio fasst alle relevanten Informationen eines Bots zusammen und liefert als Ergebnis ein sogenanntes *Paket* (engl. *Package*). Dieses Paket muss in die Cloud Factory importiert werden, um den Bot bereitstellen und verwalten zu können (siehe Abbildung 3.4).

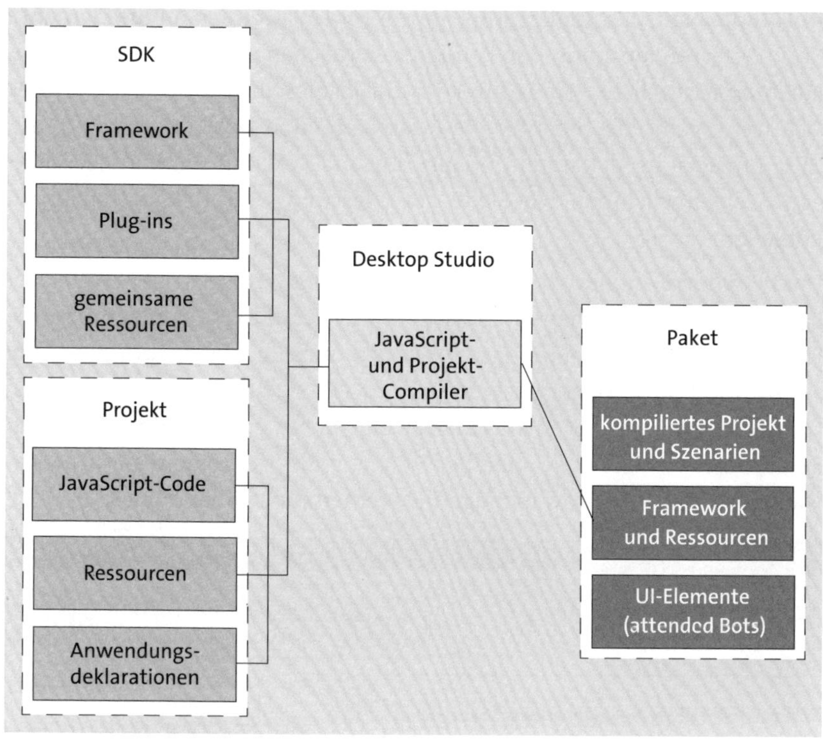

Abbildung 3.4 Komponenten des Desktop Studio und eines Pakets

Konfiguration des Projekts

Sobald ein Paket in die Cloud Factory importiert wird, wird ein Projekt erstellt. Typischerweise besteht dieses aus Parametern, die z. B. beschreiben, ob das Paket im Attended- oder im Unattended-Modus laufen soll, in welchen Zeitfenstern das Paket zur Ausführung zur Verfügung steht oder wann ein Bot ausgeführt werden soll. Ein Paket ist dabei stets an eine Umgebung gebunden, z. B. die Entwicklungs- oder Testumgebung. Auf das Konzept der Umgebungen gehen wir in Abschnitt 3.5, »Cloud Factory«, noch spezifischer ein.

Komponenten des Desktop Studio

Als integrierte Entwicklungsumgebung bietet Ihnen das Desktop Studio im Wesentlichen die folgenden Funktionen:

- Application Capture Tool zur Anwendungserfassung
- Workflow Designer
- Code Editor und Debugger

Wir stellen Ihnen diese einzelnen Komponenten im Folgenden näher vor.

Anwendungserfassung

Mit der Anwendungserfassung werden Anwendungen und Benutzeroberflächenelemente identifiziert und deklariert, die bei der Automatisierung des Geschäftsprozesses durch den Bot verwendet werden sollen. Das Desktop Studio bietet als Application Capture Tool *Inspektoren* für die Elemente der zu erfassenden grafischen Benutzeroberflächenelemente und einen *Validierungsassistenten* (Validation Wizard). Bei diesen Funktionen handelt es sich um spezifische Tools für die Erfassungs- und Deklarationsphase der RPA-Entwicklung. In Kapitel 4, »Capturing und Deklaration von Anwendungen«, zeigen wir Ihnen, wie Sie in der Erfassungs- und Deklarationsphase vorgehen.

Workflow Designer

Der *Workflow Designer* wird zum Entwerfen eines Workflows verwendet. Sobald die zu automatisierenden Anwendungen und ihre Benutzeroberflächenelemente im Anwendungserfassungswerkzeug erfasst wurden, stehen sie im Workflow Designer zur Verfügung, wo Sie sie zu einem Prozess orchestrieren können. Die Modellierung erfolgt dabei grafisch: Die einzelnen Schritte des Workflows können per Drag-and-drop aus einer Palette ausgewählt und dem Workflow hinzugefügt werden (siehe Abbildung 3.5).

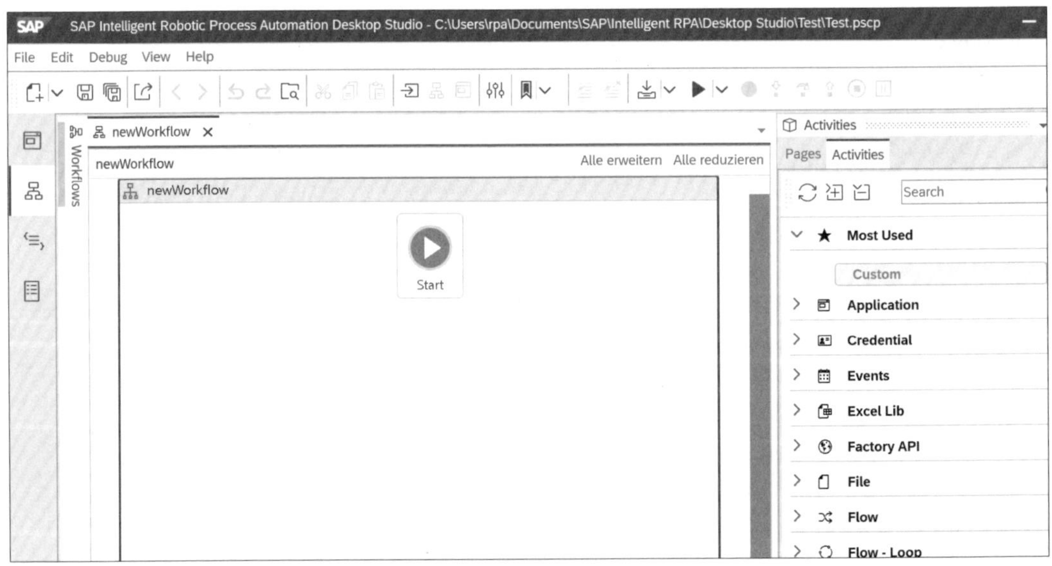

Abbildung 3.5 Workflow Designer im Desktop Studio

Jeder Flowgraph, also jede grafische Darstellung eines Workflows, beginnt mit einem Startsymbol. Durch Hinzufügen der verschiedenen erfassten Elemente wird ein Prozessablauf erstellt. Die Aktionen, die im Rahmen der Automatisierung auf den Anwendungsbildschirmen durchgeführt werden sollen, sind als sogenannte *Aktivitäten* im Workflow Designer verfügbar. Sie können aus dem Fenster **Activities** in den Flowgraph des Workflows gezogen werden. Wie das geht, erfahren Sie neben weiteren Aspekten der Workflow-Erstellung in Kapitel 5, »Workflows designen«.

Codegenerierung

Nach Abschluss des Design-Prozesses kann mit dem Speichern der JavaScript-Code des Workflows generiert werden. Diesen Code können Sie anschließend im Code Editor bearbeiten.

Code Editor und Debugger

Der *Code Editor* ermöglicht es Ihnen, eigenen Code hinzuzufügen oder den generierten Code zu optimieren, sobald der Code im Workflow Designer generiert wurde. Sie haben hier Zugriff auf das von SAP bereitgestellte SDK und können darüber hinaus eigene JavaScript-Bibliotheken erstellen und einbinden. Es ist jederzeit möglich, zwischen der grafischen Darstellung des Workflows und dem Code zu wechseln. Den Umgang mit dem Code Editor zeigen wir Ihnen in Kapitel 6, »Workflows erweitern«.

Ein vollständiger *Debugger* ist ebenfalls Teil des Desktop Studio. Er bietet Funktionen wie eine schrittweise Ausführung, eine Variablenüberwachung oder Breakpoints. Daneben sind Tools zum Testen Ihrer Automatisierungen im Desktop Studio enthalten. Sie können damit jederzeit Ad-hoc-Tests mit einem vollständigen JavaScript-Debugger und einer aktiven Konsole durchführen. *Remote-Tests* werden durch Aufzeichnungs- und Wiedergabefunktionen unterstützt, die das Testen mit Remote-Desktop-Agenten ermöglichen. Aspekte des Testens und des Debuggings behandeln wir in Kapitel 8, »Testen und Debugging«.

3.3 Cloud Studio

Die Webanwendung SAP Intelligent RPA Cloud Studio unterstützt den Low-Code- und den No-Code-Ansatz für den Entwurf von Bots zur Anwendungs- und Prozessintegration.

Low-Code-Ansatz

Mit dem *Low-Code-Ansatz* können sowohl RPA-Entwicklerinnen und -Entwickler als auch Mitarbeitende aus den Fachabteilungenen, die über weniger technisches Verständnis verfügen, Softwareroboter erstellen und ausführen. Dazu werden die Automatisierungs-Workflows als grafische Modelle aus vordefinierten Komponenten zusammengestellt. Abbildung 3.6 zeigt einen Workflow in der Modellierungsumgebung des Cloud Studio. Bei Bedarf können die vordefinierten Schritte ebenso wie im Desktop Studio mit benutzerdefiniertem Code erweitert werden.

No-Code-Ansatz

Bei dem *No-Code-Ansatz* werden die Anwenderinnen und Anwender durch eine intuitive Oberfläche geführt, die ihnen ein einfaches Workflow-Design ermöglicht. Die einfach zu bedienenden Bot-Entwicklungsfunktionen, die im Cloud Studio angeboten werden, ermöglichen es sowohl erfahrenen Entwicklerinnen und Entwicklern als auch Fachanwenderinnen und -anwendern, Projekte zu erstellen und zu bearbeiten, ohne selbst eine Zeile Code schreiben zu müssen.

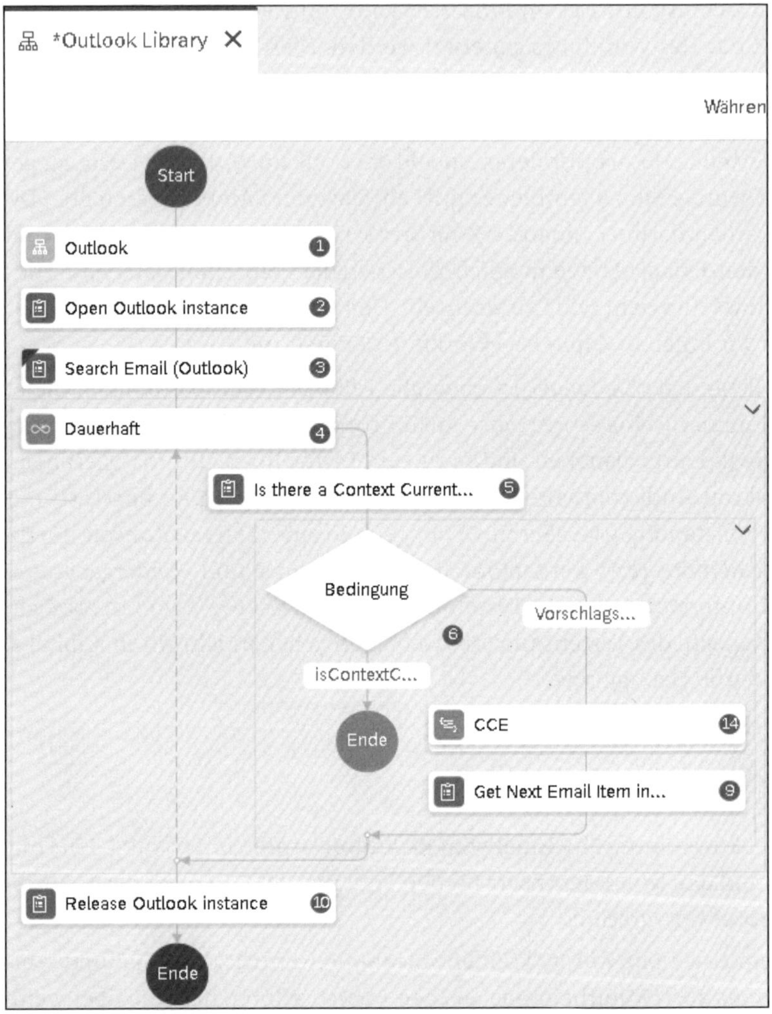

*Outlook Library
Währen
Start
Outlook 1
Open Outlook instance 2
Search Email (Outlook) 3
Dauerhaft 4
Is there a Context Current... 5
Bedingung 6
Vorschlags...
isContextC...
Ende
CCE 14
Get Next Email Item in... 9
Release Outlook instance 10
Ende

Abbildung 3.6 Beispielhafter Workflow-Überblick im Cloud Studio

Wiederverwendung von Desktop-Studio-Paketen

Das Cloud Studio ermöglicht auch die Wiederverwendung von Szenarien und Datentypen, die im Desktop Studio erstellt wurden. Diese Szenarien werden dazu kompiliert und in Form von Paketen exportiert, die in das Cloud Studio importiert werden können.

3.4 Desktop Agent

Die Komponente *Desktop Agent* wird von einer Administratorin oder einem Administrator auf den Desktop-Computern der Endanwenderinnen und -anwender, auf einem Server oder einem virtuellen Server installiert. Es handelt sich bei dem Desktop Agent um ein JavaScript-basiertes Framework.

Architektur des Desktop Agent

Abbildung 3.7 stellt die Architektur dieses Frameworks schematisch dar. Der Desktop Agent verfügt über eine Reihe von Treibern zur Interaktion mit Anwendungen wie SAP-Systemen, Webseiten, benutzerdefinierten Anwendungen u. v. m. Der Desktop Agent kann sich darüber hinaus mit Application Programming Interfaces (APIs), Dateisystemen und Datenbankschnittstellen verbinden, um die definierten Aufgaben auszuführen und Ergebnisse abzurufen. Es ist auch möglich, eine Verbindung mit intelligenten Cloud-Services von SAP herzustellen, z. B. mit *SAP Conversational AI* und *SAP Internet of Things* (SAP IoT).

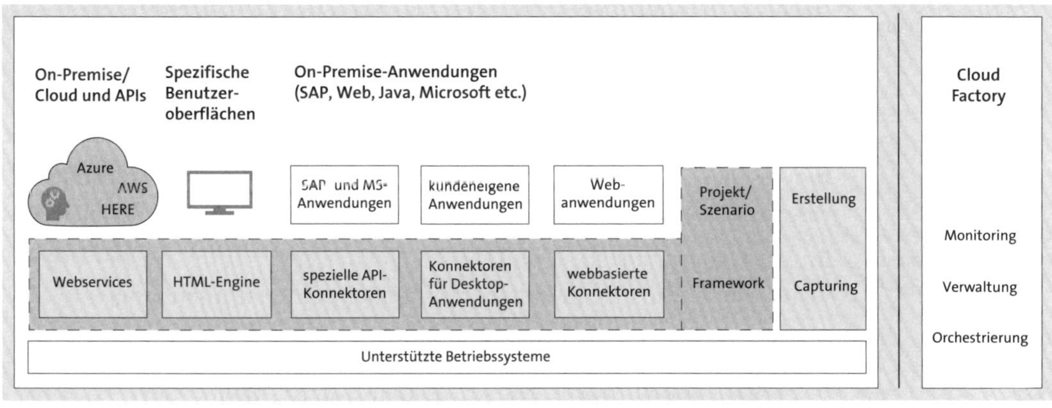

Abbildung 3.7 Aufbau des Desktop Agent

Overlay-Benutzeroberfläche

Operationen wie das Anklicken von Benutzeroberflächenelementen, das Navigieren und das Manipulieren von Daten können vom Desktop Agent ausgeführt werden. Das *Desktop-Framework* bietet Ihnen die Möglichkeit, eine vereinfachte Benutzeroberfläche zu erstellen, die über der eigentlichen Benutzeroberfläche Ihrer Geschäftsanwendung auf dem Bildschirm zu sehen ist. Dies ist beispielsweise dann hilfreich, wenn die eigentliche Eingabemaske sehr komplex ist und eine vereinfachte Bedienung ermöglicht werden soll. Dies erhöht die Systemakzeptanz und reduziert Einarbeitungszeiten und Erfassungsfehler. Der Desktop Agent ist in der Lage, Elemente der Benutzeroberfläche wie Schaltflächen oder Labels in die automatisierten Geschäftsanwendungen zu integrieren, ohne deren Code zu verändern.

Wie Sie Ihr Automatisierungsprojekt mit dem Desktop Agent ausführen, beschreiben wir ausführlicher im gleichnamigen Abschnitt 9.2.3.

3.5 Cloud Factory

Orchestrierungs- und Überwachungsschicht

Die *Cloud Factory* ist eine Cloud-basierte Orchestrierungs- und Überwachungsschicht für eingesetzte Bots. Die Cloud Factory wird auf der SAP BTP betrieben. Sie ist die zentrale Komponente für die Überwachung und Steuerung der Jobs und Agenten innerhalb einer Landschaft. Im Rahmen von SAP Intelligent RPA hat sie folgende Aufgaben:

- Koordination der Agenten zur Ausführung vollautomatischer Prozesse
- Remote-Auslösen von Prozessen auf Desktops, Servern oder virtuellen Maschinen
- Planen und Überwachen der Bot-Ausführung

Organisation der Cloud Factory

Die Cloud Factory ist in Umgebungen organisiert. Dabei werden typischerweise eine Entwicklungs- (DEV), eine Test- (TEST) und eine Produktivumgebung (PROD) eingesetzt. Benutzerinnen und Benutzer sowie Maschinen werden in Hierarchien geordnet, um festzulegen, welche Personen und welche Maschinen welchen Bot ausführen dürfen. Sie können einen Bot während seiner Ausführung überwachen, um eine erfolgreiche Automatisierung des Geschäftsprozesses entsprechend Ihren Vorgaben sicherzustellen.

Verwaltete Elemente

Im Kern befasst sich die Cloud Factory mit der Verwaltung von vier wesentlichen Elementen, die hierarchisch miteinander zusammenhängen:

- **Verwaltung von Agentenhierarchien**
  Eine strukturierte Menge von Maschinen und Agenten, die für den Betrieb der Bots zuständig sind, werden in der Cloud Factory in sogenannten *Hierarchien* definiert.

  Mit Hierarchien können Sie den Bots Zeitfenster zuweisen (siehe Abbildung 3.8), in denen sie im Attended- oder Unattended-Modus laufen sollen. Dies kann je Agent unterschiedlich erfolgen. Sie können bestimmte Bots beispielsweise so planen, dass sie während der Nacht oder außerhalb von Stoßzeiten ausgeführt werden, um die Arbeitslastverteilung Ihrer Organisation zu berücksichtigen.

  Darüber hinaus ermöglichen Agentenhierarchien die hierarchische Organisation von Computern und Anwenderinnen und Anwendern, indem Anforderungen über Eltern-Kind-Beziehungen definiert werden.

Dies dient zur Steuerung der Zugriffskontrollen. Zugriffskontrollen, die auf einer übergeordneten Ebene definiert wurden, werden nach unten vererbt und gelten für alle Kindelemente. Ein *Hierarchieknoten* kann in mehreren Umgebungen verwendet werden.

Abbildung 3.8 Zuweisung von Ausführungszeitfenstern über Hierarchien

- **Verwaltung von Umgebungen**
  Umgebungen (engl. *Environments*) ermöglichen Ihnen die Definition und Verwaltung von Entwicklungs-, Test- und Produktionschiene. Es gibt keine Begrenzung für die Anzahl oder Typen der Umgebungen, die definiert werden. Umgebungen unterstützen benutzerdefinierte Variablen und sind mit den Agentenhierarchien verknüpft, um eine granulare Steuerung der Agentenbereitstellung zu ermöglichen. Eine Umgebung kann mehrere Projekte und Pakete enthalten.

- **Verwaltung von Paketen**
  Aus dem Desktop Studio exportierte Pakete werden zur Konfiguration, Ausführung und Überwachung in die Cloud Factory importiert. Jedes Paket kann mehrere Konfigurationen unterstützen, die den Ausführungsmodus (attended oder unattended), die Agentenumgebung für die Ausführung sowie Datums- und Zeitbereiche festlegen, in denen die Ausführung erfolgen kann. Ein Paket kann mehrere Konfigurationen enthalten.
- **Verwaltung und Überwachung von Jobs**
  Die Cloud Factory ermöglicht die Überwachung der Job-Ausführung, u. a. des Fertigstellungsstatus, der Ausführungszeit, der verbundenen Agenten und deren Status. Außerdem können Sie hier eine Historie der ausgeführten Jobs auswerten.

  Eine Konfiguration kann im Laufe der Zeit eine beliebige Anzahl von Jobs haben.

Wie Sie Pakete in die Cloud Factory importieren und Ihre Automatisierungsprojekte verwalten, beschreiben wir ausführlicher in Kapitel 9, »Deployment und Ausführung von Bots«.

[+]

Vorkonfigurierte Bots und Pakete aus dem Store

Der *SAP Intelligent RPA Store* ist global verfügbar und direkt von der Cloud Factory aus für alle registrierten Nutzerinnen und Nutzer zugänglich. In einer von SAP bereitgestellten Bibliothek haben Sie hier umfassenden Zugriff auf vordefinierten und konfigurierten Content für die Automatisierung Ihrer Projekte. Dies kann die Produktivität von Projektautomatisierungskonfigurationen deutlich erhöhen. Eine Suchfunktion, verschiedene Filter und Inhaltsbeschreibungen helfen Ihnen bei verschiedenen Problemlösungen.

3.6 Zusammenwirken der Komponenten

Phasen eines Bot-Entwicklungsprojekts

Automatisierungsprojekte in SAP Intelligent RPA werden unter Verwendung der vier Hauptkomponenten von SAP Intelligent RPA für die Bot-Entwicklung, das Deployment und die Konfiguration sowie die Ausführung und Überwachung in einer definierten Reihenfolge entwickelt, ausgeliefert und überwacht (siehe Abbildung 3.9). In diesem Abschnitt werden die Phasen der Bot-Projektlieferung entlang dieser Komponenten erläutert.

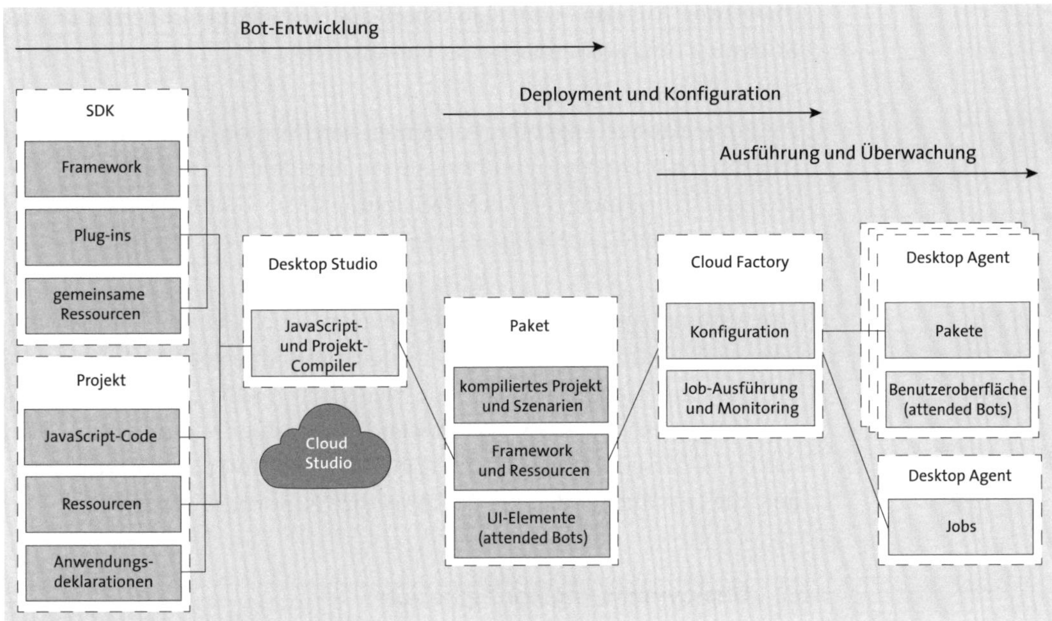

Abbildung 3.9 Hauptkomponenten von SAP Intelligent RPA

3.6.1 Bot-Entwicklung

Desktop Studio oder Cloud Studio

Während der Bot-Entwicklungsphase verwendet das RPA-Entwicklerteam das Desktop Studio oder das Cloud Studio (siehe Abschnitt 3.2 und Abschnitt 3.3), um die zu automatisierenden Anwendungen zu erfassen und zu konfigurieren, Workflows zu definieren und Skripte zu ändern. Das Desktop Studio nutzt den Desktop Agent, um Projekte zu testen und zu debuggen. Ziel des Desktop Studio ist auch, die Bot-Entwicklung im Sinne von Low-Code oder No-Code einfacher zu gestalten. Zukünftig soll das Desktop Studio durch das Cloud Studio abgelöst werden, das heißt, die Entwicklungsumgebung wird vollständig in der Cloud betrieben und über einen Webbrowser aufgerufen.

Schritte der Bot-Entwicklung

Die Bot-Entwicklung umfasst im Wesentlichen folgende Arbeitsschritte:

1. **Application Capturing**
   Erfassung der zu automatisierenden Anwendungen sowie deren Benutzeroberflächenelemente (Schaltflächen usw.), die bei der Automatisierung des Geschäftsprozesses durch den Bot verwendet werden sollen.
2. **Workflow-Design**
   Sobald die Anwendungen erfasst sind, können Workflows erstellt werden, die die sequenzielle Interaktion des Bots mit den Anwendungen beschreiben, einschließlich Schritten wie der Anmeldung bei der Anwen-

dung, der Auswahl von Elementen auf der Benutzeroberfläche, der Erfassung und Verwendung von Variablen usw.

3. **Testen und Debugging**
   Die Entwicklungsumgebung verwendet den Desktop Agent, um Automatisierungen lokal oder remote zu testen und den Bot zu debuggen. Dies ermöglicht es Ihnen, die Automatisierung zu validieren, bevor sie paketiert und in der Cloud Factory bereitgestellt wird.
4. **Paket-Export**
   Ein Automatisierungsprojekt im Desktop Studio enthält die Anwendungsdeklaration, das Workflow-Design, die Framework-Komponenten, die gemeinsamen Ressourcen und vieles mehr. Sobald die Entwicklung abgeschlossen ist, werden alle notwendigen Bestandteile zu einem Paket zusammenfasst. Das Paket kann nun in eine Archivdatei exportiert werden, die anschließend in die Cloud Factory importiert werden kann.

3.6.2 Deployment und Konfiguration

Sobald das Paket für die Bereitstellung in der Cloud Factory erstellt wurde, konfiguriert das RPA-Entwicklerteam die Eigenschaften des Pakets, z. B. die Versionsnummer. Im nächsten Schritt wird das Paket aus dem Desktop Studio exportiert, in die Cloud Factory importiert und dort weiter konfiguriert.

Schritte für Deployment und Konfiguration

Deployment und Konfiguration umfassen im Wesentlichen folgende Arbeitsschritte:

1. **Umgebungen und Agentenhierarchie**
   Umgebungen und Agentenhierarchien müssen für jede Umgebung definiert werden, in der die Desktop-Agenten Automatisierungsschritte ausführen sollen. Diese müssen nur bei Bedarf angepasst werden, beispielsweise bei Änderungen in der IT-Landschaft, die sich auf die Hierarchien oder Umgebungen auswirken.
2. **Paket-Import**
   Das aus dem Desktop Studio exportierte Paket wird in die Cloud Factory importiert. Während des Imports wird die Integrität des Pakets überprüft.
3. **Paket-Konfiguration**
   Nach dem Import muss mindestens eine Konfiguration für das Paket erstellt werden, die unter anderem Anmeldeinformationen wie Benutzernamen und Passwörter sowie die Zeitplanung enthält.

3.6.3 Ausführung und Überwachung

Nach der Konfiguration ist das Paket bereit zur Ausführung. Paket-Konfigurationen können sowohl für beaufsichtigte (attended) als auch für unbeaufsichtigte (unattended) Automatisierungsszenarien definiert werden:

- Attended Szenarien erfordern eine Benutzerinteraktion: Sobald das Paket an einen Agenten in einer Umgebung verteilt wird, wird ein Desktop-Menü angezeigt, über das die Benutzerinnen und Benutzer mit dem Agenten interagieren oder beispielsweise einen Workflow starten können.
- Unattended Szenarien werden automatisch auf Basis des in der Konfiguration festgelegten Zeitplans ausgeführt, können allerdings auch manuell gestartet werden.

Schritte für Ausführung und Überwachung

Die Ausführung und Überwachung einer Automatisierungslösung umfasst im Wesentlichen die folgenden Arbeitsschritte:

1. **Job-Ausführung**
   Konfigurierte Pakete werden zur Ausführung an Instanzen des Desktop Agent verteilt. Je nach Konfiguration kann ein Job automatisch, z. B. per Zeitschaltuhr, ausgeführt werden oder darauf warten, dass eine Benutzerin oder ein Benutzer ihn auslöst.
2. **Job-Überwachung**
   Der Desktop Agent führt den Auftrag aus. Daraufhin werden der Ausführungsstatus und die Ergebnisse an die Cloud Factory zurückübermittelt, wo sie auch überwacht werden können. Jobs über alle bereitgestellten Agenten hinweg können im Monitoring-Bereich der Cloud Factory überwacht werden, beispielsweise der Job-Status oder aufgetretene Fehler.
3. **Agentenüberwachung**
   Der Status aller eingesetzten Agenten kann in der Cloud Factory transparent und auf einen Blick dargestellt werden. Autorisierte Benutzerinnen und Benutzer können Agenten bei Bedarf direkt abschalten.

Wie Sie sehen, orientiert sich das Zusammenspiel der drei Hauptkomponenten von SAP Intelligent RPA am Prozess zur Entwicklung, Bereitstellung und Überwachung von Softwarerobotern. Jede der drei vorgestellten Komponenten hat einen klar abgegrenzten Einsatzzweck. Das integrierende Element zwischen allen drei Komponenten stellt das Paket dar, in dem alle für das jeweilige Prozessautomatisierungs-Szenario erforderlichen Informationen gebündelt sind.

3.7 Zusammenfassung

In diesem Kapitel haben Sie das RPA-Tool SAP Intelligent Robotic Process Automation kennengelernt. Wir haben die Hauptkomponenten des Tools vorgestellt und ihre jeweiligen Funktionen und Bestandteile erläutert. Die wichtigsten Hauptkomponenten sind das Desktop Studio, das Cloud Studio, der Desktop Agent und die Cloud Factory. Sie müssen nicht nur einzeln funktionieren, sondern auch miteinander interagieren, um eine lauffähige Automatisierung mit SAP Intelligent RPA zu erstellen.

Nachdem Sie nun einen spezifischen Überblick über SAP Intelligent RPA gewonnen haben, widmet sich das folgende Kapitel 4, »Capturing und Deklaration von Anwendungen«, das gleichzeitig auch den Beginn von Teil II des Buchs darstellt, Schritt für Schritt der konkreten Entwicklung eines Bots.

TEIL II

Entwicklung eines Bots

Kapitel 4

Capturing und Deklaration von Anwendungen

Sämtliche Anwendungen und Fenster, die im Workflow Verwendung finden sollen, müssen zunächst aufgenommen werden. In diesem Kapitel erfahren Sie, wie Sie diese Aufnahme von Prozessschritten, das Capturing sowie die Deklaration von Anwendungen erfolgreich bewerkstelligen.

Aufbau des Kapitels

Mit SAP Intelligent RPA erstellte Bots greifen für den Prozess, den sie automatisieren, auf eine Vielzahl von Anwendungen zu. Sie lesen Daten aus Eingabemasken, lösen Ereignisse durch das Betätigen von Schaltflächen aus oder tragen Daten in Eingabefelder ein. Die dazu erforderlichen Technologien für die Integration in den Automatisierungsprozess stellen wir Ihnen in Abschnitt 4.1 vor. Im Anschluss erläutern wir die ersten Schritte eines solchen Automatisierungsprozesses anhand unseres Beispielunternehmens, der Maschinenbau GmbH. Dazu stellen wir Ihnen in Abschnitt 4.2 zunächst das Szenario vor, das die Maschinenbau GmbH zukünftig automatisieren möchte.

Um einen Prozess in der Praxis zu automatisieren, müssen Sie zunächst ein Projekt anlegen (siehe Abschnitt 4.3). Damit ein Bot auf die Anwendungen zugreifen und auch identifizieren kann, welches konkrete Element einer Anwendung angesteuert werden soll (Eingabefeld, Schaltfläche, Liste usw.), müssen die Anwendungen und ihre Elemente anschließend zuerst erfasst und für die Verwendung in einem RPA-Workflow beschrieben werden. Dieser Vorgang wird auch als *Deklaration* bezeichnet und einführend in Abschnitt 4.4 sowie weiterführend in Abschnitt 4.5 vorgestellt.

Dies ist der erste Schritt der Entwicklung eines Bots in der RPA-Entwicklungsphase (siehe Abschnitt 1.3, »Robotic Process Automation und Projektmanagement«). In diesem Kapitel wird folglich erläutert, welche Technologien genutzt werden können, um eine Vielfalt an Anwendungen in einen automatisierten Prozess zu integrieren. Zudem zeigen wir auf, wie Anwendungen zunächst durch das *Capturing* erfasst und dann deklariert werden.

4.1 Technologien für die Integration in den Automatisierungsprozess

RPA-Lösungen ergeben insbesondere dann Sinn, wenn sie den Nutzerinnen und Nutzern repetitive Aktivitäten abnehmen können und für eine Aufgabe Daten aus verschiedenen Anwendungen sammeln bzw. Daten von einer Anwendung in eine andere Anwendung übertragen. RPA-Lösungen müssen somit in der Lage sein, mit einer Vielzahl unterschiedlicher Anwendungen zu interagieren. Das können klassische Windows-Anwendungen, Anwendungen auf Basis von Java oder .NET, Anwendungen, auf die über eine Remote-Desktop-Verbindung zugegriffen wird, oder solche, die in einem Webbrowser laufen, sein.

Integrationsarchitektur

SAP Intelligent RPA nutzt die in Abschnitt 3.4, »Desktop Agent«, beschriebene Architektur des Desktop Agent, um Bots den Zugriff auf Anwendungen mit unterschiedlicher technischer Basis zu ermöglichen. Es gibt eine Reihe von Konnektoren, die zwischen die Betriebssystemebene und die verschiedenen Anwendungen geschaltet sind. Diese Konnektoren erlauben den Zugriff auf Anwendungen und ihre Elemente (also Eingabefelder, Schaltflächen usw.) über Technologien, die das Betriebssystem und der Webbrowser bereitstellen. Für bestimmte Anwendungen wie Microsoft Outlook, Word und Excel besitzt SAP Intelligent RPA auch ein explizites API (Application Programming Interface). Die Konnektoren werden in der Phase der RPA-Entwicklung durch das Desktop Studio genutzt, um Anwendungen zu *deklarieren*, das heißt, für die Verwendung im Bot zu erfassen. Ist der Bot entwickelt und läuft auf den Rechnern der Nutzerinnen und Nutzer, greift er mithilfe des Desktop Agent auf die gewünschten Anwendungen zu.

Unterstützte Technologien

Die Konnektoren unterstützen zwei Gruppen von Technologien, auf denen verschiedene Anwendungen aufbauen: Desktop-Technologien und Web-Technologien:

- **Desktop-Technologien**
  Unter *Desktop-Technologien* werden alle unter Windows ausführbaren Dateien mit der Endung **.exe** mit einer Benutzeroberfläche verstanden. Dies umfasst Anwendungen, die das 32-Bit-API von Windows bzw. die Grafik-Frameworks des .NET-Frameworks – das heißt *Windows Forms* und *Windows Presentation Foundation* (WPF) – nutzen. Dazu zählen aber auch Anwendungen, die mit der Programmiersprache Java, dem Anwendungs-Framework Qt oder unter Verwendung des Browser-Plug-ins Silverlight entwickelt wurden.

- **Web-Technologien**
Unter *Web-Technologien* werden alle Anwendungen zusammengefasst, die in einem Webbrowser laufen, das heißt, die HTML die damit verbundenen bzw. darauf aufbauenden Technologien nutzen. Unterstützt werden Mozilla Firefox, Google Chrome, Microsoft Edge und Microsoft Internet Explorer.

4.2 Beispiel: Automatisierter Zielprozess der Maschinenbau GmbH

Wie Sie beim Capturing und der Deklaration der Anwendungen vorgehen, zeigen wir Ihnen in diesem Kapitel anhand der Maschinenbau GmbH. Zur Erinnerung: Das Beispielunternehmen Maschinenbau GmbH befindet sich in einem RPA-Testprojekt, durch das der Bestellprozess zukünftig automatisiert und dementsprechend von einem Bot realisiert werden soll.

Im Anschluss an die Bewertung und die sorgfältige Analyse des Bestellprozesses wird ein automatisierter Prozess entwickelt, der die Vorteile von SAP Intelligent RPA nutzt. Die monotonen Tätigkeiten der Sachbearbeiterinnen und Sachbearbeiter können somit automatisiert und Fehler vermieden werden. Dadurch bleibt den Mitarbeitenden mehr Zeit, um sich mit komplexeren Aufgaben zu beschäftigen und dem Unternehmen mit ihrer fachlichen Expertise helfen zu können. Wir stellen Ihnen den zukünftigen Prozess, der für die Maschinenbau GmbH entwickelt wurde, im Folgenden vor.

Zukünftiger Prozess der Maschinenbau GmbH

Allen Kundinnen und Kunden der Maschinenbau GmbH steht eine Bestell-App zur Verfügung, um ihren Bestellvorgang durchzuführen. Die Kundinnen und Kunden nutzen diese App über ihren Webbrowser, um Bestellungen zu erstellen. Hierbei erfassen sie Informationen wie ihre Kundennummer, E-Mail-Adresse und die Excel-Datei mit den Bestelldaten. Diese Daten werden dann in einer Liste gespeichert. Auf diese Liste kann die Maschinenbau GmbH zum Anlegen von Bestellungen zugreifen.

Der Bot wird durch ein Event werktags jeweils um 08:00 Uhr sowie um 14:00 Uhr aktiviert (mehr dazu in Kapitel 5, »Workflows designen«). Die Excel-Datei, die der Bestellung beiliegt, wird auf dem Rechner der Mitarbeiterin oder des Mitarbeiters der Maschinenbau GmbH abgespeichert. Daraufhin sucht die Automatisierung alle Bestelleinträge in der vorliegenden Liste und arbeitet die Listeneinträge Schritt für Schritt ab. Sobald der Bestellungsprozess eines Kunden abgeschlossen wurde, beginnt der Bot mit der Bearbeitung der nächsten Bestellung. Dieser Prozess wird so lange ausgeführt, bis keine weiteren Bestellungen mehr vorliegen.

Der Prozess zur Identifizierung des Listeneintrags für die Bestellung wird innerhalb einer Schleife wiederholt und stellt sich wie folgt dar: Zunächst wird der erste Listeneintrag ohne vorhandene Bestellnummer ausgewählt, und die entsprechende Excel-Datei wird geöffnet. Sollte keine Excel-Datei vorzufinden sein, weist der Bot die Kundin oder den Kunden mit einer vordefinierten Nachricht darauf hin, dass keine entsprechende Excel-Datei hochgeladen wurde. Wenn die Excel-Datei vorhanden ist, wird die Excel-Datei unter einem vordefinierten Pfad auf dem Rechner der Mitarbeiterin oder des Mitarbeiters der Maschinenbau GmbH gespeichert, und anschließend werden die Bestellanlagen aus der Excel-Datei extrahiert.

Daraufhin erfolgt ein Zugriff auf das SAP-System über den Aufruf eines *Business Application Add-ins* (BAPI) . Dabei wird die Bestellung über in einem Skript implementierte Methoden ausgelöst. Nachdem die Daten im SAP-System verbucht wurden, wird die dabei entstandene Bestellnummer in die Excel-Datei mit der Bestellung geschrieben. Die Excel-Datei wird dann gespeichert und zusammen mit einem vordefinierten Text per E-Mail als Bestellbestätigung an die Kundin oder den Kunden zurückgesandt.

4.3 RPA-Projekt anlegen

Die Entwicklung von Bots erfolgt im Desktop Studio von SAP Intelligent RPA. Wie Sie in Kapitel 3, »Einführung in SAP Intelligent Robotic Process Automation«, erfahren haben, wird das Desktop Studio nur auf den Rechnern der RPA-Entwicklerinnen und -Entwicklern installiert. Diese stellen ihre entwickelten Bots dann über die Cloud Factory den Endanwenderinnen und Endanwendern zur Verfügung.

Desktop-Studio-Projekte

Im Desktop Studio erfolgt die Entwicklung der Bots immer in einem ganzheitlichen Projekt. Ein Projekt in Desktop Studio ist eine Art Container und beinhaltet alle für die Entwicklung einer bestimmten RPA-Lösung notwendigen Inhalte:

- Deklarationen von Anwendungen
- Workflow-Dateien
- Weitere Projektressourcen (UI-Elemente, JavaScript-Dateien)

Projekt anlegen

Für die Anlage eines neuen Projekts in SAP Intelligent RPA gehen Sie wie folgt vor:

1. Zunächst starten Sie SAP Intelligent RPA, indem Sie im Windows-Startmenü im Ordner **SAP Intelligent Robotic Process Automation** den Eintrag **Desktop Studio** auswählen (siehe Abbildung 4.1).

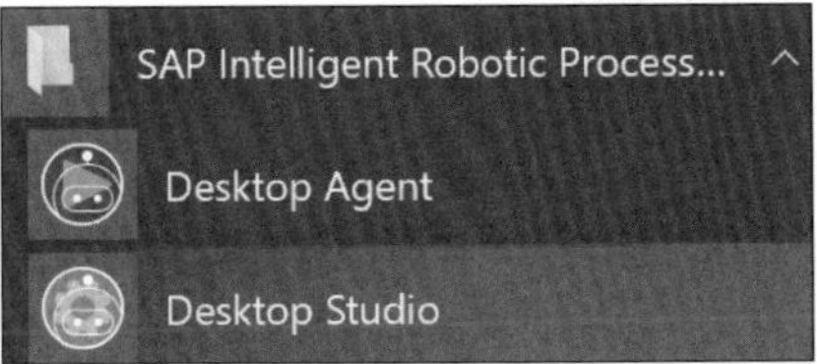

Abbildung 4.1 SAP Intelligent RPA im Windows-Startmenü

2. Das Desktop Studio wird daraufhin geladen. Rufen Sie dann in der Anwendung über das Menü **File** den Eintrag **New Project...** auf (siehe Abbildung 4.2).

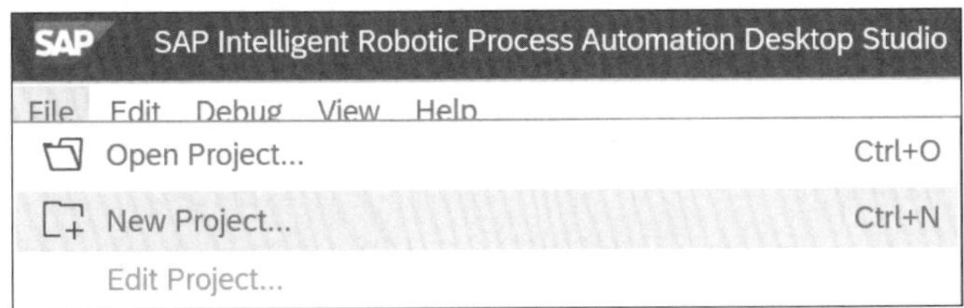

Abbildung 4.2 Anlegen eines neuen Projekts

3. Im Anschluss daran öffnet sich ein Dialogfenster (siehe Abbildung 4.3).

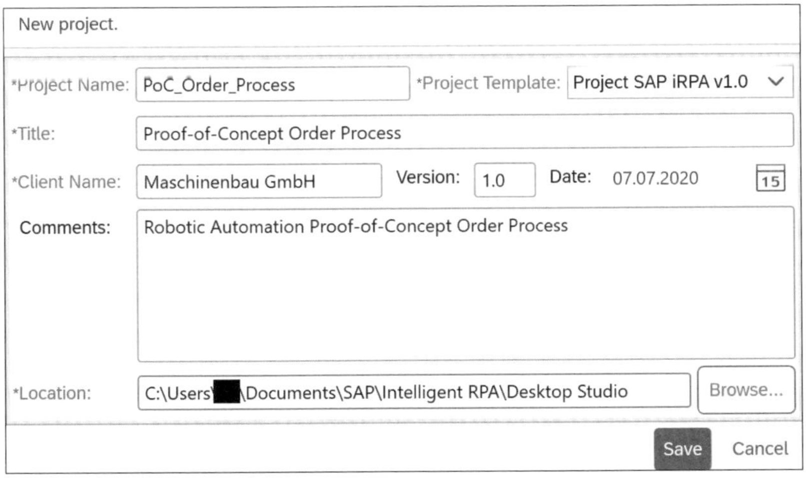

New project.

*Project Name: PoC_Order_Process *Project Template: Project SAP iRPA v1.0

*Title: Proof-of-Concept Order Process

*Client Name: Maschinenbau GmbH Version: 1.0 Date: 07.07.2020 15

Comments: Robotic Automation Proof-of-Concept Order Process

*Location: C:\Users\█\Documents\SAP\Intelligent RPA\Desktop Studio Browse...

Save Cancel

Abbildung 4.3 Information für die Anlage eines neuen Projekts

Hier geben Sie die wichtigsten Informationen für Ihr Projekt ein:

- **Project Name**: Das ist der technische Name für Ihr Projekt (z. B. »PoC_Order_Process«).
- **Project Template**: Das ist die Vorlage, die für Ihr Projekt verwendet wird. Wählen Sie hier **Project SAP iRPA v1.0** aus. Die anderen verfügba-

ren Vorlagen sind für ältere Versionen von SAP Intelligent RPA gedacht und werden für neue Projekte nicht verwendet.

- **Title**: In diesem Feld geben Sie den Anzeigenamen für das Projekt an.
- **Client Name**: Dies ist der Name des Kunden, für den die Automatisierung entwickelt wird (z. B. »Maschinenbau GmbH«).
- **Location**: Dies ist der Pfad im Dateisystem, wo das Projekt mit seinen Dateien abgelegt wird. Als Standard wird hier der Pfad **Dokumente\SAP\Intelligent RPA\Desktop Studio** Ihres Windows-Nutzerkontos vorgeschlagen. Sie können auch einen anderen Pfad wählen.

4. Arbeiten Sie nicht an der ersten Version eines Bots, können Sie die Angabe im Feld **Version** noch ändern. Andernfalls behalten Sie den Standardwert 1.0 einfach bei.
5. Ebenso optional können Sie unter **Comments** eine Beschreibung Ihres Projekts hinterlegen.
6. Speichern Sie Ihre Angaben in diesem Dialogfenster anschließend mit **Save**.

Ordnerstruktur des Projekts

Desktop Studio legt mit Ihren Angaben die in Abbildung 4.4 gezeigte Ordnerstruktur inklusive der Projektdatei mit der Endung **.pscp** für das neue Projekt an. Jetzt ist alles bereit, um mit der Entwicklung des Bots beginnen zu können.

> Dieser PC > Documents > SAP > Intelligent RPA > Desktop Studio > Test ABC >

Name	Änderungsdatum	Typ	Größe
local	24.04.2020 11:34	Dateiordner	
log	24.04.2020 11:33	Dateiordner	
PoC_Order_Process_Screens	24.04.2020 11:33	Dateiordner	
workflows	18.06.2020 11:02	Dateiordner	
%appli%.pscp	24.04.2020 11:33	Desktop Studio Proje...	1 KB
%appli%.pscr	24.04.2020 11:33	PSCR-Datei	1 KB
%process%.pscp	24.04.2020 11:33	Desktop Studio Proje...	1 KB
PoC_Order_Process.pscp	27.05.2020 15:47	Desktop Studio Proje...	7 KB
PoC_Order_Process.pscp.sol	24.04.2020 11:34	SOL-Datei	2 KB
PoC_Order_Process.pscr	24.04.2020 11:33	PSCR-Datei	1 KB

Abbildung 4.4 Ordnerstruktur des neuen Projekts

4.4 Deklaration

Unter der Deklaration versteht man die Erfassung von Elementen von Anwendungen und ihre eindeutige Beschreibung, damit diese für die Verwendung in einem RPA-Workflow genutzt werden können.

Pages und Components

Aus Sicht des Desktop Studio besteht eine Anwendung aus einer Anzahl von *Pages* (Seiten). Diese Pages enthalten verschiedene *Components* (Komponenten), also einzelne Elemente der Anwendung. Pages können auch zusätzlich andere Pages beinhalten (sogenannte *Sub Pages*).

Ein mit SAP Intelligent RPA automatisierter Prozess benötigt selten Zugriff auf alle Pages und Components einer Anwendung. Deswegen werden nur die benötigten Pages und Components für die Verwendung durch den Desktop Agent deklariert, wie in Abbildung 4.5 (mittlerer Bereich) zu sehen ist.

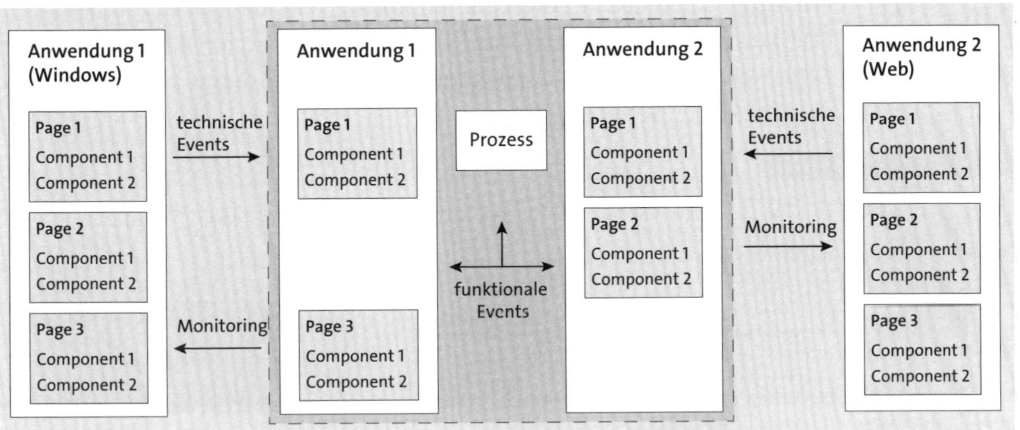

Abbildung 4.5 Auswahl der Pages und Components für eine Applikation

Die Aufteilung auf Pages und Components gilt für Desktop- und Webanwendungen gleichermaßen. Pages für beide Arten von Anwendungen werden als ein *Dokumenten-Objekt-Modell* (DOM) in Desktop Studio dargestellt. Ein DOM können Sie sich wie einen Baum vorstellen, der sämtliche technisch unterscheidbaren Elemente der Benutzeroberfläche (UI-Elemente) einer Anwendung enthält.

Deklaration von Outlook-Elementen

In den folgenden Abschnitten zeigen wir Ihnen die Technik der Deklaration am Beispiel des Automatisierungsprojekts der Maschinenbau GmbH. Um die Erfassung der per E-Mail erhaltenen Bestellungen automatisieren zu können, müssen in diesem Szenario Elemente von Microsoft Outlook als Pages und Components deklariert werden. Abschnitt 4.4.1, »Deklaration von Windows-Anwendungen«, stellt die Technik der Deklaration für Microsoft-Windows-Anwendungen mithilfe der Benutzeroberflächenautomatisierung dar. Abschnitt 4.4.2, »Deklaration von Webanwendungen«, erläutert die Deklaration von Webanwendungen. Die Vorgehensweise unterscheidet sich in diesen beiden Fällen nur geringfügig, jedoch sollten Sie jeweils einige Besonderheiten bei der Erfassung von Elementen berücksichtigen.

4.4.1 Deklaration von Windows-Anwendungen

Deklaration einer Outlook-Anwendung

Als Beispiel für eine Deklaration soll für das Automatisierungsprojekt der Maschinenbau GmbH Microsoft Outlook als eine Anwendung erfasst werden. In Outlook repräsentiert die Ansicht der E-Mail-Konten mit ihren Ordnern (z. B. Posteingang, Gesendet, Postausgang usw.) eine Page. Per Doppelklick auf eine Nachricht in einem Ordner wird diese geöffnet. Es öffnet sich ein Fenster mit dem Inhalt der E-Mail, und es werden Möglichkeiten zur Aktion wie Weiterleiten oder Antworten angezeigt. Damit diese Aktionen durch SAP Intelligent RPA genutzt werden können, muss dieses Fenster als weitere Page erfasst werden. Abbildung 4.6 zeigt die Deklarationssicht im Desktop Studio, die sogenannte *Explorer-Perspektive*, mit diesen zwei Pages. Wie Sie vorgehen, um diese beiden Pages zu deklarieren, zeigen wir Ihnen im Folgenden Schritt für Schritt.

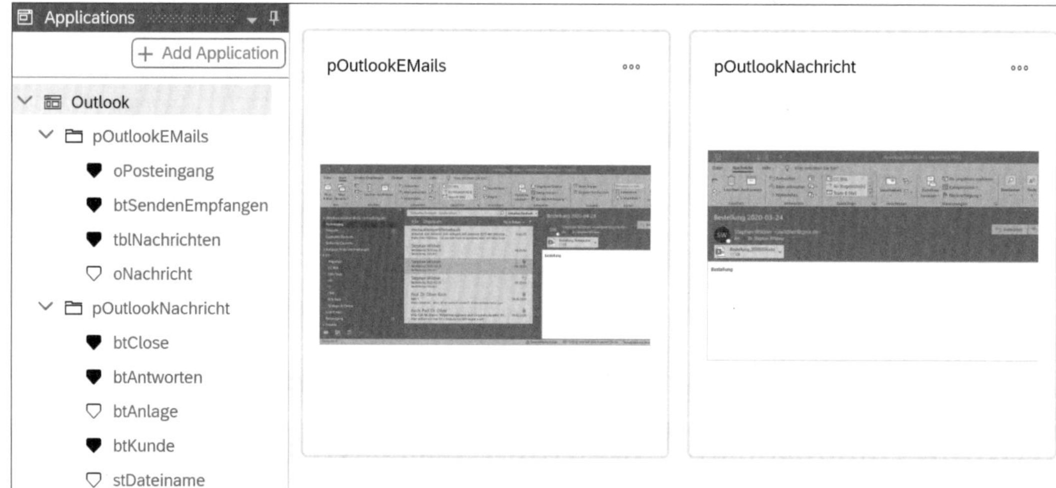

Abbildung 4.6 Deklaration von Microsoft Outlook mit zwei Pages

Öffnen Sie die zweite Page; indem Sie den Eintrag **pOutlookNachricht** im Menübaum auswählen, wird – wie in Abbildung 4.7 gezeigt – der DOM-Baum für diese Page mit all seinen Elementen sichtbar, z. B. der Betreff einer E-Mail, der Nachrichtentext oder die Schaltfläche zum Antworten auf die E-Mail.

Je nachdem, was Sie für Ihr RPA-Projekt benötigen, können Sie weitere Pages anlegen. Diese könnten z. B. das Antwortfenster oder die Kalenderansicht repräsentieren.

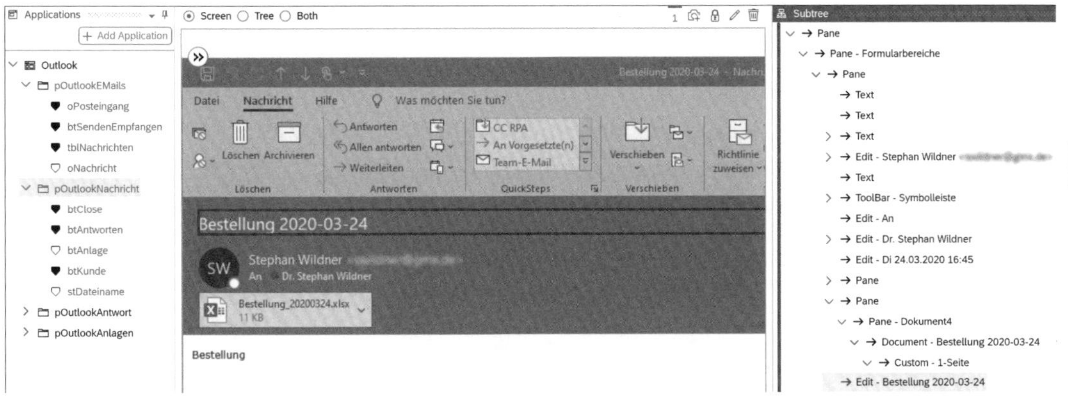

Abbildung 4.7 Screenshot und DOM einer Page

Deklaration einer Desktop-Anwendung

Für die Deklaration einer Desktop-Anwendung gehen Sie wie folgt vor:

1. Falls noch nicht geschehen, legen Sie ein Projekt im Desktop Studio an, so wie wir es in Abschnitt 4.3, »RPA-Projekt anlegen«, beschrieben haben. Falls Ihr Projekt schon existiert, öffnen Sie es, indem Sie im Desktop Studio im Menü **File** auf **Open Project...** klicken (siehe Abbildung 4.8).

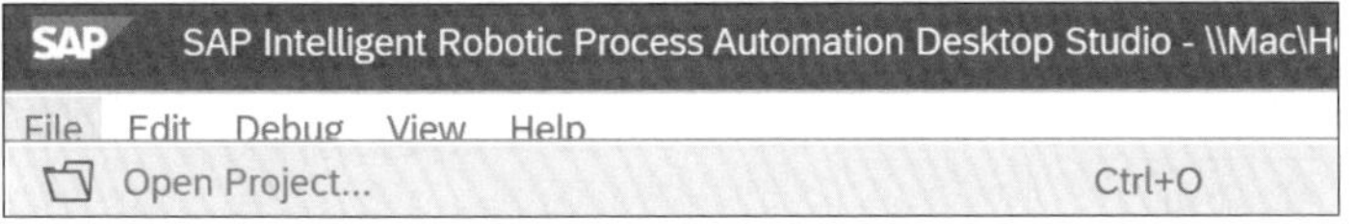

Abbildung 4.8 Öffnen eines bestehenden Projekts

2. Wählen Sie die passende Projektdatei mit der Dateiendung **.pscp** aus, und klicken Sie auf **Öffnen**. In der Regel finden sich die Projekte unter dem Pfad **Dokumente\SAP\Intelligent RPA\Desktop Studio** Ihres Windows-Nutzerkontos (siehe Abbildung 4.9).

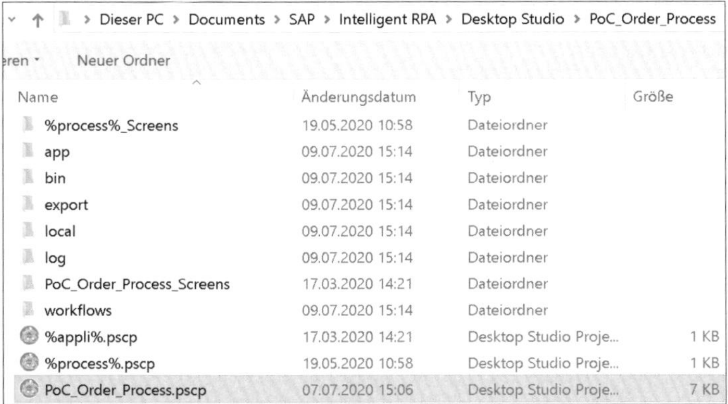

Abbildung 4.9 Projektdatei auswählen

3. Starten Sie die Anwendung, die Sie deklarieren möchten, sofern sie noch nicht läuft.
4. Zurück im Desktop Studio wechseln Sie in den Bereich **Applications** über das entsprechende Symbol (siehe Abbildung 4.10).

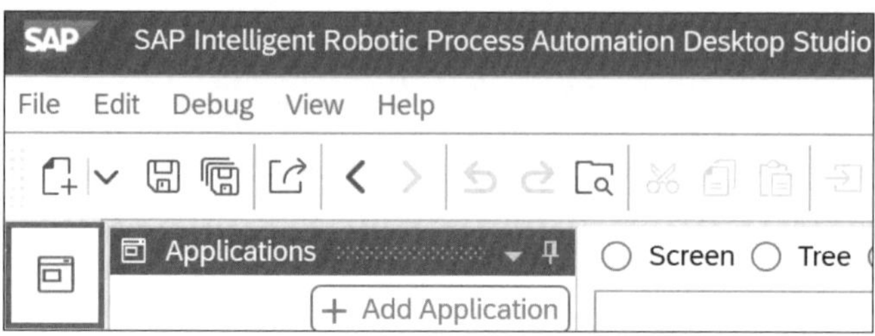

Abbildung 4.10 Bereich »Applications« aufrufen

5. Dort wählen Sie die Schaltfläche **Add Application** aus, um eine neue Applikation zu deklarieren.
6. Im sich öffnenden Dialogfenster wählen Sie zunächst die Technologie der Anwendung aus dem Drop-down-Menü **Technology** aus. Da wir Pages aus Microsoft Outlook deklarieren möchten, entscheiden wir uns hier für **WIN**, was für die Interaktion mit Windows-Anwendungen steht (siehe Abbildung 4.11).

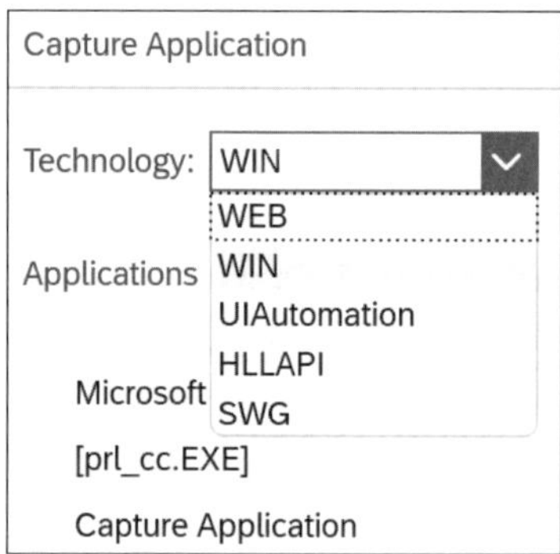

Abbildung 4.11 Auswahl der Technologie

Auswahl der Technologie im Desktop Studio

Für die Deklaration einer Windows-Anwendung können Sie im Drop-down-Menü **Technology** entweder **WIN** oder **UIAutomation** auswählen:

- Der WIN-Treiber ermöglicht den vollständigen Zugriff auf eine Windows-Anwendung, die das 32-Bit-API oder Windows Forms nutzt.
- Das Standardprotokoll **UIAutomation** stellt eine Untermenge der Zugriffsmöglichkeiten auf eine Windows-Anwendung bereit und ist auf

die grafische Nutzerschnittstelle beschränkt. Mit **UIAutomation** können neben 32-Bit-API- und Windows-Forms-Applikationen auch Applikationen auf Basis von Windows Presentation Foundation, Silverlight oder Qt deklariert werden.

Möchten Sie stattdessen eine Java-Anwendung mit einer grafischen Oberfläche deklarieren, die z. B. das *Abstract Window Toolkit* (AWT) oder das *Swing-GUI-Toolkit* nutzt (JRE/JDK 8), wählen Sie **SWG** aus.

Der Treiber **HLLAPI** ist schließlich für Anwendungen gedacht, die auf einem Mainframe-Computer laufen und auf die Sie über ein Terminal zugreifen, das eine Schnittstelle entsprechend des *High Level Language Application Programming Interface* (HLLAPI) bereitstellt.

7. Bei der Einstellung **Capture** können Sie die Option **Print Windows** ausgewählt lassen (siehe Abbildung 4.12). Mit dieser Einstellung wird bei Auswahl einer Applikation nur das Fenster der gewählten Applikation im Dialogfenster angezeigt. Stellen Sie den Wert dagegen auf **Screenshot** um, wird der gesamte Bildschirm mit dem Fenster der gewählten Applikation angezeigt.

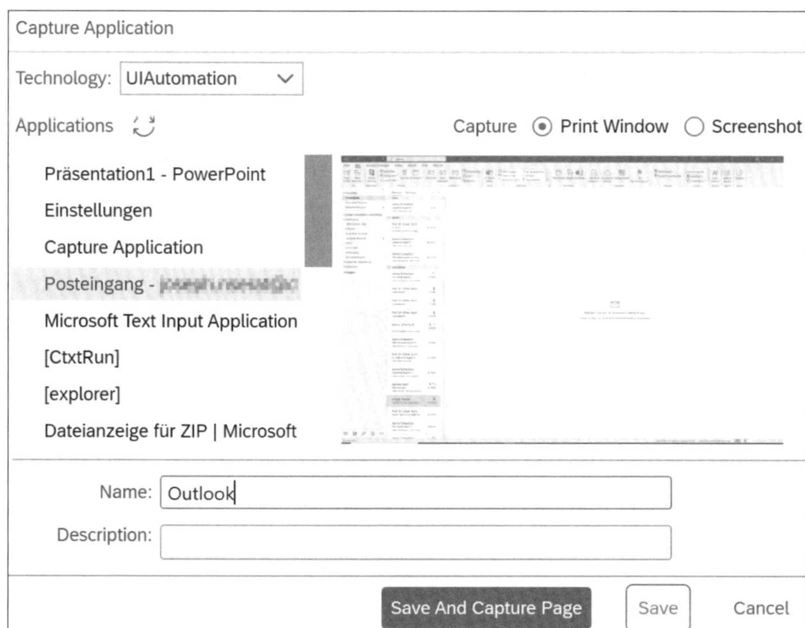

Abbildung 4.12 Auswahl des erfassten Bildschirmbereichs

Erfassen von Pages für die Anwendung

Sobald die Anwendung deklariert ist, können Sie mit dem Hinzufügen der Pages beginnen. Pro Anwendung muss mindestens eine Page deklariert sein, um Automatisierungen auf dieser Page durchführen zu können. Im Folgenden erfahren Sie, wie der Posteingang von Outlook für die Maschinenbau GmbH als Page deklariert wird:

1. Navigieren Sie zur deklarierten Outlook-Anwendung im Bereich **Applications**, und klicken Sie doppelt auf die Anweisung **Double-Click to Capture a New Page** im Hauptbereich (siehe Abbildung 4.13). Alternativ können Sie auch mit der rechten Maustaste auf die Anwendung klicken, um das Kontextmenü zu öffnen, und den Eintrag **New Page** wählen.

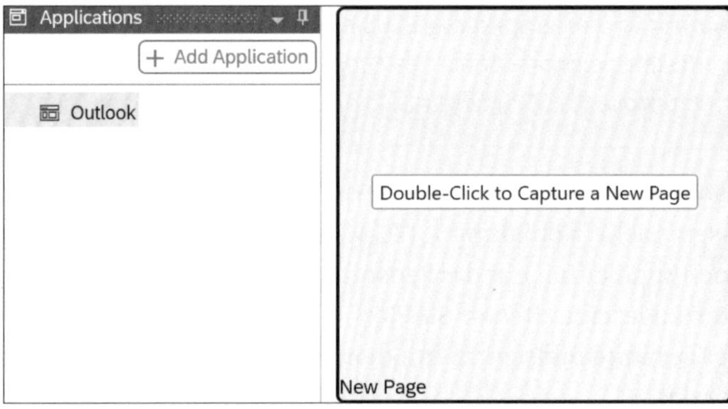

Abbildung 4.13 Capturing einer Page beginnen

2. Nun klicken Sie im linken Bereich auf das Aktualisieren-Symbol (⟳).
3. Dann suchen Sie in der vorliegenden Liste den Posteingang heraus (siehe Abbildung 4.14), markieren ihn und klicken auf **Scan And Capture**.

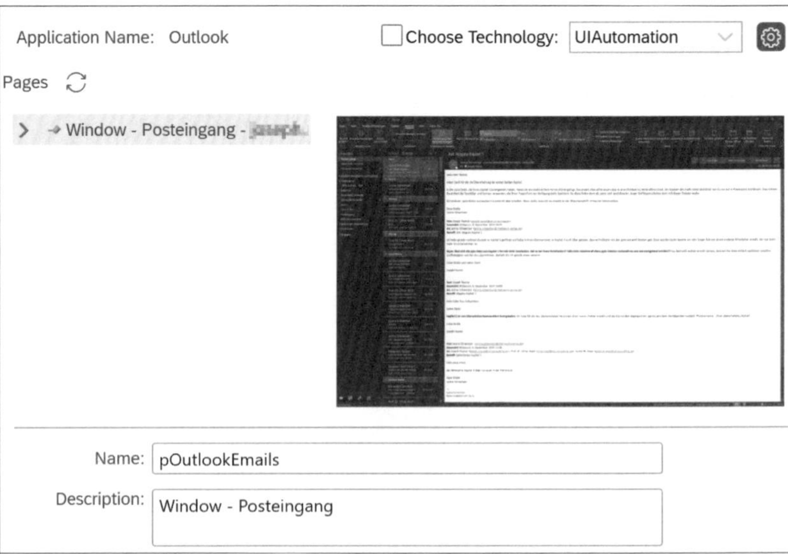

Abbildung 4.14 Auswahl des Posteingangs

4. In Abbildung 4.15 sehen Sie, wie Ihre Ansicht im Anschluss aussehen sollte. Die so erfasste Page wird auch als *Capture* bezeichnet.

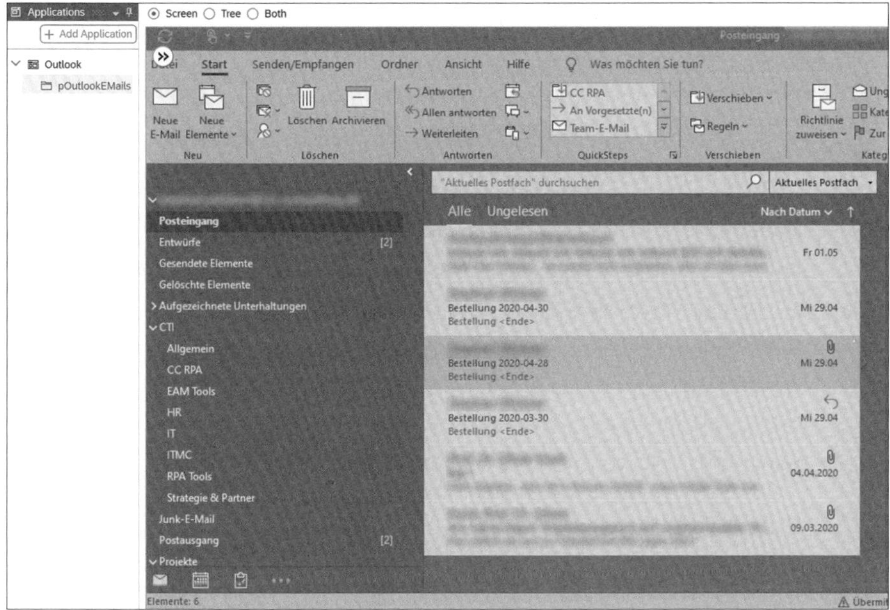

Abbildung 4.15 Outlook-Anwendung mit erfasster Page

Kriterien

Für die erfasste Page müssen Sie nun die sogenannten *Kriterien* festlegen, das heißt die Eigenschaften, anhand derer SAP Intelligent RPA die Elemente und Daten erkennt, die im Rahmen der Automatisierung weiterverarbeitet werden sollen. Wie in Abbildung 4.15 zu sehen, wird die aufgenommene Page im Menübaum links in roter Schrift dargestellt, da noch keine eindeutigen Kriterien definiert wurden.

Bedeutung der Markierungen und Symbole im Desktop Studio

Welche Bedeutung die verschiedenen Markierungen deklarierter Pages und Items sowie die Symbole im Menübaum des Desktop Studio haben, können Sie dem Informationskasten am Ende von Abschnitt 4.4.2, »Deklaration von Webanwendungen«, entnehmen.

Kriterien sind von Ihnen festgelegte Werte, die verwendet werden, um die definierten Elemente (Anwendungen, Seiten oder Elemente) eindeutig zu erkennen. Kriterien sind eindeutige Zuordnungen, mit deren Hilfe die Pages zur Laufzeit erkannt werden können.

Ein Kriterium gilt jeweils für eine Eigenschaft einer *Entität*. Eine Entität äußert sich in Form eines individuellen Items, einer Page oder einer Applikation. Das heißt, eine Entität entspricht der Definition eines individuellen Elements. Dabei werden folgende Werte umfasst:

- der Name der Eigenschaft
- der Wert, mit dem die Entitätseigenschaft mit diesem Namen übereinstimmen muss
- der *Operator*, der vom Desktop-Konnektor verwendet wird, um diese Übereinstimmung zu testen

Die Operatoren sind hierbei auswählbare Schemata, mit denen bestimmte Eigenschaften des Typs String (Zeichenkette) identifiziert werden können.

Kriterien festlegen

Im Fenster **Criteria** können Sie die Kriterien zur eindeutigen Feststellung festlegen, aktualisieren oder löschen. Die erfassten Eigenschaften der Page werden im Fenster **Captured Data** (rechts in Abbildung 4.16) angezeigt. Klicken Sie doppelt auf diese Eigenschaften, um sie als **Criteria** hinzuzufügen.

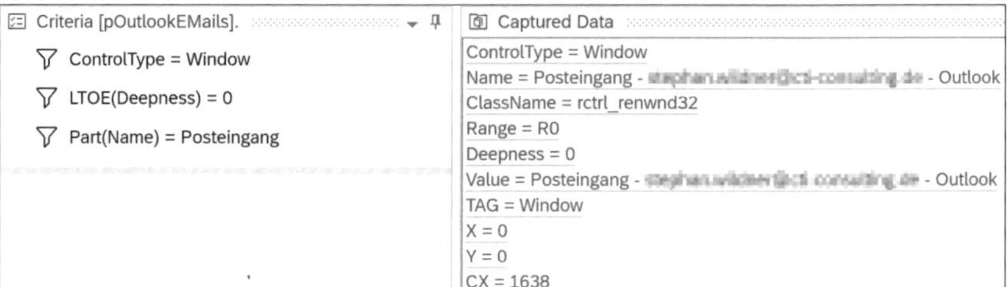

Abbildung 4.16 Fenster »Criteria« zur Festlegung der Kriterien

Der Operator hilft Ihnen bei der flexiblen Erstellung der Kriterien. Als Operator können Sie die in Tabelle 4.1 dargestellten Methoden einsetzen.

Operator	Beschreibung
Any	Die Eigenschaft kann jeden Wert haben.
Empty	Die Eigenschaft muss leer sein.
Full	Die Eigenschaft muss gleich dem Kriterienwert sein.
Part	Die Eigenschaft muss den Kriterienwert enthalten.
Starts	Die Eigenschaft muss mit dem Kriterienwert beginnen.
Ends	Die Eigenschaft muss mit dem Kriterienwert enden.
Like	Die Eigenschaft muss dem als regulärer Ausdruck (Regex) betrachteten Kriterienwert entsprechen.

Tabelle 4.1 Mögliche Operatoren für Kriterien

Kriterien für die Maschinenbau GmbH

Für die Maschinenbau GmbH wurde der Seitenname mit dem Operator `Part` als »Posteingang« deklariert. Außerdem wurden die Kriterien `LTOE(Deepness) = 0` und `ControlType = Window` aufgenommen (siehe Abbildung 4.17):

- Mit dem Kriterum `LTOE(Deepness) = 0` wird die Suche der zu erfassenden Zielkomponente auf die oberste Ebene limitiert und so innerhalb großer DOM-Strukturen besser gefunden.
- Das Kriterium `ControlType = Window` wird verwendet, um den Steuerelement-Typ Window zu definieren, also ein Fenster der Anwendung. Auch dies hilft, die Zielkomponente eindeutig zu definieren.

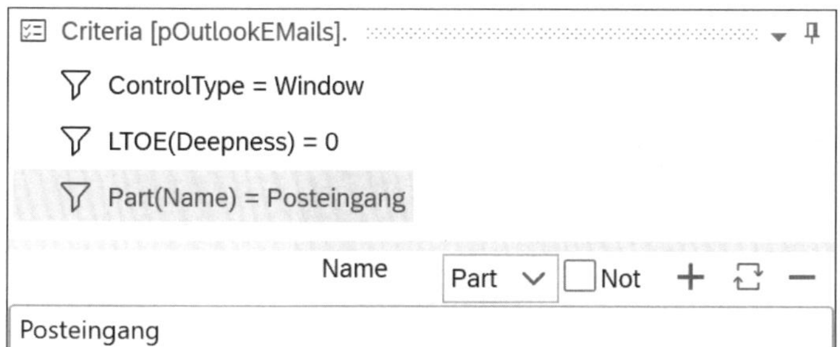

Abbildung 4.17 Kriterien für das Capturing des Posteingangs im Szenario der Maschinenbau GmbH

Auf die Deklaration von Microsoft-Office-Anwendungen und auf die für diesen Anwendungstyp bereitgestellten Bibliotheken kommen wir in Abschnitt 11.3, »Integration von Microsoft-Anwendungen«, noch einmal zurück.

4.4.2 Deklaration von Webanwendungen

Bei einer Webanwendung unterscheidet sich die Deklaration nicht grundsätzlich von der einer Windows-Anwendung, die wir im vorangehenden Abschnitt beschrieben haben. Allerdings ist hier auf einige Besonderheiten zu achten.

Webseiten und Browser-Tabs

Unter einer Webanwendung werden eine oder mehrere Webseiten verstanden, die den gleichen Kriterien entsprechen (was die Kriterien bedeuten und wie Sie sie bestimmen, erfahren Sie im weiteren Verlauf dieses Abschnitts). Nur eine Website, die in einem von SAP Intelligent RPA unterstützten Webbrowser dargestellt wird, kommt als Website infrage, die für eine Webanwendung im Desktop Studio deklariert werden kann. Definieren Sie zwei Webseiten als Teil einer Webanwendung im Desktop Studio und laufen diese beiden Webseiten in zwei verschiedenen Tabs des Webbrowsers, werden diese Webseiten als zwei verschiedene Instanzen derselben Webanwendung verstanden. Sollten Sie mit Ihrem automatisierten Prozess von der Website einer Webanwendung im Webbrowser auf eine andere Website in einem anderen Tab navigieren, die aber Teil einer anderen deklarierten Webanwendung ist, wird die erste Webanwendung als beendet angesehen.

Pages einer Webanwendung

Eine Page im Kontext einer Webanwendung ist der Inhalt eines Tabs eines Webbrowsers. Alle Elemente im DOM dieser Page können als Components der Page deklariert werden. Im Desktop Studio ist der DOM-Baum auf der rechten Seite sichtbar (siehe Abbildung 4.18).

Abbildung 4.18 Deklaration einer Webanwendung mit DOM-Baum

Eine Page kann aber auch der Inhalt eines *iFrames* sein. iFrames sind Elemente innerhalb einer HTML-Seite, in die eine komplette eigene HTML-Seite eingebunden werden kann. iFrames werden oft genutzt, um Inhalte von anderen Anbietern oder Werbung auf einer Website anzuzeigen. Beinhaltet eine deklarierte Page iFrames, dann wird nur der DOM-Baum der Page selbst, nicht aber der DOM-Baum der iFrames im Desktop Studio angezeigt.

Browser-Erweiterung installieren

Um die Deklaration von Webanwendungen durchführen zu können, benötigt der von Ihnen genutzte Webbrowser ein Add-on bzw. eine Erweiterung. Findet SAP Intelligent RPA bei der Installation von Desktop Studio einen kompatiblen Browser, wird dieses Add-on bzw. die Erweiterung direkt mit installiert. Es muss vor der Verwendung aber aktiviert werden. Wir stellen

Ihnen im Folgenden die Aktivierung in den Browsern Mozilla Firefox, Google Chrome und Microsoft Internet Explorer vor.

Aktivierung in Firefox

Für Mozilla Firefox aktivieren Sie das Add-on wie folgt:

1. Starten Sie Mozilla Firefox.
2. Wechseln Sie in das Menü **Extras**. Rufen Sie dort den Eintrag **Add-ons** auf (siehe Abbildung 4.19).

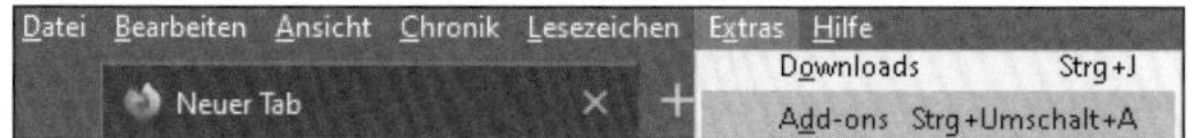

Abbildung 4.19 Add-ons in Mozilla Firefox anzeigen

3. Suchen Sie in der Liste nach **SAP Intelligent RPA Extension**, und aktivieren Sie das Add-on, indem Sie den Schieberegler nach rechts schieben (siehe Abbildung 4.20).

Abbildung 4.20 Aktivieren eines Add-ons in Mozilla Firefox

Aktivierung in Chrome

Für Google Chrome aktivieren Sie die Erweiterung wie folgt:

1. Starten Sie Google Chrome.
2. Im Menü mit den drei Punkten (⋮) wählen Sie **Weitere Tools** und dann **Erweiterungen** aus (siehe Abbildung 4.21).

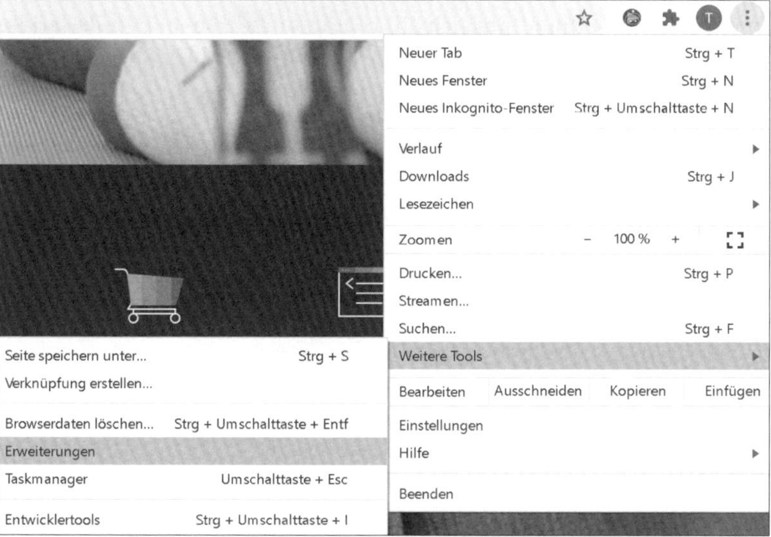

Abbildung 4.21 Google-Chrome-Erweiterungen aufrufen

3. Danach suchen Sie in der Liste nach **SAP Intelligent RPA Extension** und aktivieren die Erweiterung durch Versetzen des Schiebereglers nach rechts (siehe Abbildung 4.22).

Abbildung 4.22 Aktivieren der Erweiterung in Google Chrome

Aktivierung im Internet Explorer

Für den Internet Explorer schließlich gehen Sie wie folgt vor:

1. Starten Sie den Internet Explorer.
2. Im Einstellungsmenü, das Sie über das Zahnrad-Symbol erreichen, wählen Sie **Add-Ons verwalten** (siehe Abbildung 4.23).

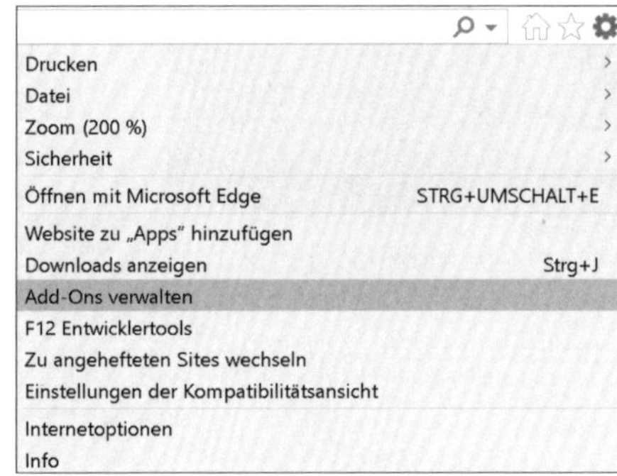

Abbildung 4.23 Add-ons im Internet Explorer verwalten

3. Im Anschluss daran öffnet sich ein Dialogfenster. Suchen und markieren Sie in der Liste auf der rechten Seite den Eintrag **CxWebBho3 Class**, und klicken Sie unten im Fenster auf **Aktivieren** (siehe Abbildung 4.24).

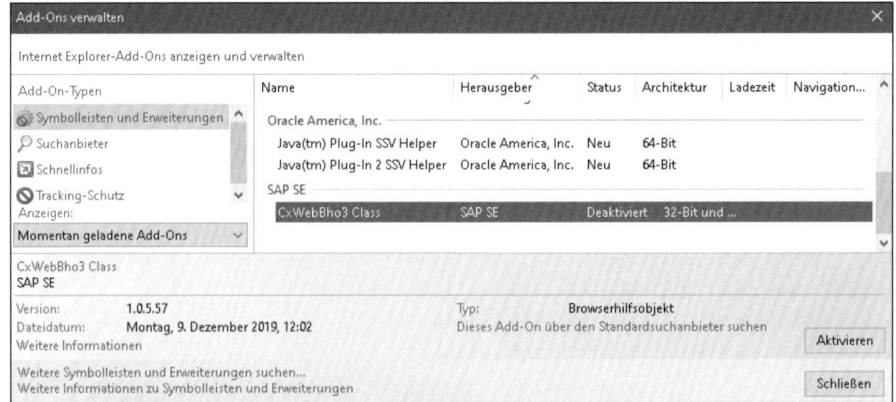

Abbildung 4.24 Aktivieren des Add-ons im Internet Explorer

Deklaration einer Webanwendung

Im Anschluss an die Installation der Browser-Erweiterungen können Sie eine Webanwendung deklarieren. Die ersten Schritte hierzu beschreiben wir im Folgenden:

1. Starten Sie Ihren Webbrowser, und öffnen Sie in einem Tab die Website, die Sie deklarieren möchten.
2. Wechseln Sie in Ihrem geöffneten Desktop-Studio-Projekt über einen Klick auf das entsprechende Symbol in den Bereich **Applications** (siehe Abbildung 4.25).

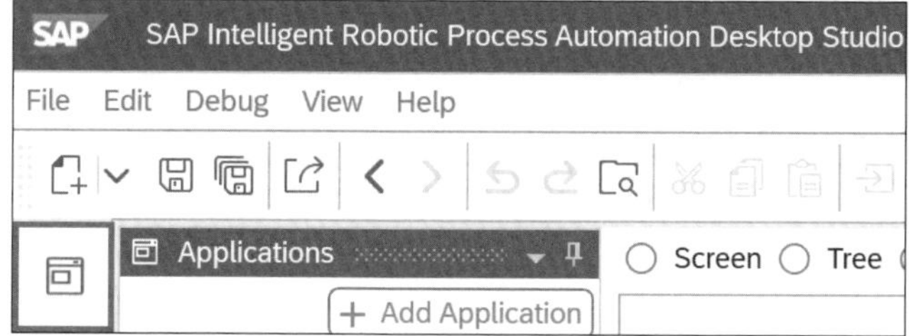

Abbildung 4.25 Bereich »Applications« aufrufen

3. Klicken Sie dort auf die Schaltfläche **Add Application**.
4. Stellen Sie im sich öffnenden Dialogfenster sicher, dass für Ihre Webanwendung als **Technology** der Eintrag **WEB** ausgewählt ist (siehe Abbildung 4.26).

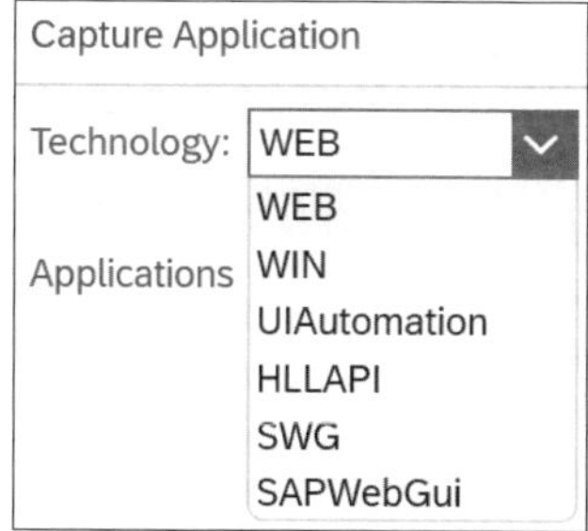

Abbildung 4.26 Auswahl der Technology

Bei den weiteren Schritten gehen Sie genauso vor, wie für die Deklaration von Desktop-Anwendungen in Abschnitt 4.4.1, »Deklaration von Windows-Anwendungen«, beschrieben. Das Capturing einer Webanwendung ist für die Erfassung der Bestellapplikation der Maschinenbau GmbH notwendig, die über einen Webzugang für Kundinnen und Kunden verfügbar ist. Diese Anwendung wird in dem Beispiel unter dem Namen `ReactApp` erfasst (siehe Abbildung 4.27).

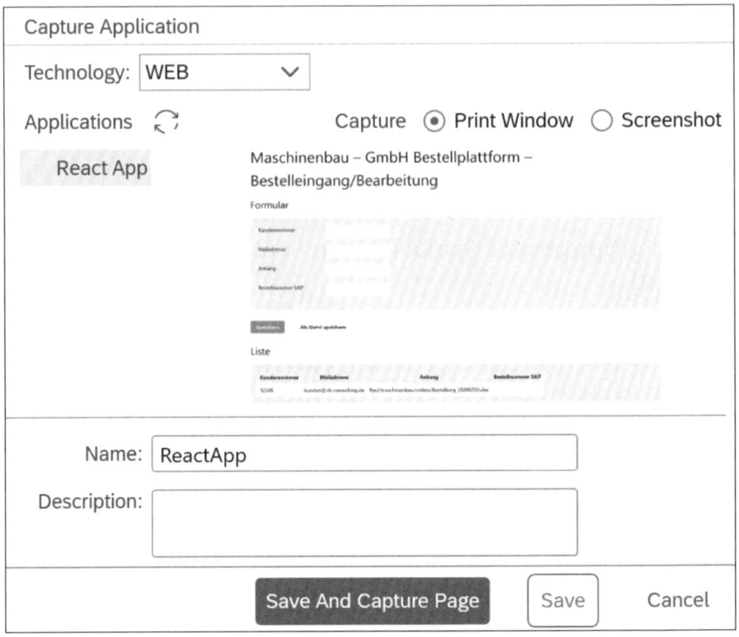

Capture Application

Technology: WEB

Applications

Capture Print Window Screenshot

React App

Maschinenbau – GmbH Bestellplattform –
Bestelleingang/Bearbeitung

Name: ReactApp

Description:

Save And Capture Page Save Cancel

Abbildung 4.27 Capturing der Webanwendung »React App« zur Erfassung von Bestellungen der Maschinenbau GmbH

[»]

Symbole und Auszeichnungen im Bereich »Applications« des Desktop Studio

Den farbigen Auszeichnungen und unterschiedlichen Symbolen im Menübaum des Bereichs **Applications** können Sie wesentliche Informationen zu den deklarierten Pages und Items entnehmen:

- **Rote Schrift**
  Sollten die Namen Ihrer Elemente rot angezeigt werden, haben Sie während der Deklaration keine eindeutigen Kriterien festgelegt, und Ihr Element lässt sich nicht eindeutig identifizieren. Legen Sie in diesem Fall geeignete Kriterien fest.
- **Grüne Schrift**
  Werden Ihre Elemente grün dargestellt, haben Sie eindeutige Kriterien zur Deklaration Ihrer Pages und Items festgelegt. Ihre Automatisierung wird die benötigten Elemente auffinden können.
- **Deklarationssymbol ausgefüllt (♥)**
  Ist das Deklarationssymbol ausgefüllt, wurde Ihr Element mit der Deklarationstechnik **Must-Exist** deklariert. Das deklarierte Element muss vorliegen, um die entsprechende Page eindeutig zu deklarieren (mehr dazu unter Abschnitt 4.5.1, »Must-Exist-/Must-Not-Exist-Technik«).

- **Kein vorhandenes Deklarationssymbol**
  Sollte kein Deklarationssymbol vorhanden sein, wurde Ihr Element mit der Technik **Must-Not-Exist** deklariert. Das deklarierte Element darf nicht vorliegen, um die entsprechende Page eindeutig zu deklarieren (mehr dazu unter Abschnitt 4.5.1, »Must-Exist-/Must-Not-Exist-Technik«).
- **Deklarationssymbol unausgefüllt (▽)**
  Ist das Deklarationssymbol unausgefüllt, wurde Ihr Element mit einer der vielen anderen Technologien deklariert.

4.5 Erweiterte Deklaration

Es kann ausreichend sein, Anwendungen wie in Abschnitt 4.4, »Deklaration«, erläutert, zu definieren. Gerade bei Webanwendungen, die konsequent und korrekt die Element-ID befüllen, ist eine Deklaration, und damit eine eindeutige Identifikation der Anwendung und ihrer Components, unproblematisch. Dabei ist die Element-ID eine Zeichenkette, die das Element eindeutig identifiziert.

Es gibt aber Situationen, in denen die eindeutige Identifikation nicht so einfach gelingt, Sie eventuell mehrere gleichartige Elemente deklarieren möchten oder aus einer Menge gleichartiger Elemente nur ganz bestimmte deklarieren wollen. Dafür stellt SAP Intelligent RPA eine Reihe von Techniken zur Verfügung, die wir in den folgenden Abschnitten vorstellen:

- Must-Exist-/Must-Not-Exist
- Occurs
- Ancestor
- Pattern
- Labelled-by

4.5.1 Must-Exist-/Must-Not-Exist-Technik

Eindeutigkeitsfeststellung

Sie können eine oder mehrere Components nutzen, um die Page einer Anwendung eindeutig zu definieren. So können Sie beispielsweise festlegen, dass eine Component zwingend im DOM-Baum der Page enthalten sein muss. Ist diese Component nicht vorhanden, kann die Page selbst nicht identifiziert werden.

Must-Exist am Beispiel

Für das Beispiel der Maschinenbau GmbH sollen E-Mails im Posteingang geprüft werden, wie in Abschnitt 4.2, »Beispiel: Automatisierter Zielprozess der Maschinenbau GmbH«, beschrieben. Dafür wird neben der Erfassung der Page mit den E-Mails auch die Gewissheit benötigt, dass der Ordner **Posteingang** auf dieser Page tatsächlich existiert. Um dies sicherzustellen, wird die Component **Posteingang** deklariert und als Must-Exist-Bedingung für die Page markiert:

1. Klicken Sie im Bereich **Applications** im Desktop Studio auf die Page **pOutlookEmails** der erfassten Anwendung **Outlook** (siehe Abbildung 4.28).

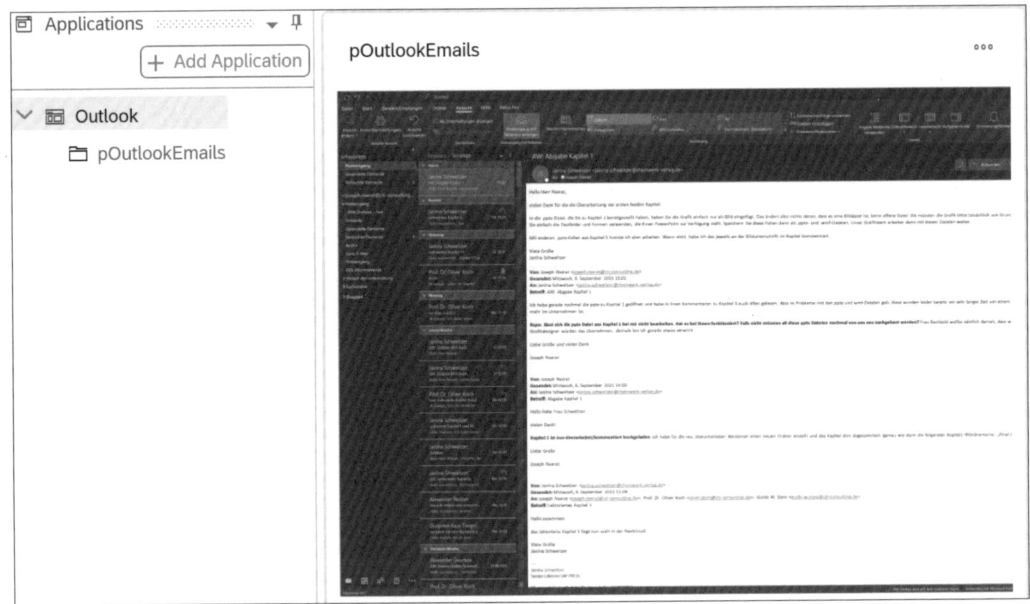

Abbildung 4.28 Gewünschte Page auswählen

2. Suchen Sie im Screenshot der Page den **Posteingang** heraus, und markieren Sie ihn (siehe Abbildung 4.29).

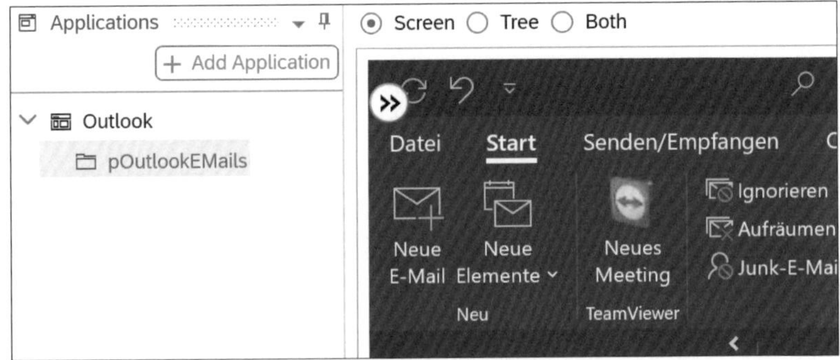

Abbildung 4.29 Auswählen der gewünschten Component auf der Page

3. Nun klicken Sie mit der rechten Maustaste **Posteingang** und wählen im sich öffnenden Kontextmenü den Eintrag **Associate to New Item** (siehe Abbildung 4.30). Es wird ein neues Item angelegt.

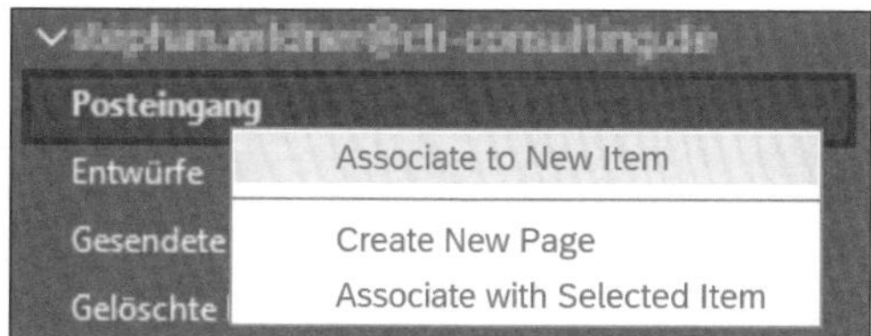

Abbildung 4.30 Anlegen eines neuen Items

4. In den Einstellungen zum angelegten Item legen Sie, wie bereits am Beispiel der Outlook-Deklaration in Abschnitt 4.4.1, »Deklaration von Windows-Anwendungen«, beschrieben, die Kriterien zur Identifikation des Items fest. Dazu klicken Sie in diesem Beispiel auf **Name = Posteingang** und fügen mit einem Klick auf das Plussymbol (⊞) den Namen als Kriterium hinzu (siehe Abbildung 4.31).

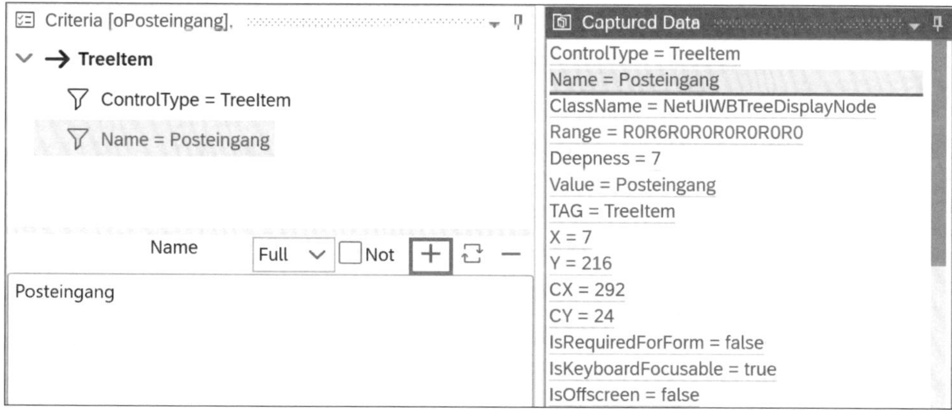

Abbildung 4.31 Item-Kriterium für den Posteingang definieren

5. Im Bereich **Parameters** auf der rechten Seite markieren Sie nun die Checkbox **1 - Must Exist**, um festzulegen, dass der Posteingang eine notwendige Component der Outlook-Anwendung ist (siehe Abbildung 4.32).

Must-Not-Exist-Bedingung

Die Must-Exist-Technik steht Ihnen für alle Technologien, die Sie bei der Deklaration einer Anwendung im Drop-down-Menü **Technologies** auswählen können (also **WIN**, **UIAutomation**, **SWG**, **HLLAPI** und **WEB**) zur Verfügung. Auch die Umkehrung dieses Prinzips ist möglich: Bei der Auswahl **1 – Must Not Exist** darf eine Component *nicht* im DOM-Baum der Page enthalten sein, damit diese Page identifiziert werden kann (siehe Abbildung 4.33).

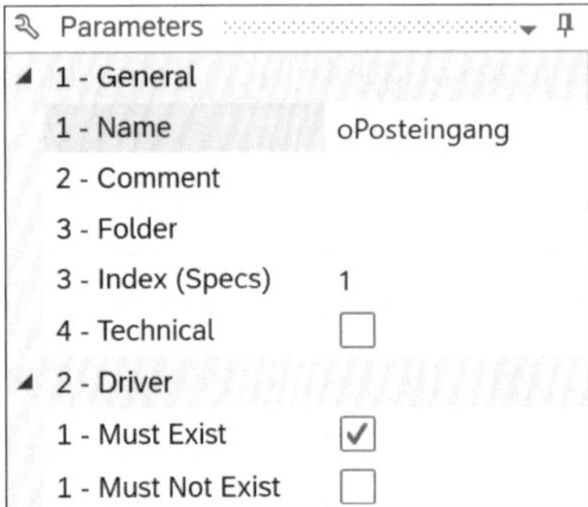

Abbildung 4.32 Item-Eigenschaften für den Posteingang definieren

Die Must-Not-Exist-Technik steht jedoch nur für die Technologien **UIAutomation** und **WEB** zur Verfügung.

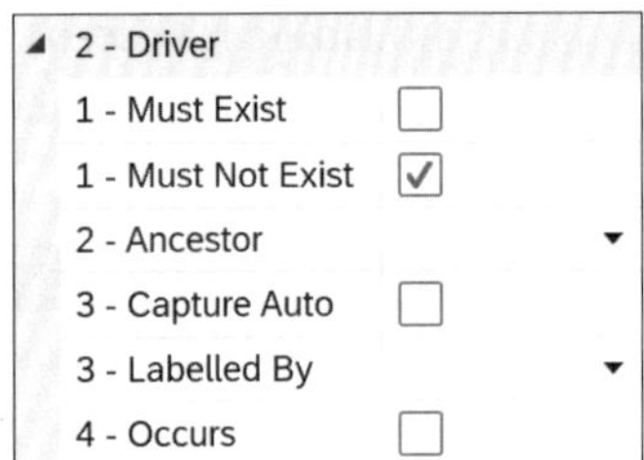

Abbildung 4.33 Auswahl für des Parameters »Must Not Exit«

Neben den hier gezeigten Technologien steht speziell für die Erfassung von SAP-Anwendungen auch noch die Technologie SAPGUI zur Verfügung. Auf die Erfassung von SAP-GUI-Anwendungen gehen wir in Abschnitt 11.1.2, »Deklaration von SAP-GUI-Anwendungen«, ausführlicher ein.

4.5.2 Occurs-Technik

Es wird der Fall eintreten, dass Sie nicht nur ein Element einer Page deklarieren wollen, sondern alle Elemente, die gleichartig und auf dieser Page zu finden sind. In diesem Fall spricht man von der *Occurs-Technik*. Denken Sie beispielsweise an die Ergebnisliste einer Suchmaschine im Internet oder an die Liste der E-Mails im Posteingang des E-Mail-Programms. Möchten Sie eine solche Liste abarbeiten, bietet sich die Occurs-Technik an, um alle Elemente aufzunehmen.

Occurs am Beispiel der Maschinenbau GmbH

Im Rahmen des Beispiels der Maschinenbau GmbH sollen all diejenigen E-Mails identifiziert werden, die das Wort »Bestellung« im Betreff aufweisen und noch nicht beantwortet wurden. Dazu werden eine E-Mail und ihre notwendigen Elemente mithilfe der Occurs-Methode deklariert, um sicherzustellen, dass alle offenen Bestellungen entgegen- und in den Workflow aufgenommen werden. Gehen Sie dazu folgendermaßen vor:

1. Folgen Sie den Schritten 1–3 aus Abschnitt 4.5.1, »Must-Exist-/Must-Not-Exist-Technik«, und suchen Sie dabei im eingebundenen Screenshot nach dem E-Mail-Element, das Sie aufnehmen wollen, in unserem Beispiel Nachrichten mit dem Stichwort »Bestellung« im Betreff.
2. Markieren Sie dieses Element (siehe Abbildung 4.34), und wählen Sie dann im Kontextmenü den Eintrag **Associate to New Item**.

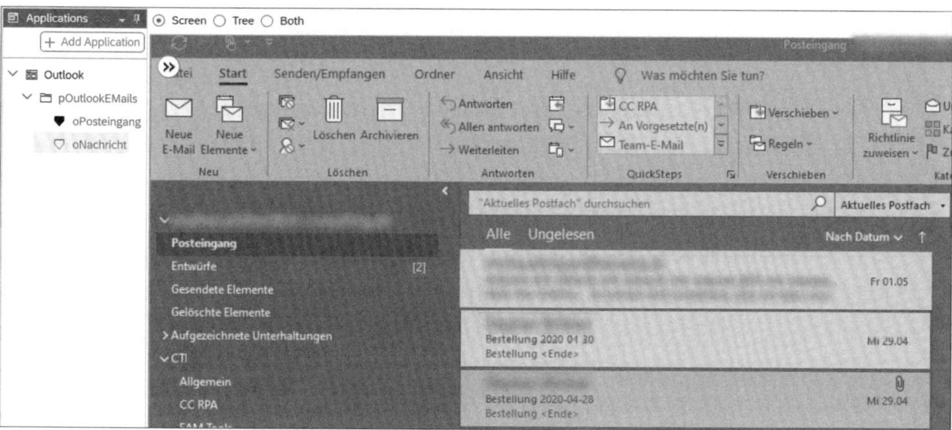

Abbildung 4.34 Markierte Nachricht im Posteingang

3. In den Einstellungen zum neu angelegten Item legen Sie die Kriterien zur Identifikation des Items fest (siehe Abbildung 4.35). Mit dem Filterkriterium `Not[Part(Value) = Geantwortet]` definieren Sie, dass nur unbeantwortete E-Mails berücksichtigt werden sollen. Das Filterkriterium `Part(Value) = Bestellung` gibt an, dass die Zeichenkette »Bestellung« im Betreff der E-Mails erhalten sein muss.
4. Legen Sie außerdem `LTOE(Deepness) = 2` und `ControlType = DataItem` als notwendige Kriterien fest. Mit `LTOE(Deepness)` wird die Tiefe der Suche der Zielkomponente limitiert, um diese innerhalb großer DOM-Strukturen besser zu finden. `ControlType = DataItem` wird verwendet, um den Steuerelement-Typ `DataItem` zu definieren. Auch dies hilft, die Zielkomponente eindeutig zu definieren.
5. Markieren Sie zudem die Checkbox **Occurs**, um alle Nachrichten mit diesen Kriterien zu berücksichtigen. Wenn die Checkbox **Target** aktiviert ist, handelt es sich bei dem Item um ein Zielobjekt der Automatisierung in der eigentlichen Anwendung. Wenn im Bereich **Parameter** die Checkbox **4 - Occurs** aktiviert ist (siehe auch Abbildung 4.33), sind alle erkannten Items zugänglich.

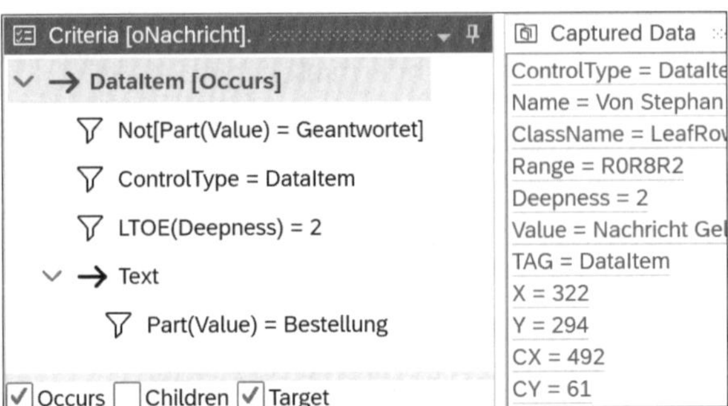

Abbildung 4.35 Kriterien des Nachricht-Items

Im Prozess kann über den Index-Wert auf ein Item zugegriffen werden, um wie in diesem Beispiel die einzelnen E-Mail-Nachrichten zu bearbeiten. Das Item **oNachricht (1)** verweist im Prozess auf die zweite erkannte Nachricht, da der Index der Elemente immer bei 0 beginnt. Wenn Sie die Checkbox **4 – Occurs** nicht aktivieren, ist lediglich die erste erkannte Nachricht zugänglich, und der Prozess kann nur mit einer Nachricht arbeiten.

Die Occurs-Technik steht Ihnen für die Technologien **UIAutomation**, **WEB**, **HLLAPI** und **Java** zur Verfügung.

4.5.3 Ancestor-Technik

Möglicherweise möchten Sie ein Item deklarieren, das nicht eindeutig identifizierbar ist, da andere Items auf derselben Hierarchieebene gleiche Eigenschaften aufweisen. In diesem Fall können Sie einen sogenannten *Ancestor* (Vorfahren) festlegen. Die Ancestor-Methode sucht dann in der DOM-Hierarchie aufwärts der ausgewählten Zielkomponente, um eine Ancestor-Komponente mit einer Reihe von Eigenschaften zu finden, die sie einzigartig machen (siehe Abbildung 4.36). Durch die Zuordnung der Zielkomponente zum Ancestor lässt sich die Zielkomponente eindeutig als Item bestimmen.

```
node (id=1)
        subnode (id=2)
                leafnode (id=empty)
        subnode (id=3)
                leafnode (id=empty)
```

Abbildung 4.36 Beispiel für ein Ancestor-DOM

Bei dieser Methode müssen Sie somit Folgendes tun:

1. Deklarieren Sie ein Item, das als eindeutige Ancestor-Komponente dient.

2. Legen Sie diese Komponente als Vorläufer Ihres Items fest, wenn Sie die Parameter Ihres Items festlegen.

Beispielszenario

Für den Fall, dass Sie wie in Abbildung 4.36 das zweite Element `leafnode (id=empty)` in der DOM-Struktur selektieren wollen, gehen Sie wie folgt vor: Die beiden `leafnode`-Elemente sind identisch. Das heißt, es wird immer das erste `leafnode`-Element erkannt, wenn Sie nicht die Ancestor-Methode verwenden. Sie können `leafnode (id=1)` nicht als Vorgänger verwenden, da es der Vorgänger der beiden `leafnode`-Elemente ist und der erste Blattknoten erkannt wird. Sie müssen `leafnode (id=3)` als Vorgänger verwenden, damit das zweite `leafnode`-Element erkannt wird.

Nachdem Sie die Ancestor-Komponente deklariert haben, deklarieren Sie das gewünschte Item, hier z. B. den Namen der Excel-Datei im E-Mail-Anhang, der die Zeichenkette »Bestellung« enthält. Legen Sie anschließend in den Parametern den Ancestor fest, hier das Item `btAnlage` (siehe Abbildung 4.37).

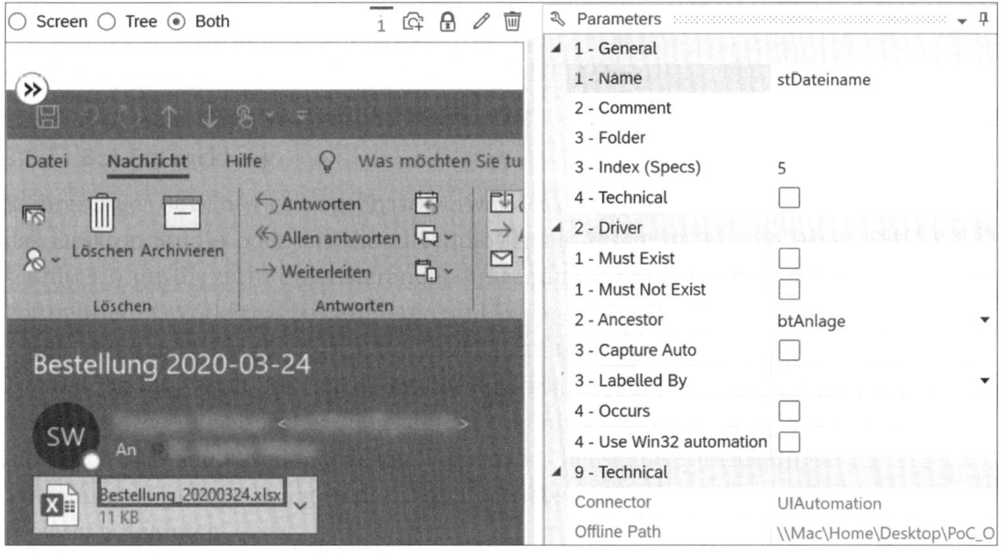

Abbildung 4.37 Definition der Parameter bei der Ancestor-Technik

Die Ancestor-Technik steht für die Technologien **UIAutomation**, **WEB** und **WIN** zur Verfügung.

In Abschnitt 4.5.4, »Pattern-Technik«, und Abschnitt 4.5.5, »Labelled-by-Technik«, lernen Sie zwei weitere Techniken kennen, die die Maschinenbau GmbH in ihrer Beispiel-Automatisierung nicht benötigt, die Sie jedoch möglicherweise in Ihren Anwendungsfällen nutzen können.

4.5.4 Pattern-Technik

Die *Pattern-Methode* besteht darin, Muster (Pattern) verwandter Komponenten zu erkennen, anstatt lediglich eine einzelne Komponente zu berücksichtigen. Diese Komponenten müssen durch eine Eltern-Kind-Beziehung miteinander verbunden sein. Eine dieser Komponenten ist das eigentliche Ziel und wird im SAP-Intelligent-RPA-Projekt behandelt.

Gebrauch der Pattern-Technik

Diese Methode ist nützlich, wenn die Zielkomponente keine (oder nur unzureichende) eindeutigen, sich unterscheidenden Eigenschaften besitzt. Die Reihenfolge, in der die Pages deklariert werden, ist von großer Bedeutung: Wenn der Konnektor das Öffnen eines Bildschirms erkennt, sucht er nach der ersten deklarierten Seite, deren Kriterien mit dem gesuchten Item übereinstimmen.

Um die Pattern-Technik anzuwenden, gehen Sie wie folgt vor:

1. Zunächst erstellen Sie ein Item innerhalb Ihrer bereits deklarierten Page, das in der Hierarchieebene der DOM-Struktur an oberster Stelle liegt (siehe Abbildung 4.38). Sie können ein Item direkt über dessen Auswahl im Screenshot deklarieren, Sie können diesen Vorgang jedoch auch innerhalb der DOM-Struktur durchführen. Im vorliegenden Beispiel wurde der linke Bereich des Bildschirms als Item deklariert, der verschiedene Posteingänge umfasst.

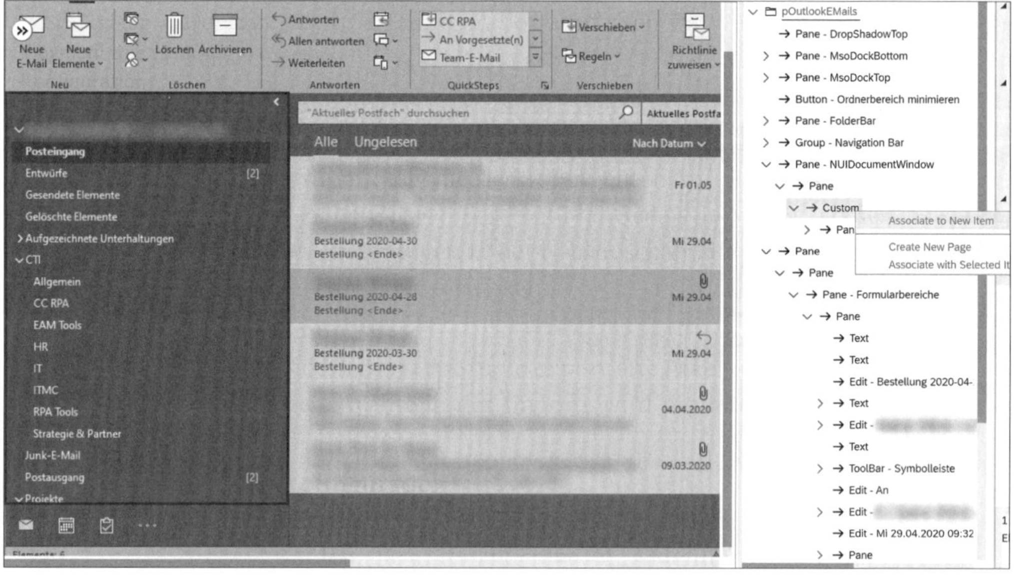

Abbildung 4.38 Pattern-Technik – Deklaration des Items auf oberer Ebene

2. Nun können Sie eine Komponente zu Ihrem Pattern hinzufügen. Wählen Sie dazu die benötigte Komponente innerhalb der Struktur per Rechts-

klick aus, um das Kontextmenü zu öffnen. Dort wählen Sie den Punkt **Add as New Component in the Pattern** (siehe Abbildung 4.39).

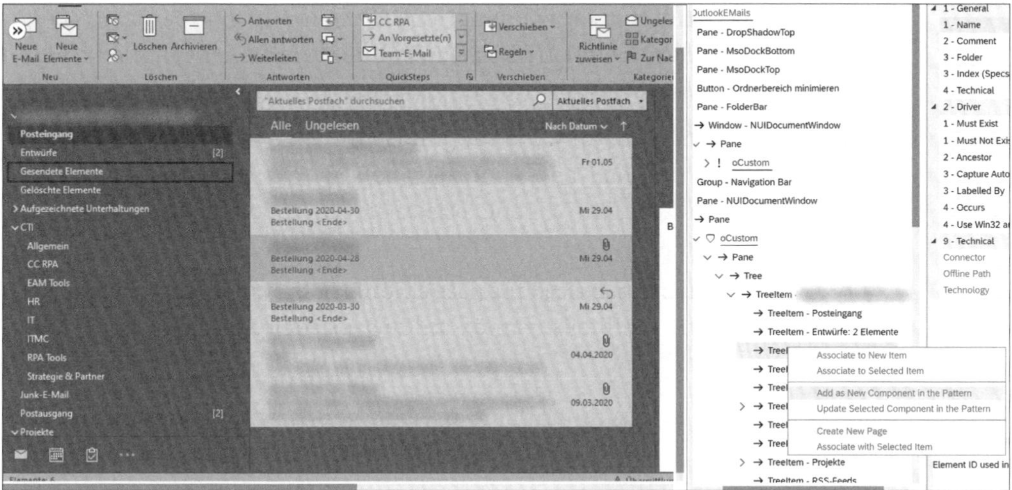

Abbildung 4.39 Pattern Technik – Deklaration des Items auf unterer Ebene

Parameter und Kriterien

Für Ihre Pattern-Komponente können Sie die Parameter **Children** (Eltern-Kind-Beziehung), **Occurs** sowie **Target** auswählen. Für die Komponenten können Sie genauso wie mit einer einfachen Komponententechnik Kriterien einstellen.

Die Pattern-Technik steht Ihnen nur für die Technologien **UIAutomation** und **WEB** zur Verfügung.

4.5.5 Labelled-by-Technik

Es kann vorkommen, dass keine Möglichkeit besteht, ein Item eindeutig zu definieren, oder dass Sie dem Fall vorbeugen wollen, dass sich die Struktur der grafischen Oberfläche durch ein Software-Update verändert. In diesen Szenarien unterstützt Sie die *Labelled-by-Technik*. Diese Methode besteht darin, eine andere Komponente zu finden, die sich in einem festen Abstand (CX, CY) zur Zielkomponente befindet sowie einzigartige, sich unterscheidende Eigenschaften aufweist. (CX,CY) steht hierbei für die Variablen, die den festen Abstand zur Zielkomponente definieren.

Label-Komponente

Die *Label-Komponente* befindet sich in der Regel in der Nähe der Zielkomponente. Dadurch kann z. B. gewährleistet werden, dass die Label-Komponente auch dann erkannt wird, wenn sich durch ein Software-Update die Position einzelner Komponenten verändert, solange die Label-Komponente noch im selben Abstand zur Zielkomponente positioniert ist. Es kann sich aber auch um eine beliebige andere Komponente handeln, die sich überall auf dem Bildschirm befindet.

Beispielhaft sei angenommen, Sie wollten die Felder der exemplarischen CRM-Applikation aus Abbildung 4.40 automatisiert ausfüllen. Sie sind sich jedoch nicht sicher, ob Ihre Automatisierung die Position der entsprechenden Felder eindeutig identifiziert hat, oder wollen eine dynamische Deklaration vornehmen, da sich möglicherweise die Positionen verändern können. In diesen beiden Fällen sollten Sie die Labelled-by-Technik anwenden.

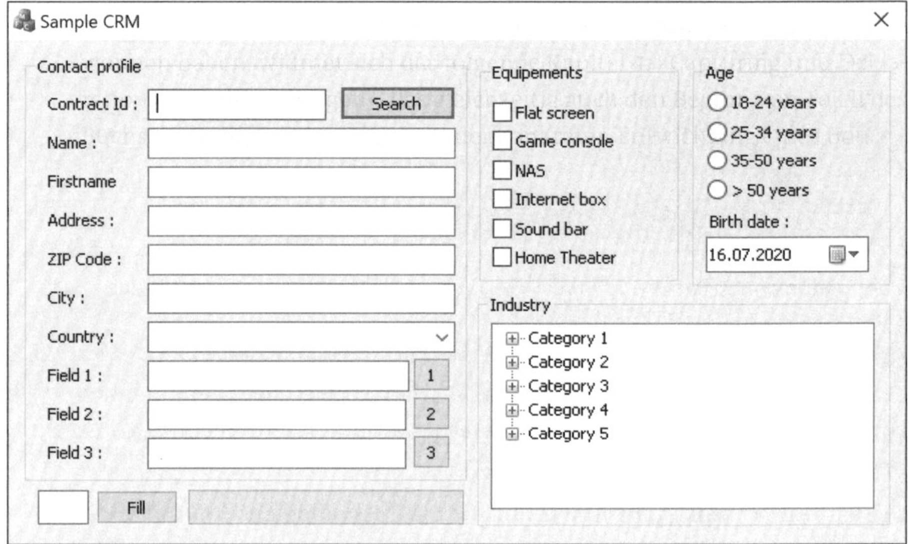

Abbildung 4.40 Exemplarische Oberfläche einer CRM-Anwendung

1. Deklarieren Sie zunächst das sogenannte *Label*, das sich im definierten Abstand von der Zielkomponente befinden soll. Beispielhaft wollen wir das Feld **Address** ausfüllen und deklarieren somit das schriftliche Element »Address«, das als Label für das danebenliegende Feld fungieren soll (siehe Abbildung 4.41).
2. Anschließend deklarieren Sie die Zielkomponente und selektieren das zuvor definierte Label `stAddress` für den Parameter **Labelled By** (siehe Abbildung 4.42).

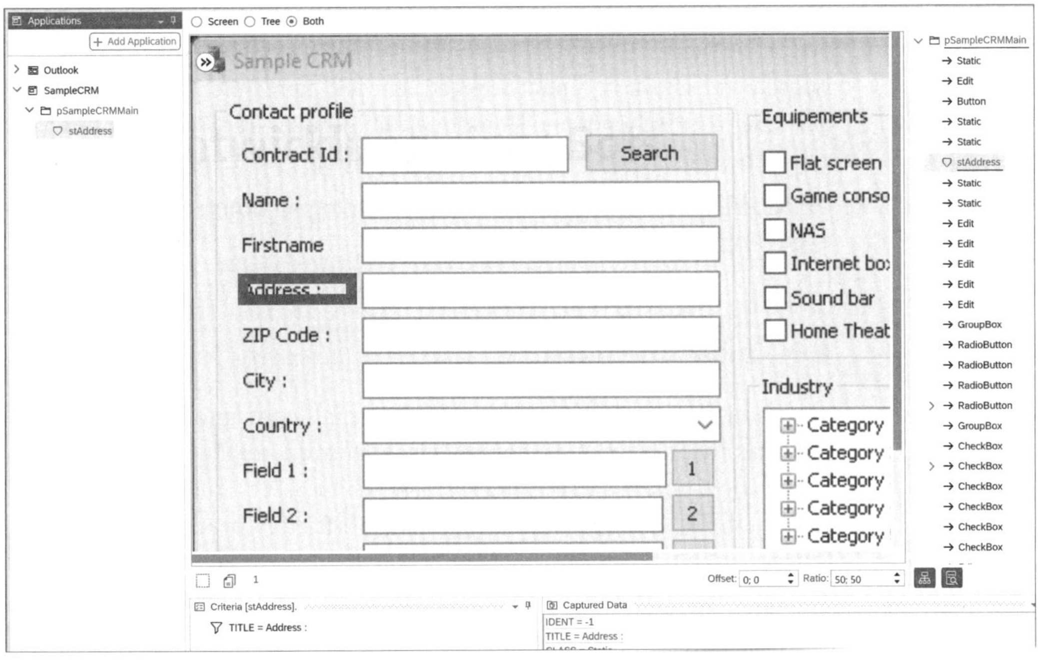

Abbildung 4.41 Label in der exemplarischen CRM-Anwendung auswählen

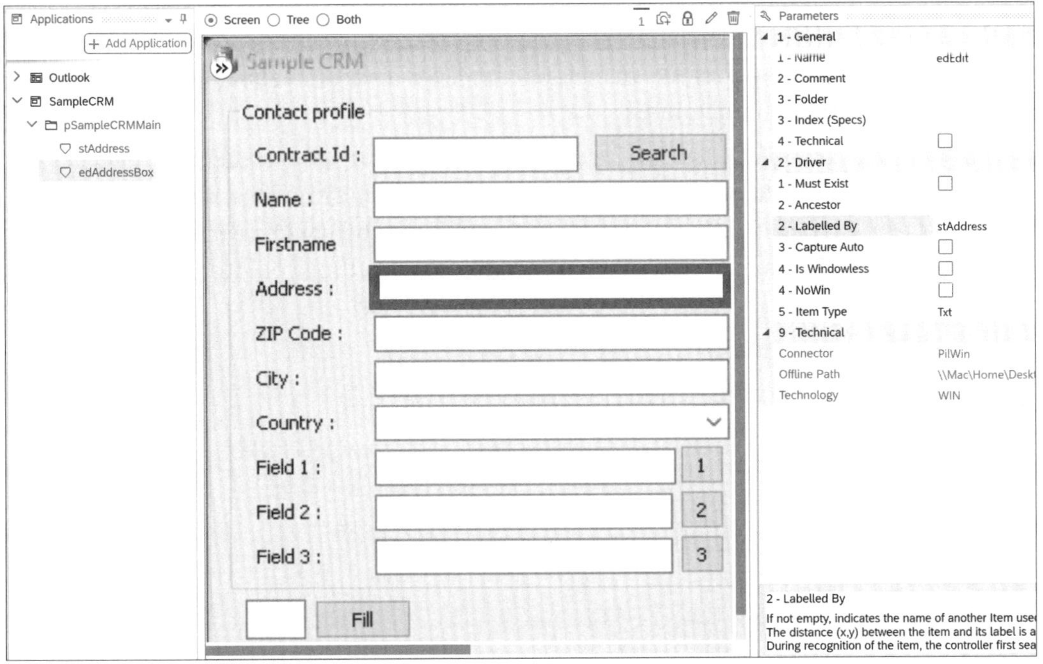

Abbildung 4.42 Eingabefeld in der exemplarischen CRM-Anwendung deklarieren

Desktop Studio speichert als Kriterium den Abstand zwischen der Zielkomponente und der Label-Komponente. Dieser Abstand wird in einer von der Bildschirmauflösung unabhängigen Einheit berechnet. Die Zielkomponente wird zwischen jenen Komponenten gesucht, die sich in diesem vorgegebenen Abstand von der Label-Komponente befinden.

Die Labelled-by-Technik steht für die Technologien **UIAutomation**, **WIN** und **HLLAPI** zur Verfügung.

4.6 Zusammenfassung

In Kapitel 4 haben Sie erfahren, wie die Anwendungen und Fenster, die in einem automatisierten Workflow angewendet werden sollen, im Rahmen der Deklaration und des Capturings erfolgreich erfasst werden. Es zeigte sich, dass die in SAP Intelligent RPA erstellten Bots für den zu automatisierenden Prozess auf eine Vielzahl an Oberflächen zugreifen. Damit der Bot Zugriff auf diese Applikationen hat und deren einzelnen Elemente identifizieren kann, müssen die Anwendungen und ihre Items zuerst erfasst werden. Um sie in einem RPA-Workflow verwenden zu können, müssen sie außerdem ausführlich anhand von Kriterien beschrieben werden. Dies wird zusammenfassend als Prozess der Deklaration bezeichnet. Des Weiteren haben wir in diesem Kapitel beispielhaft erläutert, welche Technologien Sie nutzen können, um die vielfältigen Applikationen in einen automatisierten Prozess zu integrieren.

Im folgenden Kapitel 5, »Workflows designen«, stellen wir den Bereich **Workflows** von SAP Intelligent RPA sowie die Implementierung von Aktivitäten in diesem Bereich vor. Des Weiteren behandeln wir Möglichkeiten der Codemanipulation und der Wiederverwendung von Automatisierungen.

Kapitel 5
Workflows designen

In diesem Kapitel erfahren Sie mehr über die Workflow-Modellierung mit SAP Intelligent RPA und die Implementierung von Aktivitäten. Darüber hinaus lernen Sie Möglichkeiten kennen, Code zu manipulieren und Ihre Automatisierungen wiederzuverwenden.

Die in Kapitel 4, »Capturing und Deklaration von Anwendungen«, erfassten Anwendungen und Items werden als Nächstes in einen Workflow integriert. Ein *Workflow* besteht aus einer logischen Abfolge von Ereignissen, die als Prozessschritte anzusehen sind. Ein Workflow ist somit ein prozessuales Framework der Automatisierungsentwicklung.

Sämtliche Aktivitäten innerhalb der erfassten Anwendungen und Aktivitäten wie Schleifen (*Loops*), Pausen (*Waits*) oder Entscheidungsergebnisse (*Switch Outputs*) werden im Workflow definiert. SAP Intelligent RPA unterstützt zudem die Manipulation des generierten Codes, um maßgeschneiderte Automatisierungen zu ermöglichen.

Aufbau des Kapitels

Dieses Kapitel beginnt in Abschnitt 5.1, »Workflows«, zunächst mit einer Anleitung, wie Sie Ihren Workflow generieren können und welche Einstellungen dafür nötig sind. Durch das Anlegen der Pages und Aktivitäten im Workflow wird automatisch ein Code generiert. Anschließend erfahren Sie in Abschnitt 5.2, »Aktivitäten«, wie Sie die notwendigen Aktivitäten in Ihren Workflow integrieren, um Prozessentscheidungen modellieren zu können.

Sollten sie mehrere Prozesse automatisieren wollen, kann die Wiederverwendung von bereits entwickelten Workflows Ihnen dabei helfen, den Mehraufwand einer redundanten Entwicklung zu vermeiden. Wir stellen Ihnen daher in Abschnitt 5.3, »Wiederverwendbarkeit«, passende Ansätze vor, um eine Wiederverwendbarkeit Ihrer Workflows zu gewährleisten. In Abschnitt 5.4, »Codegenerierung und -manipulation«, stellen wir ferner dar, wie Sie den Code selbst manipulieren können, um Ihre individuellen Anforderungen umsetzen zu können.

In Abschnitt 5.5, »Gesamtaufbau des Workflows für die Maschinenbau GmbH«, rekapitulieren wir abschließend die gelernte Vorgehensweise zum

Design eines Workflows noch einmal am Beispiel des Automatisierungsvorhabens der Maschinenbau GmbH.

5.1 Workflows

Anstatt die einzelnen Komponenten einer Aufgabe zu automatisieren, nutzt die Workflow-Automatisierung von SAP Intelligent RPA Technologien, um Aufgaben als Teil eines ganzheitlichen Prozesses zu rationalisieren und zu verbinden. Das Desktop Studio ist die Oberfläche, auf der sich die verschiedenen Automatisierungstechnologien zusammenfügen.

Um einen Workflow initial zu gestalten, sind folgende Schritte notwendig:

1. Erstellen des Workflows
2. Gestaltung des Prozesses
3. Festlegung der Aktivitäten
4. Build des Workflows

Im Folgenden beschreiben wir zunächst die ersten beiden Schritte näher. Mit der Festlegung der Aktivitäten fahren wir in Abschnitt 5.2, »Aktivitäten«, fort. In Abschnitt 5.4, »Codegenerierung und -manipulation«, widmen wir uns dem Build des Workflows. In Abschnitt 5.5, »Gesamtaufbau des Workflows für die Maschinenbau GmbH«, beschreiben wir dann noch einmal den Gesamtaufbau des Workflows.

5.1.1 Erstellen eines Workflows

In der Phase des Workflow-Designs entwickeln Sie die Automatisierung sowie die dazugehörigen Skripte. Um Ihre Automatisierungssequenz zu entwickeln, steht Ihnen der Bereich **Workflows** im Desktop Studio zur Verfügung. Ein Workflow besteht aus einer Schrittfolge sowie aus den *Page-Aktivitäten*. Workflows werden verwendet, um die Reihenfolge der Pages in der Automatisierungssequenz zu beschreiben. Page-Aktivitäten werden verwendet, um die Abfolge der auf einer Seite auszuführenden Automatisierungsaktionen zu beschreiben.

Szenarien

Auf funktionaler Ebene ist somit der Workflow eine Automatisierungssequenz. Aus der Perspektive der Implementierung ist ein Workflow stets ein *Szenario*, wobei Ihre Automatisierungssequenz im Ganzen aus einem oder mehreren Szenarien besteht. In dem Anwendungsbeispiel unseres Buchs, dem Automatisierungsvorhaben der Maschinenbau GmbH, wird lediglich ein Workflow und somit ein Szenario implementiert.

Workflow anlegen

Für die Anlage eines neuen Workflows in Ihrem Projekt gehen Sie wie folgt vor:

1. Im Desktop Studio wechseln Sie über das entsprechende Symbol in den Bereich **Workflows** (siehe Abbildung 5.1).

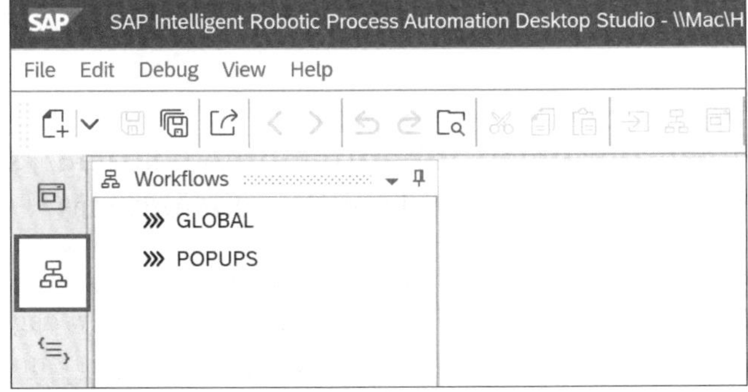

Abbildung 5.1 Bereich »Workflows« aufrufen

2. Klicken Sie mit der rechten Maustaste auf **GLOBAL**, und wählen Sie **New Workflow ...** (siehe Abbildung 5.2).

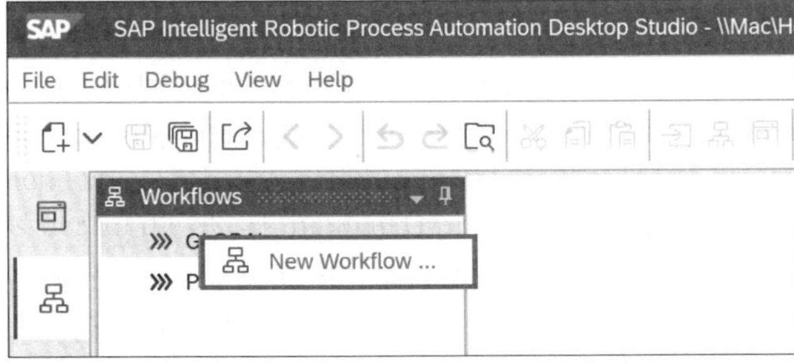

Abbildung 5.2 Hinzufügen eines Workflows

3. Im sich öffnenden Dialogfenster geben Sie nun im Pflichtfeld **Workflow Name** den Namen Ihres Workflows an. In unserem Fallbeispiel nennen wir den Prozess der Maschinenbau GmbH, durch den die Erfassung von Kundenbestellungen automatisiert werden soll, `PoC_Order_Process`.
4. Optional können Sie im Feld **Comments** auch individuelle Kommentare aufnehmen. Beispielsweise bietet es sich an, eine Kurzbeschreibung des Workflows an dieser Stelle aufzunehmen. So können Sie oder andere sich zu einem späteren Zeitpunkt schneller einen Überblick über den Workflow verschaffen.
5. Klicken Sie auf die Schaltfläche **Save**, um den Workflow anzulegen. Der dahinterliegende Quellcode wird nun automatisch generiert (siehe Abbildung 5.3).

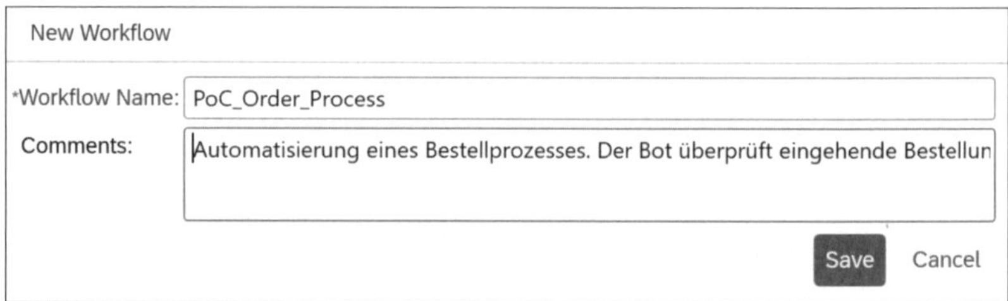

Abbildung 5.3 Namen für einen Workflow vergeben

Nun haben Sie den Workflow sowie den dahinterliegenden Code angelegt. Es erscheint ein leeres Workflow-Modellierungsfenster mit einem grünen Startsymbol, das den Beginn des Workflows kennzeichnet. Der Bereich **Workflows** sollte nun wie in Abbildung 5.4 aussehen.

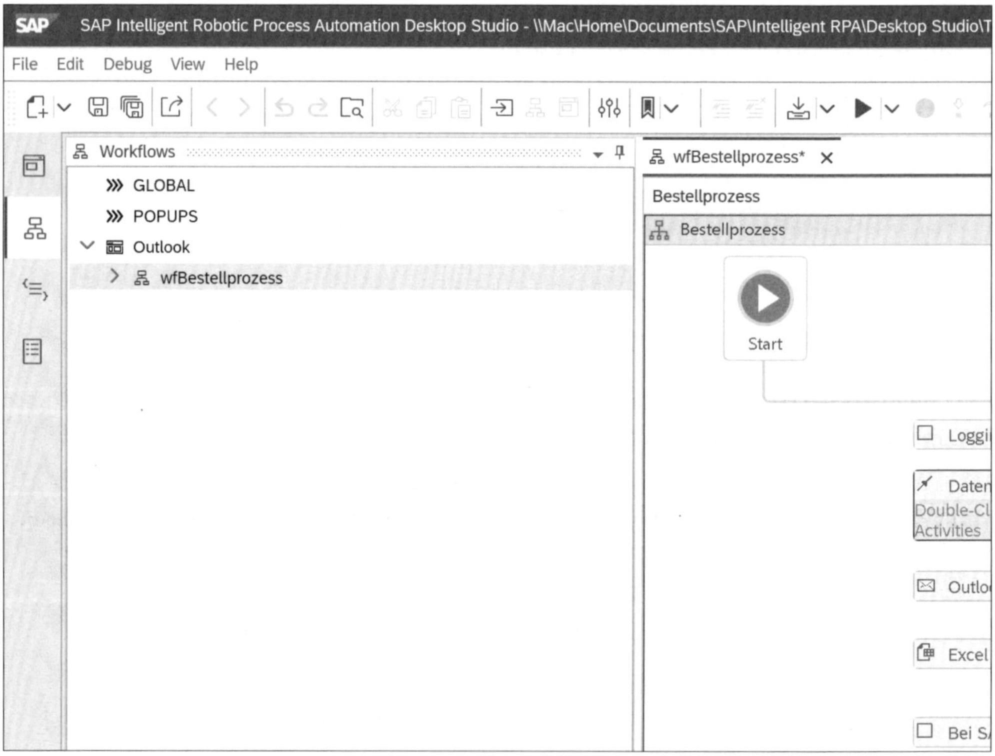

Abbildung 5.4 Workflow-Übersicht nach Anlage des Workflows

5.1.2 Gestaltung des Workflows

Bestandteile des Workflows

Im Anschluss an die Erstellung des Workflows liegt Ihnen ein noch leerer Workspace für das grafische Modell des Workflows mit einem Startsymbol vor. Sobald Sie Ihren Workflow befüllen, werden Ihnen im linken Bereich der Oberfläche die einzelnen Schritte Ihres Workflows aufgelistet (siehe Abbildung 5.5). Diese Schritte definieren Sie, indem Sie Pages und Aktivitäten auswählen und Ihrem Workflow hinzufügen.

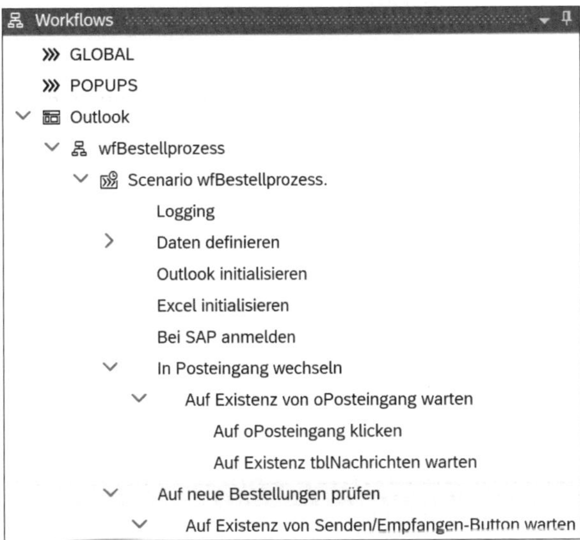

Abbildung 5.5 Anzeige der Workflow-Schritte im linken Abschnitt des Bereichs »Workflows«

Oben rechts im Bereich **Workflows** können Sie Einstellungen zu den Workflow-Elementen Kontext (**Context**), Ereignisse (**Events**) und Eigenschaften (**Properties**) vornehmen. Darunter befindet sich der Bereich **Activities**.

Pages

Durch Drag-and-drop können Sie neue Elemente – sowohl Pages als auch Aktivitäten – in das Workflow-Fenster ziehen. Standardmäßig befindet sich der Bereich **Activities** rechts unten in der Workflow-Ansicht. Dort können Sie sowohl zu den **Pages** als auch zu den **Activities** navigieren (siehe Abbildung 5.6).

Die bereits deklarierten Pages werden im Workflow verwendet, um den Prozessfluss darzustellen (siehe Abbildung 5.6). Der entwickelte Bot navigiert im Rahmen definierter Regeln durch die einzelnen Pages. Die Definition der Regeln und des Prozessflusses erfolgt größtenteils im Bereich **Workflows**.

Aktivitäten

Wie in Abbildung 5.7 zu sehen ist, können Aktivitäten bzw. Aktionen verwendet werden, um die Logik und die Schritte auf jeder Page zu definieren. Beispielsweise können Sie das Initialisieren der Excel-Anwendung automatisieren, indem Sie die folgende Aktivität auswählen: **Activities • Excel Lib • Initialize Excel**. In jedem Abschnitt der Registerkarte **Activities**, z. B. **Application**, **Events** oder **Excel Lib**, finden Sie eine spezifische Sammlung von Aktionen.

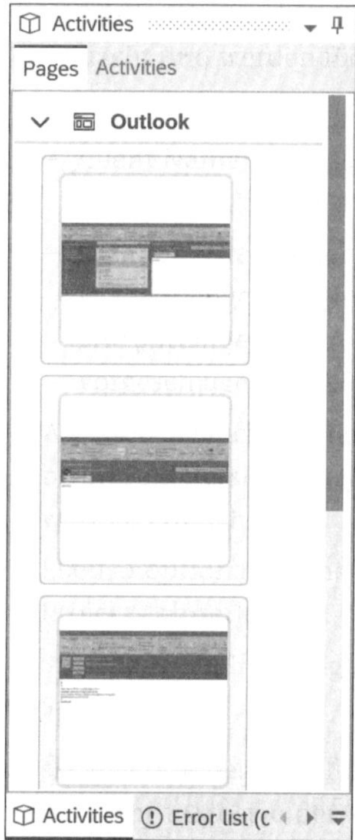

Abbildung 5.6 Pages im Bereich »Workflows«

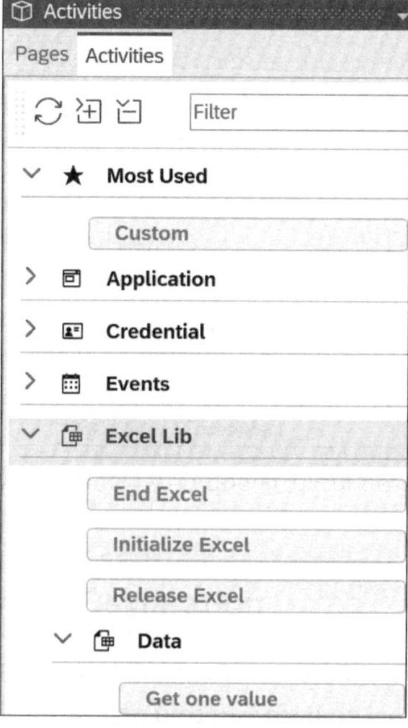

Abbildung 5.7 Aktivitäten im Bereich »Workflows«

Der Bereich »Context«

Die erfassten Pages und Aktivitäten sind im Bereich **Context** in eine projektumfassende Kontextstruktur eingebettet. Der *Kontext* ist ein Datenmanager, der alle Daten verwaltet, die während der Ausführung eines Szenarios entstehen – sowohl interne Daten des Szenarios als auch externe Daten, die an das Szenario gesendet oder von diesem empfangen werden. Das **Context**-Fenster enthält folglich die Kontextstruktur des Projekts.

Stellen Sie sicher, dass Sie für jede Aktivität einen Kontext zuweisen: Dieser dient im Wesentlichen als Platz für die gespeicherten Werte, auf den zugegriffen wird, sobald die Werte wiederverwendet werden. Die Kontexte der untersten Ebene sind praktisch Variablen.

Kontexthierarchien

Wie in Abbildung 5.8 zu sehen ist, gibt es Kontexthierarchien, die von Anwendungen automatisch erstellt werden, um Werte temporär abzuspeichern. Kontexthierarchien werden gegebenenfalls beim Capturing von Anwendungen für Sie angelegt. Bei der Verwendung einiger Aktivitäten werden automatisch Kontextstrukturen angelegt. Das passiert beispielsweise bei Get/Set-Aktivitäten. Diese automatische Generierungsoption können Sie jedoch deaktivieren, indem Sie in den Einstellungen von Desktop Studio auf der Registerkarte **Workflow** die Markierung der Checkbox **Generate context items** entfernen. Die Skriptentwicklerinnen und -entwickler sind dann selbst dafür verantwortlich, dass alle erforderlichen Kontextelemente manuell erstellt werden.

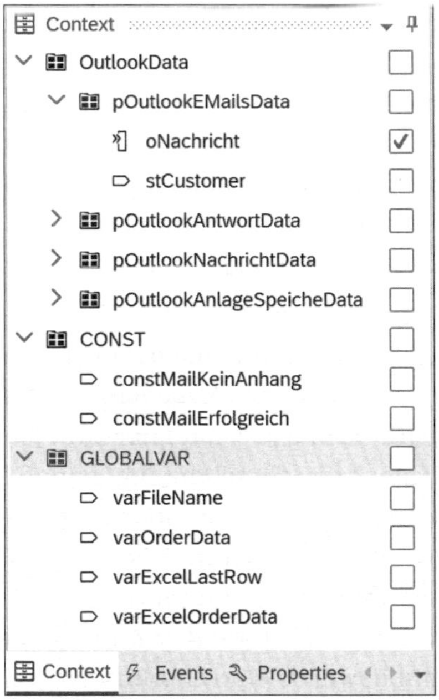

Abbildung 5.8 Fenster »Context« im Bereich »Workflows«

Sie können die Kontexte bzw. Variablen manuell im Code anlegen, falls sich diese nicht automatisch anlegen lassen wollen. Wie Sie Kontextstrukturen manuell im Code anlegen, erfahren Sie in Abschnitt 6.1.2, »Datenkontext«.

Wie das Design eines gesamten Workflows mit den Pages, Aktivitäten und dem Kontext aufgebaut ist, zeigen wir Ihnen in Abschnitt 5.5, »Gesamtaufbau des Workflows für die Maschinenbau GmbH«, an unserem Beispiel-Automatisierungsprozess. Zunächst gehen wir im folgenden Abschnitt jedoch noch ausführlicher auf die verschiedenen im Desktop Studio zur Verfügung stehenden Aktivitäten ein.

5.2 Aktivitäten

Festlegung der Aktivitäten

Der nächste Schritt bei der Erstellung eines Workflows ist die Festlegung der Aktivitäten. Vordefinierte Aktivitäten sind Teil der Desktop-Studio-Anwendung und sollen Ihnen dabei helfen, einen klar definierten und reibungslosen Automatisierungsprozess zu erstellen. Eine Aktivität kann als ein Teil eines Puzzles beschrieben werden: Sie benötigen immer mehrere Aktivitäten, die miteinander verbunden sind, um das gesamte Puzzle zu erstellen, das durch den Workflow dargestellt wird. Die Komplexität der Aktivitäten variiert: Bei einigen Aktivitäten genügt es, sie einfach in den Workflow einzubinden, bei anderen ist zusätzlich die Definition eines Kontexts oder eine manuelle Bearbeitung erforderlich.

Aktivität als Teil eines Themenbereichs

Alle Aktivitäten sind in Bereiche gruppiert, die jeweils spezifische Themengebiete abdecken. Beispielsweise sind Aktivitäten, die sich auf das Lesen und Bearbeiten von Dateien beziehen, in dem Bereich **Files** organisiert. In Abschnitt 5.1.2, »Gestaltung des Workflows«, hatten wir die Bibliothek **Excel Lib** ausgewählt, die Aktivitäten rund um die Einbindung von Microsoft-Excel-Funktionen enthält. Die Bereiche erleichtern es Ihnen, durch die Liste der verfügbaren Aktivitäten zu navigieren.

Aktivität einfügen

Aktivitäten werden per Drag-and-drop in das Workflow-Fenster eingefügt. Sie können die Aktivitäten direkt auf die blauen, dreieckigen *Ankerpunkte* in der Prozessdefinition setzen. Diese Ankerpunkte dienen dazu, die Aktivitäten direkt an andere Aktivitäten anzubinden (siehe Abbildung 5.9).

Abbildung 5.9 Ankerpunkte einer Aktivität

Verwendung von Aktivitäten

Um Ihnen einen Einblick in den Umgang mit Aktivitäten zu ermöglichen, stellen wir Ihnen in den folgenden Abschnitten drei Aktivitäten genauer vor, die die Maschinenbau GmbH für ihre Automatisierung des Bestellprozesses nutzt:

1. Startpunkt ist die Aktivität *Logging*, die schnell in den Workflow integriert werden kann und kaum manuelle Anpassungen benötigt (siehe Abschnitt 5.2.1, »Logging«). Ein regelmäßiges Logging ermöglicht eine ordnungsgemäße Protokollierung und ein schnelleres *Debugging*.
2. Anschließend gehen wir auf *Schleifen* ein, die im Fall der Maschinenbau GmbH notwendig sind, um die Wiederholungen der Workflow-Sequenz zu gewährleisten (siehe Abschnitt 5.2.2, »Schleifen«).
3. Schlussendlich zeigen wir Ihnen die Integration von Aktivitäten innerhalb einer Page (siehe Abschnitt 5.2.3, »Integration von Aktivitäten in Pages«).

5.2.1 Logging

Protokollierung

Für Ihre Entwicklungen sollten Sie stets eine ordnungsgemäße Protokollierung (Logging) verwenden. Protokolle können Ihnen eine große Hilfe sein, wenn Sie verstehen möchten, was der Bot tatsächlich macht und nach welchen Prozessschritten im Entwicklungsprozess er scheitert (dazu mehr in Kapitel 8, »Testen und Debugging«). Auch wenn später jemand anderes Ihren Code debuggen oder pflegen muss, ist ein konsequentes Logging essenziell.

Logging-Aktivität hinzufügen

Der Workflow für den Anwendungsfall der Maschinenbau GmbH soll zunächst mit einer Logging-Aktivität beginnen, die Sie unter **Activities • System • Log** finden. Ziehen Sie diese Aktivität per Drag-and-drop auf den Ankerpunkt unterhalb des Prozessschritts **Start**. Die Eigenschaften der Aktivität werden im Bereich **Properties** angepasst, in dem Sie abhängig von der gewählten Aktivität notwendige Einstellungen vornehmen können. Im Feld **Display name** wurde der Name **Logging** eingetragen. Sie können zusätzlich eine Beschreibung für die Aktivität eingeben. Setzen Sie das **Level** des Logging auf **Info**, wenn lediglich eine Information im Log ausgegeben werden soll. Die Aktivität soll die Log-Nachricht »Bearbeitung Bestellprozess gestartet« anzeigen. Tragen Sie diesen Nachrichtentext in das Feld **Message** ein (siehe Abbildung 5.10).

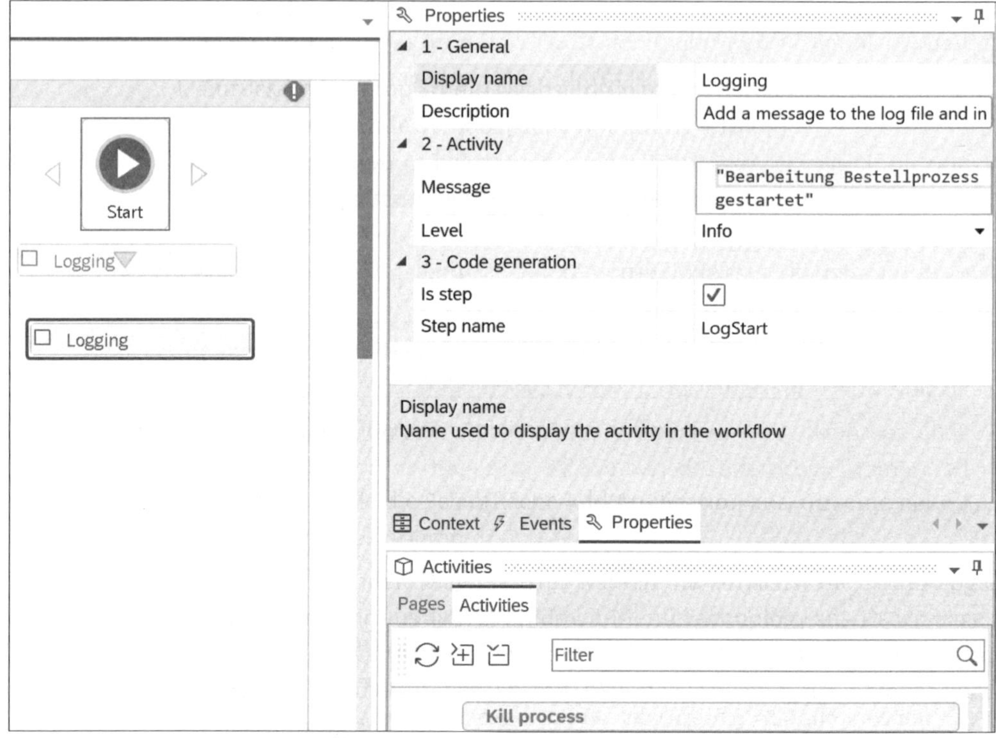

Abbildung 5.10 Eigenschaften der Logging-Aktivität bearbeiten

Nun können Sie im Log nachvollziehen, ob die Automatisierung erfolgreich gestartet wurde.

5.2.2 Schleifen

Anweisungssequenzen

Ein wesentlich komplexeres Design-Muster, das im Rahmen des Soll-Prozesses der Maschinenbau GmbH benötigt wird, ist eine *Schleife* (auch *Loop* genannt). Eine Schleife ist eine Sequenz von Anweisungen. Sie wird einmal angegeben, kann aber mehrmals hintereinander ausgeführt werden. Der Code innerhalb der Schleife wird eine bestimmte Anzahl von Malen ausgeführt. Eine Schleife kann wahlweise auf unbestimmte Zeit ausgeführt werden, nur so lange, dass der Code einmal für jede Sammlung von Anweisungen ausgeführt wurde, oder bis eine bestimmte Bedingung erfüllt ist.

Aktivitäten für eine Schleife

Der Bereich **Workflows** stellt die nötigen Aktivitäten für eine Schleife bereit. Sie finden diese unter **Activities • Flow • Loop**:

- **Start**: Die Aktivität **Start** markiert den Beginn einer wiederholten Sequenz.
- **Loop**: Die Aktivität **Loop** markiert das Ende einer wiederholten Sequenz.

- **Exit**: Die Aktivität **Exit** wird verwendet, um anzugeben, wie die Schleife enden soll. Ohne eine solche Exit-Aktivität würde eine Endlosschleife entstehen.

Schleife im Prozess der Maschinenbau GmbH

Zur Erinnerung: Im Fall der Maschinenbau GmbH erfolgt eine Überprüfung, ob im Outlook-Postfach neue Bestellungen mit dem Betreff »Bestellung« vorliegen. Anschließend wird die vordefinierte Excel-Anlage gespeichert, die Daten werden extrahiert, und die Bestellung wird im SAP-System angelegt. Die Kundin oder der Kunde der Maschinenbau GmbH erhält eine entsprechende automatische Antwort, und die offene E-Mail wird in Outlook geschlossen. Diese Sequenz wird als Block in eine Schleife inkludiert, um jede gewünschte E-Mail zu bearbeiten. Der Prozessablauf stellt sich wie in Abbildung 5.11 gezeigt dar.

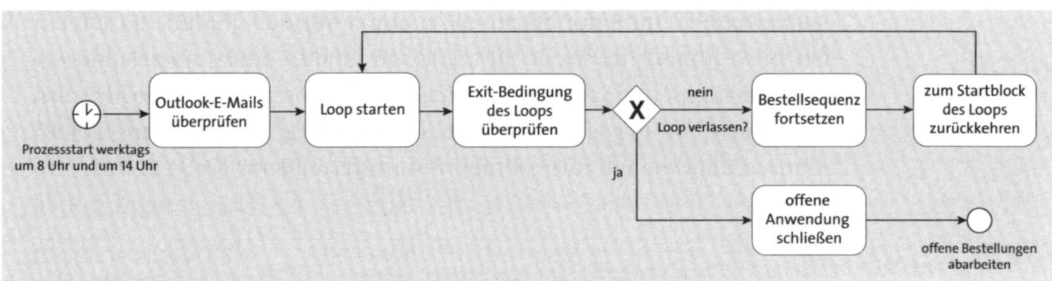

Abbildung 5.11 Loop-Sequenz für die Bearbeitung von Bestellungen

Die Schleife beginnt im Anschluss an die Überprüfung neuer Bestellungen mit der **Start**-Aktivität. Direkt im Anschluss wird die Aktivität **Exit** verwendet, um die Bedingung anzugeben, unter der die Schleife beendet werden soll. Im beschriebenen Fall soll die Schleife beendet werden, wenn keine Bestellungen mehr vorliegen. Dann werden die offenen Anwendungen geschlossen, und die Automatisierung wird beendet.

Eigenschaften der Aktivität »Exit«

Abbildung 5.12 zeigt die Eigenschaften der Aktivität **Exit**. Als **Display name** ist der Text »Beende Bearbeitung« voreingestellt. Auch die Beschreibung können Sie so belassen wie vorgeschlagen. Formulieren Sie die Exit-Bedingung im Feld **Exit condition** mit dem Ausdruck `!$item$.exist()`. Das in dieser Bedingung referenzierte Item definieren Sie über den Pfad im Feld **item** mit der Variablen `oNachricht`.

Definition der Exit-Kondition

Die Variable `oNachricht` muss im vorliegenden Workflow einen Wert aufweisen, damit die Schleife weitergeführt werden kann. Sollte kein weiterer Wert vorliegen, existiert keine entsprechende E-Mail, und die Schleife wird beendet. Wenn die Schleife beendet wird, springt die Automatisierung zur Aktivität **Loop** und setzt von nun an die folgenden Workflow-Aktivitäten um.

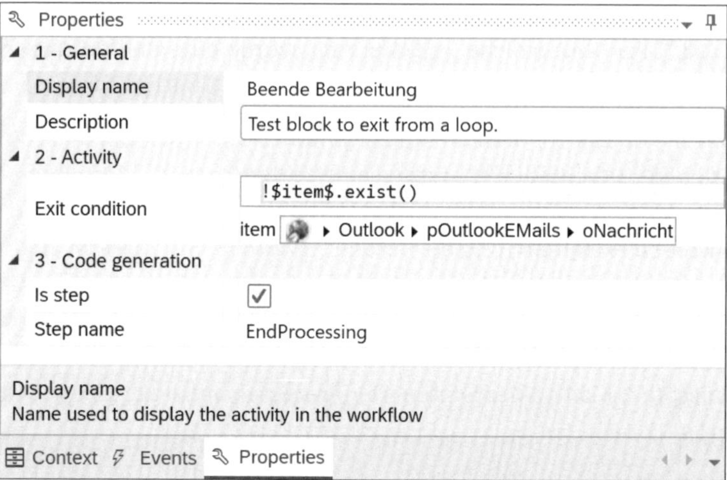

Abbildung 5.12 Definition der Exit-Kondition für die Schleife

Sollte die Variable `oNachricht` weitere E-Mails angeben, wird dagegen der in der Schleife gesetzte Anweisungsblock ausgeführt und solange wiederholt, bis keine weitere Bestellung mehr aufzufinden ist.

Capturing der Variablen »oNachricht«

Die Variable `oNachricht` wurde bereits in der Capturing-Phase (siehe Abschnitt 4.5.2, »Occurs-Technik«) im Kontext `pOutlookEmails` definiert. Ihre Umsetzung erfolgte, indem eine den beschriebenen Anforderungen entsprechende E-Mail als Item gesetzt und die wesentlichen Elemente mithilfe der Deklarationstechnik »Occurs« definiert wurden (siehe Abbildung 5.13). Wesentliche Elemente der Deklaration sind, dass eine E-Mail noch nicht beantwortet sein darf, dass der Kontrolltyp `DataItem` definiert sein muss, dass der Wert »Bestellung« im Betreff vorkommen muss und dass er eine `LTOE(Deepness )` von 2 aufweist.

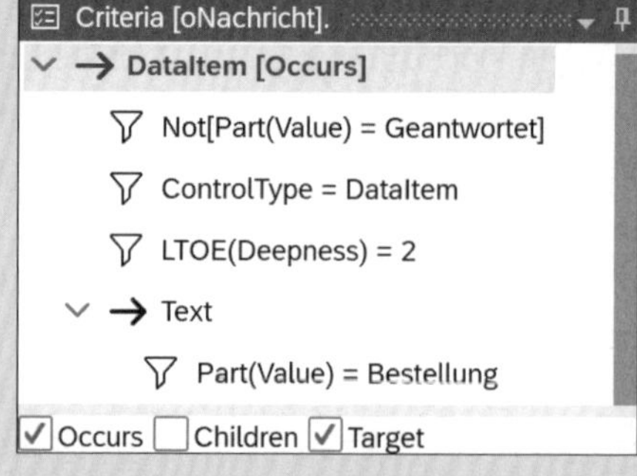

Abbildung 5.13 Kriterium für die Variable »oNachricht«

5.2.3 Integration von Aktivitäten in Pages

Anhand der Aktivitäten für das Logging und der Schleifen haben wir Ihnen die Möglichkeit gezeigt, Aktivitäten als Bausteine des Workflows direkt per Drag-and-drop einzufügen. Daneben werden Aktivitäten für Aktionen innerhalb von Pages benutzt.

E-Mail-Anlage überprüfen

Für die Automatisierung des Anwendungsfalls der Maschinenbau GmbH soll an einem definierten Punkt überprüft werden, ob die Kundin oder der Kunde der Bestellungs-E-Mail eine entsprechende Anlage in Form einer Excel-Datei beigefügt hat. Sollte dies der Fall sein, erfolgt die weitere Verarbeitung der Kundenanfrage. Wenn keine Anlage vorhanden ist, wird eine E-Mail an die Kundin oder den Kunden versandt, die sie oder ihn auf die fehlende Anlage hinweist. Abbildung 5.14 zeigt im oberen Bereich die in diesen Workflow involvierten Pages.

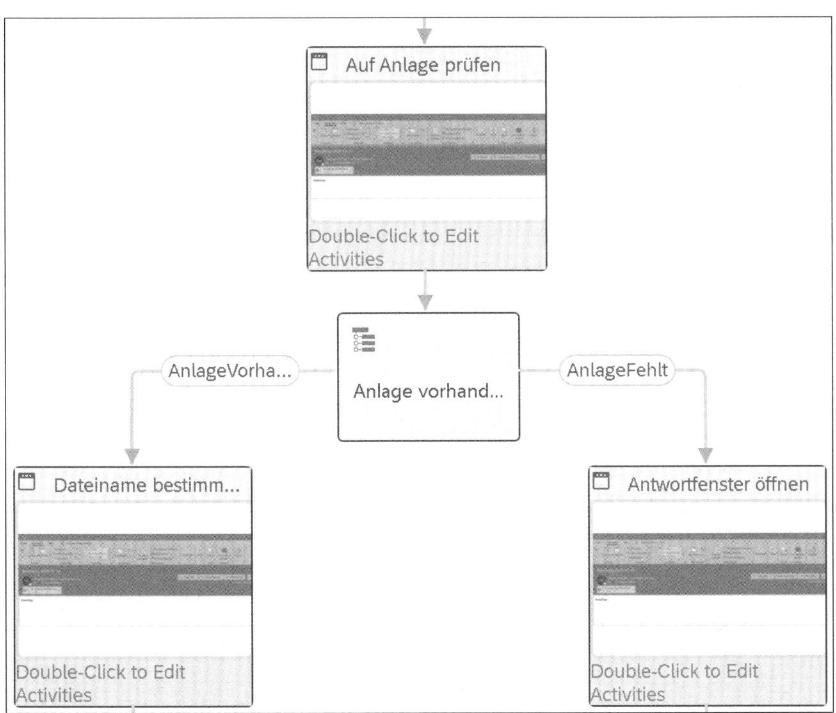

Abbildung 5.14 Pages innerhalb des Workflows zur Überprüfung der E-Mail-Anlage

Sobald Sie auf die Page **Auf Anlage prüfen** klicken, erscheint das Detailfenster dieser Page. Hier können Sie die Aktivitäten definieren, die auf der Benutzeroberfläche der entsprechenden Page vollzogen werden sollen.

Aktivitäten definieren

In Abbildung 5.15 können Sie sehen, dass auf der linken Seite der Page-Detailsicht die Aktivitäten der Page in chronologischer Reihenfolge dargestellt werden.

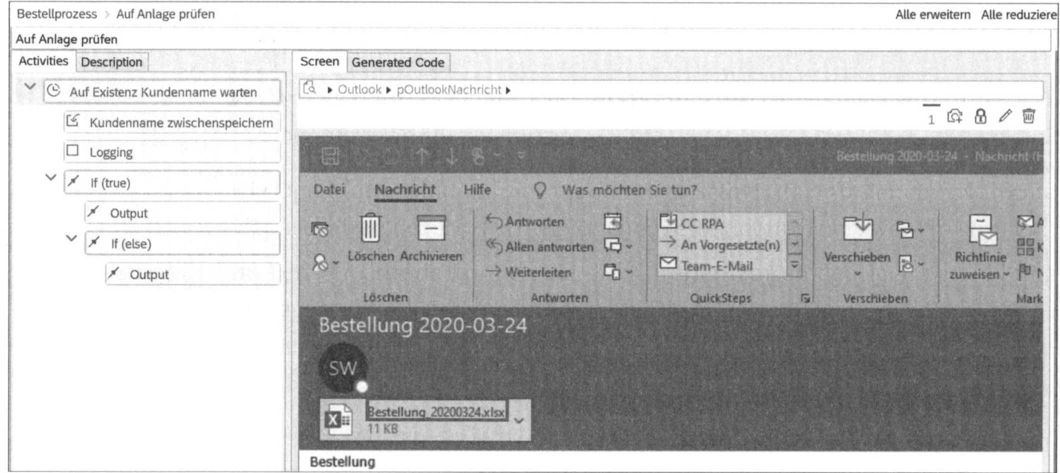

Abbildung 5.15 Page mit den Aktivitäten zur Überprüfung der Anlage

Zunächst wartet der Bot auf die Anzeige des Kundennamens in der Absenderzeile der E-Mail und speichert diesen dann innerhalb einer Variablen ab. Die anschließende Logging-Aktivität protokolliert, dass sich die E-Mail des entsprechenden Kunden in Bearbeitung befindet. Anschließend überprüft der Bot im Rahmen einer bedingten Anweisung (If-Else-Aktivität), ob eine Anlage existiert oder nicht.

Im mittleren Bereich erkennen Sie auf der Registerkarte **Screen** die Oberfläche der Page. Links sehen Sie die verwendeten Aktivitäten. Sie können von der Screen-Ansicht über den Aufruf der Registerkarte **Generated Code** zum generierten Code der Page wechseln.

Kundenname zwischenspeichern

Für das Zwischenspeichern des Kundennamens wird eine der meistgenutzten Aktivitäten verwendet: **Get**. Wie in Abbildung 5.16 zu sehen ist, entnimmt die Get-Aktivität im beschriebenen Fall den Wert des definierten Items der Variablen unter dem Pfad **Outlook • pOutlookNachricht • btKunde** und speichert diesen Wert im Kontext **data** unter **OutlookData.pOutlookEMailsData.stCustomer** ab. Von dort aus kann der gespeicherte Name zu einem späteren Zeitpunkt im Workflow wiederverwendet werden.

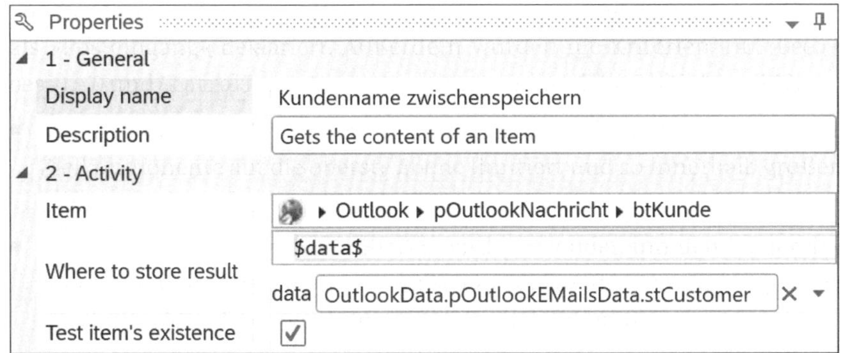

Abbildung 5.16 Kundenname zwischenspeichern

5.3 Wiederverwendbarkeit

Sequenzen mehrfach verwenden

Wiederverwendbarkeit ist im Bereich der Softwareentwicklung als Best Practice bekannt. Sie ermöglicht die Wiederverwendung von bereits vorhandenen Schritten oder Sequenzen von Aktionen. Sobald Sie einen Workflow entwickelt haben, der alle notwendigen Aktivitäten, Kontextelemente und Ereignisse umfasst, können Sie die Schritte erkennen, die wiederverwendet werden können. Wenn Sie z. B. mehrere Workflows in einem Projekt nutzen, die die gleiche Page enthalten, um die gleichen Aktionen durchzuführen, können Sie diese Aktionen erneut nutzen. Anstatt jedes Mal die gleiche Sequenz von Aktionen entwickeln zu müssen, haben Sie also die Möglichkeit, eine Sequenz in einem Workflow zu entwerfen und diese dann auch in anderen Workflows wiederzuverwenden.

Das Pattern »Reuse Step«

Sie können eine Aktivität im Bereich **Workflows** unkompliziert wiederverwenden und in einen Workflow einbinden, indem Sie das Pattern **Reuse Step** verwenden. Das Pattern **Reuse Step** ermöglicht es Ihnen so, Ihre zuvor entwickelten Prozessschritte wiederzuverwenden, was bei Folgeprojekten zu einer kürzeren Entwicklungszeit und einem geringeren Aufwand führt.

In diesem Abschnitt zeigen wir Ihnen, wie Sie einen zuvor definierten Schritt im gleichen oder in einem anderen Workflow wiederverwenden können. Für die Maschinenbau GmbH ist die Wiederverwendbarkeit ein großer Vorteil, da sich damit Entwicklungszeit, Aufwand und Kosten reduzieren lassen. In vielen Automatisierungsvorhaben muss beispielsweise eine Anmeldung am SAP-System erfolgen. Im vorliegenden Prozess ist dieser Schritt erforderlich, bevor die Bestellung in das SAP-System übertragen werden kann. Diesen einmal definierten Schritt kann die Maschinenbau GmbH nun in anderen Workflows wiederverwenden.

Schritt oder Sequenz wiederverwenden

Zur Wiederverwendung eines Schritts oder einer Sequenz führen Sie folgende Schritte durch:

1. Klappen Sie im Menübaum links den Workflow **Outlook** auf, um alle Workflow-Schritte zu sehen.
2. Wählen Sie mit einem Mausklick den Schritt aus, den Sie in einem anderen Workflow wiederverwenden möchten, in unserem Beispiel den Schritt **Bei SAP anmelden**.
3. Ziehen Sie den Schritt per Drag-and-drop aus dem ersten Workflow in den zweiten Workflow, den wir hier **ResuseSteps** genannt haben.
4. Im Bereich **Properties** auf der rechten Seite muss der wiederverwendete Schritt den gleichen Namen aufweisen wie der Originalschritt, auf den er sich bezieht (siehe Abbildung 5.17).

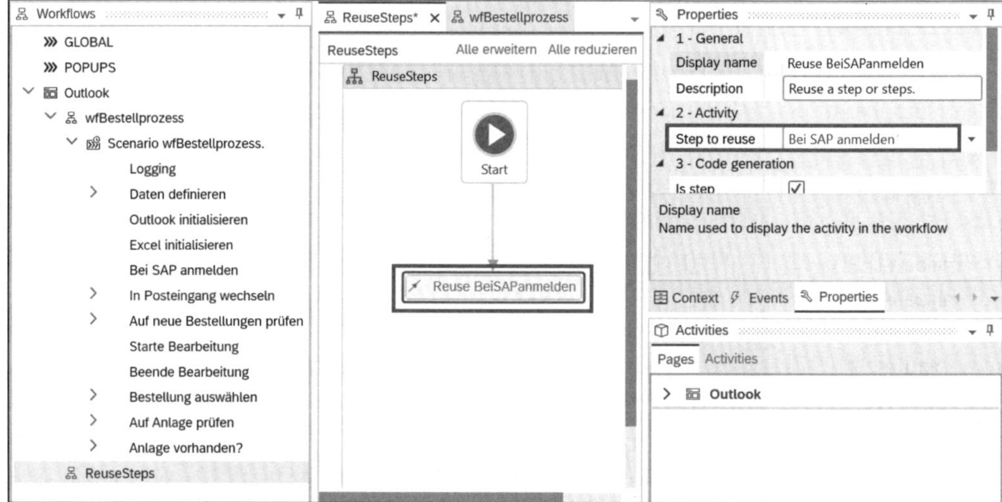

Abbildung 5.17 Wiederverwendbarkeit eines Schritts

5. Klappen Sie den Workflow **ReuseSteps** auf, um die wiederverwendete Aktivität zu sehen. Klicken Sie doppelt auf die Aktivität **Bei SAP anmelden** in der Prozessdefinition. Dadurch springen Sie zum Originalschritt, der wiederverwendet wurde (siehe Abbildung 5.18).

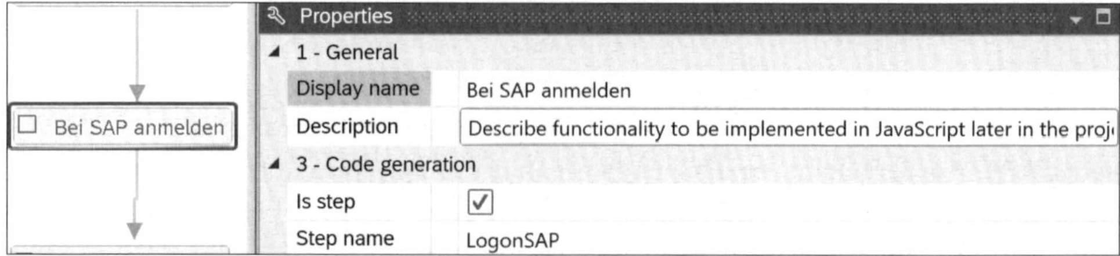

Abbildung 5.18 Zum Originalschritt springen

5.4 Codegenerierung und -manipulation

Der von Ihnen entwickelte Workflow inklusive aller Aktivitäten, Kontextelemente und Events basiert auf JavaScript-Code. Dieser Code ist bereits mit den Einstellungen im Desktop Studio und integrierbaren Elementen verknüpft, sodass Sie Ihre Automatisierung gestalten können, ohne eigenen Code schreiben zu müssen. Durch diesen Ansatz sparen Sie sich sehr viel Aufwand und können geplante Prozessautomatisierungen zeitnah und flexibel umsetzen. Für komplexere Automatisierungen können Sie den Code jedoch manuell manipulieren, um ihn an Ihre Wünsche anzupassen.

In diesem Abschnitt beschreiben wir, wie Sie den Code für Ihren Workflow generieren und durch diesen Code navigieren. Am Ende des Abschnitts erfolgt die Darstellung des Konzepts eines *Merge* , das heißt einer Code-Zusammenführung unterschiedlicher Skripte, und dessen Installation. Nachdem Sie die Ausführungen zu Merges in diesem Abschnitt gelesen haben, sind Sie bestens darauf vorbereitet, zu Kapitel 6, »Workflows erweitern«, überzugehen, in dem Sie den Editor sowie die Manipulation des Codes mithilfe von Assistenten und die manuelle Gestaltung des Codings von Workflows kennenlernen werden.

5.4.1 Generierung des Codes

Build des Workflows

In Abschnitt 5.1, »Workflows«, haben wir die vier grundlegenden Schritte zur Erstellung eines Workflows bereits aufgeführt. Die Schritte 1 bis 3 haben wir in Abschnitt 5.1.1, »Erstellen eines Workflows«, und Abschnitt 5.2, »Aktivitäten«, dargestellt. In Schritt 4, dem Build des Workflows, führen Sie folgende Aktivitäten aus:

- Generierung des Codes
- Überprüfung der Validität
- Prüfung der Übersicht, um mögliche Fehler innerhalb Ihres Workflows zu finden und zu eliminieren

Code erzeugen

Um den Code Ihres Workflows zu erzeugen, müssen Sie zunächst den sogenannten *Build* des Workflows durchführen. Dafür klicken Sie in der Symbolleiste von SAP Intelligent RPA auf das Build-Symbol (siehe Abbildung 5.19). Die Anwendung verarbeitet dann sämtliche verwendeten Elemente, um den JavaScript-Code zu erzeugen.

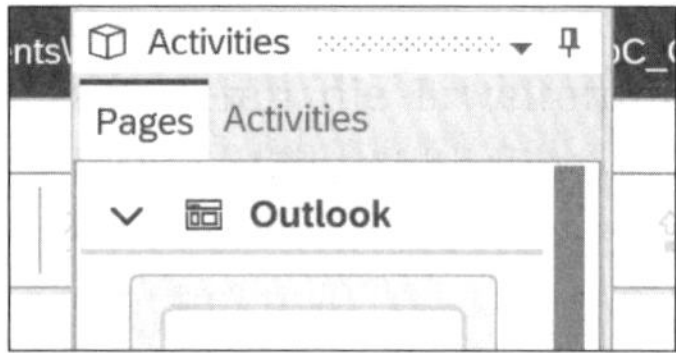

Abbildung 5.19 Build eines Workflows ausführen

Code-Manipulation

Im Anschluss an den Build ruft Desktop Studio automatisch den Editor-Bereich auf (siehe Abbildung 5.20). Dort wird Ihnen der erzeugte Code angezeigt, und dort können Sie auch Änderungen am Code vornehmen, um erweiterte Workflows zu gestalten. Dazu müssen Sie lediglich in den Code klicken und den JavaScript-Code ändern oder ergänzen. In Kapitel 6, »Workflows erweitern«, erfahren Sie mehr über den Editor und seine Funktionen.

Scripts
Framework
Entities
Declarations
Labels
Global
wfbestellprozess.js

Global | Entities | wfbestellprozess.js | Labels

```
// *** Choose language (en|fr|de) ***
GLOBAL.labels.setLanguage(e.language.English);

// Global Systray object
var systray = ctx.systray();

// Custom global BAPI and connection object
var globalBAPI = new ActiveXObject("SAP.Functions");
var globalConnection = globalBAPI.Connection;

/** main process start handler */
GLOBAL.events.START.on(function (ev) {
  // *** Create Systray ***
  systray.createSystrayMenu(ctx.options.projectName, 'ICON1');
});

/** main process stop handler */
GLOBAL.events.QUIT.on(function(ev) {
  // add code here
});

/** Auto-update menu handler */
GLOBAL.events.UPDATECTX.on(function(ev) {
  ctx.shutdownAgent(true, true, (ctx.options.restartConfirmation ? GLOBAL.labels.updatePopup.label : null), GLOBAL.labels.updatePopup.title);
});

/** Custom logon to SAP system */
function logonToSAP() {
  globalConnection.SAPRouter = "/H/sapcti.consolut.cloud/S/3216/W/EnjoyCtiIdes1992!/H/localhost/S/3200"; // Change this, set to SAP routing string
  globalConnection.SystemNumber = '00'; // Change this
  globalConnection.Client = "800"; // Change this
  globalConnection.User = "SW"; // Change this
  globalConnection.Password = "g5K20AyP"; // Change this
  globalConnection.logon(0, true);
}

/** Custom logoff from SAP system */
function logoffFromSAP() {
  globalConnection.logoff();
}
```

Output

```
---- Workflow generation completed: 0 error(s), 0 warning(s).
---- Javascript file compilation: done (Advanced mode).
---- Syntax checking for XML project files: done.
---- Build done : 0 error(s), 0 warning(s).
---- Synchronization of project file: done.
---- Generation of XML Project file: done.
---- Generation of Key.xml file: done.
---- UiDesigner Build Popup: done.
```

Locals

Abbildung 5.20 Editor-Bereich des Desktop Studios nach Ausführung des Builds

Der Output des Builds

Im Bereich **Output** des Editors werden die Informationen zum Build angezeigt. Im Idealfall sieht dieser Bereich aus wie in Abbildung 5.21. Der Build-Prozess ist hier bereits abgeschlossen, und es sind keine Fehler entstanden. Sollten Fehler während des Prozesses aufgetreten sein, können Sie diese dem Bereich **Output** entnehmen und im Rahmen des Debuggings beheben.

```
Output
---- Workflow generation completed: 0 error(s), 0 warning(s).
---- Javascript file compilation: done (Advanced mode).
---- Syntax checking for XML project files: done.
---- Build done : 0 error(s), 0 warning(s).
---- Synchronization of project file: done.
---- Generation of XML Project file: done.
---- Generation of Key.xml file: done.
---- UiDesigner Build Popup: done.
```

Abbildung 5.21 Der Build-Output

5.4.2 Navigation zwischen Workflow und Code

Zum Editor navigieren

Sie können aus dem Bereich **Workflows** direkt zu den Codezeilen der entsprechenden Pages und Aktivitäten im Editor navigieren. Dazu führen Sie einen Rechtsklick auf das entsprechende Element in der Prozessdefinition aus und wählen im Kontextmenü den Eintrag **Go To Code** aus (siehe Abbildung 5.22).

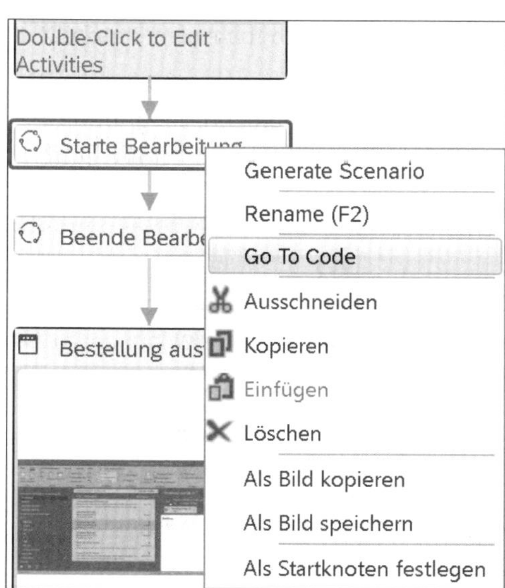

Abbildung 5.22 Wechsel zum Editor-Bereich aus dem Bereich »Workflows«

Zum Prozess navigieren

Genauso können Sie von den entsprechenden Zeilen des Codes im Editor zum Workflow gelangen. Klicken Sie dazu mit der rechten Maustaste auf einen durch den Workflow generierten Globally Unique Identifier (GUID) im Code, und wählen Sie im Kontextmenü den Eintrag **Go to the workflow** aus (siehe Abbildung 5.23).

```
    var rootData = sc.data;

    ctx.workflow('wfBestellprozess', 'e02c6ad3-a0
    ctx.log("Starte Bearbeitung");
    // Starte Bearbeitung
    if (sc.localData.StarteBearbeitung < 0) sc.lc
    sc.endStep(); // EndProcessing
    return;
}});

// ----------------------------------------
//   Step: EndProcessing
// ----------------------------------------
Outlook.step({ EndProcessing: function(ev, sc,
    var rootData = sc.data;

    ctx.workflow('wfBestellprozess', '0fddd604-7f
    ctx.log("Beende Bearbeitung");
    // Beende Bearbeitung
    if (!Outlook.pOutlookEMails.oNachricht.i(sc.l
    {
```

Find and replace		>
Undo	Ctrl+Z	
Redo	Ctrl+Y	
Cut	Ctrl+X	
Copy	Ctrl+C	
Paste	Ctrl+V	
Delete	Del	
Duplicate	Ctrl+D	
Select All	Ctrl+A	
Go to definition	F12	
Go to the workflow	Ctrl+F12	

Abbildung 5.23 Wechsel zum Bereich »Workflows«

5.4.3 Merge-Tool zum Abgleich des Quellcodes

Notwendigkeit eines Merge-Tools

Wie bereits erwähnt, können Sie Ihren durch den Workflow erzeugten Code manuell modifizieren, sollte Ihr Projekt eine höhere Komplexität aufweisen. Außerdem ändern sich funktionale Anforderungen mit der Zeit häufiger, sodass Sie auch nach der Implementierung eines Bots Änderungen an Ihrem Code werden vornehmen müssen. Sollten Sie einen Workflow verändern, für den Sie bereits manuelle Veränderungen am Code vorgenommen haben, entsteht eine Diskrepanz zwischen den Workflow-Modifizierungen und dem Code. Wenn Sie daraufhin einen Build vollziehen, werden Sie auf diese Diskrepanz hingewiesen, wie anhand der gelben Markierungen in Abbildung 5.24 zu sehen ist.

Mit der Hilfe eines *Merge-Tools* können Sie diese Diskrepanz jedoch überbrücken und Ihren Workflow zielführend mit dem Code verbinden. Hier stehen Ihnen verschiedene Drittanbieter-Anwendungen zur Auswahl, z. B. *KDiff3* oder *Beyond Compare*.

Einstellung des Merge-Tools

Nachdem Sie ein Merge-Tool installiert haben, müssen Sie es im Desktop Studio auswählen:

1. Dazu wählen Sie im Menü den Pfad **File • Settings • Workflow** und scrollen dann zum Bereich **Merge**.
2. Im Auswahlfeld **Merge Command Line** wählen Sie das von Ihnen installierte Merge-Tool aus (siehe Abbildung 5.25). Die Logik zum Aufruf des ausgewählten Merge-Tools und Ausführung des Merges wird daraufhin automatisch in das Feld **Merge Command Line** eingefügt.

Abbildung 5.24 Diskrepanz zwischen Code und Workflow

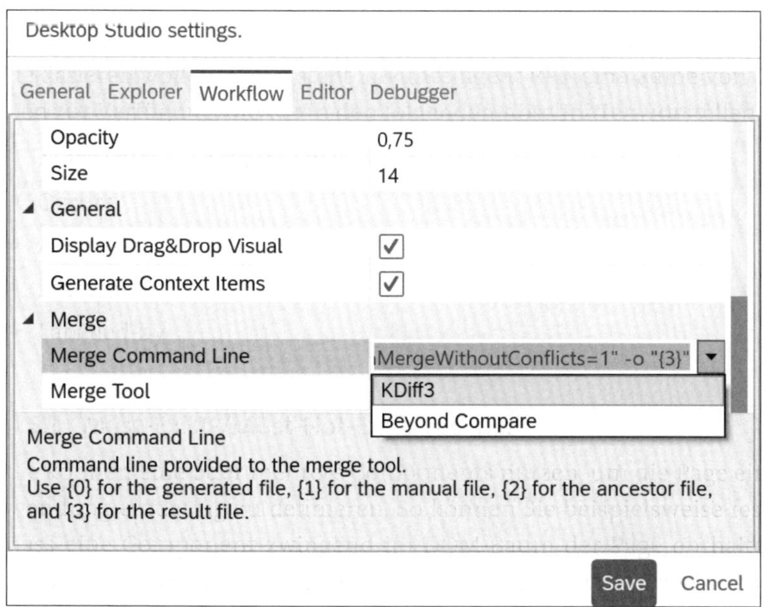

Abbildung 5.25 Auswahl der Merge Command Line

3. Danach wählen Sie im Auswahlfeld **Merge Tool** den Dateipfad aus, unter dem es auf Ihrem Rechner installiert ist (siehe Abbildung 5.26).

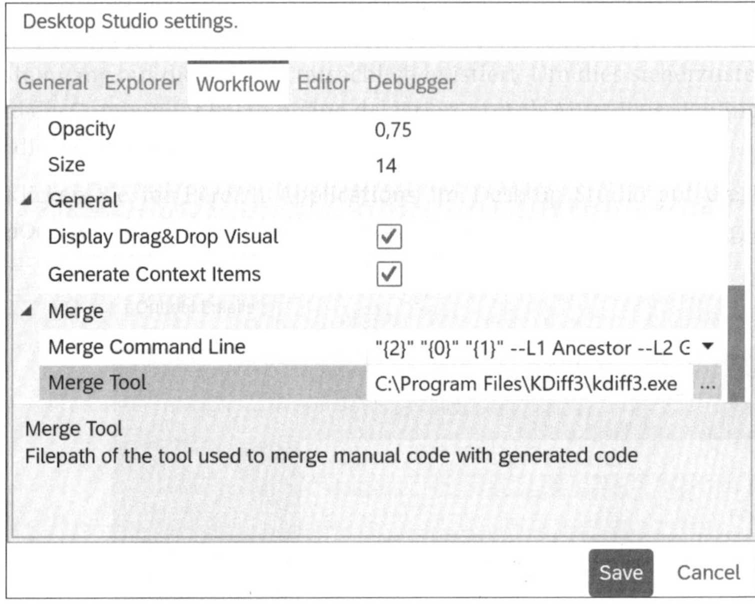

Abbildung 5.26 Auswahl des Merge-Tools

4. Speichern Sie diese Einstellungen mit **Save**.

Merge ausführen

Sollte nun ein Konflikt zwischen einem von SAP Intelligent RPA generierten und einem manuell bearbeiteten Code bestehen, wird das Merge-Tool aktiviert. Wenn möglich, findet der Merge automatisch statt. Falls das nicht möglich ist, müssen Sie diejenigen Zeilen, die Sie behalten möchten, manuell auswählen.

Installation eines Merge-Tools

Es gibt verschiedene Tools, die Sie installieren können, um den generierten Code der Workflows mit dem manuell hinzugefügten Code abzugleichen und zusammenzuführen. Als Beispiel beschreiben wir nachfolgend die Installation des Tools KDiff3:

1. Rufen Sie in Ihrem Browser die Seite *http://kdiff3.sourceforge.net/* auf, um die neuste Version von KDiff3 herunterzuladen.
2. Klicken Sie doppelt auf die gespeicherte, ausführbare Datei, um den Installationsvorgang zu starten.
3. Klicken Sie auf **Weiter**, und akzeptieren Sie die Lizenzbedingungen, um mit der Installation fortzufahren.

4. Ändern Sie gegebenenfalls den Zielordner für die Installation, und klicken Sie danach auf **Weiter**.
5. Klicken Sie auf die Symbole in der Baumstruktur, um die Art und Weise zu ändern, wie die Funktionen installiert werden, und klicken Sie auf **Weiter**.
6. Klicken Sie auf **Installieren**, um die Installation zu starten.
7. Klicken Sie nach dem Installationsfortschrittsdialog auf **Fertigstellen**, um den Setup-Assistenten zu beenden.

5.5 Gesamtaufbau des Workflows für die Maschinenbau GmbH

In diesem Abschnitt fassen wir noch einmal zusammen, wie der in Abschnitt 4.2, »Beispiel: Automatisierter Zielprozess der Maschinenbau GmbH«, beschriebene Automatisierungsworkflow der Maschinenbau GmbH in einem Workflow abgebildet wird. Zur Erinnerung: Der geplante SAP-Intelligent-RPA-Bot soll über eine von der Maschinenbau GmbH verwendete Bestellapplikation Kundenbestellungen identifizieren, die Daten einer Bestellung jeweils in eine Excel-Datei übertragen und die Bestellungen anschließend über einen BAPI-Aufruf in das SAP-System laden. Wir zeigen Ihnen in diesem Abschnitt, wie Sie die Pages und Aktivitäten in den Workflow einbauen und anpassen können.

Ausgangssituation

Zur Ausgangssituation: Das RPA-Projekt ist bereits erstellt, und die Excel- und Outlook-Bibliotheken wurden der Anwendung hinzugefügt, wie in Kapitel 4, »Capturing und Deklaration von Anwendungen«, beschrieben. In Abschnitt 6.3, »Integrierte Bibliotheken«, erhalten Sie weiterführende Informationen zu diesen Bibliotheken. Anschließend wurde ein Workflow namens `wfOrder-Prozess` erstellt (siehe Abschnitt 5.1.1, »Erstellen eines Workflows«), für den SAP Intelligent RPA auf Basis der Aktivitäten Skripte generiert. Bei einigen Aktivitäten handelt es sich um kundenspezifische Aktivitäten, deren Skripte manuell definiert werden müssen. Auf diese Aktivitäten kommen wir in Kapitel 6, »Workflows erweitern«, zurück.

Workflow modellieren

Sie können nun die Definition des Workflows um die einzelnen Schritte des Workflows ergänzen. Einige Teilschritte dieses Modellierungsprozesses haben wir in den vorangehenden Abschnitten dieses Kapitels bereits gezeigt. Nun stellen wir sie in den Gesamtzusammenhang des Workflows.

Logging initialisieren

Zunächst sollte in einem Workflow stets das Logging initialisiert werden, um die einzelnen Schritte des Workflows jederzeit nachvollziehen zu können. Der Schritt **Start** für den Beginn des Workflows wurde mit der Anlage des Workflows in Abschnitt 5.1.1, »Erstellen eines Workflows«, automatisch eingefügt. Fügen Sie als Nächstes eine Logging-Aktivität hinzu, wie in Abschnitt 5.2.1, »Logging«, beschrieben (siehe Abbildung 5.27).

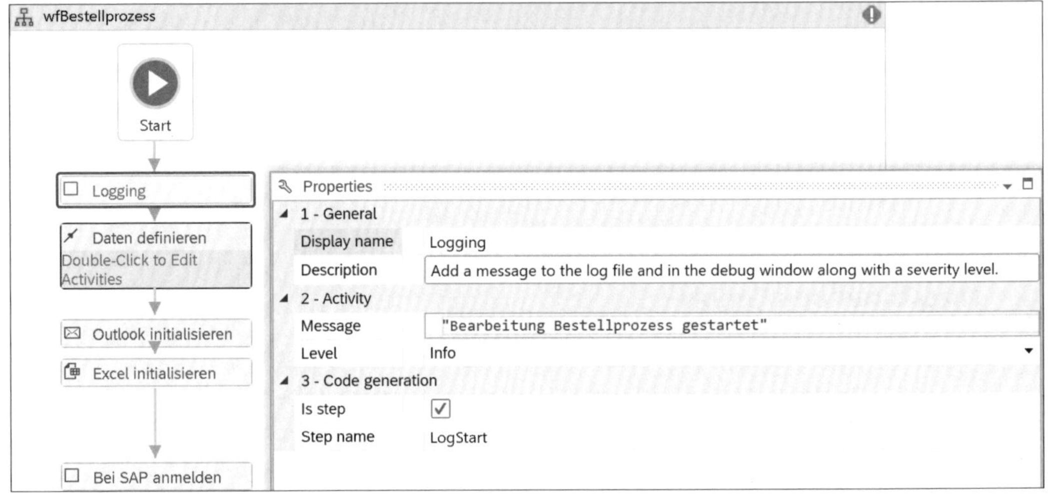

Abbildung 5.27 Benutzerdefinierte Aktivität »Logging« in den Workflow integrieren

Sequenz zur Verküpfung der Ordner

Der nächste Schritt des Workflows ist eine Sequenz aus mehreren Aktivitäten. Sie definiert den Pfad zu vorbereiteten Textdateien und Ordnern, die im Bestellprozess verwendet werden (siehe Abbildung 5.28). Es wurden zwei Textdateien erstellt, deren Inhalt als Vorlage für die Antwort auf die Bestell-E-Mails dienen. Die Texte benachrichtigen die Absenderin oder den Absender darüber, ob die E-Mail erfolgreich zugestellt wurde oder ob kein Anhang vorhanden ist. Durch die Sicherung der Textdateien unter vordefinierten Pfaden können die Texte bei Bedarf geändert werden, ohne den Workflow selbst verändern zu müssen. Nennen Sie die nachfolgende Sequenz »Daten definieren«.

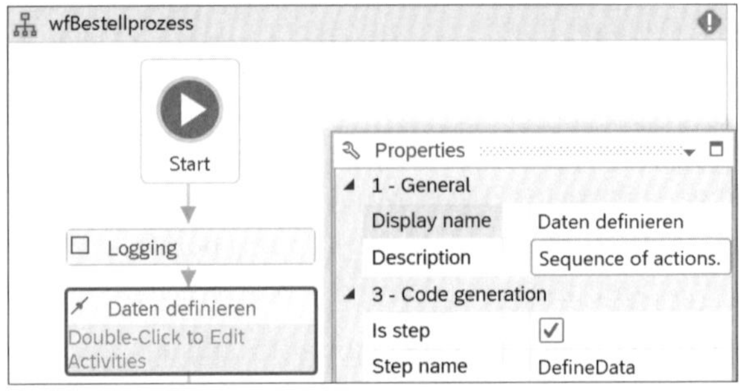

Abbildung 5.28 Daten zur Verarbeitung durch den Workflow definieren

Die Variablen zum Verweis auf die im Workflow zu verarbeitenden Dateien werden auf der Registerkarte **Context** unter **CONST** abgespeichert (siehe Abbildung 5.29).

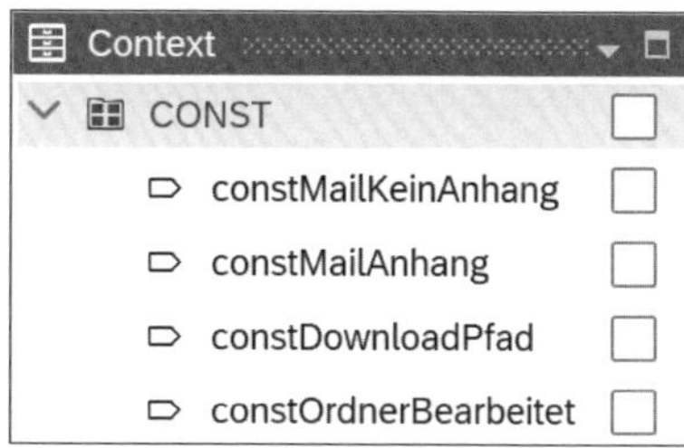

Abbildung 5.29 Variablen im Kontext des Workflows

Sie definieren die folgenden Dateipfade:

- **%UserProfile%\\Documents\\RPAOrderProcess\\ MailTemplateNoAttachment.txt**
  Unter diesem Pfad wird eine Textdatei abgerufen, die die Nachricht enthält, die an die Kundin oder den Kunden übermittelt wird, falls kein Bestellungsanhang gefunden wird.
- **%UserProfile%\\Documents\\RPAOrderProcess\\ MailTemplateSuccess.txt**
  Unter diesem Pfad wird die Textdatei mit dem Nachrichtentext abgerufen, der an die Kundin oder den Kunden übermittelt wird, falls der Bestellungsanhang gefunden wird und die Bestellung erfolgreich im SAP-System angelegt wurde.
- **%UserProfile%\\Downloads**
  In diesen Ordner wird die Datei mit dem Bestellformular aus dem Bestellungsanhang heruntergeladen.
- **%UserProfile%\\Documents\\RPAOrderProcess\\Bearbeitet**
  In diesen Ordner wird das Formular aus dem Bestellungsanhang nach der Ausführung der Bestellung im SAP-System verschoben. Vor dem Verschieben in diesen Ordner wird die SAP-Auftragsnummer in eine Excel-Datei eingetragen, in der die Daten aller Kundenbestellungen gesammelt werden.

Code der Sequenz

Sie können sich den Code zur Umsetzung der Sequenz **Daten definieren** im Editor ansehen, wie in Abschnitt 5.4.2, »Navigation zwischen Workflow und Code«, beschrieben (siehe Abbildung 5.30).

Outlook und Excel initialisieren

Die nächsten beiden Schritte des Workflows initialisieren die beiden deklarierten Anwendungen Microsoft Outlook und Excel (siehe Abbildung 5.31), die in diese Automatisierung eingebunden sind.

wfBestellprozess ×

```
// -----------------------------------------------------------------
//   Step: DefineData
// -----------------------------------------------------------------
GLOBAL.step({ DefineData: function(ev, sc, st) {
  var rootData = sc.data;
  // Einlesen Text für Mail ohne Anhnag
  var file = "%UserProfile%\\Documents\\RPAOrderProcess\\MailTemplateNoAttachment.txt";
  rootData.CONST.constMailKeinAnhang = ctx.fso.file.read(file, e.file.encoding.UTF8);
  // Einlesen Text für Mail erfolgreiche Bearbeitung
  // MANUAL CHANGE START Variable wurde automatisch doppelt deklariert
  //var file = "%UserProfile%\\RPAOrderProcess\\MailTemplateSuccess.txt";
  file = "%UserProfile%\\Documents\\RPAOrderProcess\\MailTemplateSuccess.txt";
  // CMANUAL CHANGE END
  rootData.CONST.constMailAnhang = ctx.fso.file.read(file, e.file.encoding.UTF8);

  // MANUAL CHANGE START (set path for DownloadFile)
  var path = "%UserProfile%\\Downloads\\"
  rootData.CONST.constDownloadPfad = path;
  // MANUAL CHANGE END

 // MANUAL CHANGE START (Folder Done)
  rootData.CONST.constOrdnerBearbeitet =  "%UserProfile%\\Documents\\RPAOrderProcess\\Bearbeitet\\";
  // MANUAL CHANGE END

  sc.endStep(); // InitializeOutlook
  return;
}});
```

Abbildung 5.30 Code der Sequenz »Daten definieren«

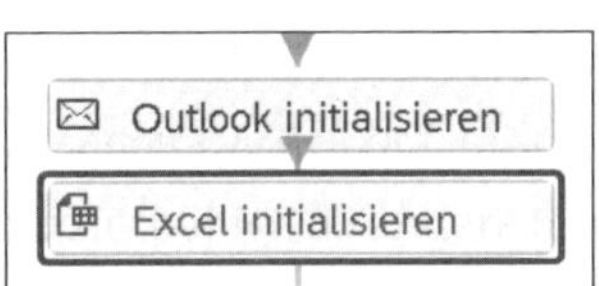

Abbildung 5.31 Microsoft Outlook und Excel initialisieren

Zur Initialisierung von Outlook wählen Sie die Aktivität **Outlook Lib • Initialize Outlook**, zur Initialisierung von Excel wählen Sie die Aktivität **Excel Lib • Initialize Excel**, wie schon in Abschnitt 5.1.2, »Gestaltung des Workflows«, gezeigt. Für diese vordefinierten Aktivitäten müssen Sie keine besonderen Einstellungen vornehmen. In Abschnitt 11.3, »Integration von Microsoft-Anwendungen«, gehen wir ausführlicher auf die verschiedenen Aktivitäten der Outlook- und Excel-Bibliothek ein.

Am SAP-System anmelden

Fügen Sie als Nächstes die benutzerdefinierte Aktivität **Bei SAP anmelden** hinzu (siehe Abbildung 5.32), die Sie unter **Most Used • Custom** finden, damit die Automatisierung auf das SAP-System zugreifen kann. Da es sich um eine benutzerdefinierte Aktivität handelt, müssen Sie die Ausführungslogik manuell im Code definieren.

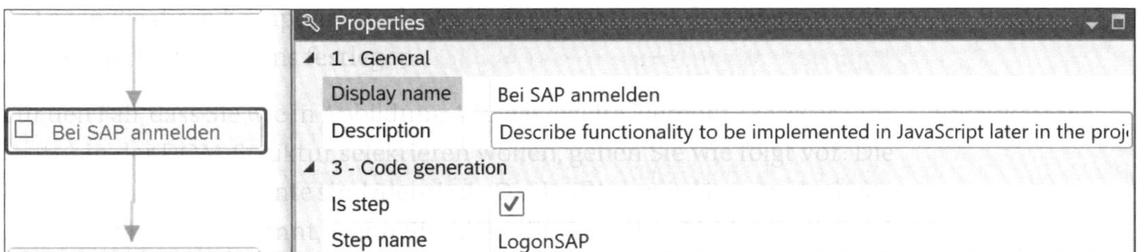

Abbildung 5.32 Workflow-Schritt »Bei SAP anmelden«

Navigieren Sie dazu zum Code Ihrer Aktivität, wie in Abschnitt 5.4.2, »Navigation zwischen Workflow und Code«, beschrieben. Rufen Sie dort die benutzerdefinierte Funktion `logonToSAP()` auf (siehe Abbildung 5.33).

```
GLOBAL.step({ LogonSAP: function(ev, sc, st) {
    var rootData = sc.data;
    ctx.workflow('wfBestellprozess', 'a071f449-2740-4e7e-ba36-6297ca8ce0b0') ;
    // Bei SAP anmelden
    logonToSAP();
    sc.endStep(); // StartsBrowser
    return;
}});
```

Abbildung 5.33 Code zum Aufruf der benutzerdefinierten Aktivität »LogonSAP«

Benutzerdefinierte Funktion

Um diese Funktion zu definieren, klicken Sie mit der rechten Maustaste auf die Funktion im Code und wählen im Kontextmenü den Eintrag **Go to definition**. Sie werden zu der Stelle im Code geleitet, an der die Funktion definiert werden muss. Definieren Sie die Funktion als *globale Funktion* im *globalen Skript*, um sie später wiederverwenden zu können, wie in Abschnitt 5.3, »Wiederverwendbarkeit«, beschrieben. Hinterlegen Sie Ihre SAP-Anmeldedaten, um auf das SAP-System zugreifen zu können (siehe Abbildung 5.34). Wie Sie benutzerdefinierte Aktivitäten programmieren, erklären wir in Abschnitt 6.2, »Einbindung von benutzerdefiniertem Code«.

```
/** Custom */
function logonToSAP () {


  globalConnection.ApplicationServer = "localhost"; // Change this
  globalConnection.SAPRouter = "/H/sapcti.consolut.cloud/S/3216/W/EnjoyCtiIdes1992!/H/"; // Change this, set to SAP routing string
  globalConnection.SystemNumber = '00'; // Change this
  globalConnection.Client = "800"; // Change this
  globalConnection.User = "MAS"; // Change this
  globalConnection.Password = "maschu01"; // Change this
  globalConnection.logon(0, true);
};
```

Abbildung 5.34 Definition der Funktion »logonToSAP()«

Browser aufrufen

Als nächsten Schritt fügen Sie die Aktivität **Start Browser** aus dem Bereich **Application** zum Workflow hinzu, um den Browser aufzurufen. Die Maschinenbau GmbH verwendet den Internet Explorer als Browser. Vergeben Sie in den **Properties** im Feld **Display name** daher den Namen »Starte InternetExplorer«. Wählen Sie im Feld **Application** außerdem den Pfad **pReactApp** aus, unter dem die aufzurufende Seite des Browsers bereits als Applikation erfasst ist (siehe Abbildung 5.35). Wie Sie eine Webseite als Applikation deklarieren, haben wir in Abschnitt 4.4.2, »Deklaration von Webanwendungen«, beschrieben.

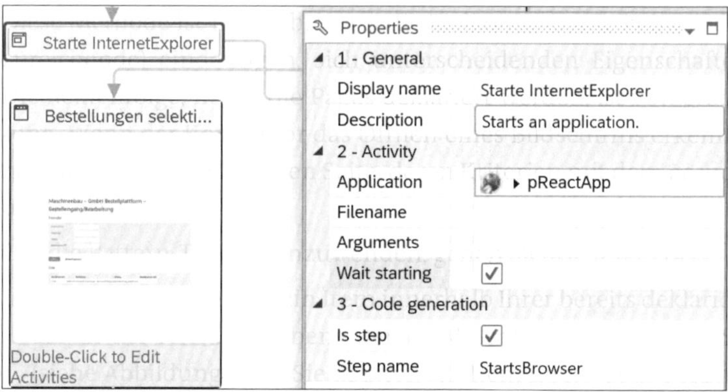

Abbildung 5.35 Eigenschaften der Aktivität zum Starten des Browsers

Navigieren Sie über das Kontextmenü zum Code dieser Aktivität. Hier können Sie erkennen, dass standardmäßig der Internet Explorer als Standardbrowser für diese Aktivität eingerichtet ist (siehe Abbildung 5.36). Durch eine Ergänzung im Code wurde jedoch Chrome als Default gesetzt.

```
// ------------------------------------------------------------
//   Step: StartsBrowser
// ------------------------------------------------------------
GLOBAL.step({ StartsBrowser: function(ev, sc, st) {
  var rootData = sc.data;
  ctx.workflow('wfBestellprozess', '0a8bef09-d764-41eb-996e-ce9242d1af32') ;
  // Starte InternetExplorer
  pReactApp.events.START.once(function(ev) {
    sc.endStep(); // AppLogin_management
    return;
  });
  // MAS Insert Start
  // Setze Chrome als Default
  pReactApp.navigator = e.navigator.Chrome
  // MAS Insert End

  pReactApp.start();
}});
```

Abbildung 5.36 Code der Aktivität »StartsBrowser«

Page und Aktivitäten einbinden

Als Nächstes muss das Formular aus der Bestellungsanwendung der Maschinenbau GmbH als Page in den Workflow eingebunden werden. Es wird die Daten der Bestellung enthalten. Wählen Sie dazu unter **Activities • Pages** die Page pReactApp aus (siehe Abbildung 5.37).

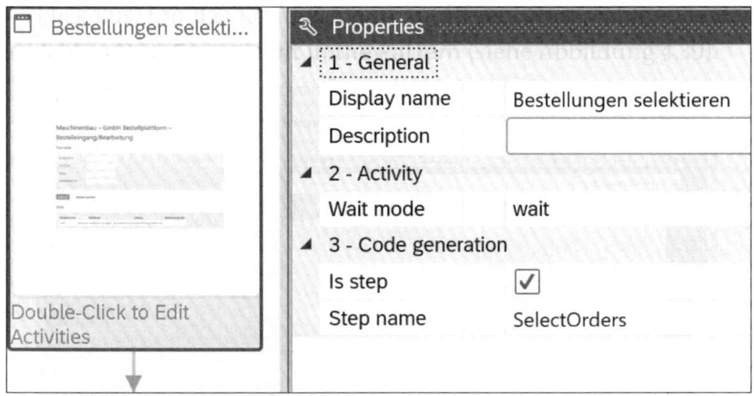

Abbildung 5.37 Einbindung der Page »Bestellungen selektieren«

In diese Page binden Sie zwei Aktivitäten ein:

- **Klick-Aktivität**
  Diese Aktivität finden Sie im Bereich **Item-Click**. Sie wählt aus der Liste der E-Mails im Posteingang mit dem Stichwort »Bestellung« einen Eintrag aus, dem noch keine Bestellnummer aus dem SAP-System zugewiesen ist, und füllt das Formular mit der Kundennummer, der E-Mail-Adresse und dem Bestellungsanhang aus. Abbildung 5.38 zeigt dieses Formular. Die vom Bot zu füllenden Felder werden in der Screen-Sicht des Desktop Studio grün umrandet hervorgehoben.

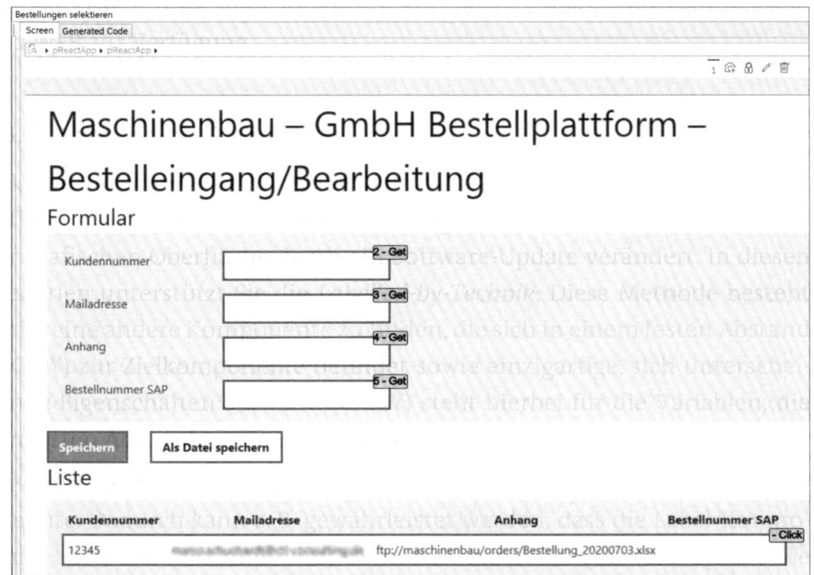

Abbildung 5.38 Page »Bestellungen selektieren« auf der Registerkarte »Screen« im Desktop Studio

- **Get-Aktivität**
  Als weitere Aktivität binden Sie eine Get-Aktivität ein, die Sie im Bereich **Item-Get** finden. Diese Aktivität holt alle Daten aus dem Formular und speichert sie in den vordefinierten Variablen für die Bestellung ab. Die entsprechende Programmlogik sehen Sie in der Sicht **Generated Code** in Abbildung 5.39.

Bestellungen selektieren

Screen | Generated Code

This Code is Generated from the Saved Version of the Workflow.

```
ctx.workflow('wfBestellprozess', '8547a813-6916-415a-92d7-25c843346d91') ;
// Wait until the Page loads
pReactApp.pReactApp.wait(function(ev) {
  pReactApp.pReactApp.oTR.i(0).click();
  rootData.pReactAppData.oCustomerNumber = pReactApp.pReactApp.oCustomerNumber.get();
  rootData.pReactAppData.oMail = pReactApp.pReactApp.oMail.get();
  rootData.pReactAppData.oAppendixLocation = pReactApp.pReactApp.oAppendixLocation.get();
  rootData.pReactAppData.oOrderNumber = pReactApp.pReactApp.oOrderNumber.get();
  sc.endStep(); // CheckAttachment
  return;
});
```

Abbildung 5.39 Generierter Code für die Aktivitäten der Page »Bestellungen selektieren«

Die Variablen zur Speicherung der Daten definieren Sie auf der Registerkarte **Context** im Kontext **pReactAppData** (siehe Abbildung 5.40).

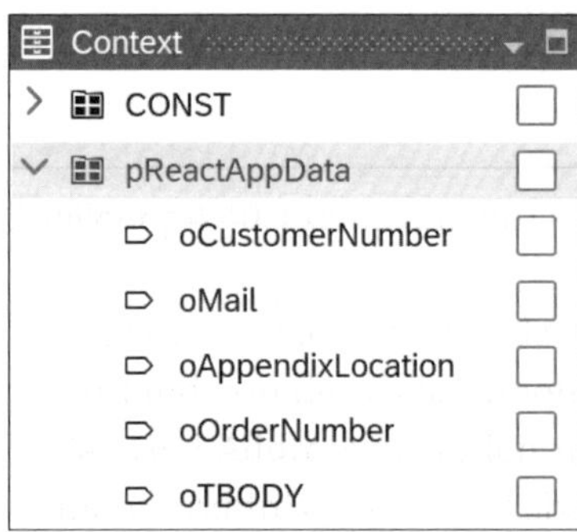

Abbildung 5.40 Kontext »pReactAppData«

Prüfung der E-Mail-Anlage

Der nächste Schritt des Workflows ist die Aktivität, die prüft, ob der Bestell-E-Mail eine entsprechende Anlage mit der Bestellung beigefügt ist. Sie ist an den Outlook-Posteingang als Page geknüpft. Die Einbindung der Aktivität in die Page haben wir in Abschnitt 5.2.3, »Integration von Aktivitäten in Pages«, beschrieben. Die Eigenschaften dieses Prozessschritts sehen Sie in Abbildung 5.41. Es wird geprüft, ob ein Anhang gefunden wurde oder nicht. Daraufhin wird eine entsprechende Log-Nachricht angezeigt. Das Skript zur Ausführung dieser Prüfung sehen Sie in Abbildung 5.42.

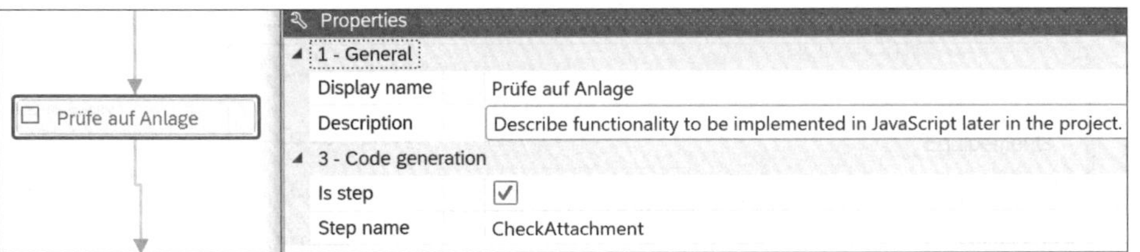

Abbildung 5.41 Workflow-Schritt »Prüfe auf Anlage«

```
// ----------------------------------------------------------------
//   Step: CheckAttachment
// ----------------------------------------------------------------
GLOBAL.step({ CheckAttachment: function(ev, sc, st) {
  var rootData = sc.data;
  ctx.workflow('wfBestellprozess', 'a7563105-8e3b-44cd-8adb-70d21b70f4d4') ;
  // Prüfe auf Anlage
  ctx.log("Bestellung von Kunden-Nummer " + rootData.varCustomerNumber + " bearbeiten", e.logIconType.Info);
  if (rootData.varAttachment !== "")
      {
        ctx.log("Anlage vorhanden");
        sc.endStep('AnlageVorhanden'); // SaveAttachment
        return;
      }
      else
      {
        ctx.log("Anlage fehlt");
        sc.endStep('AnlageFehlt'); // NoAttachSendMail
        return;
      }
}});
```

Abbildung 5.42 Code zur Prüfung, ob eine E-Mail-Anlage vorhanden ist

If-Else-Sequenz

Abhängig davon, ob eine Anlage gefunden wurde oder nicht, wird anschließend eine der beiden folgenden beiden Aktivitäten ausgeführt:

- Ist eine Anlage vorhanden, wird der Workflow mit einer *Flow-Aktivität* fortgeführt, um die Bestellung zu bearbeiten.
- Wenn kein Anhang gefunden wurde, wird die benutzerdefinierte Aktivität ausgeführt, die die Senderin oder den Sender der E-Mail darüber informiert, dass die Anlage fehlt. Eine E-Mail mit einem entsprechenden Benachrichtigungstext wird an die E-Mail-Adresse der Kundin oder des Kunden geschickt. Abbildung 5.43 zeigt die Eigenschaften der benutzerdefinierten Aktivität, die bei fehlender Anlage ausgeführt wird, Abbildung 5.44 zeigt das Skript für diese Aktivität.

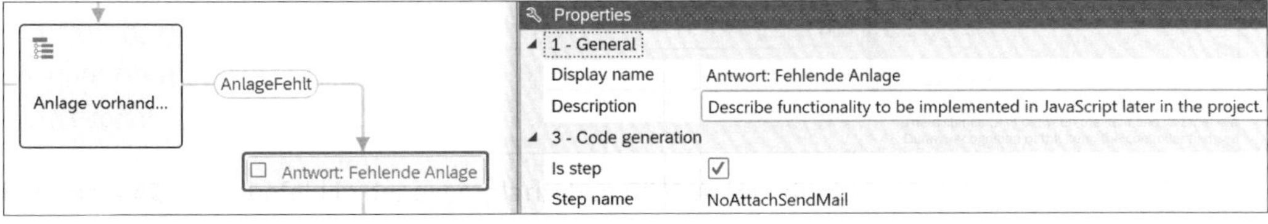

Abbildung 5.43 Aktivität zum Versand der Nachricht über die fehlende Anlage

```
// ------------------------------------------------------------
//   Step: NoAttachSendMail
// ------------------------------------------------------------
GLOBAL.step({ NoAttachSendMail: function(ev, sc, st) {
  var rootData = sc.data;
  ctx.workflow('wfBestellprozess', 'c161df35-c5e1-4f69-a23d-83018b1cf5c4') ;
  // Antwort: Fehlende Anlage
  ctx.log("EMailversand: Kein Anhang");
  createSendMail(rootData.varMail, "Kein Anhang", rootData.CONST.constMailKeinAnhang, "" );
  sc.endStep(); // ReleaseOutlook
  return;
}});
```

Abbildung 5.44 Code für den Workflow-Schritt »NoAttachmentSendMail«

Bestellformular speichern

Wenn ein Anhang gefunden wird, wird das Formular mit den Bestelldaten mit den Daten aus dem E-Mail-Anhang gefüllt und gespeichert. Dazu definieren Sie den Workflow-Schritt »Bestelldatei runterladen« auf Basis der Page pReactApp, d. h. des Bestellformulars innerhalb der Bestellanwendung der Maschinenbau GmbH (siehe Abbildung 5.45).

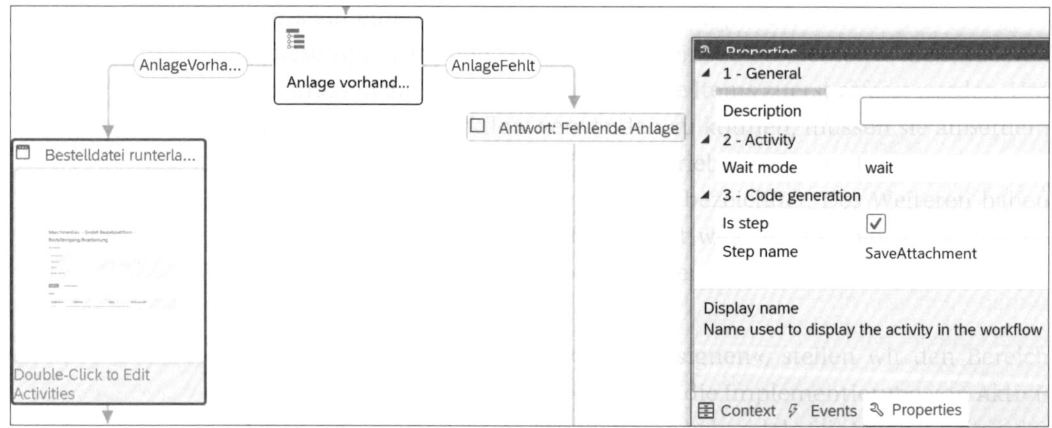

Abbildung 5.45 Workflow-Schritt »Bestelldatei runterladen«

Binden Sie eine Klick-Aktivität in diese Page ein, die einen Klick auf die Schaltfläche **Als Datei speichern** im Formular simuliert, nachdem das Formular befüllt wurde (siehe Abbildung 5.46). Das Formular mit der Bestellung wird daraufhin gespeichert.

Dateinamen bestimmen

Der Name der Datei, in der das Bestellformular gespeichert wird, wird aus dem Pfad extrahiert, der im Formular im Feld **Anhang** angegeben ist, und die Datei wird in einen vordefinierten Ordner heruntergeladen. Dazu definieren Sie eine benutzerdefinierte Aktivität namens »Dateinamen bestimmen«, deren Eigenschaften Sie in Abbildung 5.47 sehen. Das Skript zur Ausführung dieser Aktivität sehen Sie in Abbildung 5.48.

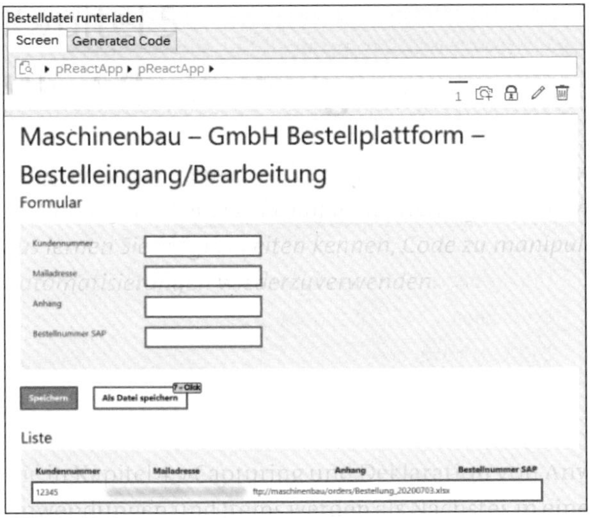

Abbildung 5.46 Screen-Ansicht des Formulars im Schritt »Bestelldatei runterladen«

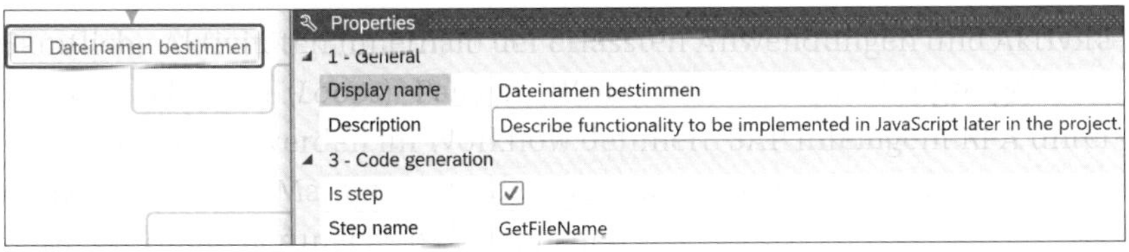

Abbildung 5.47 Aktivität »Dateinamen bestimmen«

```
// ---------------------------------------------------------------
//   Step: GetFileName
// ---------------------------------------------------------------
GLOBAL.step({ GetFileName: function(ev, sc, st) {
  var rootData = sc.data;
  ctx.workflow('wfBestellprozess', 'bbf696fd-5e52-45ef-afd6-d0d5b0f8a8cb') ;
  // Dateinamen bestimmen

  // übernehme Dateinamen(kompletter Pfad aus Maske) für StringOperationen
  var str = rootData.varAttachment;

  // bestimme Stringlänge
  var sln = str.length;
  // +1, wir wollen den ganzen Namen
  var end = sln +1;

  // bestimme ersten zu lesenden Index
  var ind = str.lastIndexOf("/");
  // +1, ab da geht es los
  var start = ind +1;

  // Dateinamen rausschneiden
  var filename = str.slice(start, end);

  rootData.GLOBALVAR.varFileName = rootData.CONST.constDownloadPfad + filename;


  var abs_folder = ctx.fso.file.getFolderName(rootData.GLOBALVAR.varFileName);
  ctx.log("ermittelter Ordner: " + abs_folder, e.logIconType.Info);

  rootData.GLOBALVAR.varFileName = abs_folder + "\\" + filename;
  ctx.log("ermittelter Downloadpfad: " + rootData.GLOBALVAR.varFileName, e.logIconType.Info);
  sc.endStep(); // Sequence
  return;
}});
```

Abbildung 5.48 Code für den Workflow-Schritt »GetFileName«

Sequenz zum Öffnen der Bestelldatei

In der nächsten Sequenz wird die heruntergeladene Datei mit den Bestelldaten geöffnet. In dieser Sequenz implementieren Sie einen Warteschritt, da die Datei erst heruntergeladen werden muss, bevor sie geöffnet werden kann, und dabei etwas Zeit vergeht. Der Prozess versucht maximal 20 Mal, die Datei zu öffnen (siehe Abbildung 5.49 und Abbildung 5.50).

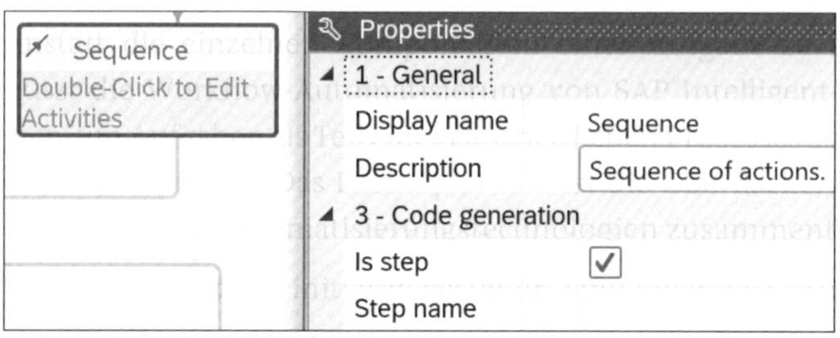

Abbildung 5.49 Sequenz zum Öffnen der Bestelldatei

wfBestellprozess > Sequence

Sequence

This Code is Generated from the Saved Version of the Workflow.

```
// Wait until true
ctx.polling({
  delay: 250,
  nbMax: 20,
  test: function(index) {
    if (ctx.fso.file.exist( rootData.GLOBALVAR.varFileName )) return true;
    else return false;
  },
  done: function() {
    // Add code here.
    // Open existing Excel file
    ctx.excel.file.open(rootData.GLOBALVAR.varFileName);
    sc.endStep(); // Bestelldaten_aus_Date
    return;
  },
  fail: function() {
    // Add code here.
  }
});
```

Abbildung 5.50 Code für die Sequenz zum Öffnen der Bestelldatei

Bestelldaten auslesen

Die nächste Aktivität soll die Bestelldaten aus der geöffneten Datei lesen und in die Excel-Datei schreiben, die sie sammelt. Hierfür fügen Sie wieder eine Aktivität aus der Bibliothek **Excel Lib** ein, die Sie unter **Data • Get values** finden. Als **Display name** dieser Aktivität vergeben Sie »Bestelldaten aus Datei lesen«. In den Eigenschaften der Aktivität definieren Sie die Startspalte (**Start column**), die Startzeile (**Start row**), die letzte Spalte (**Last column**) und die letzte Zeile (**Last row**) innerhalb der Excel-Datei, in die der Eintrag für die Bestellung geschrieben werden soll. Außerdem definieren Sie die Variablen im Kontext GLOBALVAR, mit denen die Bestellung eindeutig identifiziert wird (siehe Abbildung 5.51).

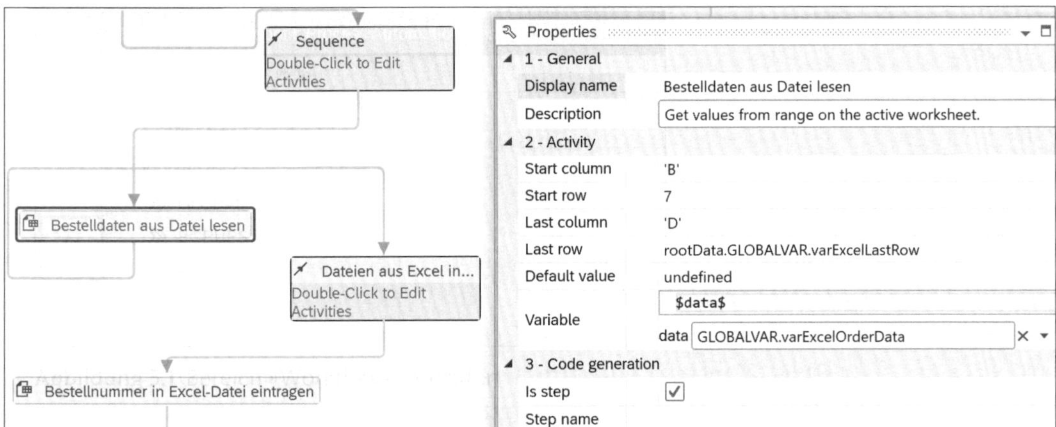

Abbildung 5.51 Eigenschaften der Aktivität »Bestelldatei aus Datei lesen«

Diese Variablen werden auf der Registerkarte **Context** definiert (siehe Abbildung 5.52).

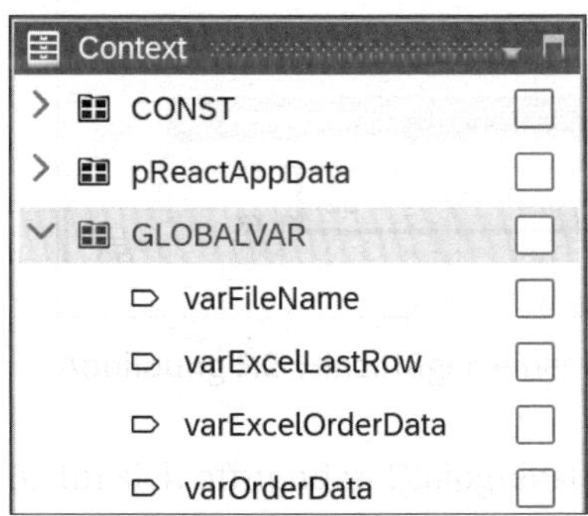

Abbildung 5.52 Kontext »GLOBALVAR« mit den Variablen der Bestellung

Daten an BAPI übergeben

Die folgende Sequenz des Workflows überträgt die Bestelldaten aus der Excel-Datei an ein BAPI innerhalb des SAP-Systems. Mithilfe einer Loop-Anweisung werden die Positionsdaten der Bestellung innerhalb der Excel-Datei aus dem Anhang ausgelesen und über den BAPI-Aufruf letztlich im SAP-System verbucht (siehe Abbildung 5.53).

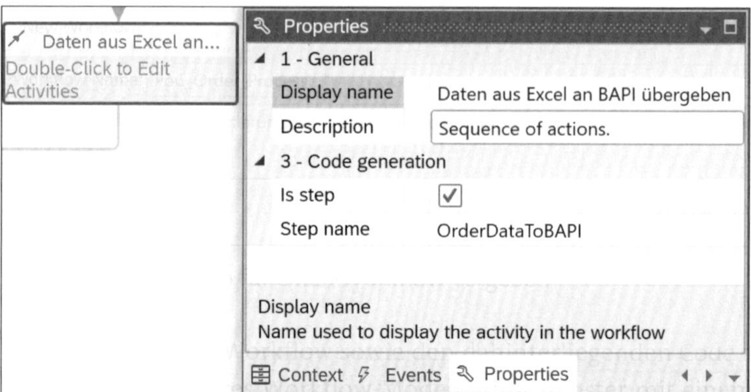

Abbildung 5.53 Sequenz zur Übergabe der Daten aus der Excel-Datei an das BAPI

Für diesen Schritt namens `OrderDataToBAPI` müssen Sie ein kundenspezifisches Skript schreiben. Da dies etwas aufwendiger ist, werden wir diesen Schritt in Abschnitt 6.2.2, »Benutzerdefiniertes Coding«, im Detail beschreiben. In Abbildung 5.54 erhalten Sie schon einmal einen ersten Einblick in das Skript.

wfBestellprozess > Daten aus Excel...

Daten aus Excel in BAPI geben

This Code is Generated from the Saved Version of the Workflow.

```
// Start loop
if (sc.localData.Startloop < 0) sc.localData.Startloop = 0;
while(true)
{

  // Exit loop
  if (sc.localData.Startloop == ctx.excel.sheet.getLastRow('A1')-7)
  {
    sc.localData.Startloop = -1 ;
    break ;
  }
  // ReadPosition
  rootData.Excel.Position = ctx.excel.sheet.getCell(sc.localData.Startloop + 7, 'A');
  // ReadArtikel
  rootData.Excel.Artikel = ctx.excel.sheet.getCell(sc.localData.Startloop + 7, 'B');
  // ReadMenge
  rootData.Excel.Menge = ctx.excel.sheet.getCell(sc.localData.startloop + 7, 'D');

  // Loops to the start block
  if (sc.localData.Startloop != -1)
  {
    sc.localData.Startloop++ ;
  }
} // while
sc.endStep(); // SetOrderNoInExcelFile
```

Abbildung 5.54 Benutzerdefiniertes Skript zur Übergabe der Daten aus Excel an das BAPI

Auch dieses Skript arbeitet mit Variablen zur Übergabe der Werte. Diese Variablen werden auf der Registerkarte **Context** im Kontext `Excel` definiert (siehe Abbildung 5.55).

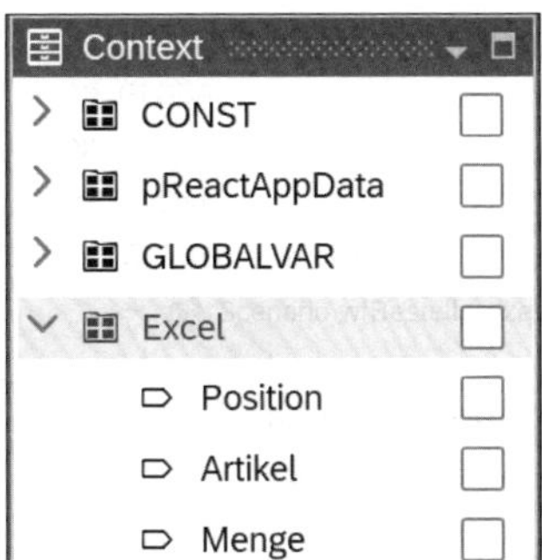

Abbildung 5.55 Kontext »Excel« mit den Variablen zur Übergabe der Bestelldaten

Bestellnummer in Excel-Datei eintragen

Wenn die Bestellung im SAP-System gebucht wurde, erzeugt das System eine Bestellnummer. Diese Bestellnummer wird im nächsten Schritt in die Excel-Datei mit den Bestellpositionen eingetragen. Dazu implementieren Sie eine weitere Aktivität der Kategorie **Data • Set values** aus der Bibliothek **Excel Lib**. In den Eigenschaften dieser Aktivität geben Sie wieder die Startspalte und Startzeile innerhalb der Excel-Datei an, um die Zelle, in die die Bestellnummer geschrieben werden soll, dynamisch festzulegen. Die Bestellnummer wird aus dem BAPI extrahiert und an der, auf der Registerkarte **Properties** definierten Position in die geöffnete Excel-Datei kopiert (siehe Abbildung 5.56).

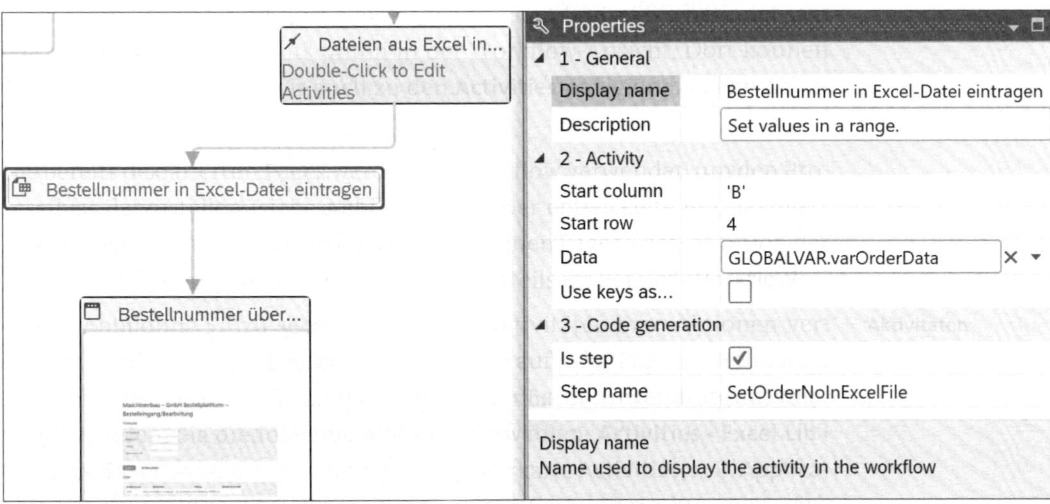

Abbildung 5.56 Aktivität »Bestellnummer in Excel-Datei eintragen«

Bestellnummer in Formular übernehmen

Schließlich soll die Bestellnummer auch in das Bestellformular übernommen werden. Die dazu benötigten Aktivitäten werden wieder in die Page pReactApp integriert, die für das Bestellformular deklariert wurde. Die folgenden Aktivitäten werden hier ausgeführt:

- **Set-Aktivität**
  Mit dieser Aktivität wird die gleiche Bestellnummer, die auch in die Excel-Datei geschrieben wurde, in das Feld **Bestellnummer SAP** des Formulars eingesetzt (siehe Abbildung 5.57).
- **Klick-Aktivität**
  Mit dieser Aktivität wird die Schaltfläche **Speichern** geklickt (siehe Abbildung 5.58).

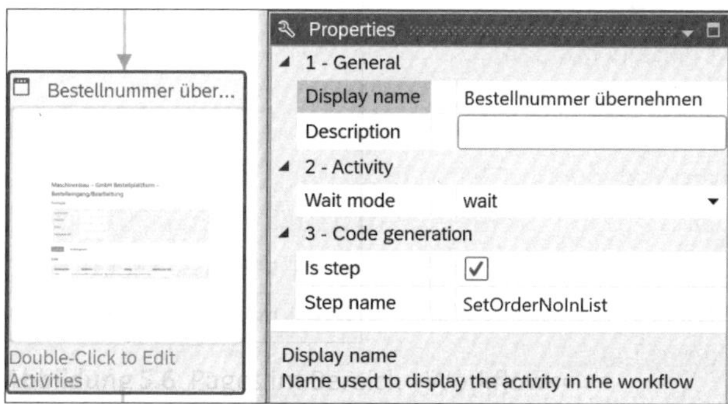

Abbildung 5.57 Workflow-Schritt »Bestellnummer übernehmen«

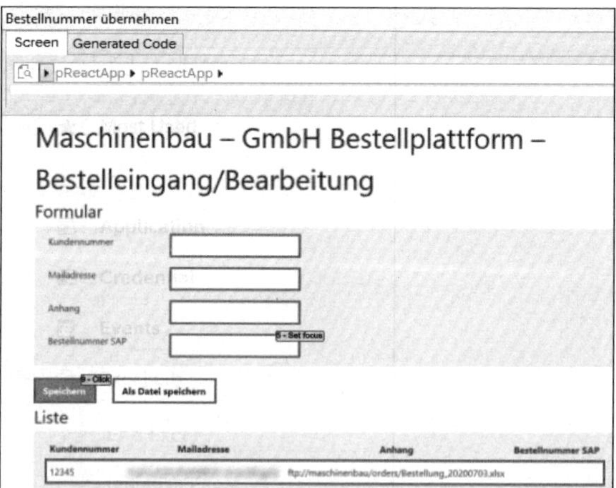

Abbildung 5.58 Screen-Ansicht des Formulars mit der Klick-Aktivität zum Speichern der Bestellnummer

Der Listeneintrag **Bestellnummer SAP** in der Bestellapplikation wird nun mit dem entsprechenden Wert ausgefüllt. Mit den folgenden Aktivitäten aus der Bibliothek **Excel Lib** wird die Excel-Datei mit den Bestellpositionen gesichert, geschlossen und freigegeben (siehe Abbildung 5.59):

- Aktivität »Bestelldatei sichern« der Kategorie **Excel Lib • File**
- Aktivität »Excel Datei schließen« der Kategorie **Excel Lib • File**
- Aktivität »Excel freigeben« der Kategorie **Excel Lib • Release Excel**.

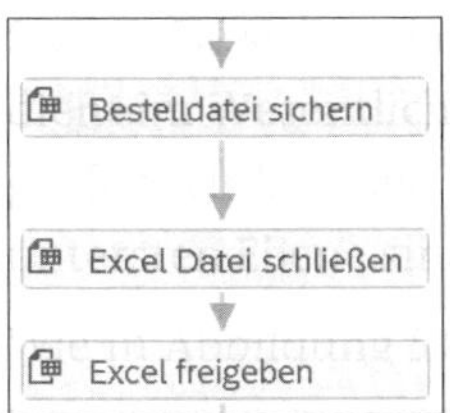

Abbildung 5.59 Workflow-Schritte »Bestelldatei sichern«, »Excel Datei schließen« und »Excel freigeben«

E-Mail mit der Bestellbestätigung

Um die E-Mail mit der Bestellbestätigung an die Kundin oder den Kunden zu versenden, muss schließlich noch eine weitere benutzerdefinierte Aktivität eingerichtet werden. Der vorgeschriebene Text für die Bestätigungsnachricht wird aus der entsprechenden **.txt**-Datei entnommen. Der E-Mail ist außerdem ein aktualisiertes Bestellformular mit der Bestellnummer angehängt. Abbildung 5.60 zeigt die Eigenschaften dieser benutzerdefinierten Aktivität und Abbildung 5.61 deren Skript.

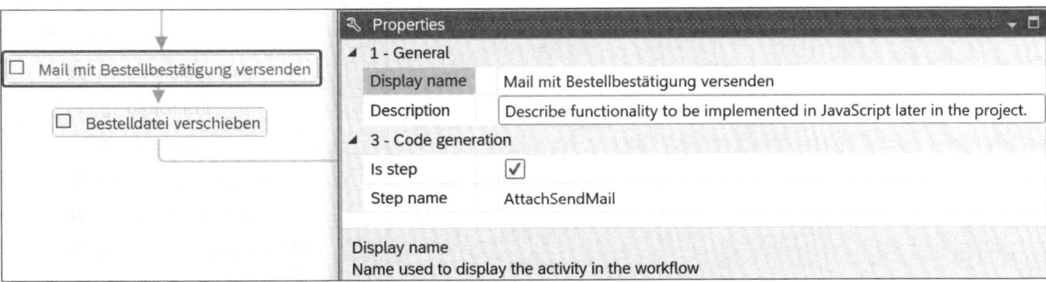

Abbildung 5.60 Benutzerdefinierte Aktivität »Mail mit Bestellbestätigung versenden«

```
// ---------------------------------------------------------------
//   Step: AttachSendMail
// ---------------------------------------------------------------
GLOBAL.step({ AttachSendMail: function(ev, sc, st) {
    var rootData = sc.data;
    ctx.workflow('wfBestellprozess', 'b9d4d68c-42f1-4415-a224-51c63f24911a') ;
    // Mail mit Bestellbestätigung versenden
    createSendMail(rootData.varMail, "Bestellbestätigung", rootData.CONST.constMailAnhang, rootData.GLOBALVAR.varFileName);
    sc.endStep(); // MoveFile
    return;
}});
```

Abbildung 5.61 Code zur Ausführung der Aktivität »AttachSendMail«

Bearbeitete Excel-Datei ablegen

Die aktualisierte Excel-Datei mit der Bestellnummer wird in den Ordner **Bearbeitet** verschoben. Der Dateiname wird dazu extrahiert und mit dem Zeitstempel in diesem Ordner abgespeichert. Für diesen Workflow-Schritt fügen Sie eine weitere benutzerdefinierte Aktivität ein (siehe Abbildung 5.62 und Abbildung 5.63). In Abschnitt 11.4, »Integration des Dateisystems«, gehen wir ausführlicher auf die möglichen Aktivitäten im Zusammenhang mit Ordnern und Verzeichnissen ein.

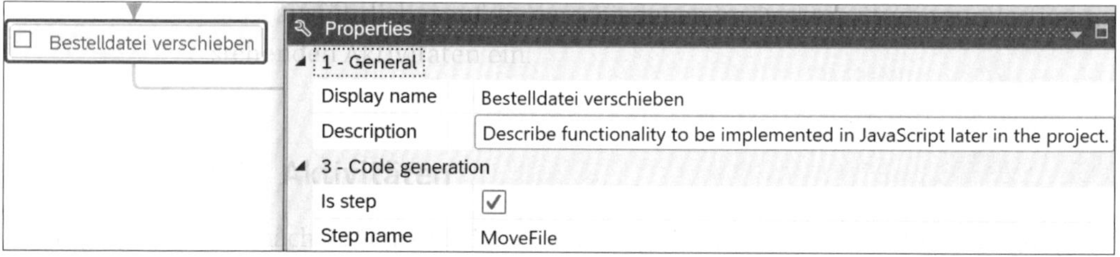

Abbildung 5.62 Benutzerdefinierte Aktivität »Bestelldatei verschieben«

```
// ---------------------------------------------------------------
//   Step: MoveFile
// ---------------------------------------------------------------
GLOBAL.step({ MoveFile: function(ev, sc, st) {
  var rootData = sc.data;
  ctx.workflow('wfBestellprozess', '6193da20-dc6f-44a0-8b01-ab2cd4efd9fd') ;
  // Bestelldatei verschieben

// übernehme Dateinamen(kompletter Pfad aus Maske) für StringOperationen
  var str =rootData.GLOBALVAR.varFileName;

  // bestimme Stringlänge
  var sln = str.length;
  // +1, wir wollen den ganzen Namen
  var end = sln +1;

  // bestimme ersten zu lesenden Index
  var ind = str.lastIndexOf("\\");
  // +1, ab da geht es los
  var start = ind +1;

  // Dateinamen rausschneiden
  var filename = str.slice(start, end);

  rootData.GLOBALVAR.varFileNameDone = rootData.CONST.constOrdnerBearbeitet + filename;
  //var file_for_abs = rootData.GLOBALVAR.varFileName;


  var abs_folder = ctx.fso.file.getFolderName(rootData.GLOBALVAR.varFileNameDone);
  ctx.log("ermittelter Ordner: " + abs_folder, e.logIconType.Info);

  // Timestamp, um Dateien nicht zu überschreiben
  var d = new Date();
  var n = d.getTime();


  rootData.GLOBALVAR.varFileNameDone = abs_folder + "\\" + n + filename;


  ctx.fso.file.move( rootData.GLOBALVAR.varFileName, rootData.GLOBALVAR.varFileNameDone );
  sc.endStep(); // ReleaseOutlook
  return;
}});
```

Abbildung 5.63 Code zur Ausführung der Aktivität »MoveFile«

Outlook freigeben

Nach Abschluss des Bestellvorgang wird Outlook freigegeben, um den Posteingang nach weiteren Bestellungen durchsuchen zu können. Dazu fügen Sie eine Aktivität aus der Bibliothek **Outlook Lib** ein (siehe Abbildung 5.64).

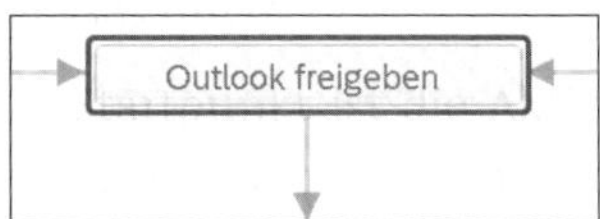

Abbildung 5.64 Workflow-Schritt »Outlook freigeben«

Vom SAP-System abmelden

Mit einer weiteren benutzerdefinierten Aktivität meldet sich der Bot vom SAP-System ab (siehe Abbildung 5.65).

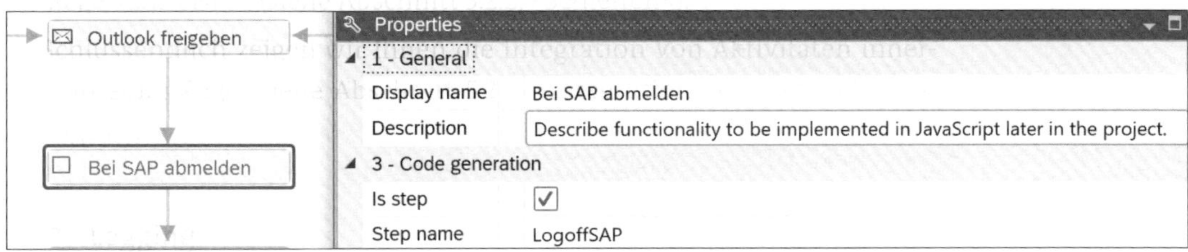

Abbildung 5.65 Aktivität »Bei SAP abmelden«

Hierzu definieren Sie die benutzerdefinierte Funktion `logoffFromSAP()`, die Sie in Abbildung 5.66 sehen.

```
// ---------------------------------------------------------------
//   Step: LogoffSAP
// ---------------------------------------------------------------
GLOBAL.step({ LogoffSAP: function(ev, sc, st) {
  var rootData = sc.data;
  ctx.workflow('wfBestellprozess', '0593e66b-e37e-413b-ab20-0b3c184ca736') ;
  // Bei SAP abmelden
  logoffFromSAP();
  sc.endStep(); // LogEnd
  return;
}});
```

Abbildung 5.66 Aufruf der benutzerdefinierten Funktion »logoffFromSAP()«

Klicken Sie mit der rechten Maustaste auf die Funktion, und wählen Sie **Go to Definition**, um diese Funktion zu definieren. Definieren Sie die Funktion als globale Funktion im globalen Skript (siehe Abbildung 5.67).

```
/** Custom */
function logoffFromSAP() {
  globalConnection.logoff();
};
```

Abbildung 5.67 Definition der Funktion »logoffFromSAP()«

Logging Ebenso wie der Workflow begonnen hat, endet er auch: mit einer Logging-Aktivität. Mit dieser Aktivität wird die Log-Nachricht »Bearbeitung Bestellprozess beendet« in das Protokoll geschrieben (siehe Abbildung 5.68). Mit einer **End**-Aktivität endet der Workflow an dieser Stelle.

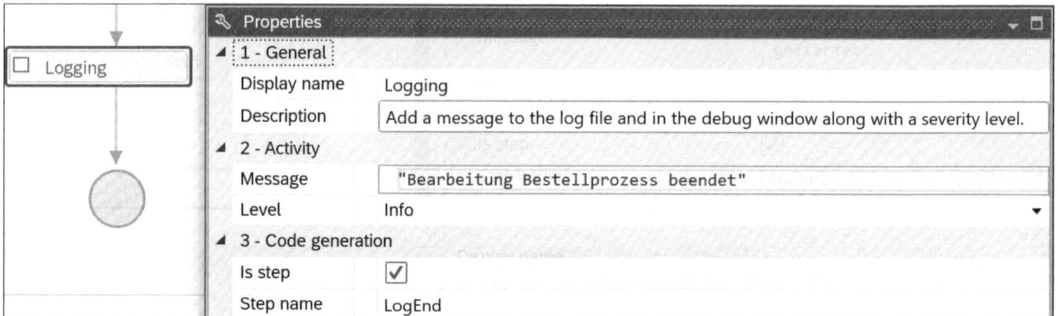

Abbildung 5.68 Logging-Aktivität und Ende des Workflows

5.6 Zusammenfassung

In diesem Kapitel haben Sie den Bereich **Workflows** des Desktop Studio als prozessuales Framework für die Automatisierung von Aktivitäten und Anwendungen kennengelernt. Wir haben Ihnen außerdem erste Möglichkeiten gezeigt, den von SAP Intelligent RPA generierten Code mit benutzerdefinierten Funktionen zu manipulieren. Weiterführend haben wir erläutert, wie Sie eine Automatisierung einzelner Sequenzen eines Automatisierungs-Workflows wiederverwenden können. Wir sind darauf eingegangen, wie Sie durch eine Wiederverwendung von Workflows die Erstellung von Automatisierungsprozessen vereinfachen und Mehraufwand bei essenziellen Prozessentwicklungen vermeiden. Wir haben erklärt, wie der Workflow generiert wird, und einen exemplarischen Workflow ausführlich beschrieben.

In Kapitel 6, »Workflows erweitern«, legen wir, aufbauend auf den Inhalten dieses Kapitels, weiterführend dar, wie Sie einen Workflow anpassen und dabei den Editor nutzen können. Zudem werden wir Ihnen zeigen, wie Sie Ihren eigenen Code sowie eigene Bibliotheken in SAP Intelligent RPA integrieren können.

Kapitel 6
Workflows erweitern

In diesem Kapitel lernen Sie erweiterte Funktionen kennen, mit denen Sie Ihren Workflow anpassen können. Zudem erfahren Sie, wie Sie mit den Funktionen des Editors arbeiten, Ihren eigenen Code einbauen und Bibliotheken integrieren können.

In Kapitel 5, »Workflows designen«, haben Sie bereits erfahren, wie Sie im Bereich **Workflows** navigieren, Prozessdefinitionen erstellen und diese mit Aktivitäten befüllen. Anhand von drei Beispielaktivitäten wurde dargestellt, wie Sie Aktivitäten manuell anpassen können. Außerdem wurde die Möglichkeit der Wiederverwendbarkeit von Aktivitäten und Workflows aufgezeigt und dargestellt, wie die Erfassung und die Einrichtung von Pages und Aktivitäten mit dem dahinterliegenden Code verknüpft ist. Mit diesem Wissen können Sie bereits ohne Probleme einfache Bots entwickeln. IT-affine Personen ohne Entwicklungs-Know-how können einfache sowie nicht-geschäftskritische Bots entwickeln. Geht es jedoch um die Automatisierung in einem unternehmensspezifischen Kontext und insbesondere um geschäftskritische Prozesse, sollten die Automatisierungen stets von erfahrenem Fachpersonal vorgenommen werden.

Aufbau des Kapitels

In diesem Kapitel vermitteln wir Ihnen tiefergehende Kenntnisse in der Bot-Entwicklung, und Sie erfahren, wie Sie Ihre Workflows mit manuellen Codemanipulationen erweitern können. Startpunkt ist eine Einführung in den Editor-Bereich sowie den Coding-Assistenten, die Ihnen dabei helfen, schnell und effizient einen manuell erstellten Code zu integrieren (siehe Abschnitt 6.1, »Editor und Coding-Assistenten«). Daraufhin wird anhand des Beispiels der Maschinenbau GmbH erläutert, wie eine entsprechende Codemanipulation aussehen kann. Hierbei integrieren wir einen BAPI-Aufruf in das JavaScript-Coding (siehe Abschnitt 6.2, »Einbindung von benutzerdefiniertem Code«). Abgeschlossen wird das Kapitel mit einem Abschnitt zu den integrierten Bibliotheken (siehe Abschnitt 6.3).

6.1 Editor und Coding-Assistenten

Der Editor-Bereich

Das Desktop Studio generiert mithilfe der Build-Funktion automatisch den JavaScript-Code des Workflows, in dem die Prozessschritte einer Automatisierung definiert sind. Den Code bearbeiten Sie in der Editor-Perspektive, die eine grafische Oberfläche bietet. Hier setzen Sie Ihre Entwicklungsvorhaben um.

Die *Integrierte Entwicklungsumgebung* (IDE) von SAP Intelligent RPA bietet Ihnen eine vollständige Scripting-Umgebung: Coding-Assistenten, Helfer wie z. B. eine Autovervollständigung und Validierung sowie direkten Zugriff auf das Software Development Kit (SDK), einschließlich des Frameworks, der Bibliotheken und Plug-ins. Sie können jederzeit zwischen der visuellen und der Codeansicht wechseln. Über die Perspektivenauswahl (den sogenannten *Perspective Selector*) navigieren Sie über das entsprechende Symbol zum Editor-Bereich (siehe Abbildung 6.1).

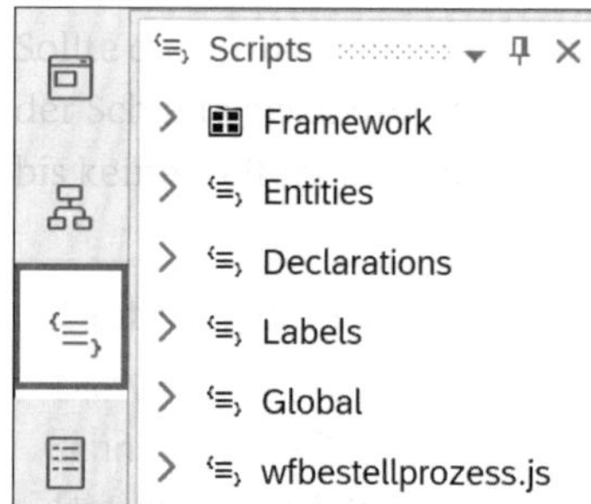

Abbildung 6.1 Navigationsbereich im Desktop Studio

Aufgabe der Entwicklung

Generell gilt, dass die generierten Skripte von Skriptentwicklerinnen und -entwicklern erstellt werden sollten, um die nicht automatisch generierten Anforderungen umzusetzen. Gemäß den Standards einer ordentlichen Entwicklung sollten die Anforderungen in den Kommentaren beschrieben werden, um den Code für zukünftige Aktionen und andere Entwicklerinnen und Entwickler verständlicher zu machen. Das Debugging findet ebenso im Skripteditor statt (siehe Kapitel 8, »Testen und Debugging«).

6.1.1 Der Editor-Bereich

Bereiche der Editor-Perspektive

In der Editor-Perspektive gibt es unterschiedliche Bereiche, die zusammen eine vollumfängliche Manipulation des Codes unterstützen:

- Skriptbaum
- Code-Editor-Bereich

- Projekt-Baum
- verschiedene Funktionsfenster

Sie lernen zunächst die zwei Hauptbereiche des Editors kennen: den Skriptbaum und den Code-Editor-Bereich. Diese beiden Bereiche werden Sie hauptsächlich nutzen, wenn Sie im Code navigieren und ihn manipulieren.

Skriptbaum

Wenn Sie den Build für Ihr Projekt ausgeführt und dadurch Code generiert haben, können Sie diesen in der Editor-Perspektive im Skriptbereich auffinden (siehe Abbildung 6.2). Der *Skriptbaum* zeigt Ihnen alle Skriptdateien Ihres aktuellen Projekts. Sie können ihn nutzen, um die Skripte für manuelle Codemanipulationen zu öffnen. Außerdem können Sie dort neue Skripte hinzufügen, sie editieren, in Ordnern organisieren, umbenennen und löschen. Mit einem Doppelklick auf ein Skript öffnen Sie es.

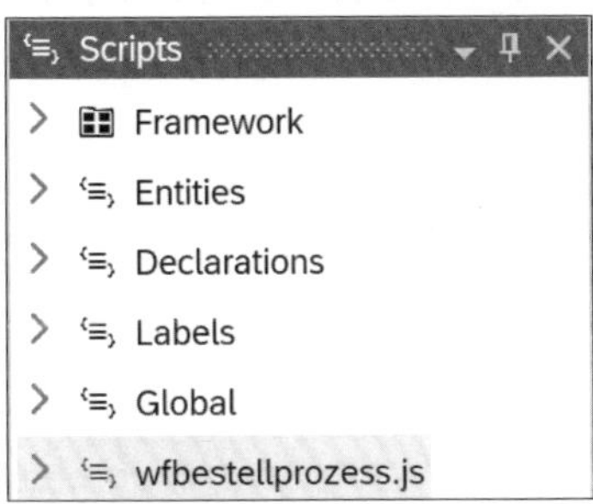

Abbildung 6.2 Skriptbaum mit Skriptdateien

Skriptbaum-Bausteine

Wie in Abbildung 6.2 zu sehen ist, existieren in unserem Beispiel der Maschinenbau GmbH fünf Skripte sowie ein Framework. Der gesamte Code der Automatisierung befindet sich in diesen Bausteinen und basiert auf JavaScript. Die Codegenerierung und Abspeicherung innerhalb der fünf Skripte ist wie folgt organisiert:

- In dem Ordner **Entities** sind die Datenstrukturen des Kontexts und jegliche Event-Deklarationen enthalten.
- Die **.js**-Datei enthält sowohl das Szenario und die einzelnen Schritte und Aktivitäten als auch weitere grundlegende Deklarationen. Im Fall der Maschinenbau GmbH wurde lediglich ein einziger Workflow benutzt und unter der Bezeichnung **wfbestellprozess.js** abgespeichert.

  Abbildung 6.3 stellt die obersten Sub-Skripte des Bestellprozesses dar: Zunächst werden die Daten aus der globalen Methode **GLOBAL.events.START.on** gezogen, dann die einzelnen Schritte in ihrer Abfolge definiert (**setId**) und anschließend ausgeführt (**LogStart**, **DefineData**, **InitializeOutlook** usw.).

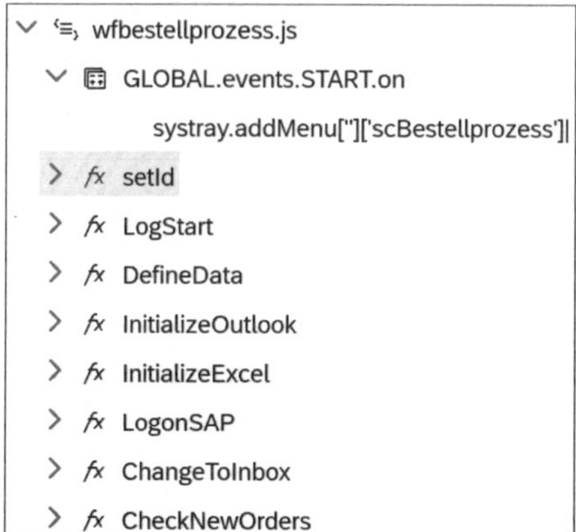

Abbildung 6.3 Skriptbaum für die Datei »wfBestellprozess.js«

- Der folgende Knoten **Declarations** enthält die Deklarationen der Applikationen inklusive der Pages und der Items.
- Standardmäßig wird jedes neue Skript in den Knoten **Global** einbezogen. Dies ist für die Abwärtskompatibilität erforderlich.

Code-Editor-Bereich

Der *Code-Editor-Bereich* besteht aus der Dokumentauswahl (dem *Document Selector*) und dem Dokumenten-Editor (*Document Editor*). Der Document Selector dient der Navigation durch einzelne Skripte. Mit dem Document Editor bearbeiten Sie Skripte und XML-Blöcke. In Abbildung 6.4 sehen Sie in der oberen Leiste den Document Selector und im Bereich darunter den Document Editor.

Global × Entities Labels wfbestellprozess.js

```

// *** Choose language (en|fr|de) ***
GLOBAL.labels.setLanguage(e.language.English);

// Global Systray object
var systray = ctx.systray();

// Custom global BAPI and connection object
var globalBAPI = new ActiveXObject("SAP.Functions");
var globalConnection = globalBAPI.Connection;

/** main process start handler */
GLOBAL.events.START.on(function (ev) {
  // *** Create Systray ***
  systray.createSystrayMenu(ctx.options.projectName, 'ICON1');
});

/** main process stop handler */
GLOBAL.events.QUIT.on(function(ev) {
  // add code here
```

Abbildung 6.4 Document Selector und Document Editor

Document Selector

Im Document Selector können beliebig viele Skripte gleichzeitig geöffnet sein. Jedes Skript wird in einen eigenen, unabhängigen Document Editor geladen. Der Document Selector hilft Ihnen bei der Verwaltung geöffneter Dokumente und besteht aus den folgenden Elementen:

- Den unterschiedlichen Registerkarten bzw. *Dokumententabs*, die die geöffneten Dokumente symbolisieren. Das derzeit geöffnete Dokument wird hervorgehoben.
- Dem *Selektor-Menü*, das als Auswahlmenü nützlich ist, wenn Sie mehr Dokumente geöffnet haben, als die Registerkarten des Selektors anzeigen können. Damit können Sie alle geöffneten Dokumente anzeigen und eines davon zur Bearbeitung auswählen.

Document Editor

Der Document Editor wird zur Bearbeitung von Skriptdateien und XML-Blöcken verwendet. Dieser Editor ist ein leistungsstarkes Textbearbeitungs-Steuerelement, das mit zahlreichen Funktionen für eine effiziente Codebearbeitung ausgestattet ist, wie Syntaxhervorhebung, Codeumrandung, Blockauswahl, IntelliPrompt (siehe Abschnitt 6.1.3, »Coding-Assistenten«), geteilte Ansichten, Zoomen usw.

Das *Code-Editor-Panel* besteht aus den folgenden Elementen (siehe Abbildung 6.5):

❶ Indikator-Margin
Hier werden verschiedene Indikatoren zur Darstellung von Lesezeichen (*Bookmarks*), Haltepunkten (*Breakpoints*), To-dos oder gerade ausgeführten Zeilen (*Running Lines*) angezeigt.

❷ Zeilennummer-Margin
Hier werden die Codezeilennummern angezeigt.

❸ Anzeigebereich
Anzeige von farbigen Balken, an den Stellen, an denen der Code geändert wurde. Ein gelber Balken zeigt geänderten Code an, der nicht gespeichert wurde. Ein grüner Balken zeigt geänderten Code an, der gespeichert wurde.

❹ Umrandungs-Margin
Der Gliederungsrand zeigt den Code an, der den Knotenbaum umgibt. Mit einem Klick auf das Plussymbol (⊞) können Sie Knoten expandieren und mit einem Klick auf das Minussymbol (⊟) komprimieren.

❺ Editor
Der Code Editor wird zur Bearbeitung von Skriptdateien und XML-Blöcken verwendet.

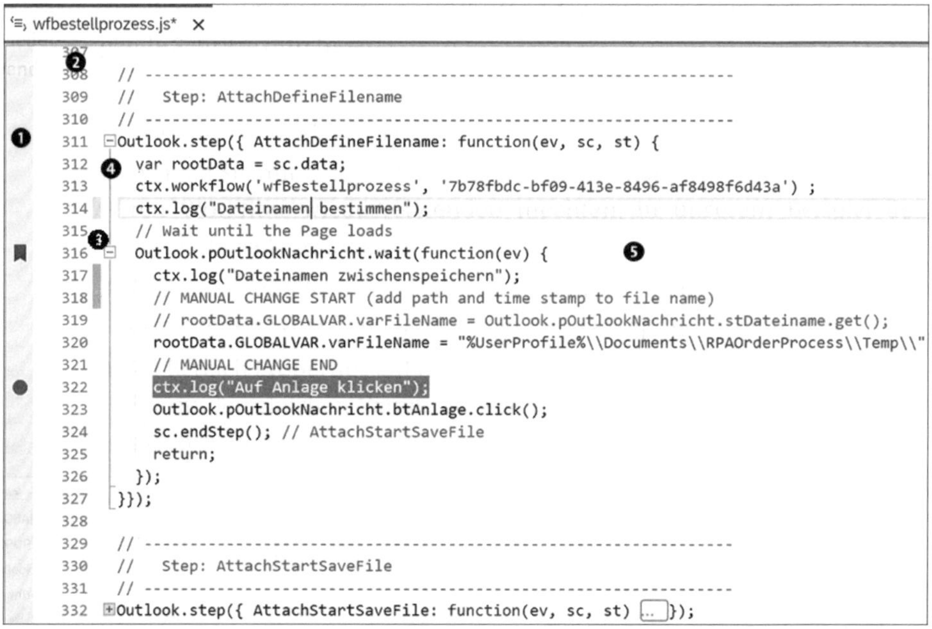

wfbestellprozess.js* ×

```
// ---------------------------------------------------------------
//   Step: AttachDefineFilename
// ---------------------------------------------------------------
Outlook.step({ AttachDefineFilename: function(ev, sc, st) {
  var rootData = sc.data;
  ctx.workflow('wfBestellprozess', '7b78fbdc-bf09-413e-8496-af8498f6d43a') ;
  ctx.log("Dateinamen bestimmen");
  // Wait until the Page loads
  Outlook.pOutlookNachricht.wait(function(ev) {
    ctx.log("Dateinamen zwischenspeichern");
    // MANUAL CHANGE START (add path and time stamp to file name)
    // rootData.GLOBALVAR.varFileName = Outlook.pOutlookNachricht.stDateiname.get();
    rootData.GLOBALVAR.varFileName = "%UserProfile%\\Documents\\RPAOrderProcess\\Temp\\"
    // MANUAL CHANGE END
    ctx.log("Auf Anlage klicken");
    Outlook.pOutlookNachricht.btAnlage.click();
    sc.endStep(); // AttachStartSaveFile
    return;
  });
}});

// ---------------------------------------------------------------
//   Step: AttachStartSaveFile
// ---------------------------------------------------------------
Outlook.step({ AttachStartSaveFile: function(ev, sc, st) ...});
```

Abbildung 6.5 Code-Editor-Panel

Werkzeugfenster

Zudem enthält die Editor-Perspektive einige Werkzeugfenster, die um das Bedienfeld herum angedockt werden können:

- **Code Map** (Navigation)
- **Find/Replace**
- **Compilation**
- **Debugging**

Im Menü können Sie über den Pfad **View • Tool Windows** auswählen, welche Werkzeugfenster Ihnen angezeigt werden sollen.

Code Map

Das Werkzeugfenster **Code Map** in der Editor-Perspektive zeigt die Codestruktur des Skripts oder des XML-Blocks an, das oder der im Code Editor aktuell bearbeitet und angezeigt wird. Die Code Map unterstützt Sie bei der Navigation folgendermaßen:

- Sie können von der Code Map zum Code navigieren, indem Sie den gewünschten Eintrag aus der Code Map auswählen. Der Code Editor springt automatisch zur ersten Zeile des entsprechenden Codeblocks (siehe Abbildung 6.6).
- Sie können vom Code zur Code Map navigieren, indem Sie mit der rechten Maustaste auf ein Element im Code Editor klicken und im Kontextmenü **In Code-Map anzeigen** wählen. Der Code-Map-Baum springt dann automatisch zum entsprechenden Map-Eintrag und wählt diesen aus.

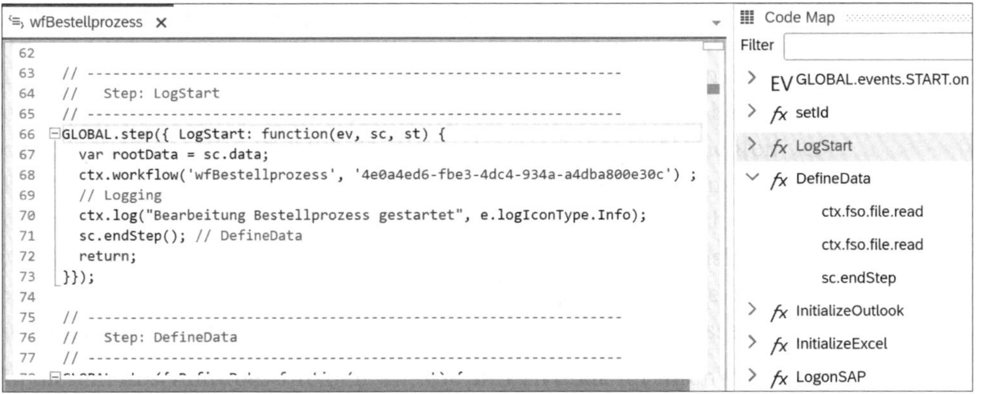

Abbildung 6.6 Code Map und Code Editor

Gesamtaufbau der Perspektive

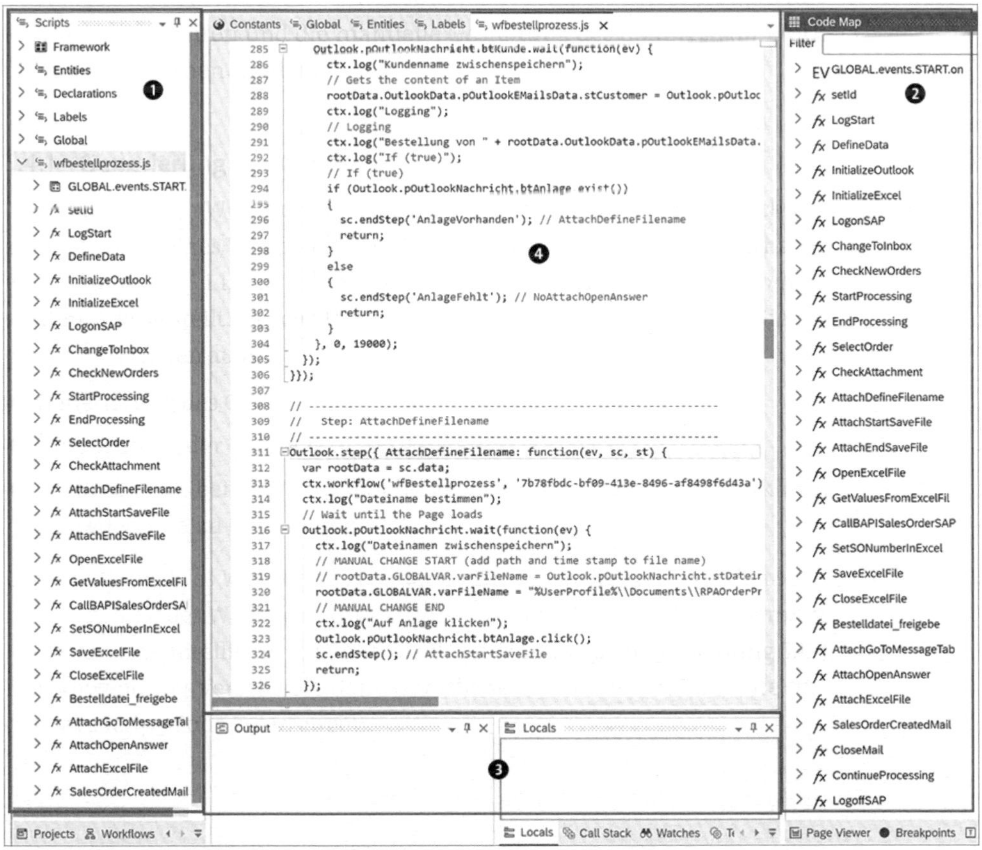

Das Gesamtlayout der Editor-Perspektive (siehe Abbildung 6.7) unterteilt sich in vier Werkzeugfensterzonen auf der linken, oberen, rechten und unteren Seite (❶ bis ❸) sowie den Document Editor in der Mitte ❹.

Abbildung 6.7 Layout der Editor-Perspektive

Der Document Editor kann in mehrere Tabs aufgeteilt werden, in denen mehrere Dokumente angezeigt werden können. Sie können das Layout der Editor-Perspektive ändern, indem Sie mehrere Instanzen des Document Editor ausführen oder andere Werkzeugfenster in den verschiedenen Werkzeugfensterzonen oder in den Zonen für geteilte Dokumente andocken.

6.1.2 Datenkontext

In Abschnitt 5.1.2, »Gestaltung des Workflows«, haben Sie bereits erfahren, dass die JavaScript-Datenstrukturen im *Datenkontext* oder einfach *Kontext* angelegt werden. Die Datenstrukturen befinden sich in Unterordnern und auf der untersten Ebene in *Items*, die praktisch als Variablen mit abrufbaren Werten verstanden werden können. Die Kontextstrukturen werden automatisch erstellt, solange dies entsprechend eingestellt wurde. In Abbildung 6.8 sehen Sie den Bereich **Context** in der Ansicht **Workflows**.

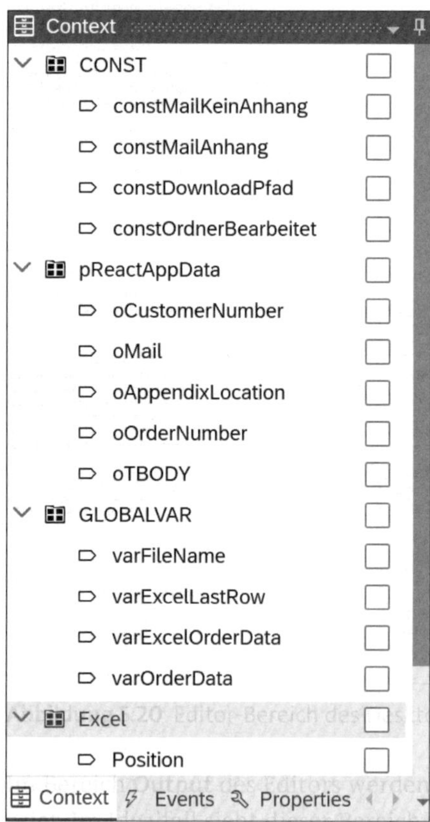

Abbildung 6.8 Kontext in der Workflow-Perspektive

Manuelle Erstellung eines Kontexts

Neben der automatischen Generierung können die Kontextstrukturen manuell im JavaScript-Code erstellt werden. Sie befinden sich im **Entities**-Skript innerhalb der Implementierungsklasse `ctx.dataManager` (siehe Abbildung 6.9).

```
Entities × Global wfBestellprozess

//------------------------------
// Data Structures
//------------------------------
// ---------- rootData ---------
ctx.dataManager({
  rootData :
  {
    CONST :
    {
      constMailKeinAnhang : ''
      , constMailAnhang : ''
      , constDownloadPfad : ''
      , constOrdnerBearbeitet : ''
    }
    , pReactAppData :
    {
      oCustomerNumber : ''
      , oMail : ''
      , oAppendixLocation : ''
      , oOrderNumber : ''
      , oTBODY : ''
```

Abbildung 6.9 Die Kontextstruktur im Editor

Um eine neue Instanz dieser Klasse zu erstellen, wählen Sie die Methode `ctx.dataManagers.[sf].create()` aus. Im Fall der Automatisierung der Maschinenbau GmbH wurde, wie bereits erläutert, eine Legacy-App zur Bestellerfassung erfasst. In Abbildung 6.10 sehen Sie die Instanziierungsmethode.

```
// ---------- rootData_pReactAppData ------------------
ctx.dataManager({
  rootData_pReactAppData :
  {
    oCustomerNumber : ''
    , oMail : ''
    , oAppendixLocation : ''
    , oOrderNumber : ''
    , oTBODY : ''
  }
});
var rootData_pReactAppData = ctx.dataManagers.rootData_pReactAppData.create() ;
```

Abbildung 6.10 Datenkontext pReactAppData

6.1.3 Coding-Assistenten

Das Desktop Studio bietet Ihnen sogenannte Coding-Assistenten , die eine gewisse Flexibilität bieten und es Ihnen ermöglichen, Ihren Code noch schneller anzupassen und fertigzustellen. Im Folgenden stellen wir Ihnen zwei zentrale Coding-Assistenten vor, die der Maschinenbau GmbH geholfen haben, eine reibungslose Entwicklung zu gewährleisten: IntelliPrompt und QuickInfo.

IntelliPrompt

Die Funktion *IntelliPrompt* (zuvor unter der Bezeichnung *Code-Auto-Completion* bekannt) zeigt alle verfügbaren Eigenschaften und Methoden in JavaScript als Optionen zur Autovervollständigung an. Die verfügbaren Methoden werden als Liste angezeigt, aus der Sie einzelne Methoden über einen Filter auswählen können. Außerdem ist der QuickInfo-Coding-Assistent in den IntelliPrompt-Assistenten integriert. Die Filterung der Methoden ist abhängig von der gerade ausgewählten Codestelle sowie dem in das Eingabefeld getippten Begriff (siehe Abbildung 6.11). Sie wird aktualisiert, während ein Wort getippt wird. Eigenschaften und Methoden aus der Liste können Sie so sowohl filtern als auch ausschließen.

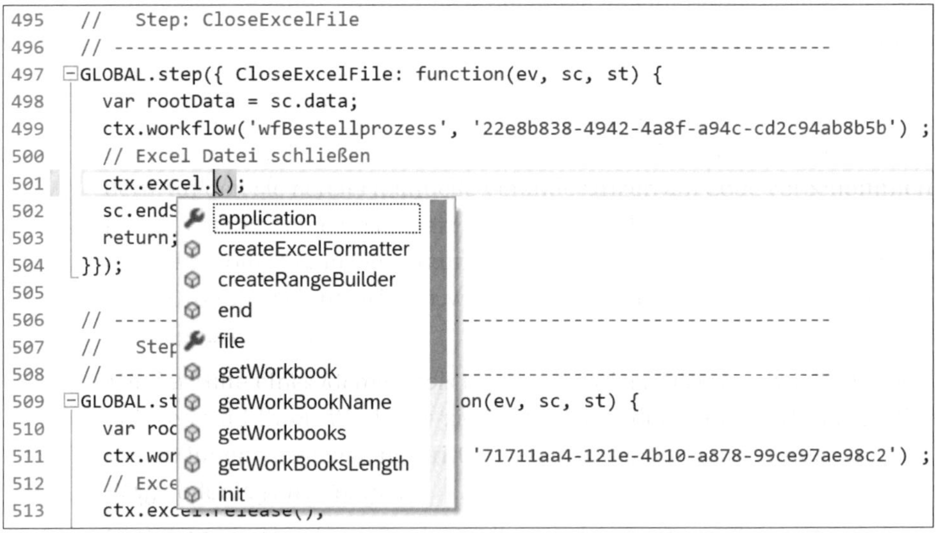

```
//   Step: CloseExcelFile
// -----------------------------------------------------------------
GLOBAL.step({ CloseExcelFile: function(ev, sc, st) {
  var rootData = sc.data;
  ctx.workflow('wfBestellprozess', '22e8b838-4942-4a8f-a94c-cd2c94ab8b5b') ;
  // Excel Datei schließen
  ctx.excel.();
  sc.endS        application
  return;        createExcelFormatter
}});             createRangeBuilder
                 end
// -----         file            -------------------------------
//   Step        getWorkbook
// -----         getWorkBookName -------------------------------
GLOBAL.st        getWorkbooks    on(ev, sc, st) {
  var roo        getWorkBooksLength
  ctx.wor        init            '71711aa4-121e-4b10-a878-99ce97ae98c2') ;
  // Exce
  ctx.exc
```

Abbildung 6.11 Verwendung der IntelliPrompt-Funktion für die Methode »CloseExcelFile«

Beispiel der Maschinenbau GmbH

Einer der Automatisierungsschritte der Maschinenbau GmbH ist das Schließen der Excel-Datei mit den Bestellungen, nachdem die Daten aus der Excel-Datei gelesen wurden. Die Methode für dieses Vorhaben lautet `ctx.excel.file.close()`. In Abbildung 6.11 können Sie sehen, dass, sobald ein Punkt gesetzt wird, alle vorhandenen Methoden angezeigt werden. Der

Coding-Aufwand kann durch diese Autovervollständigung wesentlich verringert werden.

QuickInfo

Der Coding-Assistent *QuickInfo* wurde als Hilfe-Tooltip umgesetzt, das eingeblendet wird, wenn sich der Mauszeiger im Code Editor auf einer Anweisung befindet. Das Tooltip zeigt Informationen zu jeder Methode und jedem Parameter an. Dazu gehören die *Anweisungssyntax*, eine Kurzbeschreibung der Verwendung des jeweiligen Befehls und eine Beschreibung jedes Parameters einschließlich seines Typs.

QuickInfo via Mouseover

In Abbildung 6.12 sehen Sie die Darstellung der QuickInfo zur Methode `GetCell`, da sich der Cursor zum Zeitpunkt des Screenshots an dieser Stelle befand. Sie können der QuickInfo die Kurzbeschreibung der Methode (`getCell(row,col,vWorksheet)`), die Verwendung des Befehls (**Gets a cell from the active worksheet**) und darunter die Beschreibung der Parameter entnehmen.

```
    // ReadPosition
    rootData.Excel.Position = ctx.excel.sheet.getCell(sc.localData.Startloop + 7, 'A');
    ctx.log("-> " +  rootData.Excel.Position);
    // ReadArtikel
    rootData.Excel.Artikel = ctx.excel.sheet.getCell(sc.localData.Startloop + 7, 'B');
    // ReadMenge
    rootData.Excel.Menge = ctx.excel.sheet.getCell(sc.localData.Startloop + 7, 'D');

      // SO items
  var newItem = SOInfo.tables("ORDER_ITEMS_IN").ro
  newItem("ITM_NUMBER") = rootData.Excel.Position;
  newItem("MATERIAL") = rootData.Excel.Artikel;
  var qty = rootData.Excel.Menge;
```

```
getCell(row,col,vWorksheet)
Gets a cell from the active worksheet.
- {number} row : The row number or string
- {number} [col] : The col number
- {Object|string} [vWorksheet] : The worksheet
Return : {Object|string|number} The content of the cell
```

Abbildung 6.12 QuickInfo in der Editor-Perspektive im Desktop Studio

6.2 Einbindung von benutzerdefiniertem Code

Notwendigkeit von benutzerdefiniertem Code

Für die Entwicklung eines Workflows stehen Ihnen verschiedene vordefinierte Aktivitäten zur Verfügung, die je nach Anforderung des Projekts verwendet werden können. Der dahinterliegende Code ist bereits mit den entsprechenden Aktivitäten verbunden. Sobald das Projekt erstellt ist, wird der Code für den Workflow und somit auch für die verwendeten Aktivitäten automatisch generiert. Dieser Code basiert auf JavaScript.

Der größte Teil der Automatisierung wird demnach generiert, ohne dass eine eigene Programmierung erforderlich ist. In speziellen Fällen gibt es jedoch geschäftliche Anforderungen, die mit den vordefinierten Aktivitäten bzw. mit dem automatisch generierten Code nicht erfüllt werden können. Für solche komplexeren Automatisierungen können Sie einen kundenspezifischen Code mithilfe von benutzerdefinierten Aktivitäten hinzufügen.

Den bereits generierten Code können Sie ebenso modifizieren – ganz wie es Ihren Anforderungen entspricht.

In diesem Abschnitt zeigen wir Ihnen, wie Sie Ihrem Workflow benutzerdefinierte Aktivitäten hinzufügen und im Skriptbereich einen benutzerdefinierten Code integrieren können. Anhand der Automatisierung der Maschinenbau GmbH zeigen wir Ihnen einige Beispiele für solche benutzerdefinierten Aktivitäten. Nach der Lektüre dieses Abschnitts sind Sie gut darauf vorbereitet, benutzerdefinierten Code im Rahmen selbst programmierter Aktivitäten in Ihre Automatisierung zu integrieren.

Die Maschinenbau GmbH benötigt einige spezifische Automatisierungsfunktionen, um eine Bestellung im SAP-System über einen BAPI-Aufruf automatisch anzulegen. In Abschnitt 5.5, »Gesamtaufbau des Workflows für die Maschinenbau GmbH«, haben wir die hierzu verwendeten benutzerdefinierten Aktivitäten bereits angesprochen. Dadurch sparen sich die Prozessverantwortlichen der Maschinenbau GmbH Zeit und können sich auf komplexere Aufgaben konzentrieren.

6.2.1 Benutzerdefinierte Aktivitäten

Die benutzerdefinierte Aktivität ist innerhalb des Katalogs der restlichen Aktivitäten unter der Rubrik **Custom** zu finden. Sie wird verwendet, wenn eine Anforderung an eine Aktivität nicht mit den bereits vordefinierten Aktivitäten erfüllt werden kann. Dann können Sie eine benutzerdefinierte Aktivität verwenden, um Ihren selbst definierten Code in die Automatisierung zu integrieren. Wie Sie eine Aktivität zu einem Workflow hinzufügen, können Sie in Abschnitt 5.1.2, »Gestaltung des Workflows«, nachlesen.

Benutzerdefinierte Aktivität hinzufügen

Um eine benutzerdefinierte Aktivität hinzuzufügen, gehen Sie wie folgt vor:

1. Zunächst fügen Sie die benutzerdefinierte Aktivität **Custom** per Drag-and-drop zum Workflow hinzu (siehe Abbildung 6.13).

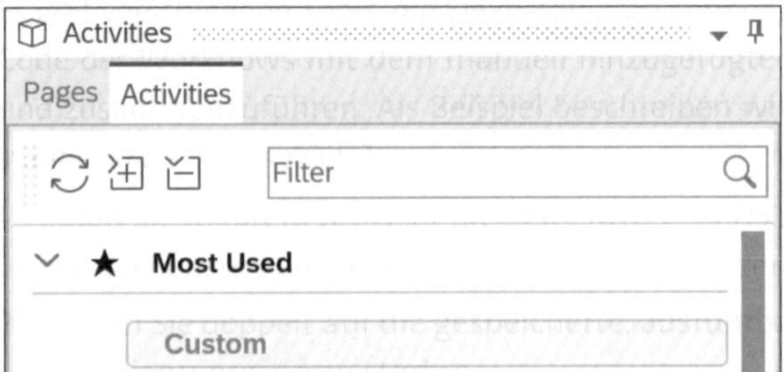

Abbildung 6.13 Benutzerdefinierte Aktivität hinzufügen

2. Geben Sie der Aktivität eine sprechende Bezeichnung, sodass die Funktion dieser Aktivität schnell ersichtlich ist. Bei einfachen Aktivitäten könnte man beispielsweise im Feld **Step name** die in der Aktivität verwendete JavaScript-Funktion übernehmen.
3. Im Feld **Display name** wählen Sie eine sprechende Bezeichnung aus, die im grafischen Modell der Prozessdefinition angezeigt wird.

Aktivität »Dateinamen bestimmen«

In der Automatisierung der Maschinenbau GmbH wurden einige benutzerdefinierte Aktivitäten integriert, hinter denen ein selbst definierter Code liegt. In Abbildung 6.14 sehen Sie die benutzerdefinierte Aktivität **Dateinamen bestimmen**, die im Workflow der Maschinenbau GmbH auf die Aktivität **Bestelldatei runterladen** folgt (siehe auch Abschnitt 5.5, »Gesamtaufbau des Workflows für die Maschinenbau GmbH«). Wie Sie sehen, wurde als **Display name** der benutzerdefinierten Aktivität **Dateinamen bestimmen** festgelegt und eine Beschreibung im Feld **Description** hinzugefügt, um bei der Betrachtung der Aktivität schnell die Funktionalität, die in JavaScript implementiert wurde, erkennen zu können. Die Aktivität wurde im Abschnitt **Code generation** als Schritt (**Step**) deklariert und mit dem **Step name** `GetFileName` definiert.

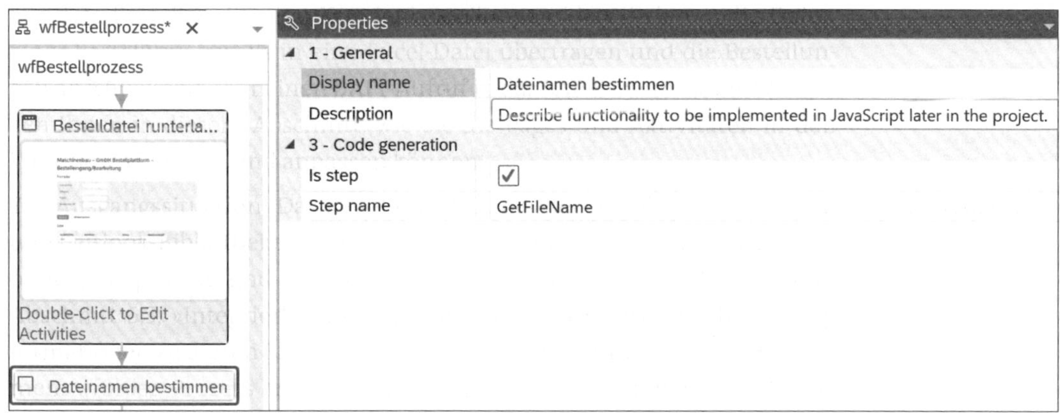

Abbildung 6.14 Benutzerdefinierte Aktivität »Dateinamen bestimmen«

Codegenerierung

Soll eine neue Aktivität zu Ihrem Workflow hinzugefügt werden, muss das Projekt zunächst über die Funktion **Build** erstellt werden, um die neue Aktivität und den dahinterliegenden Code im Skriptbereich zu erzeugen. Durch einen Rechtsklick auf die Aktivität können Sie zum Codebereich der jeweiligen Aktivität gelangen. Näheres zu Codegenerierung und -manipulation erfahren Sie im gleichnamigen Abschnitt 5.4.

Grundkonstrukt einer benutzerdefinierten Aktivität

Nachdem Sie eine benutzerdefinierte Aktivität in eine Prozessdefinition eingebunden haben, kehren Sie in den Skriptbereich zurück, wo das Grundkonstrukt der benutzerdefinierten Aktivität liegt. In Abbildung 6.15 sehen Sie das Grundkonstrukt der Aktivität **Dateinamen bestimmen**. Sie erkennen hier, dass die Aktivität im Skriptbereich `GLOBAL` abgespeichert wurde, und finden auch die definierte Schrittbezeichnung `GetFileName` wieder. Die Aktivität ist in den Workflow `wfBestellprozess` mit einer Identifikationsbezeichnung `ff68d076-0cbb-4de6-8118-743931815b78` integriert. Der Anzeigename (**Display name**) ist in einem Kommentar angegeben. Die Aktivität wird mit der Methode `sc.endStep()` abgeschlossen.

```
// ----------------------------------------------------------------
//   Step: GetFileName
// ----------------------------------------------------------------
GLOBAL.step({ GetFileName: function(ev, sc, st) {
  var rootData = sc.data;
  ctx.workflow('wfBestellprozess', 'ff68d076-0cbb-4de6-8118-743931815b78') ;
  // Dateinamen bestimmen
  sc.endStep(); // End_scenario
  return;
}});
```

Abbildung 6.15 Grundkonstrukt einer benutzerdefinierten Aktivität

Best Practice für benutzerdefinierte Aktivitäten

Im Anschluss an die Erstellung einer benutzerdefinierten Aktivität können Sie den Code der Aktivität im Skriptbereich anpassen. Theoretisch kann benutzerdefiniertes Coding auch vorgenommen werden, ohne erst eine dazugehörige benutzerdefinierte Workflow-Aktivität anzulegen. Wir empfehlen Ihnen dennoch, eigenes Coding stets mit zuvor erstellten Aktivitäten im Workflow zu verbinden, um eine bestmögliche Übersicht über den Workflow für Sie selbst, aber auch für andere, zu gewährleisten.

6.2.2 Benutzerdefiniertes Coding

Unter gewissen Umständen ist benutzerdefiniertes Coding im Skriptbereich einer Automatisierung für eine effiziente Umsetzung erforderlich. Sie lassen sich durch JavaScript integrieren, der Sprache, auf der der Skriptbereich des Desktop Studio basiert. In Abschnitt 6.1, »Editor und Coding-Assistenten«, haben Sie bereits grundlegende Funktionen des Editors und der Coding-Assistenten kennengelernt, die Ihnen nicht nur die Erstellung von eigenem Code ermöglichen, sondern Sie auch bei der Manipulation von Code unterstützten.

Auch die Maschinenbau GmbH hat einige benutzerdefinierte Codings im Rahmen ihrer Automatisierung vorgenommen. Im Folgenden möchten wir ausschnittsweise erläutern, welche Funktionalitäten im Rahmen manuellen Codings umgesetzt wurden, um Ihnen einen Überblick und Ideen für Ihr eigenes Coding zu geben. Zunächst stellen wir das Coding für den Schritt `GetFileName` und anschließend die für den Schritt `OrderDataToBAPI` dar.

Coding der Maschinenbau GmbH

Die Aktivität **Dateinamen bestimmen**, deren Anlage wir in Abschnitt 6.2.1, »Benutzerdefinierte Aktivitäten«, gezeigt haben, beinhaltet in der finalen Version der Automatisierung einen benutzerdefinierten Code. In den folgenden Listings finden Sie diesen Code, mit dessen Hilfe die Bestimmung der Dateinamen umgesetzt wurde.

Coding für »Dateinamen bestimmen«

Der Schritt `GetFileName` beginnt mit einer Verknüpfung zur Aktivität **Dateinamen bestimmen**. Danach wird der komplette Dateipfad aus der Maske der Legacy-Bestellanwendung übernommen, um die bevorstehenden *String-Operationen*, das heißt das Lesen und Bearbeiten der ausgelesenen Zeichenkette, ausführen zu können. Daraufhin wird mit `sln = str.length` die Länge des Strings bestimmt und weiterführend 1 zur Länge des Strings addiert, um den gesamten Dateinamen des Bestellformulars aufzunehmen (siehe Listing 6.1).

```
//---------------------------------------------------------
// Step: GetFileName
//---------------------------------------------------------
-GLOBAL.step({ GetFileName: function(ec, sc, st) {
   var rootDate = sc.date;
   ctx.workflow(´wfBestellprozess´.´bbf696fd-5e52-45ef-
   afd6-d0d5b0f8a8cb´);
   //Dateinamen bestimmen

   //übernehme Dateinamen (kompletter Pfad aus Maske) für
   //String-Operationen
   var str = rootData.var.Attachment;

   //bestimmte String-Länge
   var sln = str.length;
   // +1, wir wollen den ganzen Namen
   var end = sln +1;
```

Listing 6.1 Implementierung des Schritts »GetFileName«

Nun wird eine Indexvariable `ind` deklariert, um eine Loop-Sequenz zu ermöglichen. Die Indexvariable +1 wird als Startvariable für den Beginn des

Indexvariable deklarieren

Loops definiert. Der Dateiname wird extrahiert, indem mit `str.slice` ein Slice-Befehl zwischen dem Beginn und dem Ende des Dateinamens gesetzt wird. Der letztendliche Dateiname entsteht aus dem Downloadpfad sowie dem extrahierten Dateinamen (siehe Listing 6.2).

```
// bestimme ersten zu lesenden Index
var ind = str.lastIndexOf("\\");
// +1, ab da geht es los
var start = ind +1;

//Dateinamen herausschneiden
var filename = str.slice (start, end);

rootData.GLOBALRVAR.varFileName =
 rootData.CONST.constDownloadPfad + filename;
//var file_for_abs = rootData.GLOBARVAR.varFileName;
```

Listing 6.2 Indexvariable »ind« deklarieren und Dateinamen bestimmen

Downloadpfad aus Ordner- und Dateiname

Der Ordnername wird aus dem Dateinamen extrahiert und im Log der Automatisierung als ermittelter Ordner angezeigt. Dann werden der Ordnername und der Dateiname in einem Downloadpfad-Format kombiniert und im Log als ermittelter Downloadpfad angezeigt (siehe Listing 6.3).

```
   var abs_folder =
   ctx.fso.file.getFolderName(rootData.GLOBALVAR.varFileName);
   ctx.log("ermittelter Ordner: "+ abs_folder,
   e.logIconType.Info);

   rootDate.GLOBALVAR.varFileName = abs_folder * "\\" +
   filename;
   // rootData.GLOBALVAR.varFileName =
   "C:\\Users\\MAS\\Downloads\\" + filename;
   Ctx.log("ermittelter Downloadpfad: " +
   rootData.GLOBALVAR.varFileName, e.logIconType.Info);
   sc.endStep(); // Sequence
   return;
}});
```

Listing 6.3 Downloadpfad aus Ordner- und Dateinamen ermitteln

Coding für »Daten aus Excel an BAPI übergeben«

Auch der in der Automatisierung integrierte BAPI-Aufruf, um die Bestellung an das SAP-System zu übermitteln, wurde manuell codiert. Es gibt verschiedene BAPIs, die im SAP-System für die Bestellung zur Verfügung stehen. Im

Code der Maschinenbau GmbH wurde das BAPI BAPI_SALESORDER_CREATEFROMDAT1 verwendet. Die Übermittlung der Bestelldaten an dieses BAPI erfolgt in dem Workflow-Schritt »Daten aus Excel an BAPI übergeben« (siehe Abschnitt 5.5, »Gesamtaufbau des Workflows für die Maschinenbau GmbH«). Der **Step name** dieses Schritts lautet OrderDataToBAPI.

Die Kopfdaten der Bestellung werden über die Struktur ORDER_HEADER_IN eingegeben. Die Kopfdaten der Bestellung sind im Schritt OrderDataToBAPI vordefiniert. Die Belegart ist als Standardauftrag auf den Wert 'TA' gesetzt. Die Verkaufsorganisation wurde auf den Wert '1000', der Vertriebsweg auf '10' und die Sparte auf '00' gesetzt (siehe Listing 6.4).


```
//----------------------------------------------------------
// Step: OrderDataToBAPI
//----------------------------------------------------------
-GLOBAL.step({OrderDataToBAPI: function(ev, sc, st) {
  var rootData = sc.date;

  // BAPI Call
  var SOInfo =
  globalBAPI.Add('BAPI_SALESORDER_CREATEFROMDAT1');

  // SO header
  var SOHeaderImport =
    SOInfo.exports('ORDER_HEADER_IN');
  SOHeaderImport("DOC_TYPE") = "TA";
  SOHeaderImport("SALES_ORG") = "1000";
  SOHeaderImport("DISTR_CHAN") = "10";
  SOHeaderImport("DIVISION") = "00";
```

Listing 6.4 Schritt »OrderDataToBAPI« zur Übertragung der Bestelldaten an das BAPI – Definition des Bestellkopfs

Partnerdaten

Im Anschluss an die Kopfdaten der Bestellung werden die *Partnerdaten* definiert, also die Angaben zur bestellenden Person. Diese Partnerdaten werden über die Tabelle ORDER_PARTNERS eingegeben. Die Partnerdaten sind ebenfalls im Schritt OrderDataToBAPI vordefiniert. Die Partnerrolle wird auf den Wert 'AG' (für Auftraggeber) und 'WE' (für Warenempfänger) gesetzt. Die Partnernummer erhält den Wert '0000001000'. Sie beginnt mit zusätzlichen Nullen, da das Partnernummernformat im SAP-System zehn Stellen erfordert. Wenn die Partnernummer aus der Zelle B3 der Excel-Datei gelesen wird, prüft die while-Anweisung, ob die Partnernummer weniger als zehn Stellen besitzt. Wenn dies der Fall ist, wird die erforderliche Anzahl Nullen vor der Partnernummer hinzugefügt (siehe Listing 6.5).

```
// SO partner
var SOPartner =
SOInfo.tables("ORDER_PARTNERS").rows.add;
SOPartner("PARTN_ROLE") = "AG":
SOPartner("PARTN_NUMB") = "0001000";
SOPartner = SOInfo.tables("ORDER_PARTNERS").rows.add;
SOPartner("PARTN_ROLE") = "WE";
//SOPartner("PARTN_NUMB") = "0000001020";

//Partnernummer aus Excel lesen und mit führenden Nullen
//ausfüllen
// var partnerexcel = ctx.excel.sheet.getCell(3, 'B');
// var partner = partnerexcel.toString();
var partner = ctx.excel.sheet.getCell(3,
'B').toString();
while( partner.length < 10)
  partner = "0" + partner;

SOPartner ("PARTN_NUMB") = partner;
```

Listing 6.5 Schritt »OrderDataToBAPI« zur Übertragung der Bestelldaten an das BAPI – Einlesen der Partnernummer

Loop zum Auslesen der Bestellpositionen

Es wird ein Loop durchlaufen, um die Einträge der Bestellung hinzuzufügen. Mit den Startzellen in der Excel-Datei wird definiert, wo der Loop mit seiner Arbeit beginnt. Der Startwert der Bestellposition wird aus der Zelle A7, der des Artikels aus der Zelle B7 und der der Menge aus der Zelle D7 gelesen. Der Loop läuft weiter, bis eine leere Zelle angetroffen wird (siehe Listing 6.6):

```
// Start loop
If (sc.localData.Startloop <0) sc.localData.Startloop = 0;
while(true)
{

   // Exit loop
   //if (sc.local.Data.Startloop ==
   ctx.excel.sheet.getLastRow (´A´)-7)
   If (sc.localData.Startloop == 3)
      {
         sc.localData.Startloop = -1;
         break;
      }
   // ReadPosition
   rootData.Excel.Position =
```

```
ctx.excel.sheet.getCell(sc.localData.Startloop + 7,´A´);
ctx.log("-> " + rootData.Excel.Position);
//ReadArtikel
rootData.Excel.Artikel =
ctx.excel.sheet.getCell(sc.localData.Startloop + 7,´B´);
// ReadMenge
rootData.Excel.Menge =
ctx.excel.sheet.getCell(sc.localData.Startloop + 7,´D´);
```


Listing 6.6 Loop zum Auslesen der Bestellpositionen aus der Excel-Datei

Bestelldaten einpflegen

Die Positionsdaten werden über die Tabelle ORDER_ITEMS_IN per BAPI an das SAP-System übergegeben. Der Positionswert wird als Positionsnummer eingegeben, der Artikel dagegen als Material. Zudem wird der Mengenwert mit 1.000 multipliziert, um als erforderliche Menge eingegeben werden zu können. Dies geschieht, damit der Wert in dem vom SAP-System geforderten Format für die erforderliche Menge angegeben wird (siehe Listing 6.7).

```
// SO items
var newItem = SOInfo.tables("ORDER_ITEMS_IN").rows.add;
newItem ("ITM_NUMBER") = rootData.Excel.Position;
newItem ("MATERIAL") = rootData.Excel.Artikel;
var qty = rootData.Excel.Menge;
var qty = (qty * 1000);
newItem("RED_QIY") = qty;

  // Loops to the start block
  If (sc.localData.Startloop != -1)
  {
  Sc. localData.Startloop++ ;
  }
} // while
```

Listing 6.7 Positionsdaten in die Tabelle »ORDER_ITEMS_IN« schreiben

BAPI-Aufruf

Nachdem alle notwendigen Daten für die Bestellung eingegeben wurden, wird das BAPI aufgerufen. Die Bestellnummer wird aus dem Parameter SALESDOCUMENT importiert und im Log der Automatisierung angezeigt. Dann wird das Ergebnis aus dem Parameter RETURN importiert. Als Ergebnis wird das Log mit den Feldern TYPE (für die Nachrichtentypen S(uccess), E(rror), W(arning) und I(nformation)), ID (für die Nachrichtenklasse) und MESSAGE (für den Nachrichtentext) angezeigt (siehe Listing 6.8).

```
    // Call BAPI//
    SOInfo.Call();

    //Get Sales Document Number
    var SDNumber = SOInfo.import("SALESDOCUMENT");
    ctx.log("->" + SDNumber);

    rootData.GLOBALVAR.varOrderData = Number (SDNumber);

    // Get and log result
    var Results = SOInfo.imports("RETURN");
    ctx.log("->" + Results(«TYPE«) + " l " + Results ("ID")
    + " l " ("MESSAGE"));

    sc.endStep(); // SetOrderNoInExcelFile
    return;
}});
```

Listing 6.8 BAPI »BAPI_SALESORDER_CREATEFROMDAT1« aufrufen

6.3 Integrierte Bibliotheken

Verfügbare Bibliotheken

Bibliotheken (Libraries) sind Sammlungen von JavaScript-Methoden, die Ihnen den Zugriff auf und die Manipulation von Anwendungen erleichtern. So gibt es in SAP Intelligent RPA z. B. eine *Microsoft-Office-Sammlung*, die die Bibliotheken zu den Microsoft-Anwendungen Excel, Word und Outlook enthält. Insgesamt existiert im Desktop Studio eine Palette an Bibliotheken für verschiedene Zwecke:

- Excel: Umgang mit Excel-Arbeitsmappen und -Arbeitsblättern
- Word: Umgang mit Word-Dokumenten
- Outlook: Umgang mit Outlook-Mails und dem -Kalender
- FSO (File System Object): Dateisystem-Objektbehandlung von Dateien und Ordnern
- WMI (Windows Management Intrumentation): Handhabung von Windows-Verwaltungsinstrumenten

Einbindung einer Bibliothek

Um die Aktivitäten einer Bibliothek verwenden zu können, müssen Sie die entsprechenden Bibliotheken zunächst in das aktuelle RPA-Projekt einbinden, falls die benötigte Bibliothek nicht schon automatisch inkludiert wurde. Beispielsweise benötigt die Maschinenbau GmbH für ihre Automatisierung aus dem Katalog der Office-Integrationen sowohl die Excel- als auch die Outlook-Bibliothek.

Die Einbindung einer Bibliothek funktioniert wie folgt:

1. Navigieren Sie in der Editor-Perspektive zum Fenster **Scripts**, und führen Sie einen Rechtsklick in den leeren Bereich aus (siehe Abbildung 6.16).

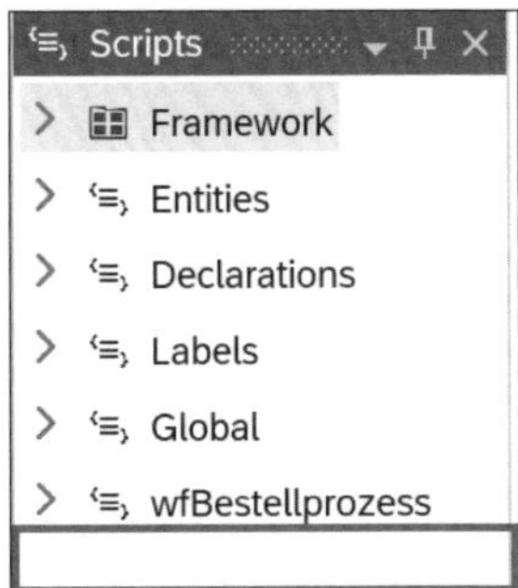

Abbildung 6.16 Skriptbereich in der Editor-Perspektive

2. Wählen Sie im Kontextmenü **Include library Script** aus (siehe Abbildung 6.17).

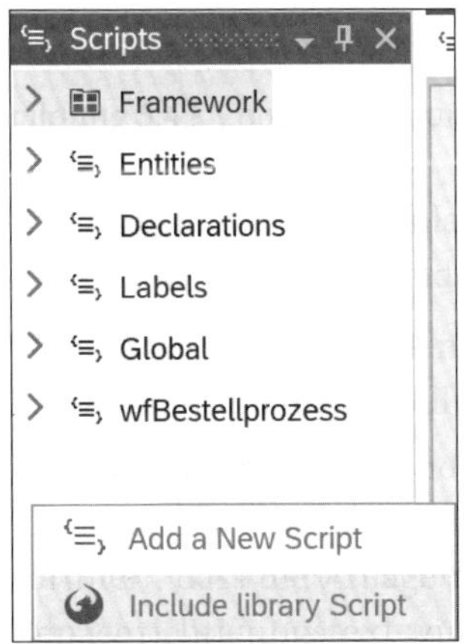

Abbildung 6.17 Auswahl des Library-Scripts

3. Im sich öffnenden Fenster **Add Library Script** navigieren Sie beispielsweise zu **Microsoft Office** und wählen sowohl die Bibliothek **Excel Integration** als auch **Outlook Integration** aus (siehe Abbildung 6.18). Sollten andere Bibliotheken benötigt werden, wählen Sie die entsprechenden Bibliotheken aus.

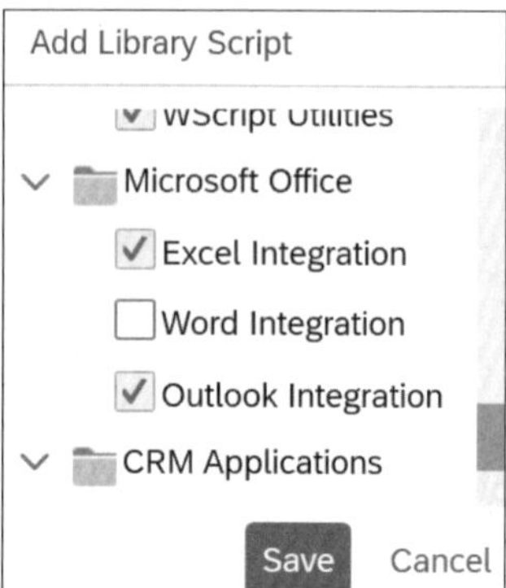

Abbildung 6.18 Excel- und Outlook-Integration auswählen

4. Bestätigen Sie Ihre Auswahl mit **Save**.

Im Folgenden stellen wir die Integrationen von Microsoft Office genauer vor: die Excel-Integration, Word-Integration und Outlook-Integration inklusive der verfügbaren Methoden.

6.3.1 Excel-Integration

Excel-Integration starten

Die Excel-Bibliothek implementiert einen Satz von Funktionen für den Zugriff auf und die Manipulation von Excel-Dateien. Um die Excel-Integration (oder im Allgemeinen auch andere Integrationen) zu starten, muss zunächst immer eine Instanz dieser Bibliothek initialisiert werden. Die Initialisierungsmethoden sind im Fenster **Activities** der entsprechenden Bibliothek verfügbar, für die Excel-Integration beispielsweise in der Bibliothek **Excel Lib**. Mit der Aktivität **Initialize Excel** initialisieren Sie die Excel-Instanz (siehe Abbildung 6.19). Diese Aktivität hat verschiedene Parameter, die Sie in den **Properties** einstellen können, darunter:

- **New instance**: Mit dieser Option erstellen Sie eine neue Excel-Instanz, in der die folgenden Prozessschritte ausgeführt werden. Sollten Sie keine neue Instanz erstellen, wird die folgende Automatisierung eine bereits geöffnete Excel-Instanz verwenden.
- **Visible**: Um die Excel-Automatisierung für die Endanwenderinnen und -anwender sichtbar zu machen, wählen Sie die Option **Visible** aus.
- **Display alerts**: Wählen Sie Alerts als Option aus, um alle Arten von Alerts anzuzeigen, die in der Excel-Datei vorhanden sind. Ist dies nicht gewünscht, lassen Sie das Feld leer.

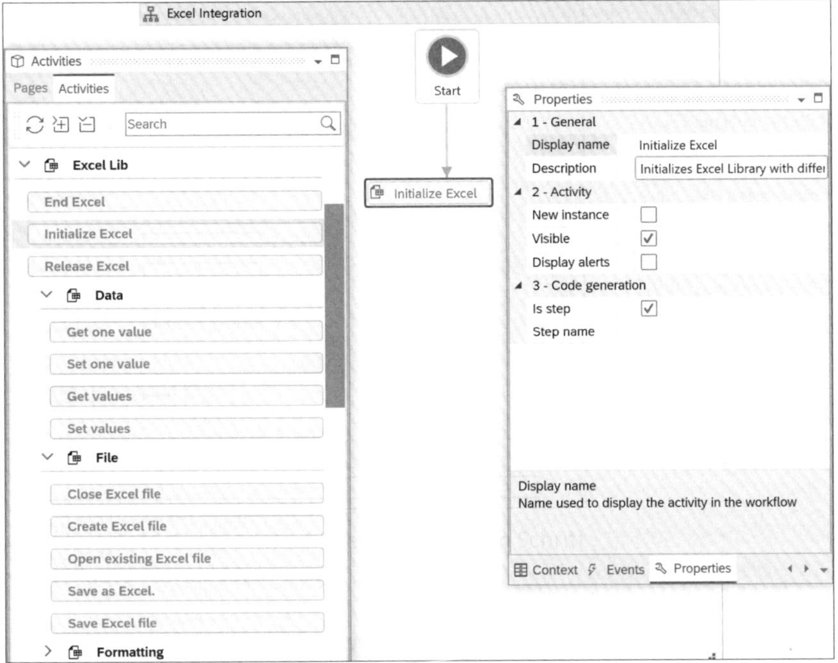

Abbildung 6.19 Excel initialisieren

Clean-Aktivität ausführen

Im Anschluss an Ihre Manipulationen müssen für alle Integrationen bestimmte Methoden befolgt werden, um eine sogenannte *Clean-Aktivität* auszuführen, bei der alles geschlossen wird, was im weiteren Verlauf nicht mehr genutzt wird. Diese Aktivitäten stellen wir im Folgenden beispielhaft anhand der Excel-Integration dar (siehe Abbildung 6.20):

- **Close Excel file**: Über diese Option wird die Excel-Datei nach abgeschlossener Excel-Manipulation geschlossen. Die Aktivität **Close Excel file** ist in der Untergruppe **Data** der **Excel Lib** im Bedienfeld **Activities** verfügbar.
- **End Excel**: Diese Option beendet die Anwendung und ist in der Gruppe **Excel Lib** im Bedienfeld **Activities** verfügbar.
- **Release Excel**: Immer, wenn eine Excel-Datei geöffnet wird, entsteht eine Sperre. Wenn die Datei von einer Anwendung gesperrt wird, können andere Benutzerinnen oder Benutzer oder andere Anwendungen nicht mehr auf diese Datei zugreifen. Um die Datei für den nächsten Prozess verfügbar zu machen, muss die Excel-Datei daher zunächst über die Aktivität **Release Excel** freigegeben werden.

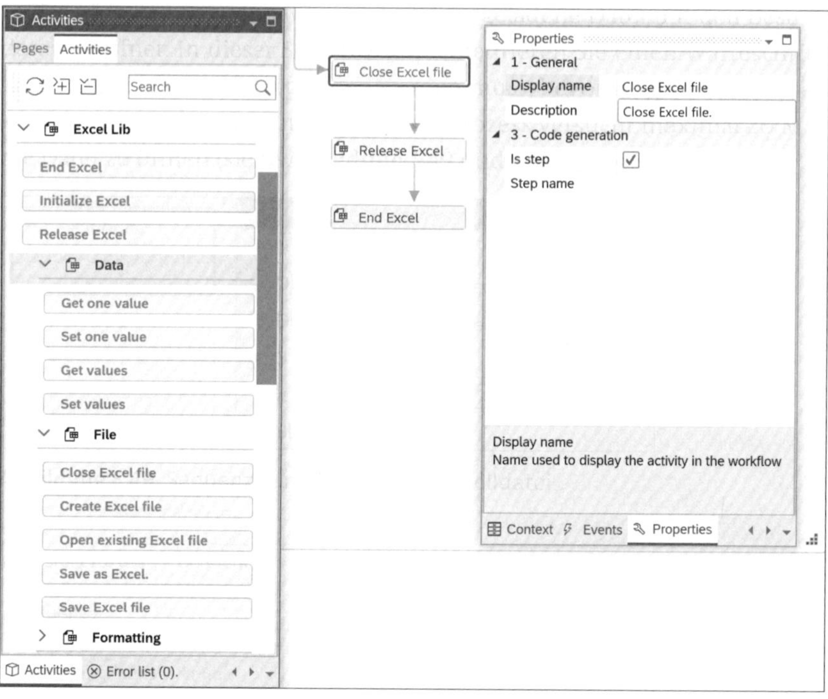

Abbildung 6.20 Excel-Aktivitäten

6.3.2 Outlook-Integration

Outlook-Bibliothek einbinden

Die Outlook-Bibliothek fügen Sie analog zur Excel-Bibliothek zu Ihren Skripten hinzu. Diese Integrationsbibliothek ist eine Sammlung von Funktionen, die zur Verwaltung von Microsoft Outlook verwendet werden. Wie bereits anhand der Excel-Integration aufgezeigt, müssen Sie zunächst die Outlook-Bibliothek initialisieren und im Anschluss an die Manipulation mit den Methoden einer Clean-Aktivität beenden (siehe Abschnitt 6.3.1, »Excel-Integration«).

E-Mails auslesen

Um E-Mails in Outlook auszulesen und die Bestandteile der E-Mails im weiteren Prozessverlauf zu verwenden, können folgende Methoden aus der Outlook-Bibliothek verwendet werden:

- `search()`: Dient zur Suche von E-Mails unter der Verwendung von entsprechenden Suchkriterien.
- `getFilteredTable()`: Dient zum Abruf einer gefilterten Tabelle, die die gesuchten E-Mails enthält, ohne dabei alle Details zu jeder E-Mail aufzulisten.
- `retrieveMail()`: Dient zum Abruf der in der gefilterten Tabelle gespeicherten E-Mails mithilfe der Parameter `EntryID` und `StoreID`.

Die folgenden Methoden aus der Outlook-Bibliothek können zum Suchen und Filtern von E-Mails verwendet werden:

Suchen und Filtern von E-Mails

- `ctx.outlook.mail.searchByCriteria()`: Diese Methode erlaubt das Suchen von E-Mails in Abhängigkeit von benutzerdefinierten Kriterien. Die Methode nimmt als Eingabe ein Objekt an, das benutzerdefinierte Kriterien enthalten kann, z. B. den Absender, den Status (gelesen oder ungelesen), Anhänge usw.
- `ctx.outlook.mail.search()`: Diese Methode richtet sich nach den von Microsoft definierten Standard-Filterkriterien für Outlook-E-Mails. Hier haben Sie die Flexibilität, beliebige UND-, ODER- und NICHT-Bedingungen zwischen verschiedenen Filterkriterien zu erstellen. Sie können auch E-Mails aus einem bestimmten Ordner suchen.
- `ctx.outlook.mail.getFilteredTable()`: Diese Methode extrahiert die gefilterten E-Mails abhängig von der Suche der vorherigen Methode und gibt ein Array von E-Mails zurück.
- `ctx.outlook.mail.retrieveMail`: Diese Methode ruft die nach den Parametern `EntryID` und `StoreID` gefilterten E-Mails ab.
- `ctx.outlook.mail.send()`: Mit dieser Methode automatisieren Sie das Versenden einer E-Mail in Outlook.

6.3.3 Word-Integration

Die Word-Bibliothek fügen Sie analog zur Excel-Bibliothek zu den Skripten hinzu. Wie bereits anhand der Excel-Integration aufgezeigt, müssen Sie die Word-Bibliothek zunächst initialisieren und im Anschluss an die Manipulation mit den Methoden einer Clean-Aktivität beenden (siehe Abschnitt 6.3.1, »Excel-Integration«).

Um Microsoft-Word-Dokumente auszulesen und zu manipulieren, werden die folgenden Methoden der Word-Bibliothek am häufigsten verwendet:

Dokumente auslesen und bearbeiten

- Word-Dokument erstellen oder öffnen: Methoden innerhalb des Moduls `ctx.word.file` sind für die Manipulation von Word-Dokumenten zuständig. Folgende Methoden können unter anderen verwendet werden:
  - `ctx.word.file.create()`: Diese Methode erzeugt ein neues, unbeschriebenes Word-Dokument.
  - `ctx.word.file.open(Dateipfad)`: Diese Methode öffnet ein bereits vorhandenes Word-Dokument unter der Angabe eines Dateipfads, unter dem das Word-Dokument aufzufinden ist.
- Word-Dokument schreiben oder aktualisieren: Methoden innerhalb des Moduls `ctx.word.document` sind für die Manipulation von Informationen

innerhalb des Word-Dokuments zuständig. Folgende Methoden können unter anderen verwendet werden:

- `ctx.word.document.insertParagraph()`: Mit dieser Methode fügen Sie einen neuen Absatz in das Word-Dokument ein.
- `ctx.word.document.insertText(string)`: Diese Methode fügt die Zeichenfolge an der aktuellen Cursorposition in das Word-Dokument ein.
- `ctx.word.document.findText(searchString)`: Die Methode sucht im aktuellen Word-Dokument Wörter, die als String vorgegeben werden.

- Word-Dokument formatieren: Methoden innerhalb des Moduls `ctx.word.selection.fontFormatter` stellen die Formatierungsmöglichkeiten eines Word-Dokuments bereit, wie zum Beispiel `formatBold`, `formatItalic`, `changeCase`, `IncreaseFronSize`.

Nur die benötigten Bibliotheken einbinden

Selektieren Sie bestenfalls nur die Bibliotheken, die Sie in Ihrem Projekt benötigen. Sollten Sie Bibliotheken einbinden, die Sie nicht benutzen, fügen Sie Ihrem Projekt nur unnötiges Datenvolumen hinzu.

In Abschnitt 11.3.1, »Einbinden der Bibliotheken«, erfahren Sie noch mehr zu den Office-Bibliotheken, unter anderem, welche weiteren Aktivitäten Sie nutzen können, wie Sie die Aktivitäten am besten in Ihr Projekt integrieren und worauf Sie sonst noch achten müssen.

6.4 Zusammenfassung

In diesem Kapitel haben Sie erweiterte Funktionen zur Anpassung von Workflows kennengelernt. Mithilfe dieser Funktionen können Sie nun Ihre Workflows anpassen. Des Weiteren haben Sie erfahren, wie Sie mit den Funktionen des Editors arbeiten, Ihren eigenen Code einbauen und diesen auch in Bibliotheken integrieren können. Zudem haben wir im Kontext der Bot-Entwicklung erklärt, wie Sie Ihre Workflows mit manuellen Codemanipulationen erweitern können und mit den Coding-Assistenten umgehen, um schnell und effizient manuell erstellten Code integrieren zu können.

Im folgenden Kapitel lernen Sie den UI Designer kennen und erfahren, wie Sie ihn zur Erstellung von Benutzeroberflächen nutzen können.

Kapitel 7
Benutzeroberflächen erstellen

In diesem Kapitel stellen wir Ihnen den UI Designer vor. Sie erfahren, welche Arten von Benutzeroberflächen Sie mit dem UI Designer erstellen können, welche Komponenten enthalten sind und wie die Gestaltung einer Benutzeroberfläche in der Praxis abläuft.

Wie bereits in Abschnitt 1.2, »Formen der Automatisierung«, ausgeführt, können RPA-Bots sowohl im Attended- als auch im Unattended-Modus arbeiten. Unattended Bots führen Aufgaben aus und interagieren unabhängig von menschlichen Eingriffen mit Anwendungen. Unattended Bots können durch Ereignisse ausgelöst und geplant werden. Attended Bots hingegen sind in der Regel auf Frontoffice-Aktivitäten ausgerichtet und nützlich, wenn ein End-to-End-Prozess nicht vollständig automatisiert werden kann, da zu gewissen Zeitpunkten eine menschliche Entscheidung vonnöten ist. RPA-Bots können in solch einem Szenario an der Seite von Menschen arbeiten, um eine betreute Automatisierung zu ermöglichen. In solchen Fällen können die Aktionen von RPA-Bots immer noch durch Ereignisse auf Systemebene ausgelöst werden, die die Daten an menschliche Mitarbeitende übermitteln und auch Daten von ihnen entgegennehmen können.

Aufbau des Kapitels

Der *UI Designer* hilft Ihnen, individuelle grafische Benutzeroberflächen zu entwickeln, die Sie in Ihren Workflow integrieren können. Er bietet eine Bandbreite an Funktionen, um die notwendigen Interaktionen eines Bots mit den Prozessverantwortlichen herzustellen und einen Prozess als beaufsichtigte Automatisierung zu gestalten. In diesem Kapitel stellen wir Ihnen den UI Designer und seine Funktionen vor, um Ihnen einen Einblick in die Erstellung von Benutzeroberflächen zu geben. Wir beginnen in Abschnitt 7.1, »Die Komponenten des UI Designer«, zunächst mit einer Vorstellung der verschiedenen Arten von Benutzeroberflächen sowie der Komponenten des UI Designer. Daraufhin betrachten wir die wichtigste Komponente des UI Designer näher: die sogenannte *Popup-Editor-Zone*. Im Anschluss an diesen Abschnitt sollten Sie bereits einen guten Überblick über die Möglichkeiten des UI Designer erlangt haben.

In Abschnitt 7.2, »Gestaltung eines Popup-Fensters für die Automatisierung der Maschinenbau GmbH«, führen wir Sie anschließend durch die Entwicklung eines Popups, die Sie selbst Schritt für Schritt im Desktop Studio nachstellen können, um erste praktische Erfahrungen mit dem UI Designer zu sammeln.

7.1 Die Komponenten des UI Designer

Der UI Designer ist ein Bestandteil des Desktop Studio. Mit ihm können Sie einfach und intuitiv Benutzeroberflächen erstellen, um diese im Anschluss in einen Workflow einzubinden.

Komponenten

Die Komponenten der UI-Designer-Perspektive sind (siehe Abbildung 7.1):

❶ **Ressourcenbaum**

Der Ressourcenbaum zeigt die Liste der Popup-Fenster an, die im Projekt enthalten sind. Den Ressourcenbaum stellen wir Ihnen im gleichnamigen Abschnitt 7.1.1 genauer vor.

❷ **Code Map**

Die Code Map zeigt die Codestruktur des bearbeiteten Skripts an. Sie ermöglicht Ihnen die Navigation zum Code, indem Sie einen Eintrag in der Code Map auswählen. Natürlich können Sie hier auch zurück zur Code Map navigieren. Die Code Map haben Sie bereits in Abschnitt 6.1.1, »Der Editor-Bereich«, kennengelernt.

❸ **Popup-Editor-Zone**

Die beiden mittleren Fenster bilden die Zone des eigentlichen Popup-Editors. Hier gestalten Sie die Popup-Fenster. Die Popup-Editor-Zone kann einen oder mehrere Popup-Editoren enthalten, wobei jeder Editor die Gestaltung eines Popups erlaubt. Sie können über die Registerkarten zwischen den Editoren umschalten.

Der Popup-Editor besteht wiederum aus zwei Sichten:

❹ **Designer-Ansicht**

Die Designer-Ansicht zeigt das Popup-Fenster in einem eingebetteten Internet-Explorer-Fenster an. Es ermöglicht die grafische Gestaltung der Popups.

❺ **Editor-Ansicht**

In der Editor-Ansicht können Sie die zum Popup gehörenden JavaScript-Dateien **settings.js** und **popup.js** bearbeiten. Es können mehrere Dateien gleichzeitig geöffnet werden, zwischen denen Sie mit dem Dokumentenwähler wechseln. Durch die Bearbeitung der Datei **settings.js** verändern Sie das Design der Popups in JavaScript.

Im gleichnamigen Abschnitt 7.1.2 stellen wir Ihnen die Popup-Editor-Zone noch einmal genauer vor.

❻ Eigenschaften

Im Fenster **Properties** können Sie die Eigenschaften der Popups und ihrer Elemente ändern.

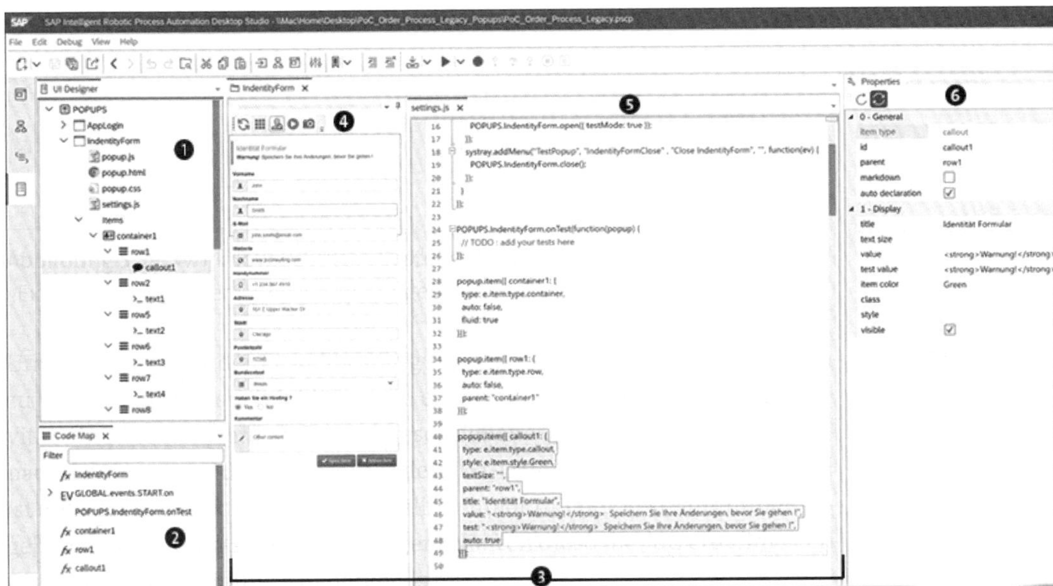

Abbildung 7.1 UI-Designer-Perspektive

Arten von Benutzeroberflächen

Der UI Designer bietet viele Möglichkeiten, um die gewünschte Interaktion zwischen einem Bot und den Mitarbeitenden zu implementieren. Die folgenden Arten von Benutzeroberflächen lassen sich mit dem Designer gestalten:

- einfache Popup-Fenster, um einfache Abfragen wie eine Zustimmung oder Ablehnung zu erfassen, wie z. B. in Abbildung 7.2

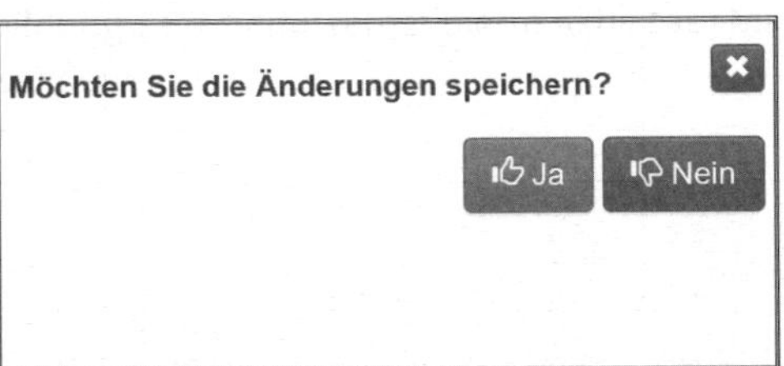

Abbildung 7.2 Beispiel für ein einfaches Popup

- individuelle Formulare, um ausführliche Informationen zu erfassen, wie z. B. in Abbildung 7.3

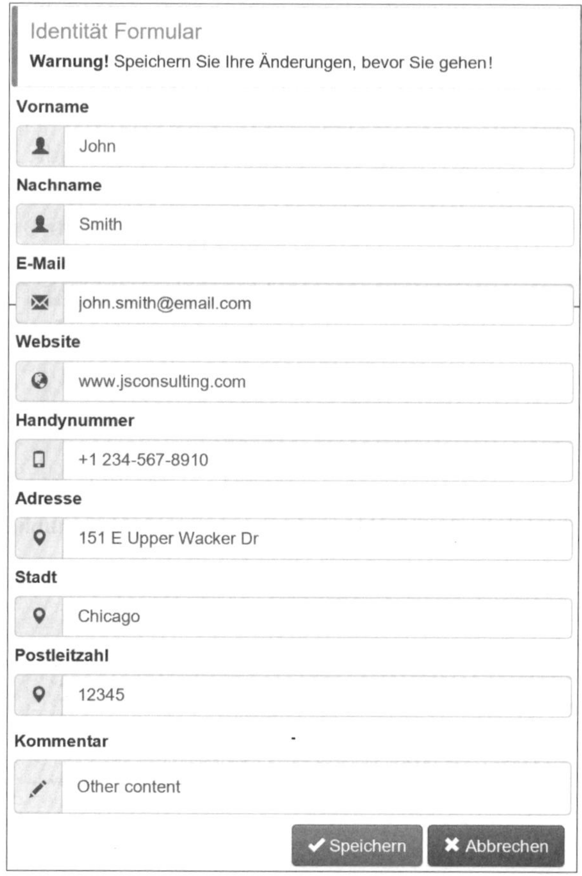

Abbildung 7.3 Einfaches Formular zur Abfrage von Daten

- Login-Popups, um die Anmeldedaten der Nutzerin oder des Nutzers abzufragen, wie z. B. in Abbildung 7.4

Abbildung 7.4 Beispiel für ein Login-Popup

- Zudem können Sie auch Dashboards, Seitenleisten und individuell gestaltete Seiten erstellen.

Desktop Studio bietet auch viele Möglichkeiten, um die individuellen Popups schnell und unkompliziert in einen Workflow einzubinden. Um selbst definierte Benutzeroberflächen erstellen zu können, sollten Sie sich bereits mit den wesentlichen Komponenten des UI Designer auskennen. Daher stellen wir Ihnen im Folgenden den Ressourcenbaum sowie die Popup-Editor-Zone (Designer-Ansicht und Editor-Ansicht) genauer vor. Unterstützend können Sie weitere Werkzeugkomponenten wie z. B. die Code Map, die bereits in Kapitel 6, »Workflows erweitern«, erläutert wurden, oder die Find/Replace-Funktion (Suchen/Ersetzen) benutzen.

7.1.1 Ressourcenbaum

Popup-Fenster eines Projekts

Der Ressourcenbaum zeigt eine Liste der im Projekt enthaltenen Popups an (siehe Abbildung 7.5) und hat dabei verschiedene Funktionen. Er erlaubt die Verwaltung der im Projekt enthaltenen Popups. Zudem können Sie hier auch die von einem Popup verwendeten Dateien und die Liste der Elemente eines Popup-Fensters verwalten.

Neues Popup-Fenster erstellen

Um ein neues Popup zu erstellen, klicken Sie im Ressourcenbaum mit der rechten Maustaste auf den Stammknoten **POPUPS** und wählen im Kontextmenü den Eintrag **Add a New Popup...** aus. Es öffnet sich ein Dialogfeld, in dem Sie einen eindeutigen Namen für das Popup-Fenster eingeben und unter **Template** die gewünschte Vorlage auswählen. Zum Zeitpunkt der Drucklegung dieses Buchs gibt es die Vorlagen **An Empty AppBar** und **An Empty Popup**.

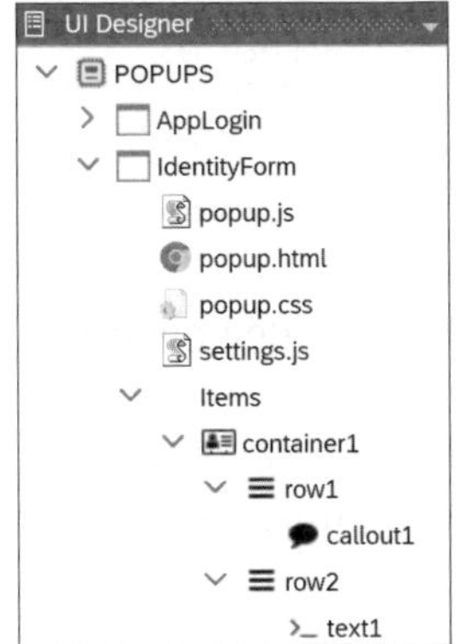

Abbildung 7.5 Ressourcenbaum mit verschiedenen Popups

Popup bearbeiten und löschen

Um ein Popup zu bearbeiten, klicken Sie mit der rechten Maustaste auf den entsprechenden Knoten im Ressourcenbaum und wählen im Kontextmenü **Edit...** aus. In der Popup-Editor-Zone wird daraufhin ein neuer Editor geöffnet.

Um ein Popup zu löschen, klicken Sie mit der rechten Maustaste auf den Knoten dieses Popups im Ressourcenbaum und wählen **Delete** aus dem Kontextmenü. Bevor das Popup endgültig gelöscht wird, wird eine Bestätigungsmeldung angezeigt.

Jeder Unterbaum zu einem Popup-Knoten zeigt die Liste der Dateien an, die von diesem Popup verwendet werden:

- **Popup.html**: die HTML-Seite des Popups
- **Settings.js**: die JavaScript-Datei des Popups mit dem Seitendesign
- **Popup.js** und **Popup.css**: Über diese beiden Dateien können Sie das Seitenverhalten und das Stylesheet anpassen.

Neue JavaScript- oder CSS-Datei anlegen

Um eine neue JavaScript- oder CSS-Datei für ein Popup hinzuzufügen, klicken Sie mit der rechten Maustaste auf den Popup-Knoten im Ressourcenbaum und wählen **Add a New File...** aus dem Kontextmenü. Geben Sie im folgenden Dialog einen Namen und den Typ der Datei ein und bestätigen Sie die Auswahl. Die neue Datei wird im Unterverzeichnis der Seite erstellt. Sie können auch manuell eine vorhandene Datei (z. B. ein Bild) hinzufügen, indem Sie die Datei in das Seiten-Unterverzeichnis kopieren. Aktualisieren Sie danach den Ressourcenbaum, indem Sie den Eintrag **Refresh File List** aus dem Kontextmenü wählen.

Um eine JavaScript- oder CSS-Datei zu bearbeiten, klicken Sie mit der rechten Maustaste auf den Dateiknoten im Ressourcenbaum. Dann wählen Sie **Edit...** aus dem Kontextmenü. Die Datei wird zur Bearbeitung in der Editor-Zone geöffnet. Um eine Datei zu löschen, müssen Sie diese manuell mithilfe des Windows-Explorers entfernen. Falls erforderlich, aktualisieren Sie die Datei **popup.html** anschließend manuell, um alle `include`-Klauseln zu entfernen, die sich auf die gelöschte Datei beziehen.

Verwalten der Items eines Popups

Der Ressourcenbaum enthält auch Item-Knoten, die eine hierarchische Ansicht der Popup-Elemente (Items) ermöglichen. Um hier ein neues Element hinzuzufügen, müssen Sie den Weg über die Designer-Ansicht nehmen. Um ein Element zu bearbeiten, klicken Sie mit der rechten Maustaste auf den Item-Knoten im Ressourcenbaum und wählen im Kontextmenü **Edit...** aus. Die Item-Eigenschaften werden Ihnen dann rechts im **Properties**-Fenster angezeigt, wo Sie sie bearbeiten können.

7.1.2 Popup-Editor-Zone

Gestaltung von Popup-Fenstern

Die Popup-Editor-Zone ermöglicht Ihnen die Gestaltung von Popups. Sie kann eine oder mehrere Popup-Editoren anzeigen, mit denen Sie jeweils ein Popup entwerfen können. Sie können mit dem Document Selector zwischen diesen Popup-Editoren hin- und herschalten.

Aufbau einer Popup-Editor-Instanz

Jede Popup-Editor-Instanz besteht sowohl aus einer Designer-Ansicht (siehe Abbildung 7.6) als auch aus einer Editor-Ansicht (siehe Abbildung 7.7).

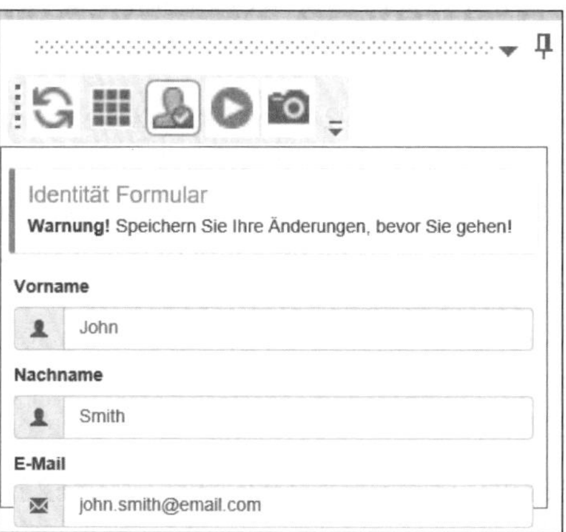

Abbildung 7.6 Designer-Ansicht

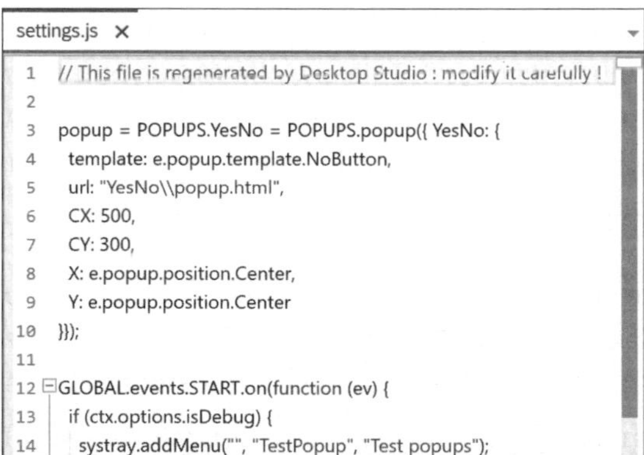

Abbildung 7.7 Editor-Ansicht

Funktionen der Designer-Ansicht

In der Designer-Ansicht wird das Popup-Fenster in einem eingebetteten Internet-Explorer-Fenster angezeigt. Dadurch können Sie das grafische Layout Ihrer Popups gestalten. Die Funktionsleiste bietet Ihnen hierzu folgenden Funktionen:

- Aktualisieren ( ) der Entwurfsansicht über die JavaScript-Datei **settings.js**
- Designmodus ein-/ausschalten ( )
- Testmodus ein-/ausschalten ( )
- Öffnen des Popups in einem externen Fenster des Internet Explorer ( )
- Erfassen des Popups, um es im Workflow-Designer verfügbar zu machen ( )

Neues Item hinzufügen

Wenn der Designmodus zur Bearbeitung aktiv ist, wird jedes Element von einem Rechteck mit gepunkteten Rahmenlinien umgeben. Im Zuge der Bearbeitungen in Abschnitt 7.2, »Gestaltung eines Popup-Fensters für die Automatisierung der Maschinenbau GmbH«, werden Sie das beispielsweise in Abbildung 7.13 sehen. Im Bearbeitungsmodus können Sie neue Items hinzufügen sowie die Eigenschaften der Elemente bearbeiten. Um ein neues Item hinzuzufügen, öffnen Sie das Kontextmenü mit einem Rechtsklick auf die in der Designer-Ansicht angezeigte Seite. Das Kontextmenü enthält alle verfügbaren Elemente zur Gestaltung eines Popups.

Positionsbestimmung von Items

Der UI Designer verwendet das Framework *Bootstrap 3* zur Verwaltung von Popups. Dies bedeutet, dass Sie die Position eines Elements auf dem Popup nicht manuell in Form von Koordinaten angeben, sondern die einzelnen Elemente stattdessen in ein Gitter aus Zeilen- und Spaltenelementen einfügen. Im Designmodus klicken Sie dazu mit der rechten Maustaste auf eine Stelle der Seite in der Designer-Ansicht. Erweitern Sie den Menüpunkt **Insert Grid**, und wählen Sie ein Gitterelement aus, das Sie hinzufügen möchten (z. B. einen Container, eine Zeile oder eine Spalte). Das neue Gitterelement wird dem Ressourcenbaum unter dem Knoten **Items** hinzugefügt. Der Teilbaum **Items** spiegelt somit die Struktur des Gitters wider. Sie können diese Gitterstruktur ändern, indem Sie einzelne Items per Drag-and-drop im Ressourcenbaum verschieben.

Dateien »settings.js« oder »popup.html«

In der Popup-Editor-Zone können Sie außerdem die mit dem Popup verknüpften Textdateien wie **settings.js** oder **popup.html** bearbeiten. Sie können mehrere Dateien gleichzeitig öffnen und mit dem Document Selector zwischen diesen Dateien wechseln. Jede Datei wird in einem eigenen Editor geöffnet, der verschiedene Coding-Assistenten bietet, einschließlich Syntaxhervorhebung, unbegrenztes Rückgängigmachen und Wiederholen, IntelliPrompt, Gliederung und Zoom. Die verschiedenen Coding-Assistenten haben wir in Abschnitt 6.1.3, »Coding-Assistenten«, genauer vorgestellt.

Properties

Im **Properties**-Fenster können Sie die Eigenschaften von Popups und deren Elementen ändern (siehe Abbildung 7.8). Sie können die Eigenschaften eines Popup-Fensters oder eines Items über den Ressourcenbaum oder die Designansicht bearbeiten:

- Für die Bearbeitung über den Ressourcenbaum klicken Sie mit der rechten Maustaste auf den entsprechenden Knoten und wählen im Kontextmenü **Edit...** aus.
- Für eine Änderung in der Designansicht wählen Sie das Element in der Designansicht aus oder navigieren über einen Rechtsklick auf das gewünschte Element und wählen im Kontextmenü **Edit Item** oder **Edit Popup**.

Komplexe Items

Die meisten Eigenschaften von Popups und Items sind einfach zu bearbeiten. Einige Items wie Optionsfelder und Kontrollkästchen haben jedoch komplexe Eigenschaften, die sich nur als Arrays von Objekten bearbeitet lassen. Diese Eigenschaften können Sie bearbeiten, indem Sie über das Kontextmenü ein neues Objekt zum Array hinzufügen oder ein Objekt aus dem Array entfernen.

Code Map und Find Results

Außerdem weisen der UI Designer wie auch der Popup-Editor noch weitere Werkzeugfenster auf, wie die Fenster **Code Map** und **Find Results**. Die **Code Map** (links unten in Abbildung 7.1 zu sehen) hilft Ihnen bei der Navigation durch den Code. Die Funktion **Find Results** lässt sich an gleicher Stelle einbinden und hilft Ihnen, Zeichenfolgen im Bereich des aktuellen Code Editor zu finden.

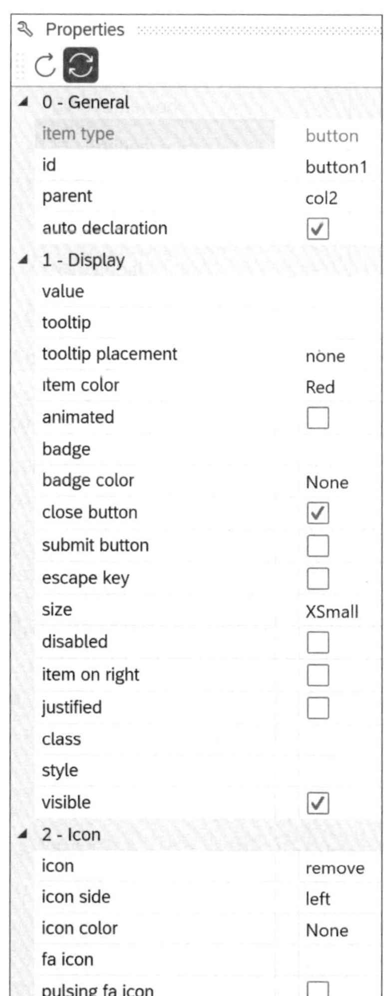

Abbildung 7.8 Eigenschaften eines Items

7.2 Gestaltung eines Popup-Fensters für die Automatisierung der Maschinenbau GmbH

Beispiel eines Popup-Fensters

Popup-Fenster für Ihre Automatisierungen können Sie auf unkomplizierte Art und Weise erstellen und implementieren. Die für die Maschinenbau GmbH entwickelte Automatisierung nutzt, so wie in Abschnitt 5.5, »Gesamtaufbau des Workflows für die Maschinenbau GmbH«, beschrieben, noch keine Popup-Fenster, diese können jedoch in späteren Updates implementiert werden. Damit Sie eine Vorstellung bekommen, wie solche Popup-Fenster für die Maschinenbau GmbH implementiert werden können, erstellen wir in diesem Abschnitt ein Beispiel-Popup.

Login-Popup erstellen

Ziel der folgenden Implementierung ist, dass die Benutzerin oder der Benutzer vor dem Start einer App ein Login-Popup erhält, um sich an der App anzumelden. Um ein einfaches Login-Popup zu erstellen, sind folgende Schritte notwendig:

1. Navigieren Sie zum Fenster **UI Designer**.
2. Klicken Sie mit der rechten Maustaste auf den Stammknoten **POPUPS** im Ressourcenbaum, und wählen Sie dann **Add a New Popup...** im Kontextmenü aus (siehe Abbildung 7.9).

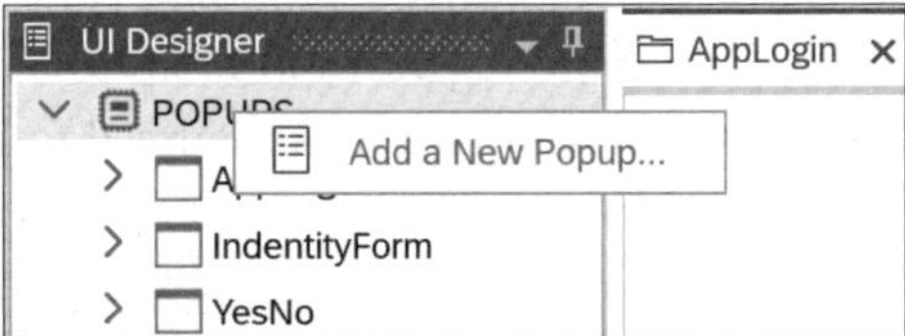

Abbildung 7.9 Hinzufügen eines neuen Popup-Fensters

3. Es öffnet sich ein Dialogfenster mit der Bezeichnung **Add Popup**. Hier geben Sie den Namen des Popups ein und wählen die Popup-Vorlage aus. Wir haben das Popup `AppLogin` genannt und die Vorlage **An Empty Popup** ausgewählt (siehe Abbildung 7.10).

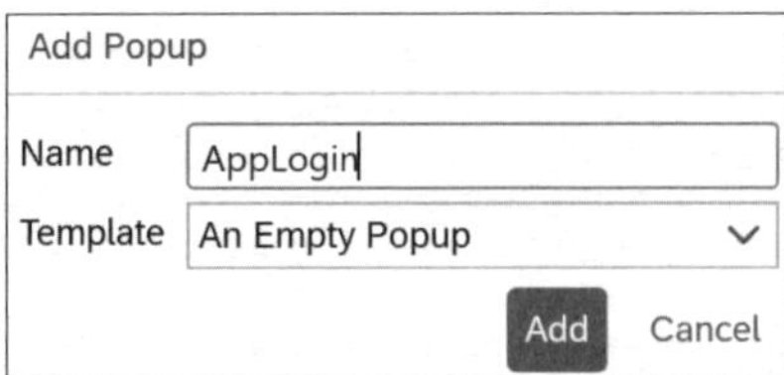

Abbildung 7.10 Name und Vorlage wählen

4. Klicken Sie abschließend auf **Add**, um das Hinzufügen des Popup-Fensters zu bestätigen.

Elemente hinzufügen

Nachdem Sie das Popup-Fenster erstellt haben, können Sie ihm verschiedene Elemente hinzufügen, mit denen die Benutzerinnen und Benutzer interagieren können. Um mit der Erstellung der Popup-Benutzeroberfläche zu beginnen, wählen Sie das angelegte Popup-Fenster im Ressourcenbaum aus und begeben sich in den Designmodus (▦, siehe Abbildung 7.11).

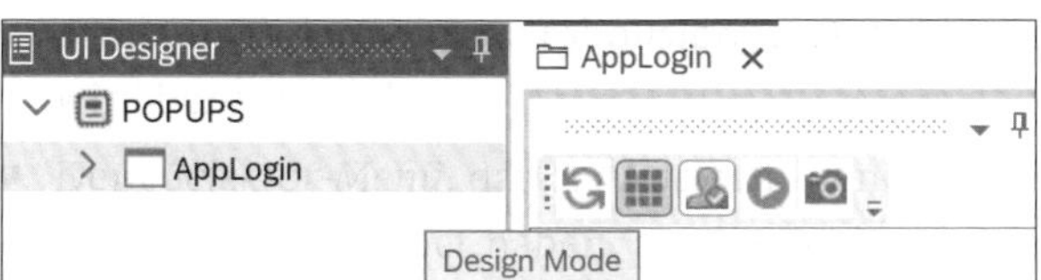

Abbildung 7.11 Popup-Designmodus einschalten

Eingabefelder hinzufügen

Gehen Sie dann wie folgt vor, um zwei Eingabefelder zur Eingabe von Benutzernamen und Kennwort einzufügen:

1. Zu Beginn legen Sie einen Container an, der alle Elemente des Popups enthalten wird. Klicken Sie dazu mit der rechten Maustaste in den Designbereich, und wählen Sie **Insert grid • container** im Kontextmenü (siehe Abbildung 7.12).

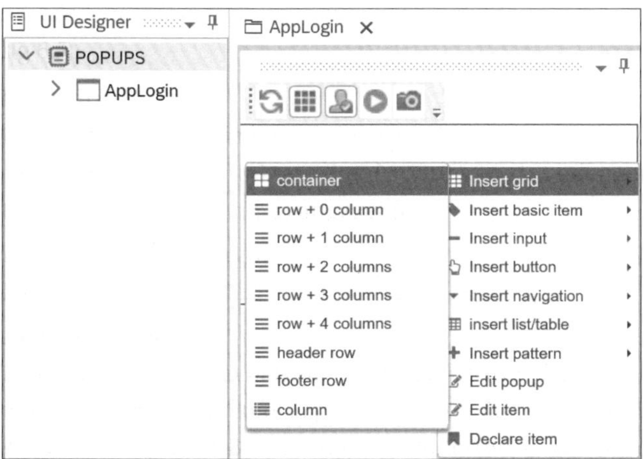

Abbildung 7.12 Container als Gitterelement hinzufügen

2. Fügen Sie nun eine Zeile mit einer Spalte hinzu. Dazu klicken Sie wieder im Designmodus mit der rechten Maustaste in den Designbereich und wählen **Insert grid • row + 1 column** im Kontextmenü.
3. Innerhalb der ersten Spalte unserer einzigen Zeile wollen wir ein Feld hinzufügen, in das die Benutzerinnen und Benutzer ihre User-ID eintragen sollen. Klicken Sie dazu im Designmodus mit der rechten Maustaste in die entsprechende Zelle, und wählen Sie **Insert input • text** im Kontextmenü.

4. Der Spalte wird ein neues Textfeld hinzugefügt (siehe Abbildung 7.13).
5. Im Bereich **Properties** definieren Sie die Eigenschaften für dieses Textfeld (siehe Abbildung 7.14). Tragen Sie im Feld **id** den Anzeigetext »Benutzer-ID« ein. Markieren Sie im Bereich **1 – Display** die Checkbox **visible**, damit das Feld den Benutzerinnen und Benutzern angezeigt wird.

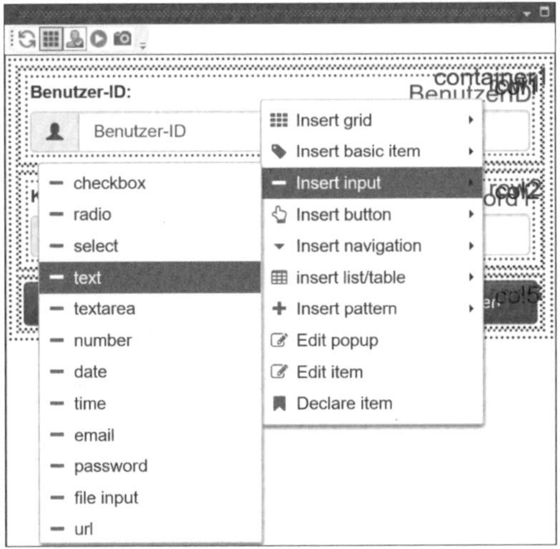

Abbildung 7.13 Benutzer-ID-Feld hinzufügen

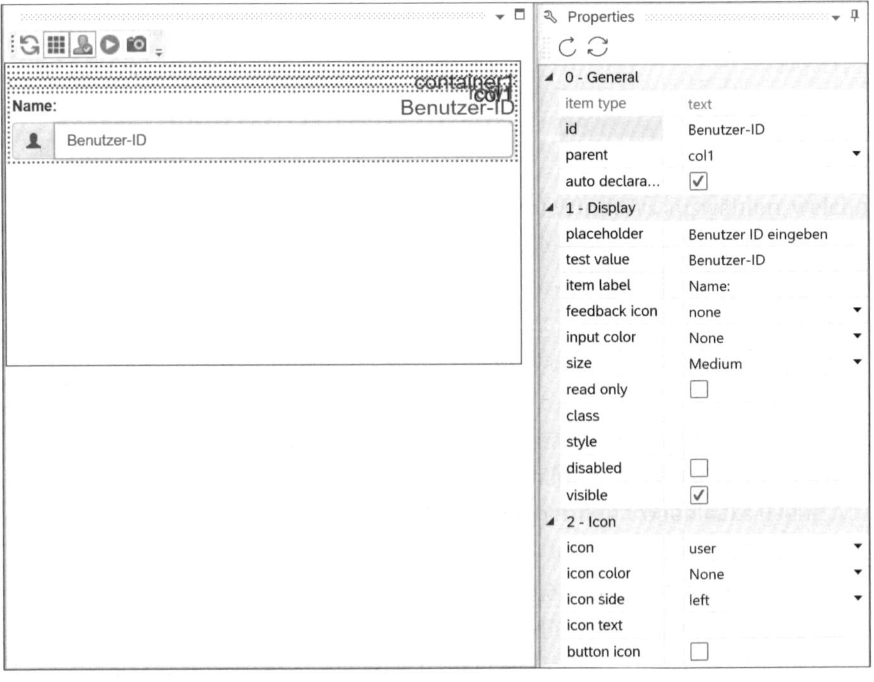

Abbildung 7.14 Textfeld für die Eingabe der Benutzer-ID konfigurieren

6. Wiederholen Sie die Schritte 3 bis 5, um ein zweites Textfeld zur Eingabe des Kennworts zu dem Popup-Fenster hinzuzufügen. Im Bereich **Properties** geben Sie als **id** »Kennwort« an. Auch hier wählen Sie die Einstellung **visible** (siehe Abbildung 7.15).

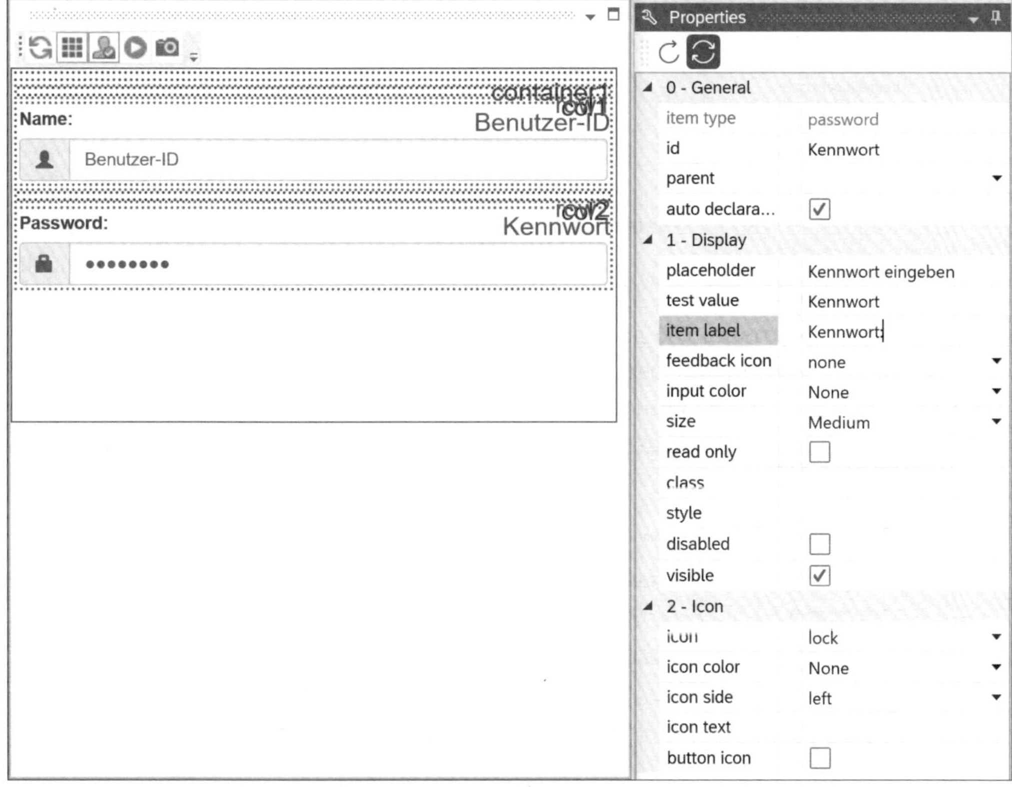

Abbildung 7.15 Textfeld für die Eingabe des Kennworts hinzufügen

Schaltflächen hinzufügen

Um Schaltflächen auf dem Popup-Fenster `AppLogin` hinzuzufügen, gehen Sie wie folgt vor:

1. Fügen Sie über den Kontextmenüpfad **Insert grid • row + 3 column** ein neues Gitterelement mit einer Zeile und drei Spalten hinzu.
2. Fügen Sie nun zwei Schaltflächen in zwei Spalten hinzu. Wählen Sie zunächst die erste Spalte mit der rechten Maustaste aus, und wählen Sie **Insert button • button (Label)** im Kontextmenü.
3. Geben Sie in den **Properties** auf der rechten Seite die **id** »Anmelden« ein. Dieser Text soll auf der Schaltfläche angezeigt werden (siehe Abbildung 7.16).

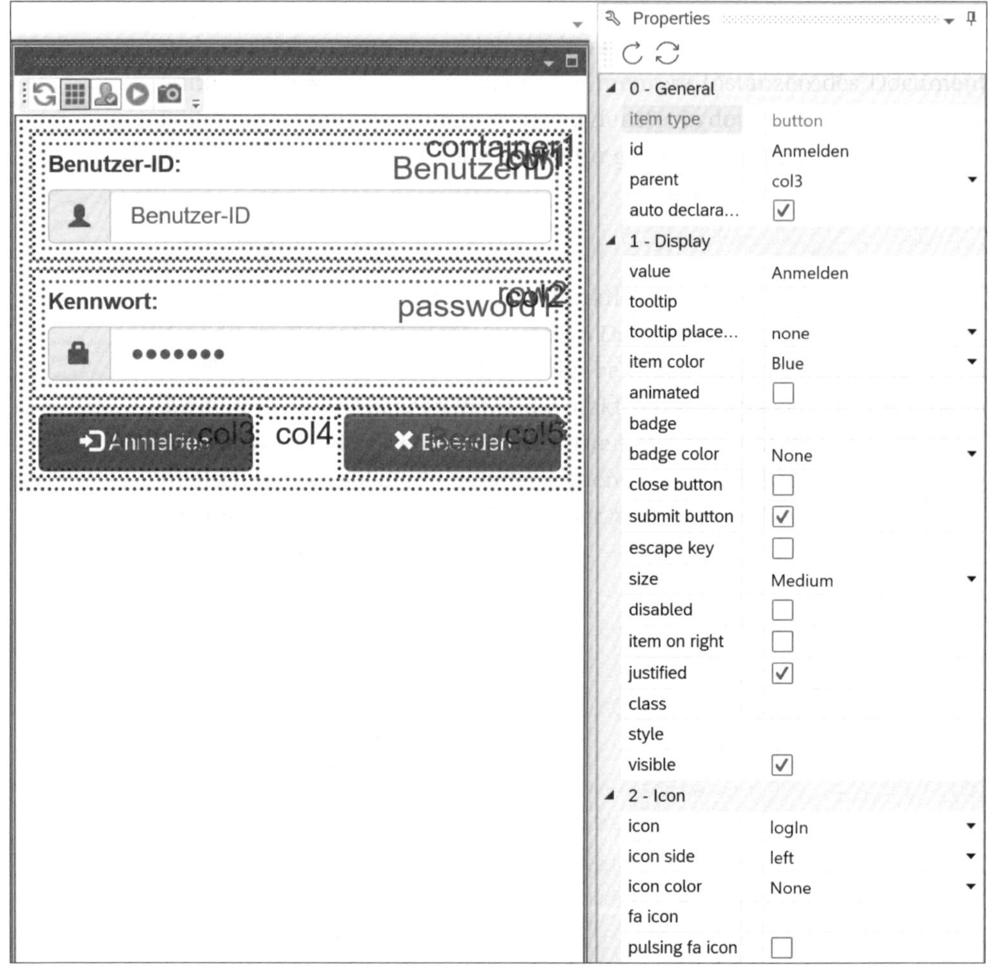

Abbildung 7.16 Hinzufügen von Schaltflächen zum Anmelden und Beenden

4. Fügen Sie eine zweite Schaltfläche mit dem Anzeigetext »Beenden« in der dritten Spalte ein. In den Properties definieren Sie die Eigenschaften für diese Schaltfläche.

Designmodus beenden

Wenn Sie die Benutzeroberfläche des Popup-Fensters fertig gepflegt haben, klicken Sie erneut auf die Schaltfläche [icon], um den Designmodus zu beenden. Sie sehen das Popup-Fenster daraufhin ohne die Gitterlinien (siehe Abbildung 7.17).

Vorschau im Internet Explorer

Es gibt auch die Option, das Popup im Internet Explorer auszuführen ([icon]), um zu sehen, wie das fertige Popup im Browser aussehen wird (siehe Abbildung 7.18).

Abbildung 7.17 Finale Ansicht des Popup-Fensters

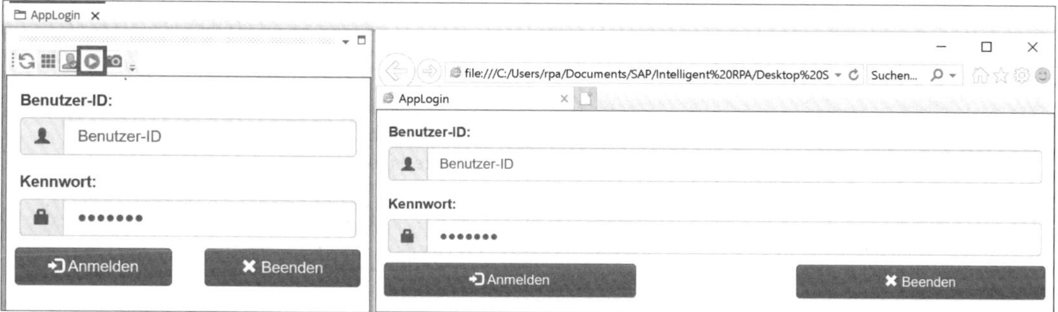

Abbildung 7.18 Popup-Ansicht im Internet Explorer

Capturing für das Popup-Fenster

Nun muss das erstellte Popup noch erfasst werden, damit es im Workflow verwendet werden kann. Klicken Sie dazu auf das Kamera-Symbol ( ), um das Popup aufzunehmen, und wählen Sie dann die Schaltfläche **Start Capture** (siehe Abbildung 7.19).

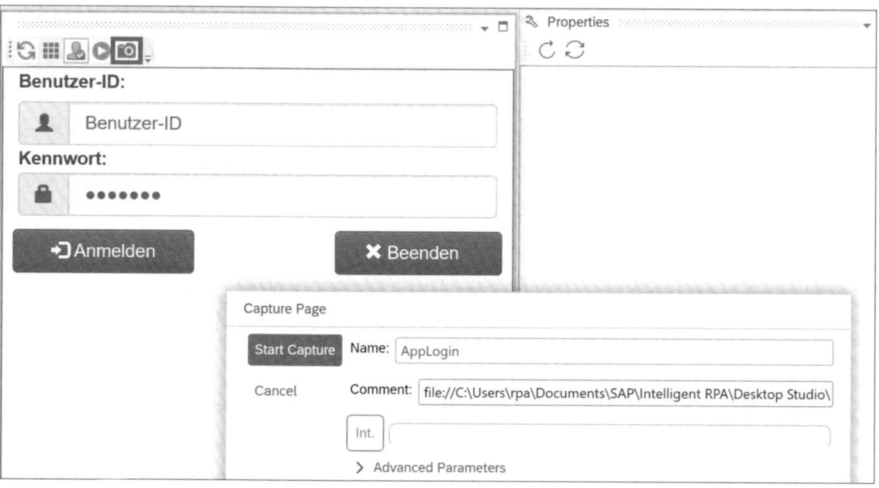

Abbildung 7.19 Capturing des Popups

Wechseln Sie anschließend in den Bereich **Workflows**, und schauen Sie in die rechte Ecke des Fensters **Activities**: Auf der Registerkarte **Pages** ist das erfasste Popup-Fenster verfügbar (siehe Abbildung 7.20). Dieses Popup-Fenster können Sie nun in das grafische Modell Ihres Workflows ziehen, um es dem Workflow hinzuzufügen. Diesen Ablauf kennen Sie bereits vom Hinzufügen von Pages, Aktivitäten oder benutzerdefinierten Aktivitäten.

Abbildung 7.20 Hinzufügen des Popup-Fensters zum Workflow

7.3 Zusammenfassung

In diesem Kapitel haben Sie den UI Designer kennengelernt und erfahren, welche Benutzeroberflächen Sie mit diesem Werkzeug erstellen können. Wir haben Ihnen die Komponenten des UI Designer vorgestellt und gezeigt, wie die Gestaltung einer Benutzeroberfläche in der Praxis abläuft. Dabei war es vor allem wichtig, zu verstehen, dass RPA-Bots sowohl im Attended- als auch im Unattended-Modus arbeiten können. Unattended Bots interagieren unabhängig von menschlichen Eingriffen mit Anwendungen, während attended Bots in der Regel auf Frontoffice-Aktivitäten ausgerichtet sind und daher auf Popup-Fenster setzen, um Benutzerinteraktionen einzufordern.

Nachdem Sie nun den UI Designer und dessen Komponenten und Funktionen näher kennengelernt haben, wird sich das folgende Kapitel 8, »Testen und Debugging«, mit dem Desktop-Debugger und seinen spezifischen Funktionen und Prozessunterstützungsmöglichkeiten bei Automatisierungen auseinandersetzen.

Kapitel 8
Testen und Debugging

In diesem Kapitel stellen wir Ihnen den Desktop Debugger vor. Wir zeigen Ihnen, welche Funktionen er Ihnen bietet und wie er Sie beim Debugging-Prozess unterstützt.

Debugging ist der Vorgang der Identifizierung und Beseitigung von Fehlern, die das korrekte Funktionieren des Projekts verhindern. Es wird empfohlen, das Debugging während der Entwurfsphase des Automatisierungsprojekts auf Aktivitäts-, Datei- und Projektebene durchzuführen.

Das Desktop Studio umfasst eine Debug-Komponente, den *Desktop Debugger*. Mit ihm können Sie auftretende Probleme in komplexen Workflows leicht identifizieren und lokalisieren. Dies ist nützlich, um die Ausführung der einzelnen Aktivitäten zu überprüfen und um zu verifizieren, welche Daten die Aktivitäten erhalten. Dadurch können Sie prüfen, ob beim Erzeugen von Outputs Fehler im Automatisierungsprozess auftreten.

Aufbau des Kapitels

In diesem Kapitel stellen wir Ihnen den Desktop Debugger und seine Funktionen vor, um Ihnen einen Einblick in den Debugging-Prozess mit SAP Intelligent RPA zu geben. In Abschnitt 8.1, »Einführung in den Desktop Debugger«, lernen Sie die unterschiedlichen Ansichten des Desktop Debuggers sowie deren Funktionen kennen. In Abschnitt 8.2, »Kompilieren und Debuggen«, wird daraufhin dargestellt, wie einzelne Debugging-Schritte in der Praxis aussehen.

8.1 Einführung in den Desktop Debugger

Funktion des Desktop Debuggers

Der Desktop Debugger hat die primäre Funktion, den mit SAP Intelligent RPA erstellten Workflow Ihrer Automatisierung zu testen und in diesem nach Fehlern zu suchen, um sie zu beseitigen. Dazu verfügt der Debugger über verschiedene Einstellungen und Optionen, die wir Ihnen in Abschnitt 8.1.1, »Debugger-Optionen«, vorstellen werden. Zudem verfügt der Desktop Debugger über eine Vielzahl an Ansichten, auf die wir vor allem in Abschnitt 8.1.2, »Ansichten der Debugger-Perspektive«, genauer eingehen.

Nachdem Sie die Erstellung eines Workflows abgeschlossen haben, testen Sie diesen Workflow im nächsten Schritt mit den in Desktop Studio integrierten Debugging-Funktionen. Sie finden diese Funktionen im rechten Bereich der Funktionsleiste des Desktop Studio (siehe Abbildung 8.1). In Abschnitt 8.2, »Kompilieren und Debuggen«, zeigen wir Ihnen, wie Sie diese Funktionen einsetzen.

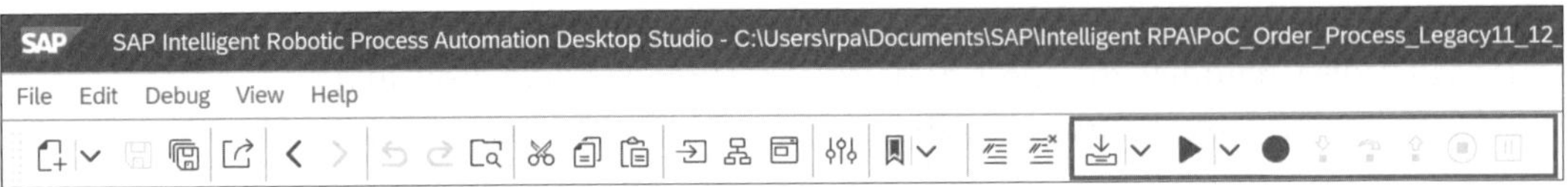

Abbildung 8.1 Debugging-Funktionen in der Funktionsleiste des Desktop Studio

8.1.1 Debugger-Optionen

Einstellungen für den Debugger

Es stehen Ihnen verschiedene Einstellungen für den Debugger zur Verfügung. Klicken Sie in der Menüleiste auf **File** und wählen Sie **Settings**, um zu diesen Einstellungen zu gelangen (siehe Abbildung 8.2).

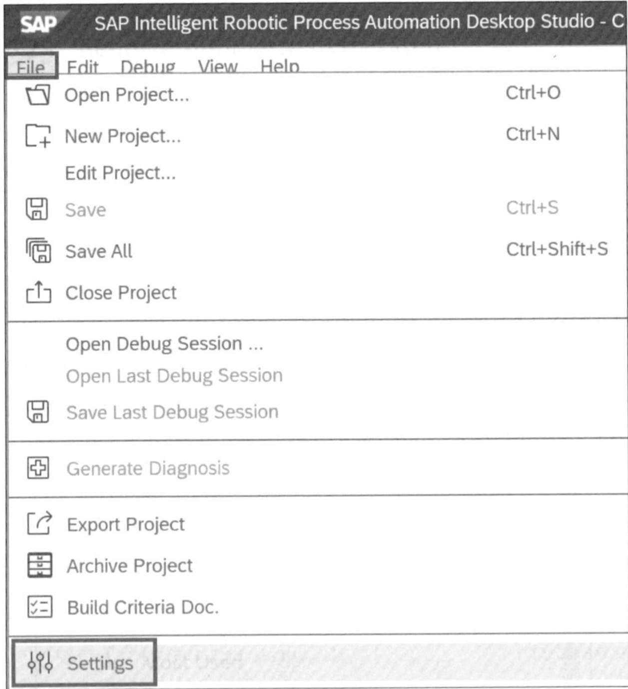

Abbildung 8.2 Desktop-Studio-Einstellungen aufrufen

In den Desktop-Studio-Einstellungen sind auf der Registerkarte **Debugger** verschiedene Debugger-Einstellungen zu sehen (siehe Abbildung 8.3).

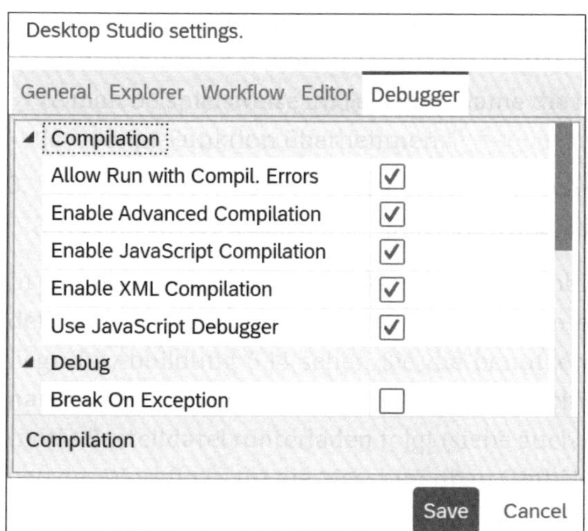

Abbildung 8.3 Debugger-Einstellungen

Eine nähere Beschreibung der Optionen finden Sie in Tabelle 8.1.

Befehl	Beschreibung
Allow Run with Compil. Errors	Erlaubt die Ausführung von Projekten trotz Kompilierungsfehlern
Enable Advanced Compilation	Aktivieren/Deaktivieren der JavaScript-Kompilierung im 'VERBOSE'-Modus
Enable JavaScript Compilation	Aktivieren/Deaktivieren der JavaScript-Kompilierung
Enable XML Compilation	Aktivieren/Deaktivieren der XML-Kompilierung. Beachten Sie, dass das Deaktivieren der XML-Kompilierung den Abschluss der Elementdeklaration deaktiviert.
Use JavaScript Debugger	Aktivieren/Deaktivieren des JavaScript-Debuggers (nur für den internen Bedarf). Beachten Sie, dass die Deaktivierung des JavaScript-Debuggers das Debuggen von Skripten verhindert.
Break on Exception	Wenn während der Projektausführung eine Ausnahme durch den Code ausgelöst wird, unterbricht die Ausführung in der entsprechenden Zeile, anstatt den `OnError`-Code auszuführen. Der `OnError`-Code ist der Code, der beim Auftreten einer Ausnahme ausgeführt wird.

Tabelle 8.1 Beschreibung der Debugger-Einstellungen

Grundlegende Optionen

Um von den Debugger-Einstellungen zu den Debugger-Optionen zu gelangen, müssen Sie in der Menüleiste zunächst **Debug** auswählen, um im Anschluss daran über **Manage** zu den **Debugging options** zu navigieren. Grundlegend gibt es verschiedene Debugger-Optionen, die Sie in Abbildung 8.4 sehen:

- **Minimize Desktop Studio While Running**: Mit dieser Option können Sie das Desktop-Studio-Fenster minimieren, während es läuft.
- **Automatically Save Trace**: Mit dieser Option können Sie das Trace automatisch speichern.

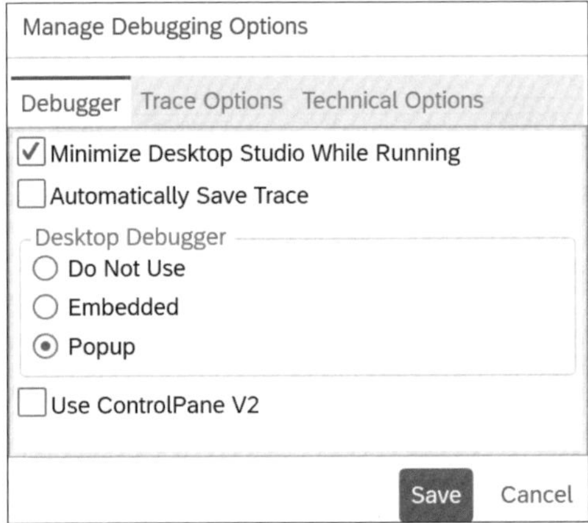

Abbildung 8.4 Detaileinstellungen des Debuggers

Einstellung des Desktop Debuggers

Zum Desktop Debugger gibt es zusätzlich drei Auswahlmöglichkeiten:

- Er kann ausgeblendet werden (**Do Not Use**).
- Er kann ins Desktop Studio integriert werden (**Embedded**).
- Er kann als autonomes Popup-Fenster angezeigt werden (**Popup**).

ControlPane V2 ist eine Legacy-Version des Debuggers, die Sie mit Auswahl der Option **Use ControlPane V2** ebenfalls nutzen können.

8.1.2 Ansichten der Debugger-Perspektive

Aufruf der Debugger-Perspektive

Um ein Projekt über das Desktop Studio im Debug-Modus zu starten, klicken Sie auf das blaue Dreieckssymbol (▶) in der Debugger-Symbolleiste (siehe Abbildung 8.1). Grundlegend dient die Debugger-Perspektive der Fehlerbehebung und der Fehlersuche. Wenn ein Projekt im Debug-Modus gestartet wurde, wird der Debugger abhängig von den gewählten Debugging-Optionen gestartet, und die Ergebnisse werden in der Debugger-Perspektive angezeigt.

Ansichten

Die Debugger-Perspektive (siehe Abbildung 8.5) verfügt über eine Vielzahl verschiedener Ansichten. Die Ansichten **Events**, **Pages** und **Scenarios** sind direkt über dem Debugging-Protokoll zu finden. Die Ansichten **Filter**, **Tester**, **Screenshots**, **Page Viewer**, **Details** und **Context** sind dagegen rechts neben dem Protokoll über vertikale Registerkarten aufzurufen.

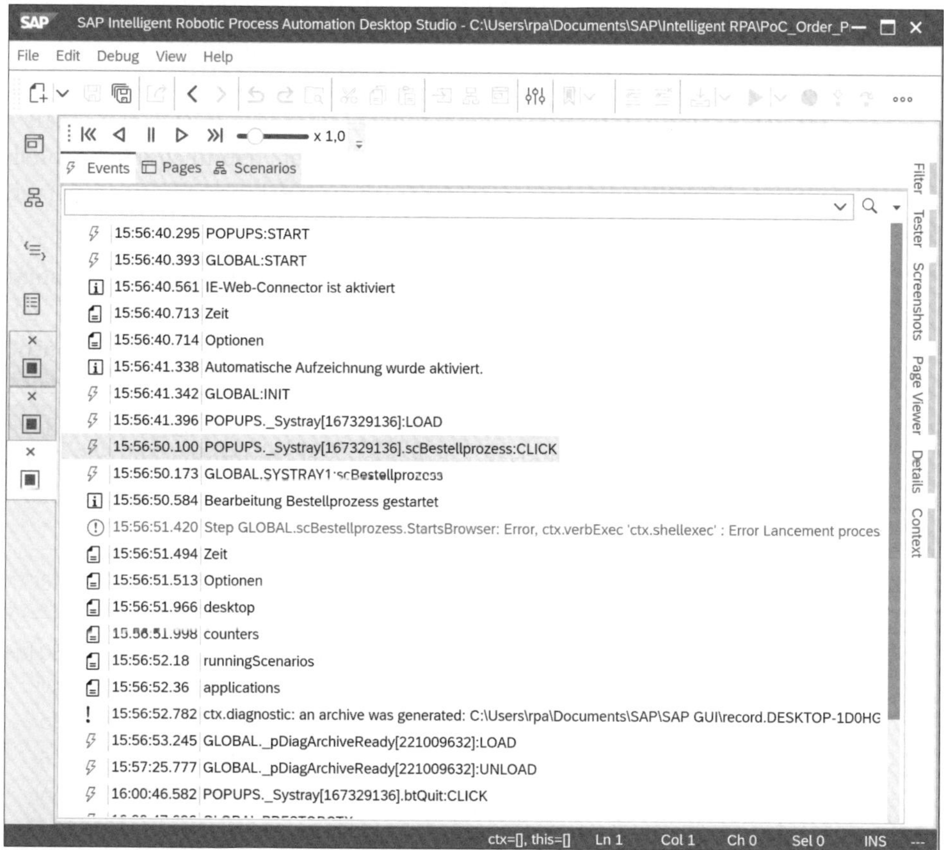

Abbildung 8.5 Aufbau der Debugger-Perspektive

Die einzelnen Ansichten haben folgende Funktionen:

- **Events**: Zeigt die Ereignisse und den Ausführungsverlauf an.
- **Pages**: Zeigt die geladenen Seiten an.
- **Scenarios**: Zeigt die ausgeführten Szenarien an.
- **Filter**: Ermöglicht es Ihnen, das Protokoll nach bestimmten Events, Pages usw. zu filtern.
- **Tester**: Ermöglicht es, Code on-the-fly auszuführen.
- **Screenshots**: Zeigt die Screenshots an, die während der Ausführung erstellt wurden.

- **Page Viewer**: Zeigt die erfassten Seiten an.
- **Details**: Zeigt die Details der Ereignisse oder Aktionen an.
- **Context**: Zeigt den internen Kontext der Engines an.

In den folgenden Abschnitten gehen wir ausführlicher auf die einzelnen Ansichten der Debugger-Perspektive ein.

Events-Ansicht

Die Ansicht **Events** wird verwendet, um alle Ereignisse anzuzeigen, die der Desktop Agent während der Ausführung eines Workflows umgesetzt hat. Zudem ermöglicht diese Ansicht einen Überblick über den Ausführungsverlauf.

Zeittafel Die Ansicht **Events** wird umgehend angezeigt, sobald Sie sich in der Debugger-Perspektive befinden, und kann somit auch als Standardansicht der Debugger-Perspektive gesehen werden. Alle Ereignisse werden hier in einer Zeittafel angezeigt und nach ihren Zeitangaben geordnet. Die Zeitanzeige können Sie, wenn Sie möchten, über das Kontextmenü ausblenden, indem Sie das Häkchen bei **Show Timestamp** entfernen. Ein Symbol zu Beginn jeder Zeile zeigt den Typ des Eintrags an. Hier wird zwischen Ereignissen (ϟ) und Warnungen (!) unterschieden (siehe Abbildung 8.6).

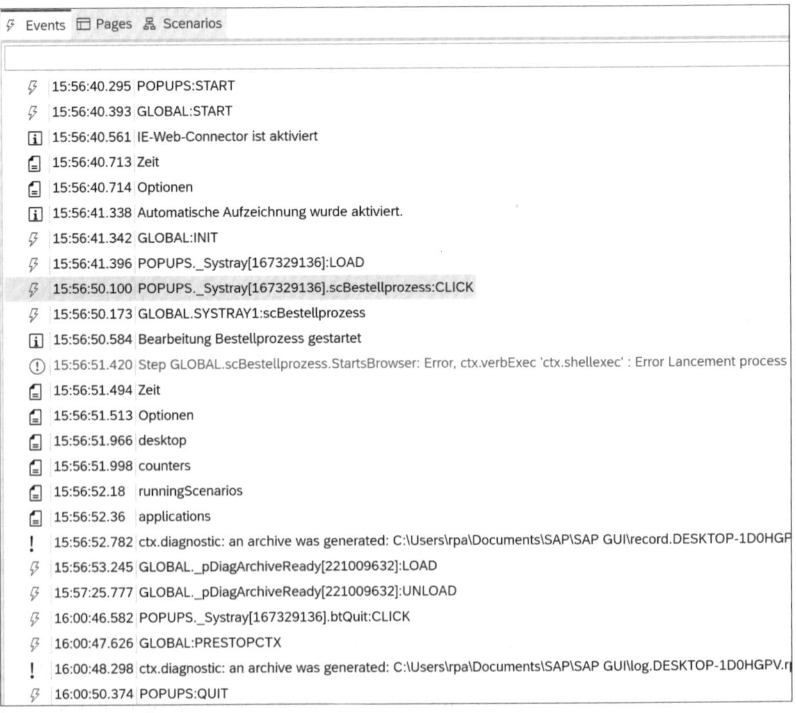

Abbildung 8.6 Events-Ansicht

Kontextmenü

Zusätzlich verfügt die Events-Ansicht über ein Kontextmenü. Dieses spezifische Menü ermöglicht Ihnen Aktionen, die im Zusammenhang mit den Events stehen. Weiterhin besteht hier die Möglichkeit, einschränkend auszuwählen, welche Events angezeigt werden sollen und welche nicht. Dabei können Sie den Umfang der Protokollierung (*Scope*) einstellen sowie die *Filter-Ansicht* verwenden, die Sie durch einen Klick auf **Filter** am rechten Rand auf- und zuklappen können (siehe Abbildung 8.7).

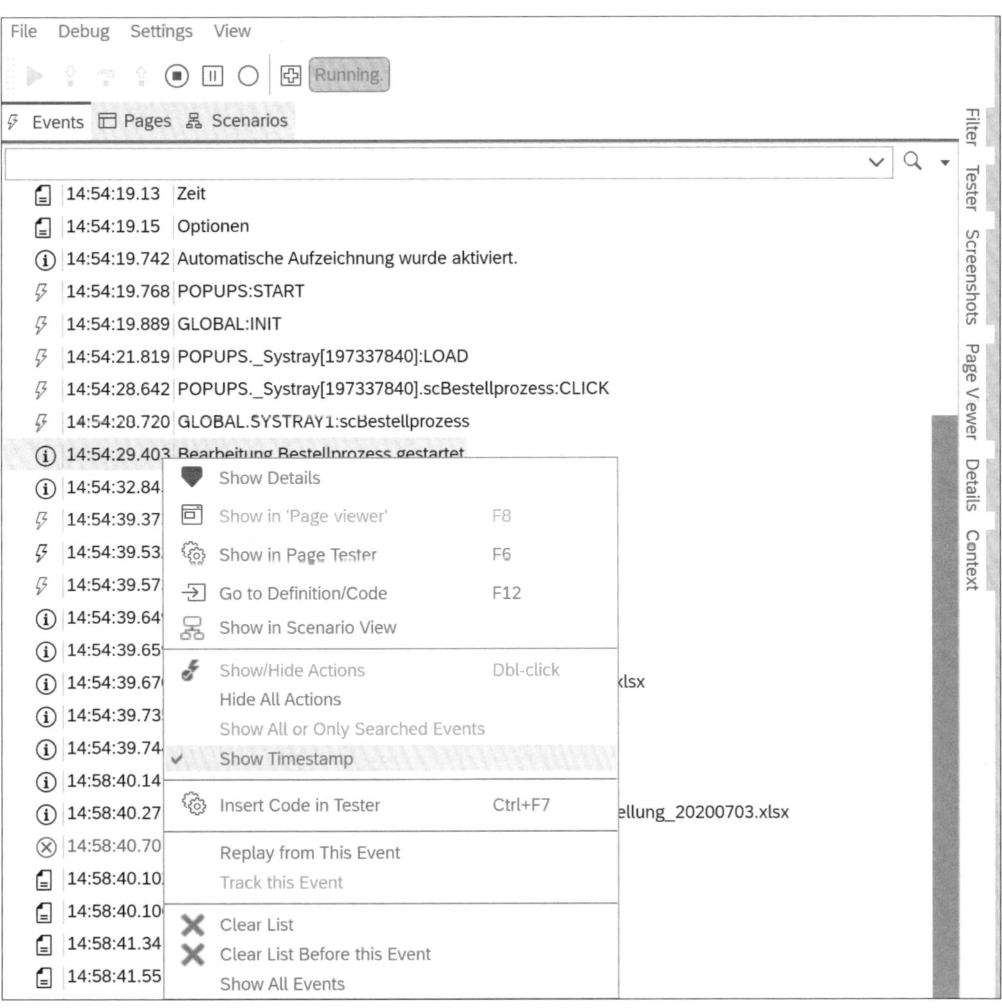

Abbildung 8.7 Anzeige der Zeitstempel über das Kontextmenü einstellen

Details-Ansicht

Details eines Events

Die Ansicht **Details** wird verwendet, um alle Daten anzuzeigen, die mit einem ausgewählten Event verknüpft sind. Sobald in einem Event ein Fehler auftritt, ermöglicht es die Ansicht **Details**, genau diesen Fehler kenntlich zu machen. Zudem werden alle Aktionsparameter, der Rückgabewert sowie das Item, auf dem die Aktion ausgeführt wurde, dargestellt.

Als Beispiel für die Nutzung dieser Ansicht könnten Sie sich die Coding-Details der Arbeitsoberfläche, auf der der Agent läuft, anzeigen lassen. Über die vertikale Registerkarte rufen Sie die Ansicht **Details** auf. Sie wird in der Debugger-Perspektive dann rechts neben der Zeittafel eingeblendet (siehe Abbildung 8.8).

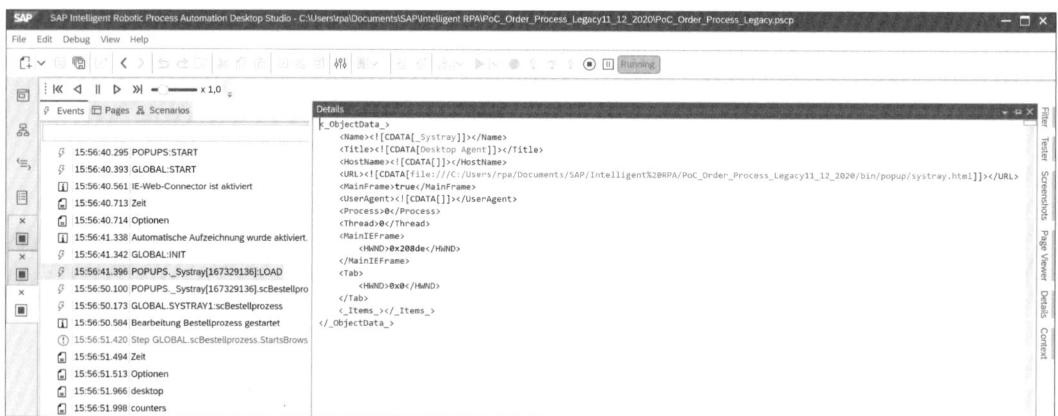

Abbildung 8.8 Details-Ansicht mit dem Coding zu einem Ereignis

Screenshots-Ansicht

Screenshot zu einem Ereignis

Wenn Sie in den Debugger-Optionen **Capture Screenshots** auswählen, nimmt der Desktop Agent einen Screenshot während der Ausführung eines Workflows auf. Diese Screenshots zeigen an, wie jedes Event zum Zeitpunkt der Ausführung aussieht und ob das Event das erwartete Ergebnis liefert. Dies geschieht basierend auf Load- und Unload-Events. Um den mit einem Event verknüpften Screenshot anzuzeigen, wechseln Sie über das vertikale Register in die Ansicht **Screenshots**. Wenn hier noch kein Screenshot angezeigt wird, wie in Abbildung 8.9 der Fall, wählen Sie zunächst ein Event aus der Zeittafel aus.

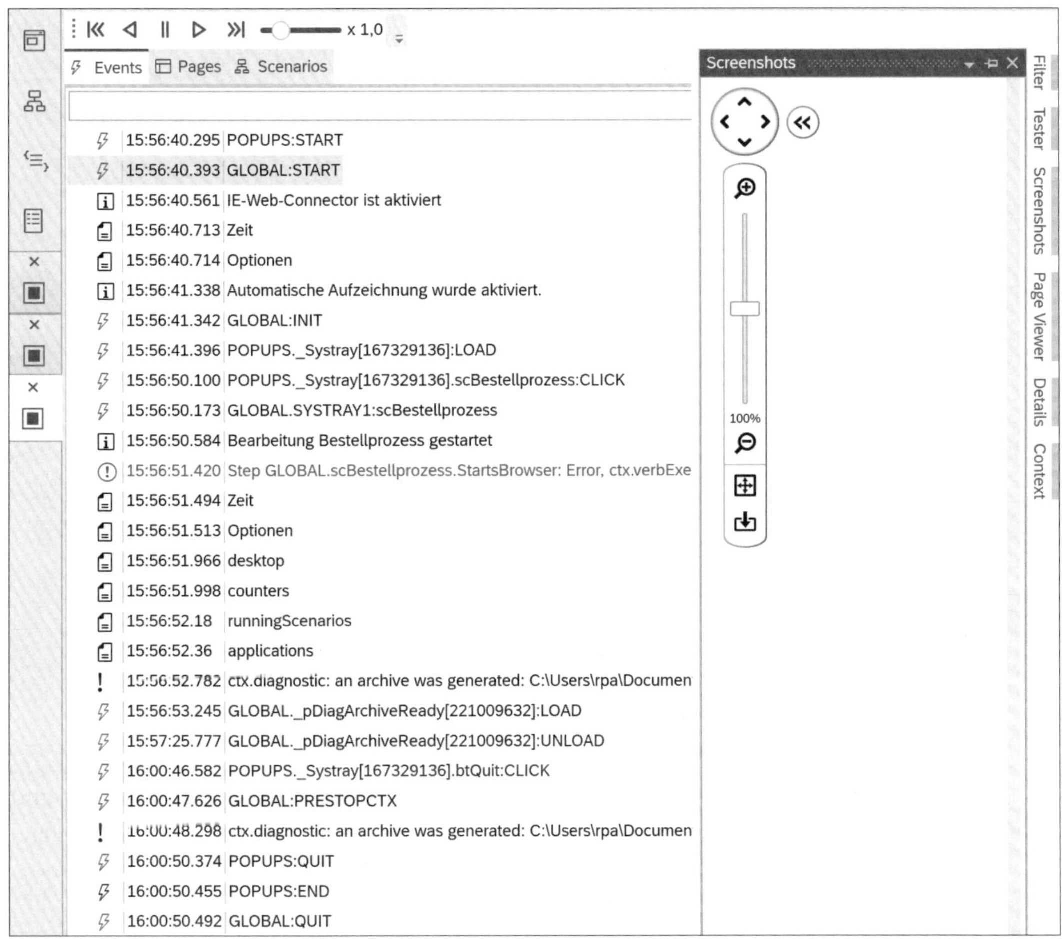

Abbildung 8.9 Screenshots-Ansicht

Page-Viewer-Ansicht

Wenn ein mit einer Page verknüpftes Event oder eine Aktion ausgewählt ist, wird der mit der Page verbundene Screen (Capture) in der Ansicht **Page Viewer** dargestellt. Im Rahmen des Capturings zu Beginn der Workflow-Erstellung wird die dem Event zugeordnete Page erfasst, die in der Ansicht **Page Viewer** angezeigt wird (siehe Abbildung 8.10). Wurde ein Event in Verbindung mit einem Item in der Ansicht **Events** ausgewählt, werden die dazugehörigen Items im Page Viewer hervorgehoben.

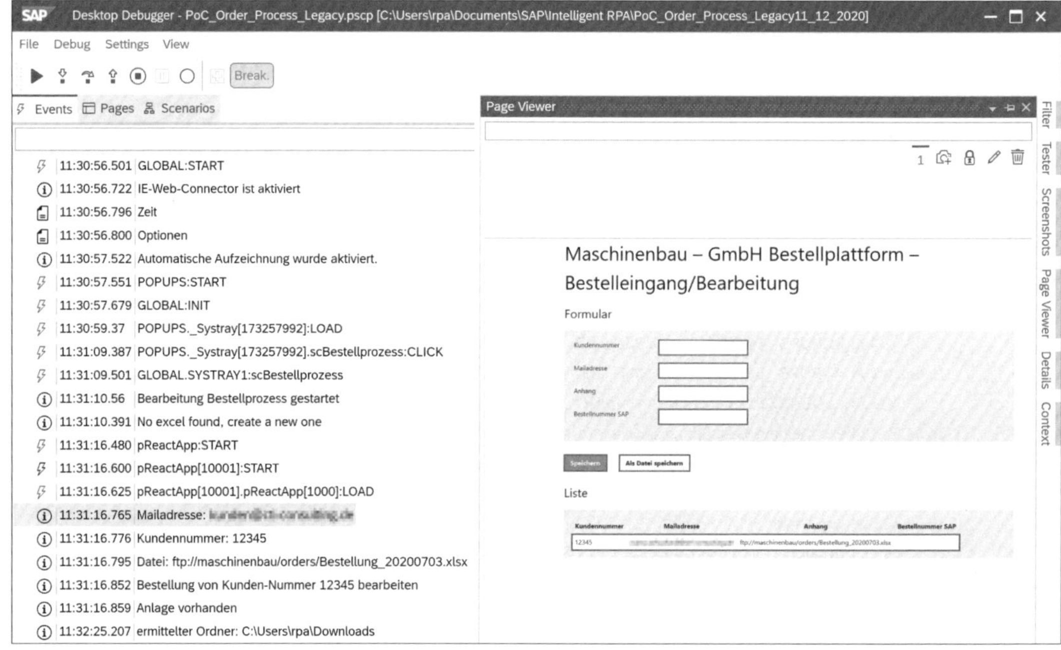

Abbildung 8.10 Page-Viewer-Ansicht

Pages-Ansicht

Ladestatus von Anwendungen, Pages und Items

Die Ansicht **Pages** (siehe Abbildung 8.11) zeigt Anwendungen, Pages und Items in verschiedenen Farben an, die wiedergeben, ob die jeweiligen Elemente im Projekt ausgeführt wurden oder nicht.

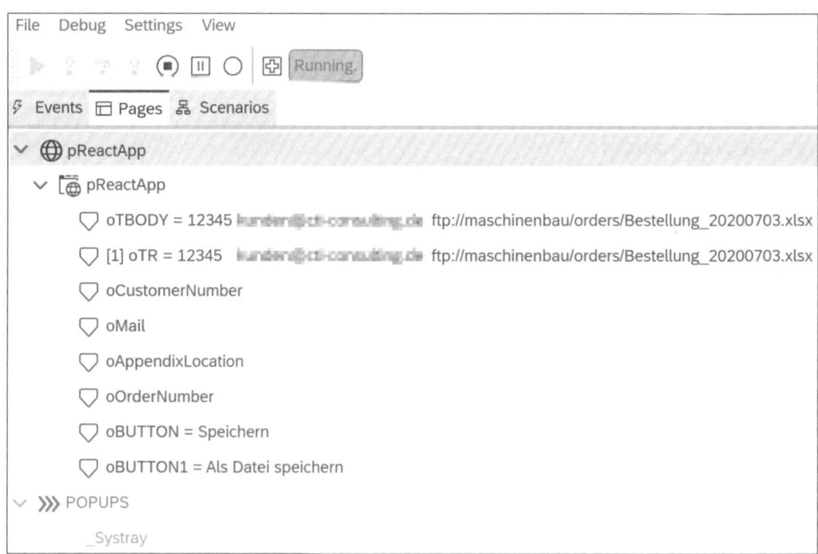

Abbildung 8.11 Pages-Ansicht mit Farbcodierung

Dabei bedeutet die Farbe Grün, dass das Element geladen wurde. Grau zeigt, dass das Element nie geladen wurde, und die Farbe Schwarz vermittelt, dass das Element zunächst geladen wurde, aktuell aber nicht geladen ist.

Bei einfachen Elementen wird der auf der Seite erfasste Wert direkt hinter der Item-Bezeichnung angezeigt. Bei Elementen, die selbst aus mehreren Elementen bestehen können, gibt die Zahl vor dem Element den Index wieder (z. B. bei Tabellen).

Debugger-Befehle

Zudem verfügt auch die Ansicht **Pages** über ein Kontextmenü (siehe Abbildung 8.12), das die in Tabelle 8.2 dargestellten Befehle ermöglicht.

Go to definition F12
Show in 'Page viewer' F8
Update Item Values
Highlight
Highlight Items
Search in Events View F9
Show in Page Tester F6
Insert Code in Tester Ctrl+F7
Insert Code in Tester with Instances Ctrl+Shift+F7
Hide Never Loaded Apps/Pages
Copy Name
Copy Value

Abbildung 8.12 Kontextmenü der Pages-Ansicht

Klicken Sie in der Pages-Ansicht mit der rechten Maustaste in den leeren Raum, um dieses Kontextmenü zu öffnen. Die Befehle des Kontextmenüs unterstützen Sie bei der Fehlersuche.

Befehl	Beschreibung
Go to definition	Navigiert zur Pages-/Positionsdeklaration in der Explorer-Perspektive.
Show in 'Page viewer'	Zeigt die mit der Page oder dem Element verknüpften Page-Aufzeichnungen an.
Update Items values	Zeigt die Elementwerte an.
Highlight	Hebt die erkannte Page in der untersuchten Applikation hervor.

Tabelle 8.2 Kontextmenü der Pages-Ansicht

Befehl	Beschreibung
Highlight Items	Hebt die erkannten Elemente auf der untersuchen Page oder Applikation hervor.
Search in Events View	Sucht in der Events-Ansicht nach den für diese Page empfangenen Events und zeigt die Bearbeitungsaktionen an.
Show in Page Tester	Zeigt das Element im Page Tester an.
Insert code in Tester	Der entsprechende Code wird in die Tester-Ansicht eingefügt.
Insert code in Tester with Instances	Der entsprechende Code wird mit Beispielwerten in der Tester-Ansicht eingefügt.
Hide Never Loaded Apps/Pages	Nie geladene (graue) Anwendungen und Pages werden ausgeblendet bzw. angezeigt.
Copy Name	Der Name des ausgewählten Elements, der Page oder der Anwendung wird in die Zwischenablage kopiert.
Copy Value	Der Wert des ausgewählten Elements wird in die Zwischenablage kopiert.

Tabelle 8.2 Kontextmenü der Pages-Ansicht (Forts.)

Scenarios-Ansicht

Anzeige der Szenarien und Schritte

Die Ansicht **Scenarios** (siehe Abbildung 8.13) des Desktop Studio zeigt die laufenden oder beendeten Szenarien sowie die Schritte und die *Event Handler* in einer Baumansicht an. Außerdem werden für jeden Handler die Protokollmeldungen sowie ausgeführten Befehle angezeigt, und es können Protokoll- und Fehlereinträge ausgelesen werden.

Elemente der Scenarios-Ansicht

Die Ansicht **Scenarios** besteht aus folgenden Elementen:

- *Scenario-* und *Step-Elemente*, also alle Elemente mit einer Zeitangabe, zeigen den Szenario- oder Step-Namen, seine interne ID und seinen Startzeitstempel an.
- *Handler-Elemente* zeigen Events an, die in jedem Schritt behandelt werden. Sie stehen zwischen dem Init-Element und der Timout-Zeile.
- Der spezielle *Init-Handler* zeigt Befehle an, die beim Start von Schritten oder Szenarien ausgeführt werden.
- *Log-* und *Error-Elemente* zeigen das *Skript-Trace* an, das über den Befehl `ctx.log` erzeugt wird. An der Anzeige dieses Befehls sind diese Elemente zu erkennen.

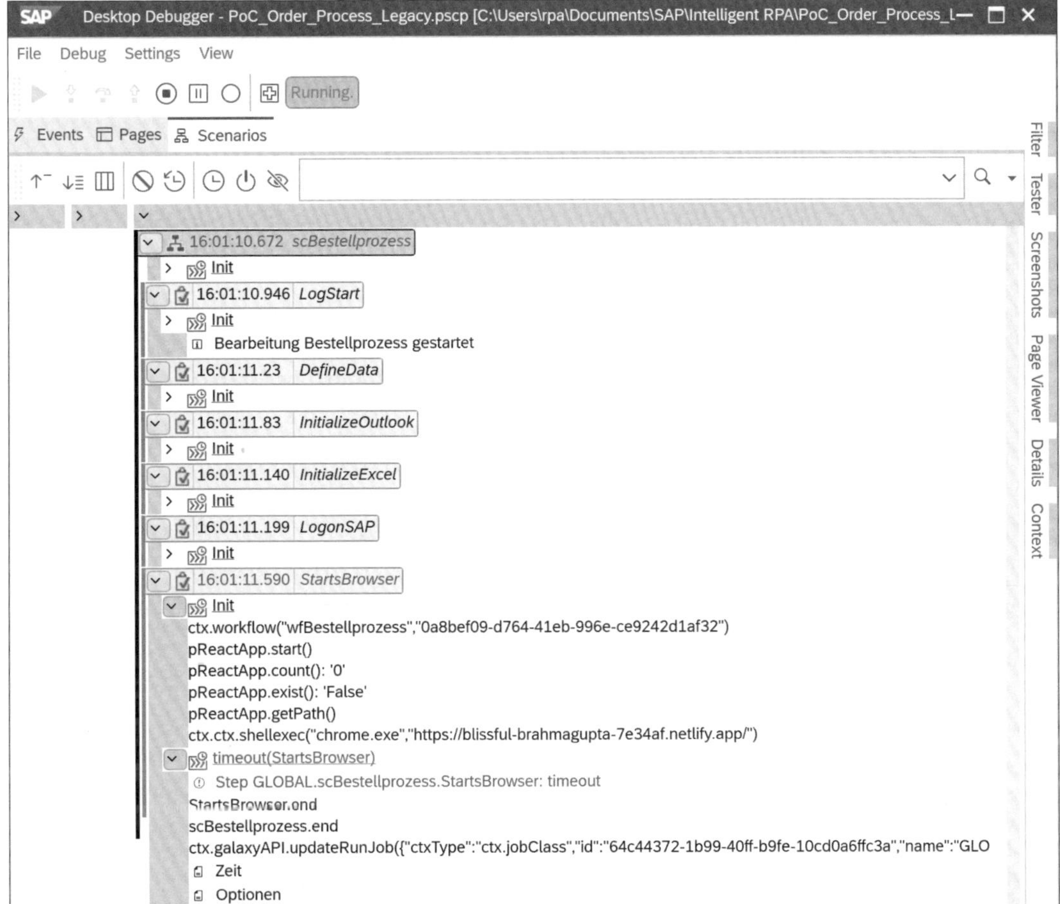

Abbildung 8.13 Scenarios-Ansicht

8.2 Kompilieren und Debuggen

In diesem Abschnitt stellen wir Ihnen die verschiedenen Funktionen des Desktop Debuggers vor, die Sie über die Funktionsleiste aufrufen können. Wir führen Sie dazu Schritt für Schritt durch einen Debugging-Prozess.

8.2.1 Kompilieren

Vor dem Debuggen des Workflows muss dieser kompiliert werden. Nach dem Speichern des Projekts klicken Sie dazu auf das Build-Symbol (, siehe Abbildung 8.14), um den Code zu generieren und das ausführbare Szenario zu erstellen.

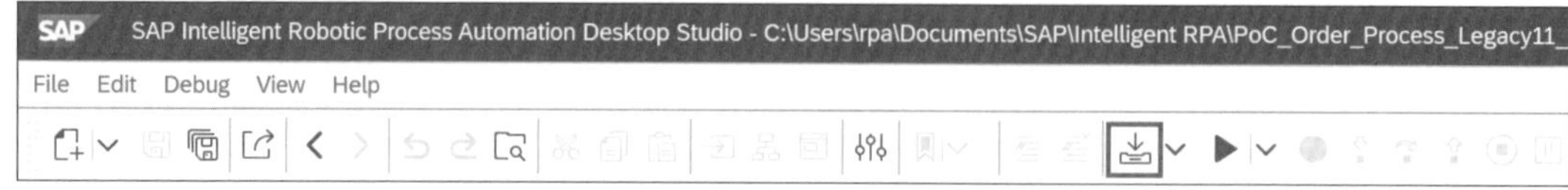

Abbildung 8.14 Kompilieren des Workflows

Prüfungen während des Kompilierens

Während des Kompilierens werden die folgenden Prüfungen und Aktionen durchgeführt. Es handelt sich um Schritte, die im Hintergrund durchgeführt werden:

- **Abschluss der Deklaration von Applikationen, Pages und Items**
  Die Kriterien für die Erkennung und Identifikation von Applikationen, Pages und Items werden überprüft. Beachten Sie, dass bei der Kompilierung nur die Erfüllung der Kriterien überprüft wird. Die Erkennung dieser Kriterien erfolgt zur Laufzeit.
- **Kompilieren des JavaScript-Codes**
  Es wird eine vollständige Code-Kompilation durchgeführt, einschließlich der JavaScript-Syntax, der Variablensteuerung und der Funktionsaufrufe.
- **Kompilieren des XML-Codes**
  Der XML-Code wird im Hinblick auf die Namen der Applikationen, Pages und Items oder der XPath-Verwendung geprüft. *XPath* ist eine Syntax zur Definition der Teile eines XML-Dokuments. Es werden jedoch keine Konsistenzprüfungen durchgeführt.

Ergebnisanzeige

Die Ergebnisse des Kompilierens werden im Fenster des Fehlerlisten-Tools in der Editor-Perspektive angezeigt (siehe Abbildung 8.15). In diesem Beispiel sind keine Fehler in dem Prozess aufgetreten, es gab aber zwei Warnungen.

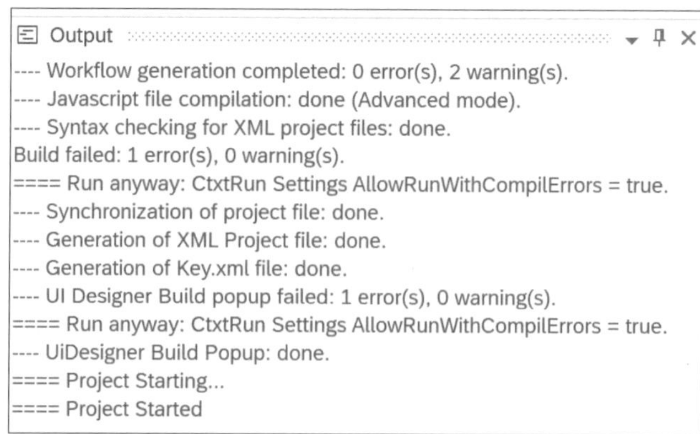

Abbildung 8.15 Ergebnisse des Kompilierens

8.2.2 Workflow debuggen und testen

Debugger starten

Nachdem der Build-Prozess abgeschlossen ist, können Sie den Debugger starten. Klicken Sie dazu im Desktop Studio auf die Schaltfläche **Debug** (▶, siehe Abbildung 8.16).

Abbildung 8.16 Debugging-Prozess starten

Wenn Sie das Projekt im Debug-Modus starten, öffnet sich der Desktop Debugger abhängig von den von Ihnen gewählten Debugger-Optionen in einem Popup-Fenster, sofern Sie den Popup-Modus ausgewählt haben (siehe Abbildung 8.17). Wie Sie die Debugger-Optionen anpassen, haben wir in Abschnitt 8.1.1, »Debugger-Optionen«, erläutert.

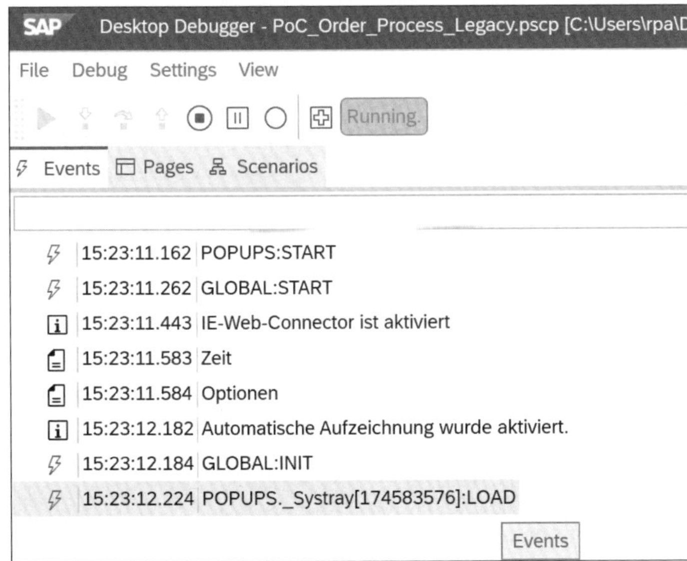

Abbildung 8.17 Popup-Fenster des Debuggers

Haben Sie in den Debugger-Optionen den eingebetteten Modus gewählt, startet der Debugger in der Debug-Perspektive (siehe Abbildung 8.18). Am Beispiel des Events **POPUPS. Systray[136751616]:LOAD** zeigen wir Ihnen, wie Sie mit den Ergebnissen des Debuggers umgehen.

Abbildung 8.18 Debugger-Perspektive im eingebetteten Modus

Wenn ein solches Event auftritt, sollten Sie den Desktop Agent öffnen und die Projektoptionen für Ihr Projekt aufrufen (siehe Abbildung 8.19). Der Desktop Agent muss dazu auf dem Arbeitsplatz eines Benutzers installiert sein, da er die Anwendungen für die Benutzeraktionen sowie die Aufgaben, die mit dem Desktop Studio erstellt wurden, ausführt. Nach der Ausführung des Debuggers kann das Projekt mit den ausgewählten Projektoptionen ausgeführt werden.

Abbildung 8.19 Projektoptionen im Desktop Agent

8.2.3 Debuggen des Codes mit dem Skript-Debugger

Schritt-für-Schritt-Ausführung

Für das Debugging des Codes Ihrer Automatisierung bietet das Desktop Studio Ihnen eine Schritt-für-Schritt-Ausführung, die den Vorteil hat, dass eine sehr genaue Fehlersuche betrieben werden kann. Jeder Fehler wird Ihnen einzeln und im Detail angezeigt. Dies ermöglicht die zeilenweise und deutlich genauere Ausführung von Code.

Breakpoints setzen

Um in die schrittweise Ausführung einzusteigen, muss die Ausführung an einem Breakpoint abgebrochen werden. Das Setzen von Breakpoints hat hierbei den Vorteil, dass Sie genau einstellen können, bis zu welchem Prozesspunkt des Workflows ein Debugging erfolgen soll. So muss nicht bei jedem Durchlauf des Workflows im Debug-Modus das vollständige Projekt auf Fehler hin geprüft werden, sondern jeweils nur ein bestimmter Teil. An den Stellen, an denen Sie einen Breakpoint setzen, hält der Prozess vorübergehend an, sodass der Debugger den aktuellen Zustand untersuchen und Ihnen anzeigen kann. Auf diese Weise lässt sich die Ursache eines Problems auf einen kleinen Abschnitt des Codes eingrenzen, der korrigiert oder umgeschrieben werden muss.

Breakpoints werden jeweils für eine Skript- oder XML-Blockzeile im Code Editor gesetzt. Dazu verwenden Sie den Befehl **Toggle Breakpoint**, den Sie im Hauptmenü auswählen können. Alternativ können Sie auf das entsprechende Symbol (●) in der Symbolleiste des Debuggers klicken (siehe Abbildung 8.20).

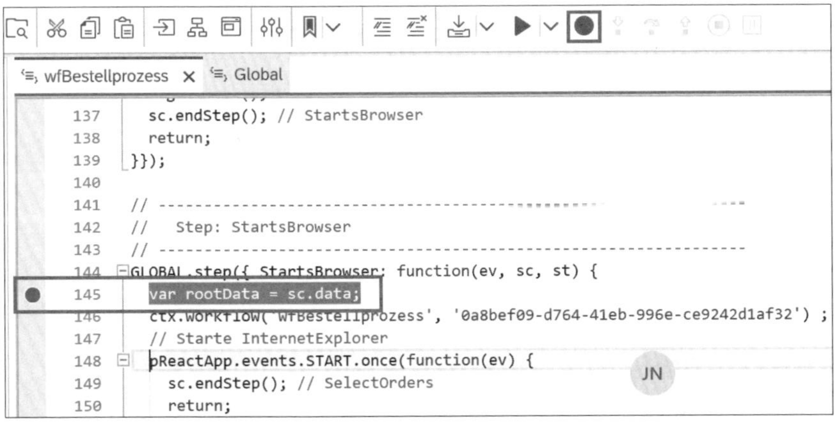

Abbildung 8.20 Verwalten von Breakpoints

Breakpoint entfernen

Wenn in einer Zeile bereits ein Breakpoint existiert, können Sie ihn über den gleichen Befehl wieder entfernen. Wenn ein Breakpoint gesetzt ist, wird am linken Rand des Editors in der entsprechenden Zeile ein Breakpoint-Symbol angezeigt, und die Zeile wird rot hervorgehoben (siehe ebenfalls Abbildung 8.20). Über einen Klick auf dieses Symbol können Sie den Breakpoint wieder entfernen.

Erreichen eines Breakpoints

Wenn bei der Ausführung des Codes ein Breakpoint erreicht wird, wird die Ausführung des Codes gestoppt, das Skript oder der XML-Block, der die Zeile mit dem Breakpoint enthält, wird automatisch in den Vordergrund geholt, und im Breakpoint-Symbol erscheint ein gelber Pfeil. Zudem wird die entsprechende Zeile gelb markiert (siehe Abbildung 8.21).

```
wfBestellprozess × | Global
// ------------------------------------------------------------------
//   Step: StartsBrowser
// ------------------------------------------------------------------
GLOBAL.step({ StartsBrowser: function(ev, sc, st) {
  var rootData = sc.data;
  ctx.workflow('wfBestellprozess', '0a8bef09-d764-41eb-996e-ce9242d1af32') ;
  // Starte InternetExplorer
  pReactApp.events.START.once(function(ev) {
    sc.endStep(); // SelectOrders
    return;
```

Abbildung 8.21 Angetroffener Breakpoint

Über das Fenster **Breakpoints** in der Editor-Perspektive (siehe Abschnitt 6.1.1, »Der Editor-Bereich«) können Sie sich eine Liste anzeigen lassen, in der alle im Code gesetzten Breakpoints aufgeführt werden (siehe Abbildung 8.22). Die Editor-Perspektive zeigt Ihnen unter anderem die Workflows sowie deren Eigenschaften und Aktivitäten an und ist somit die Standardperspektive, in der sich der jeweilige Workflow bei der Bearbeitung automatisch öffnet. Über das Kontextmenü, das Sie mit einem Rechtsklick aufrufen, können Sie zu dementsprechenden **Breakpoints**-Fenstern navigieren, den Breakpoint direkt löschen oder alle Breakpoints auf einmal löschen.

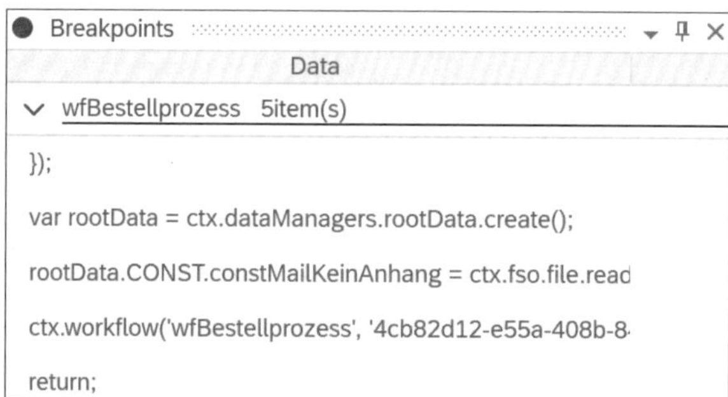

Abbildung 8.22 Übersicht über gesetzte Breakpoints

Weitere nützliche Tool-Fenster

Neben dem Fenster **Breakpoints** gibt es weitere solcher *Tool-Fenster* im Editor, die anzeigen, was passiert, wenn während der Ausführung ein Breakpoint erreicht wird:

- **Call Stack**: Wenn ein Prozess durch einen Breakpoint gestoppt wird, zeigt das Tool-Fenster **Call Stack** in der Editor-Perspektive den sogenannten *Call Stack* (Aufrufstapel) an. Als Call Stack wird die Menge der verschachtelten Funktionsaufrufe bezeichnet, die derzeit ausgeführt werden. Bei Bedarf kehren Sie zu einem dieser Aufrufe zurück, um die verwendeten Werte zurückzusetzen.

- **Locals**: Das Tool-Fenster **Locals** (siehe Abbildung 8.23) in der Editor-Perspektive zeigt automatisch eine Liste von Variablen an, die lokal zum aktuellen Ausführungskontext gehören. Diese Liste wird nur gefüllt, wenn das Projekt im Debug-Modus ausgeführt wird und wenn die Ausführung an einem Breakpoint angehalten wird.

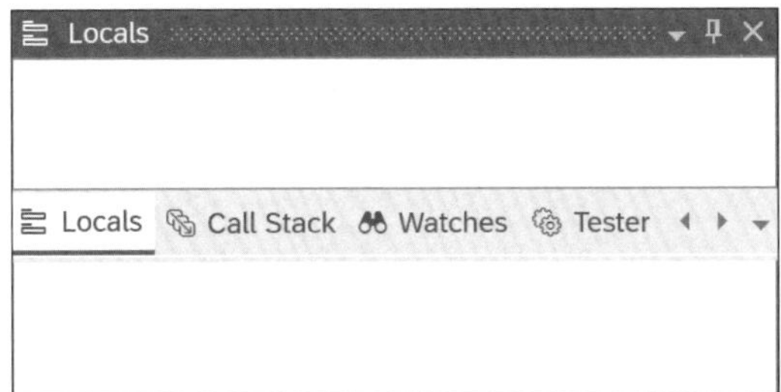

Abbildung 8.23 Tool-Fenster

- **Watches**: Das Tool-Fenster **Watches** in der Editor-Perspektive zeigt eine Liste der überwachten Variablen an.
- **Tester**: Das Tool-Fenster **Tester** in der Editor-Perspektive zeigt alle Applikationen und Prozesse des Projekts an.

Ausführung des Codes fortsetzen

Um nach dem Debugging mithilfe der Breakpoints die Ausführung des Codes fortzusetzen, verwenden Sie einen der folgenden Befehle aus der Debugger-Symbolleiste (siehe Tabelle 8.3):

Befehl	Tastaturbefehl	Symbol	Beschreibung
Resume	F5	▶	Fortsetzung der Codeausführung, bis der nächste Breakpoint erreicht ist.
Step in	F11		Wenn in einer Zeile ein Methodenaufruf steht, wird dieser Befehl die Methode eingeben und in der ersten Codezeile innerhalb der Methode erneut abbrechen. Verwenden Sie **Step in**, um zu sehen, was innerhalb des Methodenaufrufs geschieht.

Tabelle 8.3 Debugger-Optionen in der Symbolleiste

Befehl	Tastaturbefehl	Symbol	Beschreibung
Step over	F10		Führt den gesamten Methodenaufruf aus und bricht in der nächsten Codezeile in der aktuellen Methode ab. Verwenden Sie **Step over**, um die gesamte Methode auszuführen und im aktuellen Codeblock fortzufahren.
Step out	⇧ + F11		Führt den Rest der aktuellen Methode aus und kehrt zur aufrufenden Methode zurück. Durch diesen Befehl wird die Ausführung an der Rückgabestelle in der aufrufenden Funktion abgebrochen.
Stop	⇧ + F5		Stoppt die Projektausführung.
Break all	–		Mit diesem Befehl ist es möglich, die Ausführung zu unterbrechen, auch wenn kein Breakpoint gesetzt wird. **Break all** bricht die Ausführung in der nächsten ausgeführten Zeile ab.

Tabelle 8.3 Debugger-Optionen in der Symbolleiste (Forts.)

8.2.4 Offline-Debuggen mit Debugging-Sitzungen

Das *Offline-Debugging* kann auf Basis vorheriger Debugging-Sitzungen durchgeführt werden. Vorteil dieser Debugging-Variante ist, dass der gleiche Workflow nicht jedes Mal erneut ausgeführt werden muss.

Debugging-Sitzung

Eine Debugging-Sitzung (*Debug Session*) stellt eine Reihe von Zeilen dar, die im JSON-Format angezeigt werden. Dabei gibt es jeweils eine Zeile für jedes vom Desktop Agent empfangene Ereignis, eine Zeile für jede Aktion, die von den Skripten des Projekts ausgeführt wird, sowie eine Zeile für jede Szenario-, Schritt- oder Statusänderung. Eine Debugging-Sitzung kann auch **.png**-Dateien mit den während der Ausführung aufgenommenen Screenshots enthalten.

Speichern einer Debugging-Sitzung

Um die Debugging-Sitzungen zu verwalten, navigieren Sie vom Editor wieder zurück zur Debugger-Perspektive. Um Ihre letzte Debugging-Sitzung zu speichern, wählen Sie im Menü die Option **File • Save Last Debug Session** (siehe Abbildung 8.24). Wenn eine Debugging-Sitzung zum ersten Mal gespeichert wird, fragt Sie der Desktop Debugger nach dem Dateipfad und dem Namen der Datei, in der die Sitzung gespeichert werden soll. Der Debugger speichert dann automatisch die gesamte Debugging-Sitzung in dieser Datei, nachdem die Ausführung des Workflows beendet ist.

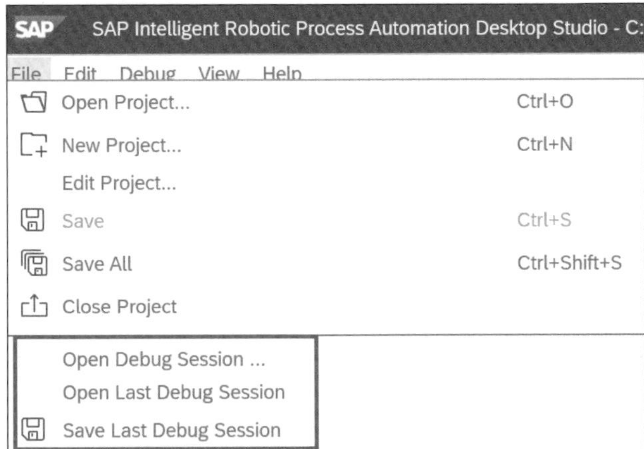

Abbildung 8.24 Debugging-Sitzungen verwalten

Debugging-Sitzung verwenden

Die gespeicherte Sitzung können Sie nun für weitere Debugging-Vorgänge verwenden. Sie kann über den Menüpfad **File • Open Last Debug Session** aufgerufen werden (siehe ebenfalls Abbildung 8.24). Eine beliebige zuvor gespeicherte Debugging-Sitzung können Sie über den Menüpfad **File • Open Debug Session** laden.

8.2.5 Debugging-Techniken

In diesem Abschnitt stellen wir abschließend verschiedene Debugging-Techniken vor, die Sie zur Fehlersuche verwenden können.

Desktop SDK Basic Trace

Release-Modus

Die erste Debugging-Technik, die wir Ihnen vorstellen möchten, ist der sogenannte *Release-Modus*, den Sie im Editor über das Ausführungssymbol aktivieren können. Dieser generiert im SDK des Desktop Studio (Desktop-SDK) systematisch eine Trace-Datei mit **ctx.log**-Elementen. Dieses Trace wird auch *Desktop SDK Basic Trace* genannt.

Traces sind Aufzeichnungen von Workflow-Ausführungen. Sie zeigen Ihnen an, wo die Fehler in einem Workflow liegen. Sie werden im Release-Modus und in der Datei **traces.pscl** im folgenden Verzeichnis abgelegt (siehe Abbildung 8.25):

%localappdata%/SAP/Intelligent RPA/Projects/id/Log/log.<login>.<machine>.<timestamp>

Jede laufende Session des Desktop Agent hat ein solches Trace-Verzeichnis.

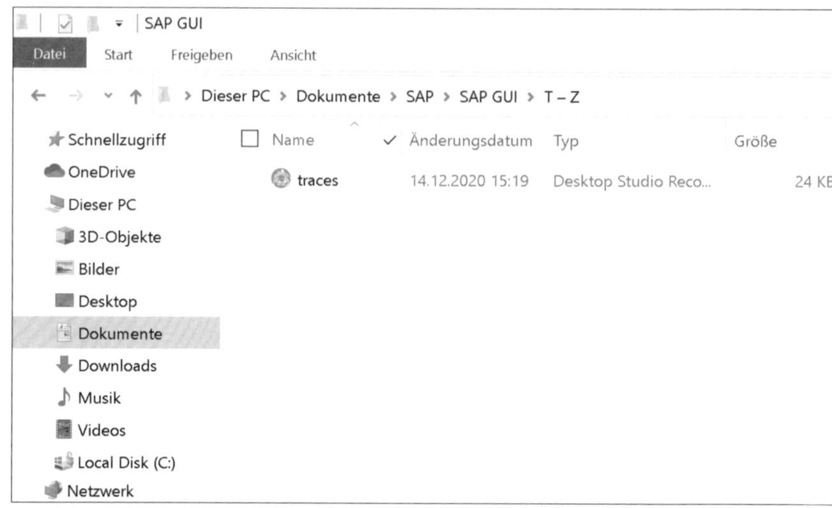

Abbildung 8.25 Datei »traces.pscl« mit dem Desktop SDK Basic Trace im Windows-Explorer

Trace manuell starten

Zudem kann das Desktop SDK Basic Trace manuell gestartet und mit dem Desktop Debugger angezeigt werden. Log-Meldungen werden dann einfach in der Ansicht **Events** oder in der Ansicht **Scenarios** angezeigt. Das Desktop SDK Basic Trace stellt also eine gute Möglichkeit zur manuelle Fehlerbehandlung dar.

Desktop SDK Detailed Trace

Detaillierte Trace-Datei

Eine weitere Debugging-Technik stellt das sogenannte *Desktop SDK Detailed Trace* dar. Die damit geschriebene detaillierte Trace-Datei des Desktop-SDK enthält alle technischen Events, die Szenario-, Schritt- oder Funktions-Events, SDK-Aufrufe sowie Diagnosedaten (Projekt-/Maschinenkontext usw.). Diese detaillierten Daten werden im *JSON-Format* (JavaScript Object Notation) in der Datei **traces.pscl** gespeichert, die Sie unter folgendem Pfad finden (siehe Abbildung 8.26):

%localappdata%/Projects/id/Log/record.<login>.<machine>.<timestamp>

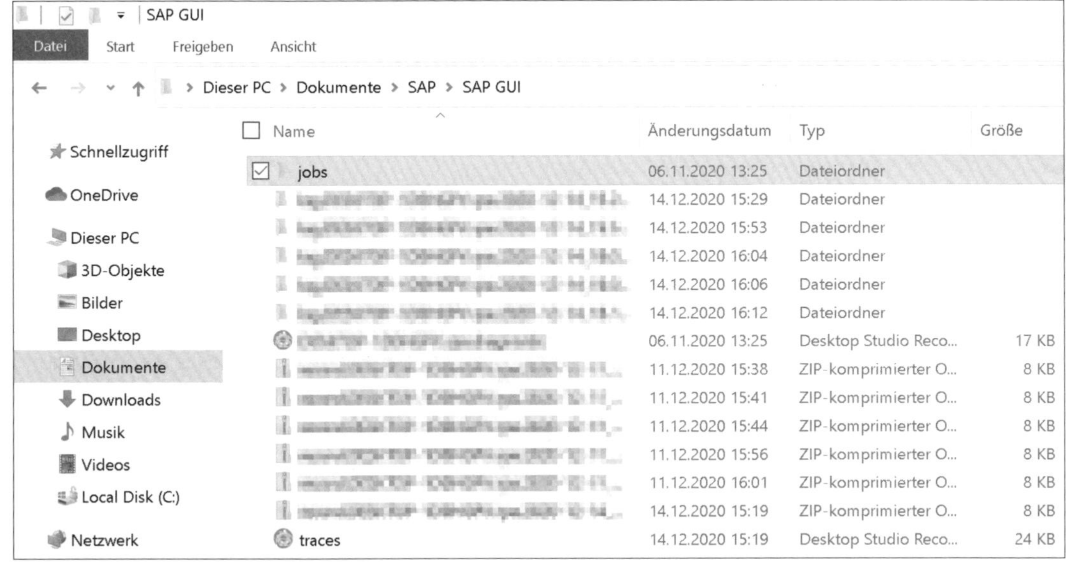

Abbildung 8.26 Dateien des Desktop SDK Detailed Trace im Windows-Explorer

Debug-Modus

Die letzte Debugging-Technik stellt der sogenannte *Debug-Modus* dar, in dem bei Bedarf die detaillierte Trace-Datei erzeugt werden kann. Nach der Aufzeichnung des Trace kann die Datei in der Debug-Perspektive des Desktop Studio geladen und analysiert werden. Im Debug-Modus wird das detaillierte Trace automatisch gesammelt und zur Startzeit in den Debugger geladen. Die Datei **traces.pscl** wird unter dem folgenden Verzeichnispfad abgelegt:

ProjektPfad/Log/record.<login>.<machine>.<timestamp>

Aufzeichnung einschränken

Im Debug-Modus können Sie die Aufzeichnung beispielsweise auf eine Sammlung von Screenshots einschränken. Dies müssen Sie vor der Ausführung des Projekts über die Debugging-Optionen einstellen (siehe Abbildung 8.4).

Trace analysieren

Um die Fehlersuche erfolgreich zu beenden, analysieren Sie das detaillierte Trace abschließend in der Debugger-Perspektive:

- Technische Events werden Ihnen in der Ansicht **Events** oder der Ansicht **Scenarios** angezeigt. Szenario-, Schritt-, oder Handler-Status werden zum Aufbau der Ansicht **Scenarios** verwendet.
- Aufrufe des Desktop-SDK werden Ihnen in der Ansicht **Scenarios** angezeigt, wenn Sie die Handler-Einträge aufklappen.
- Screenshots werden Ihnen in der Ansicht **Screenshots** angezeigt.

Jede Diagnosemeldung wird bei diesem Prozess als technisches Event in der Ansicht **Events** oder **Scenarios** angezeigt, während die Diagnosedaten in der Ansicht **Details** abrufbar sind.

8.3 Zusammenfassung

In diesem Kapitel haben Sie den Desktop Debugger und seine Fehlerbehebungsfunktionen im Kontext des Debugging-Prozesses kennengelernt. Dabei beschreibt das Debugging den Vorgang der Identifizierung und Beseitigung von Fehlern, die die reibungslose Ausführung Ihres SAP-Intelligent-RPA-Projekts verhindern könnten. Wir haben erläutert, wie Sie mit dem Desktop Debugger auftretende Probleme in Workflows schnell identifizieren und lösen können. Dabei können Sie einzelne Aktivitäten überprüfen, um herauszufinden, welche Daten die Aktivitäten erhalten und ob beim Erzeugen von Outputs Fehler im Automatisierungsprozess aufgetreten sind.

Nachdem wir Ihnen als Abschluss von Teil II dieses Buchs in diesem Kapitel den Desktop Debugger mit seinen vielfältigen Funktionen vorgestellt haben, führt Sie Teil III des Buchs in die Anpassung und Verwaltung automatisierter Prozesse ein. Kapitel 9 beginnt damit, das Deployment und die Ausführung von Bots mit SAP Intelligent RPA zu erläutern.

TEIL III

Anpassung und Verwaltung automatisierter Prozesse

Kapitel 9
Deployment und Ausführung von Bots

In diesem Kapitel erfahren Sie, wie Sie Ihr Projekt in die Cloud Factory importieren und dort deployen und ausführen. Wir werden Ihnen zeigen, welche Rolle Environments, Agenten, Variablen und Auslöser in diesem Zusammenhang spielen und wie die automatisierten Prozesse mit dem Desktop Agent ausgeführt werden.

In Kapitel 8 haben Sie bereits erfahren, wie Sie Ihr Projekt testen und debuggen. Sie haben die verschiedenen Optionen zur Überprüfung der neu entwickelten Funktionen und zur Anzeige der Ergebnisse gesehen. Mit diesem Wissen können Sie nun Ihre Bots testen und debuggen.

Aufbau des Kapitels

In diesem Kapitel erläutern wir, wie Sie Ihr abgeschlossenes Projekt in die Cloud Factory (auch *SAP Intelligent RPA Factory* genannt) importieren und dann ausführen. Zuerst wird das Projekt exportiert und dann in die Cloud Factory importiert (siehe Abschnitt 9.1, »Import des Bots in die Cloud Factory«). Danach zeigen wir Ihnen, wie das Projekt in der Cloud Factory ausgeführt werden kann und welche Parameter dafür notwendig sind (siehe Abschnitt 9.2, »Ausführung des automatisierten Prozesses«). Hierzu ziehen wir erneut das Projekt zur Bearbeitung einer Bestellung der Maschinenbau GmbH als Beispiel heran.

9.1 Import des Bots in die Cloud Factory

Cloud Factory

Die Cloud Factory handelt sowohl als Controller als auch als Dashboard und verwaltet die Zuweisung von Ressourcen für die Prozessautomatisierung entweder über digitale Assistenten (attended Bots) oder digitale Sachbearbeiter (unattendet Bots). Wir haben Ihnen die Cloud Factory bereits im gleichnamigen Abschnitt 3.5 einführend vorgestellt.

Im Wesentlichen werden die Bots in der Cloud Factory ausgeführt, geplant und verwaltet. SAP hat die Cloud Factory als native Cloud-Umgebung geschaffen, um die Benutzerverwaltung sowie das Bot-Management und das Scheduling zu zentralisieren und um Ihnen eine einheitliche Umgebung für die Verwaltung Ihrer automatisierten Prozesse zu bieten. Als einziger Ausführungs- und Überwachungspunkt erleichtert die Cloud Factory den Administratorinnen und Administratoren der Umgebung ihre Arbeit, da sie beispielsweise die Sicherheitsrollen und -berechtigungen nicht neu gestalten müssen.

Anmeldung an der Cloud Factory

Zum Einstieg in die Cloud Factory melden Sie sich über Ihren unternehmensspezifisch erstellten Cloud-Factory-Link mit Ihrem Benutzernamen und Passwort an. Wie Sie Ihren unternehmensspezifischen Aufruflink erhalten, ist im Installationsleitaden für SAP Intelligent RPA beschrieben (siehe *http://s-prs.de/v776801*). Lesen Sie dort den Abschnitt 3.2.1, »Desktop Agent Tenant Registration«. Abbildung 9.1 zeigt die Anmeldeseite für unseren Unternehmens-Tenant der Cloud Factory.

Abbildung 9.1 Cloud-Factory-Anmeldung

Nach dem Login wird Ihnen die Startseite der Cloud Factory angezeigt (siehe Abbildung 9.2).

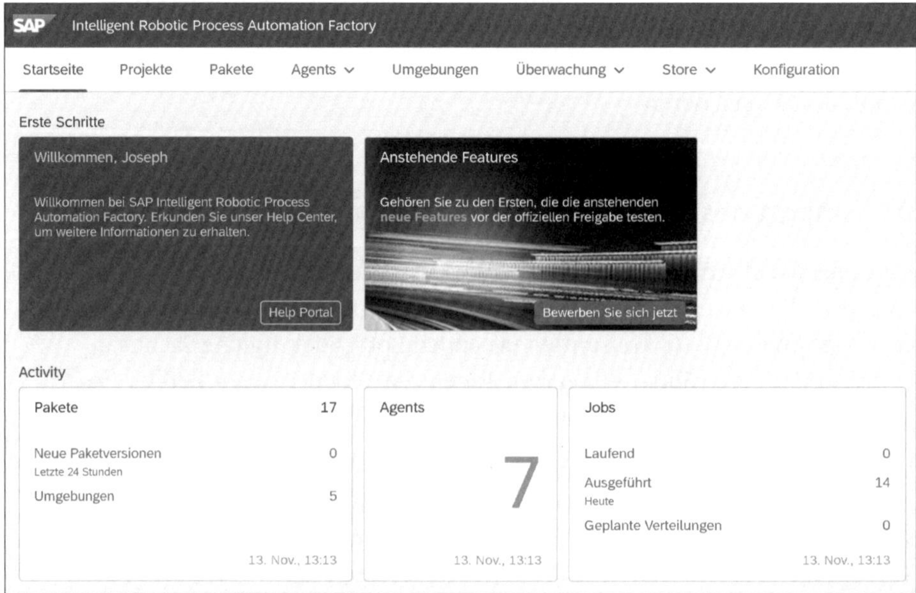

Abbildung 9.2 Startseite der Cloud Factory

9.1.1 Exportieren des Projekts

Export aus dem Desktop Studio

Wenn Sie einen Bot fertig entwickelt haben und er wie geplant funktioniert, können Sie diesen Bot aus dem Desktop Studio von SAP Intelligent RPA exportieren. Dieser Schritt ist notwendig, um einen Import in die Cloud Factory zu ermöglichen.

1. Für den Export des Bots klicken Sie im Menü des Desktop Studio auf **File** und dann auf **Export Project** (siehe Abbildung 9.3).

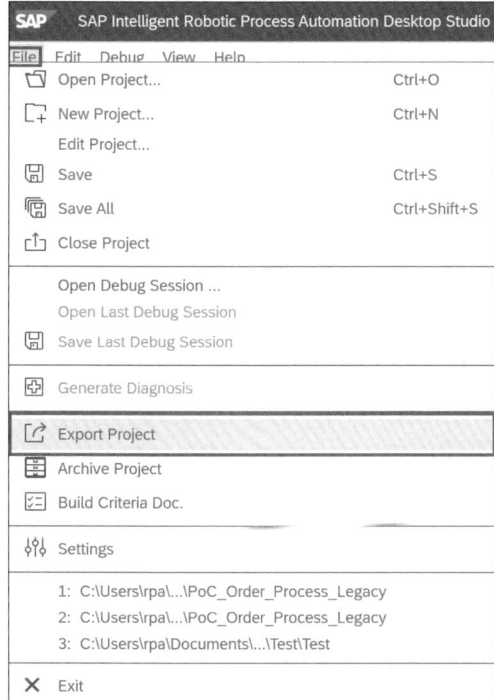

Abbildung 9.3 Bot-Projekt exportieren

2. Sie erhalten eine Benachrichtigung über den erfolgreichen Export (siehe Abbildung 9.4).

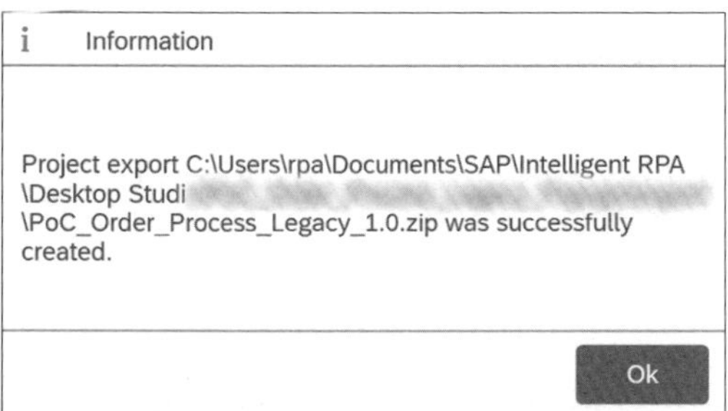

Abbildung 9.4 Benachrichtigung zum erfolgreichen Export

3. Der Bot wird in einem eigenen Unterordner **Export** an denselben Ort exportiert, an dem Sie auch Ihr RPA-Projekt gespeichert haben. Es wird eine ZIP-Datei mit dem Namen des Projekts und der jeweiligen Version erstellt (siehe Abbildung 9.5).

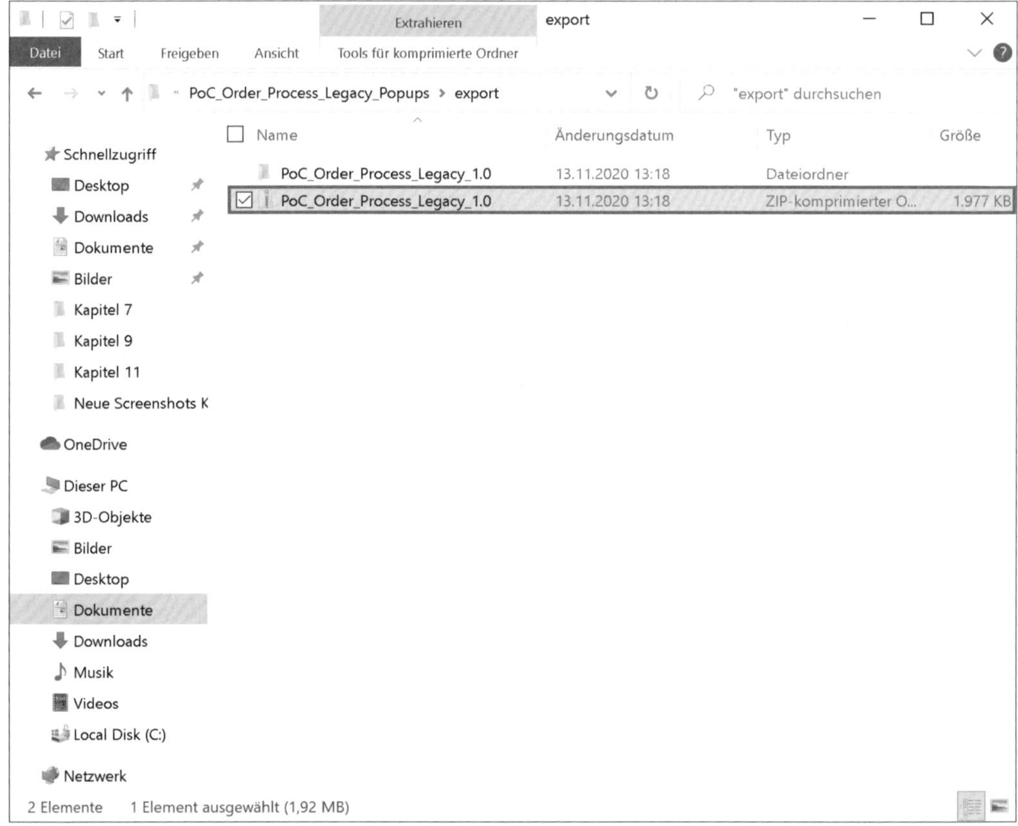

Abbildung 9.5 Export-Ordner im Projektordner

9.1.2 Importieren des Projekts

Das Projekt wird anschließend in die Cloud Factory importiert. Bei Bedarf können Sie es später wieder als *Desktop-Paket* exportieren, um es erneut im Desktop Studio bearbeiten zu können.

Import in die Cloud Factory

Um das aus dem Desktop Studio exportierte Projekt in die Cloud Factory zu importieren, führen Sie folgende Schritte aus:

1. Loggen Sie sich mit Ihrem Benutzernamen und Ihrem Passwort in der Cloud Factory ein.
2. Wechseln Sie zur Registerkarte **Pakete**, und klicken Sie auf **Importieren** (siehe Abbildung 9.6).

Abbildung 9.6 Paket-Import in der Cloud Factory

3. Navigieren Sie im Feld **Durchsuchen** in den Ordner innerhalb Ihres Dateisystem, in dem Sie das exportierte Projekt gespeichert haben, und wählen Sie die ZIP-Datei aus.
4. Die Felder **Name** und **Beschreibung** werden automatisch auf Basis des Namens der importierten Datei ausgefüllt. Sie können hier auch einen abweichenden Namen für Ihr **Cloud-Projekt** wählen (siehe Abbildung 9.7).

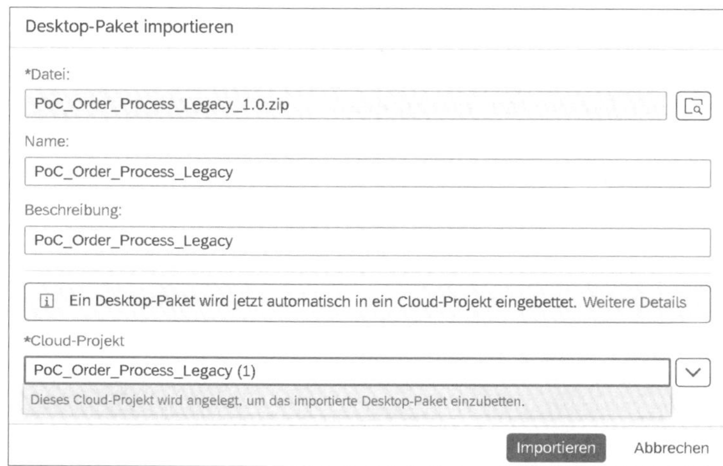

Abbildung 9.7 Exportiertes Projekt wählen

Cloud-Factory-Projekt

Beim Import eines Pakets wird standardmäßig ein neues Projekt in der Cloud Factory erstellt. Alternativ können Sie ein bereits existierendes Projekt verwenden. Das Projekt ermöglicht es, das Paket mit anderen Inhalten zu kombinieren und Prozessdiagramme zu erstellen, die mehrere Pakete oder Fertigkeiten enthalten können.

Aktionsmenü öffnen

Nach dem erfolgreichen Import wird Ihnen eine Bestätigung angezeigt. Das importierte Paket ist jetzt auf der Registerkarte **Pakete** verfügbar. Durch einen Klick auf die drei Punkte (siehe Abbildung 9.8) öffnen Sie das Aktionsmenü. Hier haben Sie die Möglichkeit, das Paket umzubenennen, zusätzliche Details anzuzeigen oder es zu löschen.

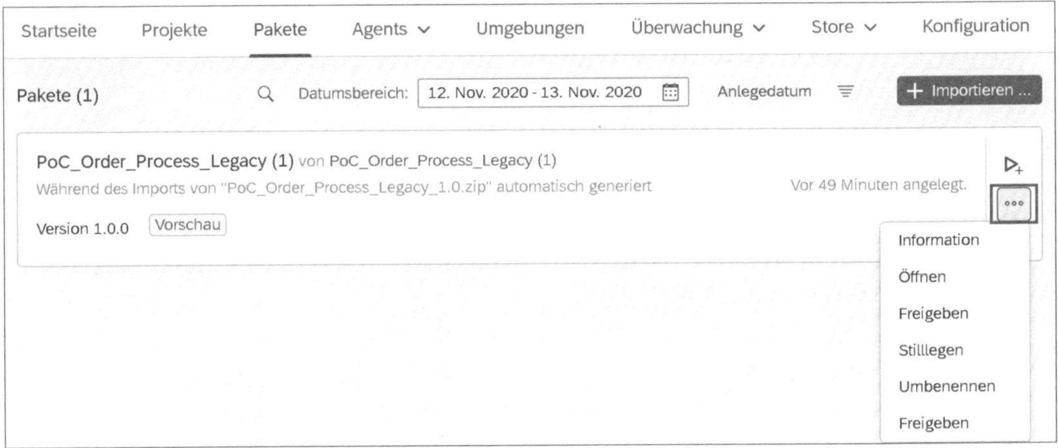

Abbildung 9.8 Paketoptionen

In der Cloud Factory stehen Ihnen darüber hinaus verschiedene Funktionen zur Verfügung, um Ihre Pakete zu verwalten. Diese stellen wir Ihnen in Abschnitt 10.1, »Management von RPA-Projekten«, vor. Darüber hinaus lernen Sie in Abschnitt 10.1 weitere Quellen kennen, aus denen die in der Cloud Factory verwalteten Pakete stammen können.

9.2 Ausführung des automatisierten Prozesses

Sobald der Bot entworfen, getestet und exportiert wurde, ist es an der Zeit, ihn zu implementieren. Es sind verschiedene Schritte bei der Implementierung erforderlich, um ein erfolgreiches Deployment zu erreichen:

- die Koordination mit Agenten zur Ausführung vollautomatischer Prozesse
- das Auslösen von Desktop-/Virtual-Computer-Prozessen per Remote-Zugriff
- die Einplanung der Bot-Ausführung

Im Folgenden stellen wir Ihnen die einzelnen Schritte näher vor.

9.2.1 Verwaltung von Agenten und Umgebungen

Agenten

Ein Agent ist eine lokale Komponente, die aus einem Computersystem (PC, Desktop oder Server) und einer Benutzersitzung besteht, die ein Automatisierungsszenario ausführt. Das Automatisierungsszenario wird bei einem unattended Bot von der Cloud Factory initiiert. Bei einem attended Bot wird das Automatisierungsszenario durch den Agenten initiiert.

Auf der Registerkarte **Agents** der Cloud Factory können Sie alle registrierten Agenten mit ihrem Status, ihrer Version und ihrem Modus sehen (siehe Abbildung 9.9).

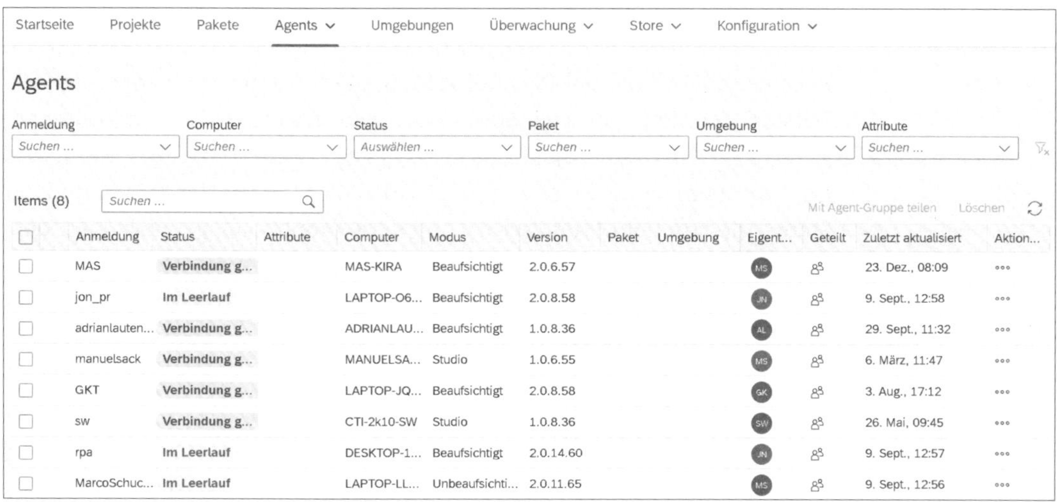

Abbildung 9.9 Übersicht der Agenten

Status von Agenten

Ein Agent kann einen von acht verschiedenen Status haben. Eine Übersicht finden Sie in Tabelle 9.1.

Agent-Status	Beschreibung
Verbindung getrennt	Der Agent ist nicht verbunden.
Vorbereitend	Der Agent verbindet sich (vorübergehender Status).
Im Leerlauf	Der Agent ist verbunden, aber es wurde kein Projekt geladen.
Wird gestartet	Der Agent ist verbunden und lädt gerade ein Projekt (vorübergehender Status).
Bereit	Der Agent ist verbunden, ein Projekt wurde geladen. Der Agent ist bereit, ein Projekt auszuführen.
Pausiert	Der Agent ist verbunden, und ein Projekt wurde geladen, aber der Agent ist nicht in der Lage, das Projekt auszuführen (vom Agenten initiierter Status).
Wird ausgeführt	Der Agent ist verbunden und führt ein Projekt durch.
Beschäftigt	Der Agent ist verbunden, kann aber wegen des Wartungsbetriebs nichts tun.

Tabelle 9.1 Mögliche Status von Agenten

Detailansicht eines Agenten

Wenn Sie auf einen der Agenten in der Übersicht klicken, öffnet sich ein neues Fenster mit der Detailansicht. Der Anmeldename des Agenten (im Beispiel »GKT«) und der Rechner werden oben auf der Seite angezeigt. Die Version, der Modus und der Status des Agenten werden direkt darunter angezeigt. Die Liste der Projekte, die dem Agenten zur Verfügung stehen, wird im Hauptbereich der Seite angezeigt. Auch die Historie der Events und der Status, die von der Cloud Factory und dem Agenten ausgetauscht wurden, kann hier eingesehen werden. Den Verlauf der Events können Sie im CSV-Format herunterladen, wenn Sie im Bereich **Events** auf die Schaltfläche **Herunterladen** klicken (siehe Abbildung 9.10).

Agentengruppen

Agentengruppen werden verwendet, um den Zugriff auf die Automatisierungstools zu kontrollieren. Agentengruppen erlauben es Ihnen, Agenten in einer Eltern-Kind-Beziehung zu organisieren, indem Sie entweder den Rechnernamen verwenden, auf dem der Agent installiert ist, oder den Login-Namen der Person, die sich mit dem Agenten verbinden wird.

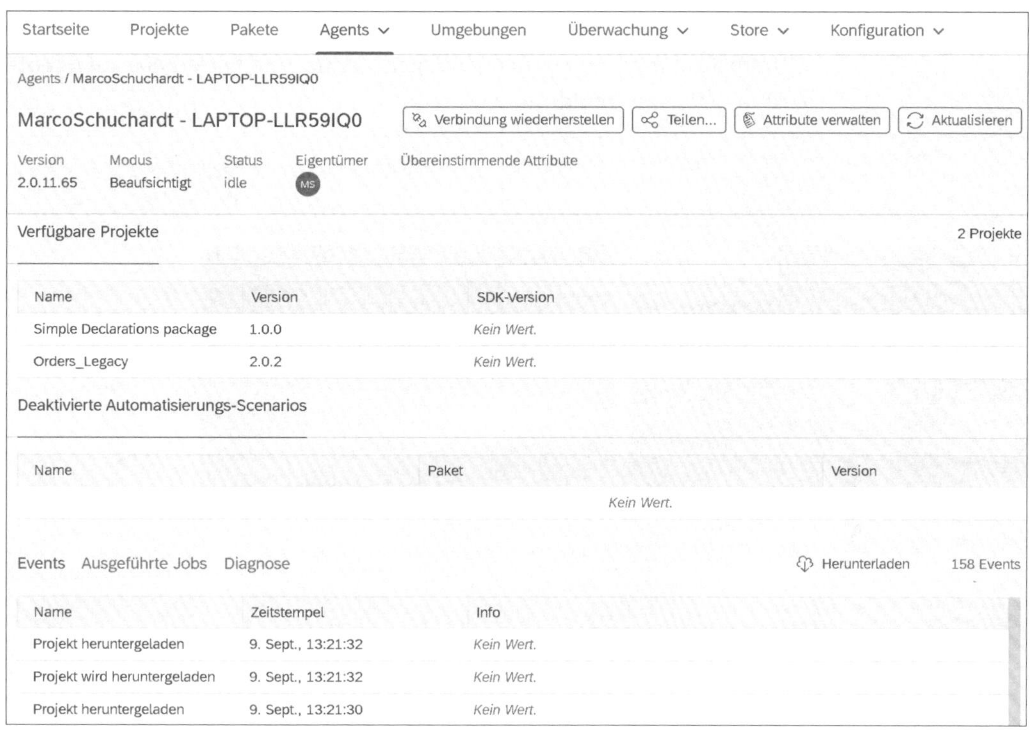

Abbildung 9.10 Details eines Agenten

Agenten können Sie nach zwei Kriterien gruppieren: Gruppen von Rechnern und Gruppen von Anmeldenamen:

- *Computergruppen* ermöglichen jedem Agenten, der sich von einem bestimmten Rechner aus verbindet, die Nutzung der Automatisierungstools.
- *Login-Gruppen* beschränken die Nutzung auf die angegebene Liste von Benutzerinnen und Benutzern. Durch die Verwendung beider Arten von Agentengruppen wird eine starke Kombination geschaffen, die dem Administrationsteam eine bessere Kontrolle ermöglicht.

Umgebungen

Bevor ein Job ausgeführt wird, also im Hintergrund Daten von der Cloud Factory an den Agenten übertragen werden, sollten Sie eine Maschinen- oder Login-Agentengruppe erstellen und ihre Agenten einer *Umgebung* (engl. *Environment*) hinzufügen. Eine Umgebung ist eine Landschaft, in der Bots eingesetzt werden. Es kann beispielsweise getrennte Umgebungen für Entwicklung, Test und Produktion geben. Ebenfalls kann eine Umgebung auf die Geschäftsaktivitäten der Branche ausgerichtet sein, wie z. B. Finanzen oder Beschaffung. Eine Agentengruppe kann in einer beliebigen Anzahl von Environments verwendet werden.

Agentengruppe anlegen

Um eine Agentengruppe anzulegen, führen Sie folgende Schritte durch:

1. Öffnen Sie das Menü zur Registerkarte **Agents**, und klicken Sie auf **Agent-Gruppen** (siehe Abbildung 9.11).

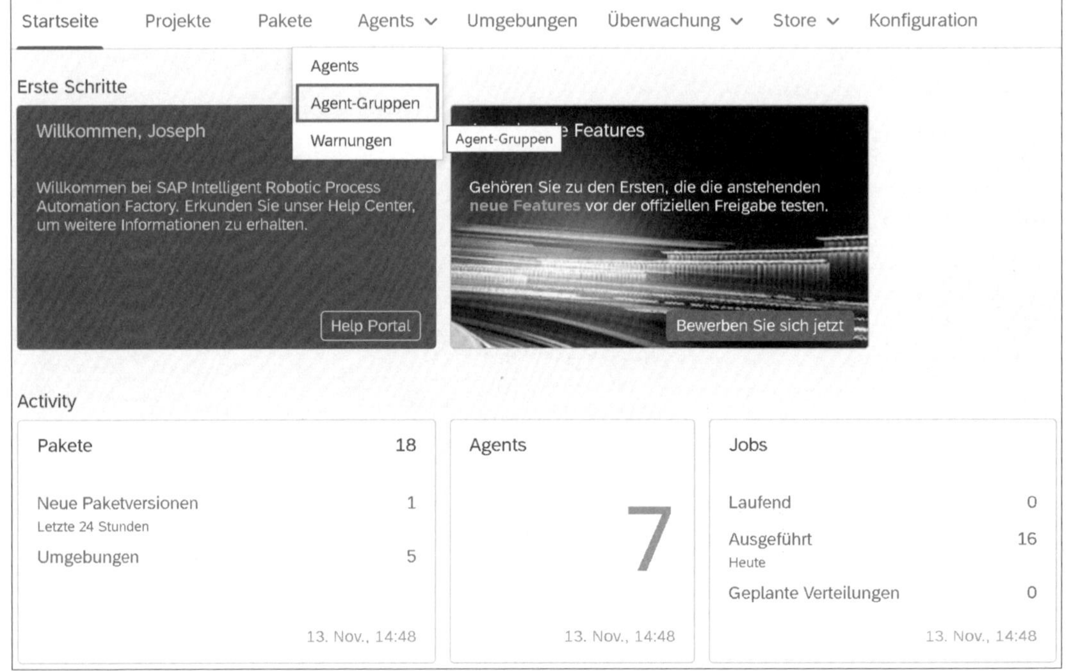

Abbildung 9.11 Agentengruppen verwalten

2. In der Übersicht Ihrer Agentengruppen klicken Sie rechts oben auf **Neue Agent-Gruppe** (siehe Abbildung 9.12).

Abbildung 9.12 Neue Agentengruppe erstellen

3. Geben Sie einen Namen für Ihre Agentengruppe ein. Es sind maximal 256 Zeichen erlaubt (siehe Abbildung 9.13).

Agent-Gruppe anlegen

*Name: z.B. Benutzer-Agent-Gruppe
Agent-Gruppe (< 5 MB): CSV-Datei der Agent-Gruppe durchsuc...
Typ: Computer
Anlegen Abbrechen

Abbildung 9.13 Eigenschaften der Agentengruppe festlegen

4. Optional: Wenn Sie Ihre Gruppe aus einer CSV-Datei importieren möchten, deren Einträge durch Semikola (;) getrennt sind, klicken Sie auf die Schaltfläche neben dem Feld **Agent-Gruppe** und wählen Ihre Gruppendatei aus (siehe Abbildung 9.13).
5. Wählen Sie dann den Typ der Agentengruppe (**Computer** oder **Login**).
6. Klicken Sie zum Schluss auf **Anlegen**.

Umgebungen verwalten

Die Registerkarte **Umgebungen** ist der Einstiegspunkt der Cloud Factory: Hier werden die funktionalen Landschaften, in denen die Automatisierung (ein Szenario oder ein Prozess) bereitgestellt und ausgeführt wird, definiert und bearbeitet. Die Umgebungen bilden eine Hülle, die alle Ressourcen des Projekts an einem Ort zusammenfasst:

- **Agenten und Variablen**
  Umgebungen werden durch Agentengruppen und andere Variablen definiert. Aus diesem Grund müssen Sie zuerst eine Agentengruppe erstellen, bevor Sie eine Umgebung definieren können. Dann wird eine Umgebung mit mindestens einem Agenten auf der Grundlage der erstellten Agentengruppe und mit potenziellen weiteren Umgebungsvariablen definiert.
- **Pakete und Auslöser**
  Wenn eine Umgebung über die Registerkarte **Umgebungen** geöffnet wird, werden alle in dieser Umgebung bereitgestellten Pakete und alle zugehörigen Auslöser angezeigt.

Der Zweck einer Umgebung ist es, gemeinsame Variablen der Automatisierungsprojekte zu behandeln und gemeinsam zu nutzen. Typischerweise wird je eine Umgebung für Entwicklung, Test oder Produktion definiert. Sobald ein Paket beispielsweise in einer Testumgebung validiert wurde, können Sie dasselbe Paket in einer Produktivumgebung verwenden, diesmal für den produktiven Einsatz. Das System kann auch durch die Einrichtung von Umgebungen organisiert werden, die jeweils für unterschiedliche Geschäftsbereiche bestimmt sind. Beispielsweise können Sie eine Testumgebung für logistische Aktivitäten und eine weitere für buchhalterische Aktivitäten definieren.

Umgebung anlegen

Um eine Umgebung anzulegen, führen Sie folgende Schritte aus:

1. Gehen Sie auf die Registerkarte **Umgebungen**, und klicken Sie auf **Neue Umgebung** (siehe Abbildung 9.14).

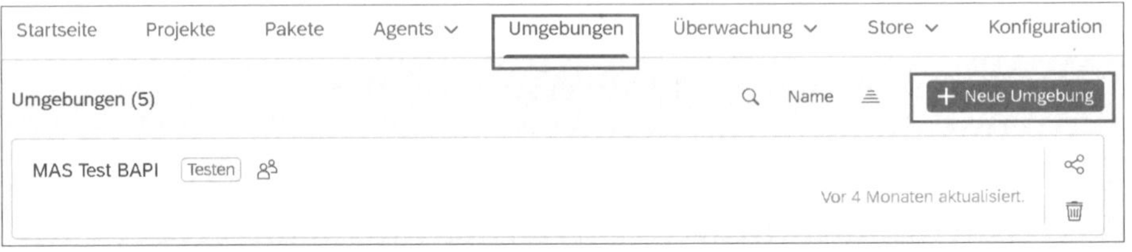

Abbildung 9.14 Umgebung anlegen

2. Vergeben Sie einen Namen für die neue Umgebung und optional eine Beschreibung mit jeweils maximal 256 Zeichen ein (siehe Abbildung 9.15).

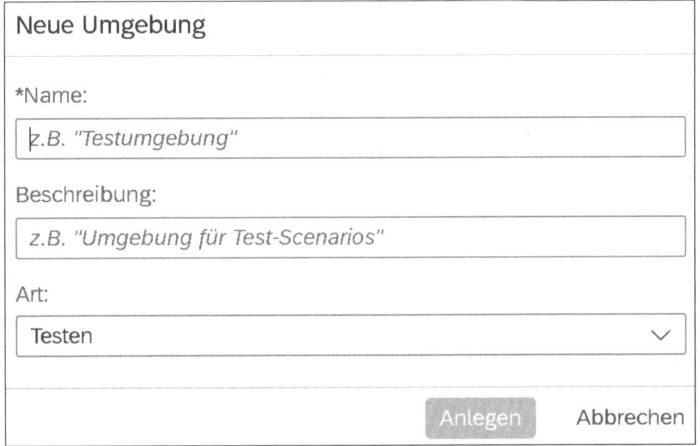

Abbildung 9.15 Optionen für neue Umgebung

3. Wählen Sie die **Art** der Umgebung. Dabei stehen Ihnen die Optionen **Testen, Dev.** und **Prod.** zur Verfügung
4. Klicken Sie zum Schluss auf **Anlegen**.

Übersicht einer Umgebung

Nachdem Sie eine neue Umgebung angelegt haben, öffnet sich die Übersichtsseite dieser Umgebung (siehe Abbildung 9.16). Bevor die Umgebung verwendet werden kann, muss sie mindestens einen Agenten enthalten. Das Einfügen eines Agenten oder einer Agentengruppe verbindet diese mit der Umgebung, sodass Pakete oder Jobs an sie verteilt werden können.

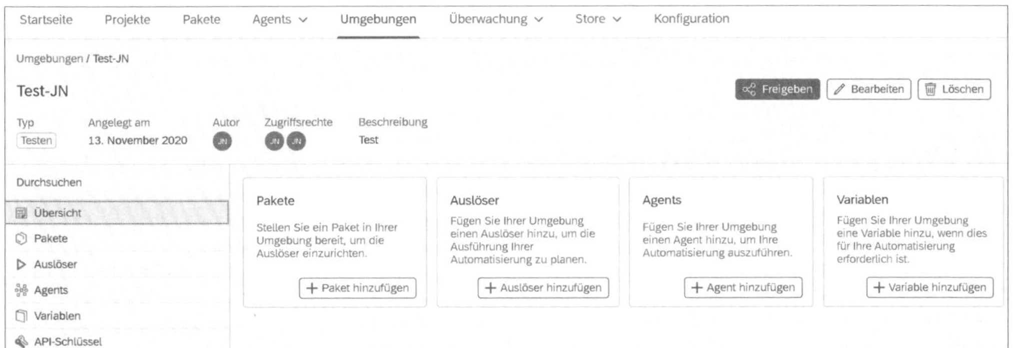

Abbildung 9.16 Übersicht des neuen Environments

Agenten zuordnen

Um einen Agenten oder eine Agentengruppe zu einer Umgebung hinzuzufügen, führen Sie folgende Schritte aus:

1. Gehen Sie zur Registerkarte **Umgebungen**, und klicken Sie auf eine Umgebung, um die Detailsicht zu öffnen (siehe Abbildung 9.17).

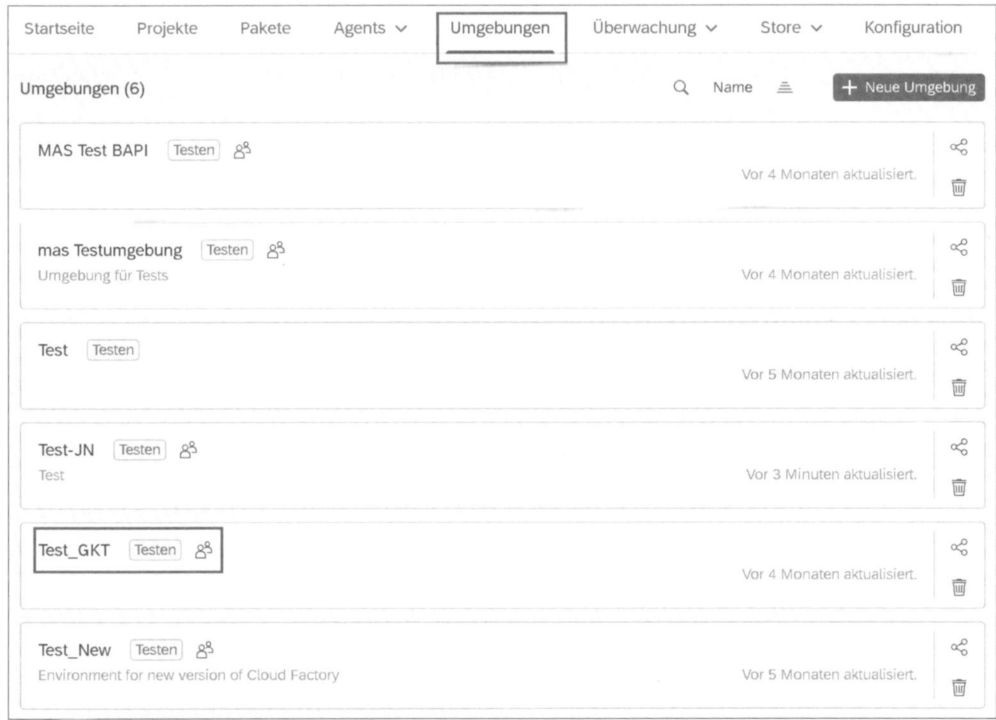

Abbildung 9.17 Umgebung auswählen

2. Wechseln Sie in dem Menü am linken Rand in den Bereich **Agents**, und klicken Sie auf **Agent hinzufügen** (siehe Abbildung 9.18).

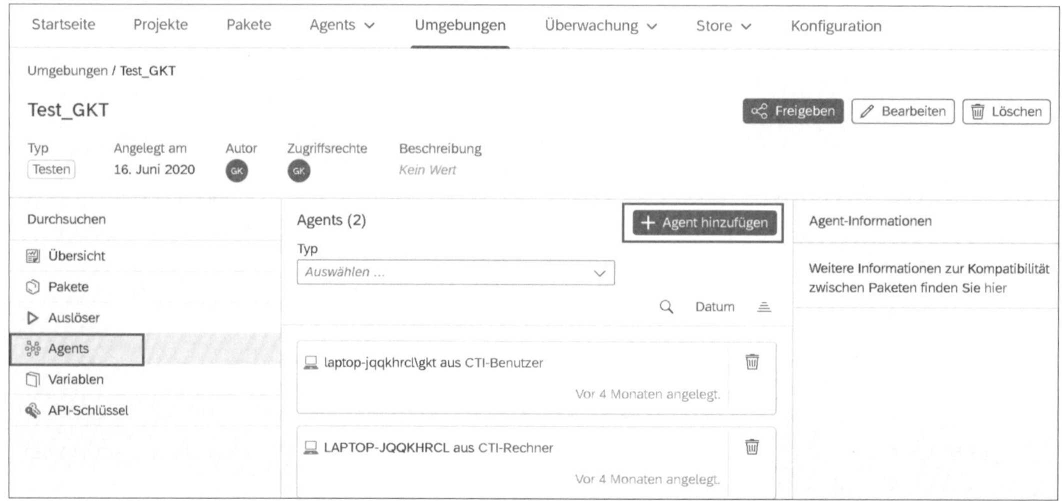

Abbildung 9.18 Agenten zu einer Umgebung hinzufügen

3. Klicken Sie auf das Drop-down-Menü neben **Anzeigen**. Sie sehen eine Liste, aus der Sie die Agenten auswählen können. Sie können im Suchfenster daneben auch nach einem bestimmten Agenten suchen (siehe Abbildung 9.19).

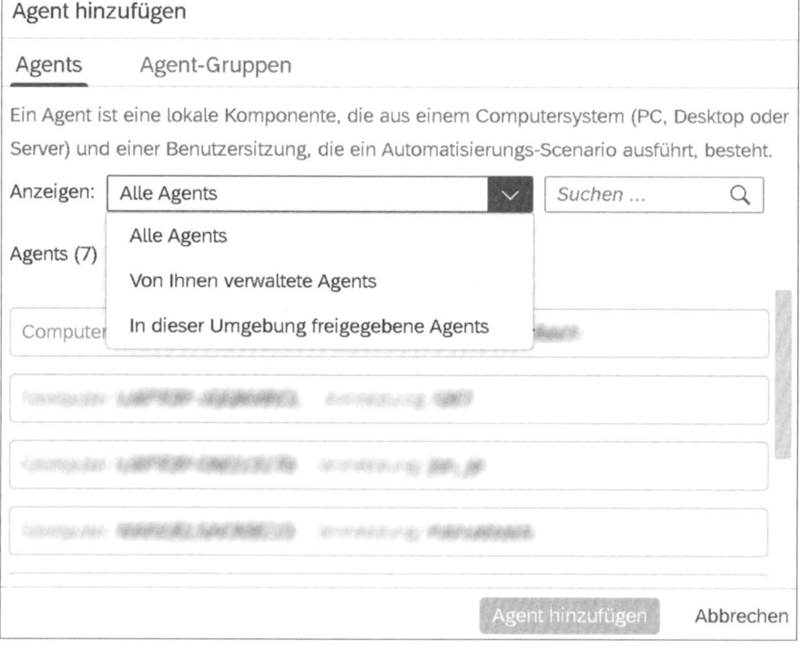

Abbildung 9.19 Agenten auswählen

4. Wählen Sie den gewünschten Agenten aus.
5. Klicken Sie zum Schluss auf **Agent hinzufügen**.

Alternativ können Sie einen Agenten auch direkt auf der Übersichtseite hinzufügen (siehe Abbildung 9.16).

Agentengruppen hinzufügen

Auf ähnliche Weise können Sie der Umgebung auch Agentengruppen hinzufügen. Wählen Sie hierzu im Auswahlfenster die Registerkarte **Agent-Gruppen** (siehe Abbildung 9.20).

Abbildung 9.20 Agentengruppe zum Environment hinzufügen

Variablen verwalten

Neben den Umgebungen können Sie in der Cloud Factory auch die sogenannten *Umgebungsvariablen* verwalten. Diese erlauben die Wiederverwendung von spezifischen Informationen in einer gegebenen Umgebung und sind somit eng mit dieser Umgebung verknüpft. Die Variablen werden verwendet, um Parameter an Szenarien zu übergeben. Grundlegend gibt es dabei zwei Arten von Variablen:

- *Text-Variablen* speichern alle Strings, die zentral verwaltet und in einer Umgebung gemeinsam genutzt werden.
- *Credential-Variablen* speichern Benutzer/Passwort-Paare, sodass diese zentral verwaltet werden können.

Variablen hinzufügen

Um Variablen zu einer Umgebung hinzuzufügen, führen Sie folgende Schritte aus:

1. Gehen Sie auf die Registerkarte **Umgebungen**, und klicken Sie auf eine Umgebung, um ihre Detailsicht zu öffnen.

2. Gehen Sie zur Registerkarte **Variablen**, und klicken Sie auf **Variable hinzufügen** (siehe Abbildung 9.21).

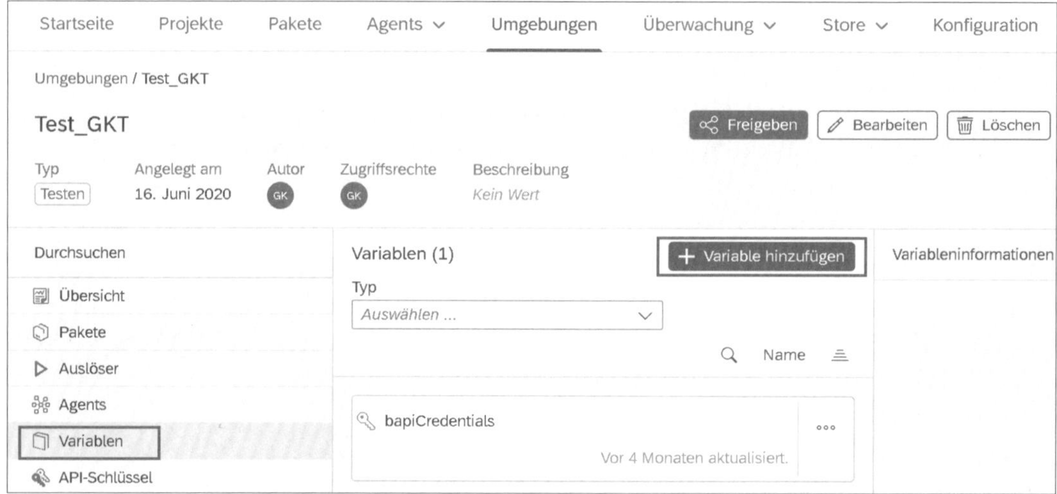

Abbildung 9.21 Variablen hinzufügen

3. Geben Sie einen Namen von maximal 256 Zeichen ein, und wählen Sie einen **Typ** aus. Dabei stehen Ihnen die beiden Optionen **text** und **credential** zur Verfügung (siehe Abbildung 9.22).

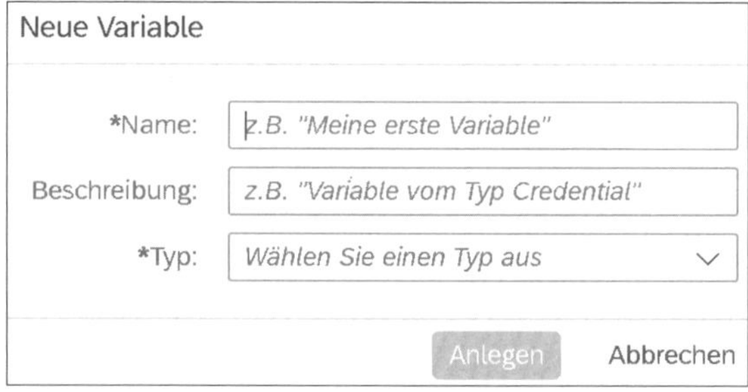

Abbildung 9.22 Eigenschaften der Variablen festlegen

4. Klicken Sie zum Schluss auf **Anlegen**.

Sowohl die Agenten als auch die Variablen, die Sie der Umgebung hinzugefügt haben, werden nun auf der Übersichtsseite der Umgebung angezeigt (siehe Abbildung 9.16).

9.2.2 Deployment und Auslöser

Deployment

Wenn ein Bot fertig entwickelt, getestet, exportiert und importiert wurde, ist es an der Zeit, den Bot zu implementieren. Dazu sind verschiedene

Schritte notwendig, um einen erfolgreichen Einsatz zu gewährleisten. Sie haben bereits gesehen, wie Sie den Agenten und eine Umgebung für das Deployment erstellen. Neben diesen Vorarbeiten müssen Sie einen Trigger definieren.

Auslöser

Ein *Auslöser* oder *Trigger* ist eine Regel, die die Ausführung des Szenarios oder Prozesses eines Pakets definiert. Es stehen drei Arten von Auslösern zur Verfügung:

- **Bearbeitet**: Mit einem Auslöser vom Typ **Bearbeitet** (in der englischen Version der Cloud Factory **Attended**) wird das bereitgestellte Paket an eine bestimmte Gruppe von Agenten verteilt, und die Automatisierung kann von der Benutzerin bzw. vom Benutzer manuell ausgeführt werden. Die Ausführung der Automatisierung wird also manuell von der Benutzerin oder dem Benutzer gestartet.
- **Eingeplant**: Ein Auslöser vom Typ **Eingeplant** (in der englischen Version der Cloud Factory **Scheduled**) erstellt Jobs, die auf dem Zeitplan basieren, der im Auslöser definiert ist. Die Ausführung des Jobs erfolgt vollständig automatisch ohne manuellen Eingriff auf dem jeweiligen Agenten.
- **API**: Ein Auslöser vom Typ **API** öffnet einen dedizierten Endpunkt, der es einer externen Anwendung ermöglicht, die Ausführung eines Szenarios oder eines Prozesses über einen HTTP-POST-Aufruf zu starten.

Folgen Sie den folgenden Schritten, um den Bot, den Sie bereits in die Cloud Factory importiert haben, bereitzustellen:

1. Wechseln Sie auf der Übersichtsseite der Cloud Factory auf die Registerkarte **Pakete**.
2. Suchen Sie dort nach dem Paket, das zuvor importiert wurde, und klicken Sie auf das Icon (**Auslöser hinzufügen**, siehe Abbildung 9.23).

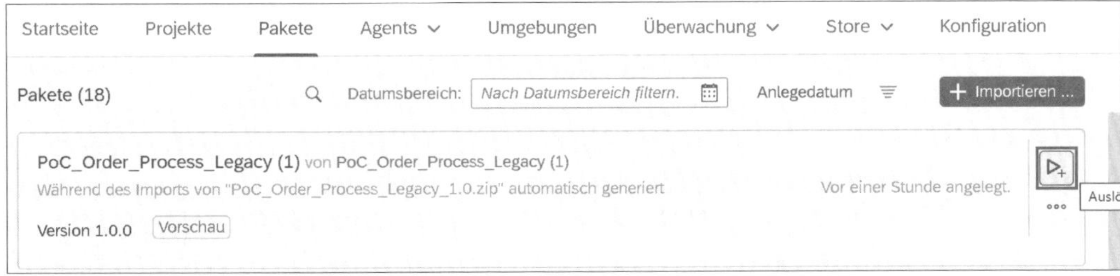

Abbildung 9.23 Hinzufügen eines Auslösers

3. Das Fenster **Auslöser anlegen** wird geöffnet. Wählen Sie die Umgebung für das Deployment des Pakets aus, und klicken Sie auf **Weiter** (siehe Abbildung 9.24).

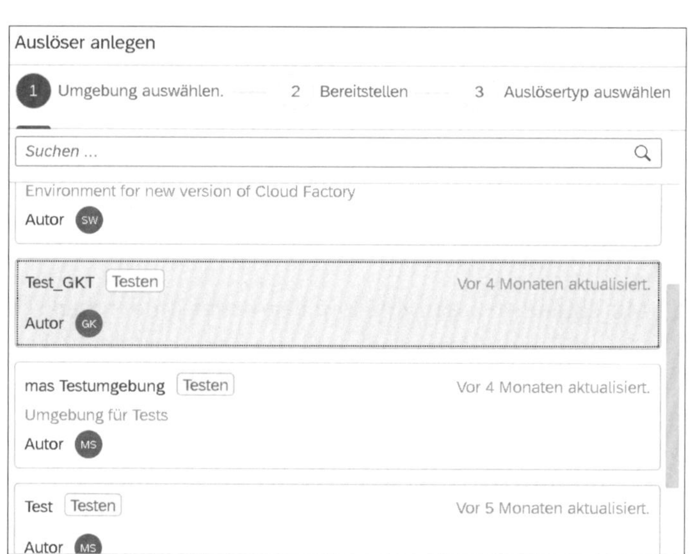

Abbildung 9.24 Umgebung für das Deployment auswählen

4. Das Paket ist nun bereitgestellt. Die Nachricht »Bereitstellung war erfolgreich« wird angezeigt, und Sie werden zum nächsten Schritt weitergeleitet.
5. Wählen Sie den Auslösertyp für das Deployment aus, und klicken Sie auf **Weiter** (siehe Abbildung 9.25).

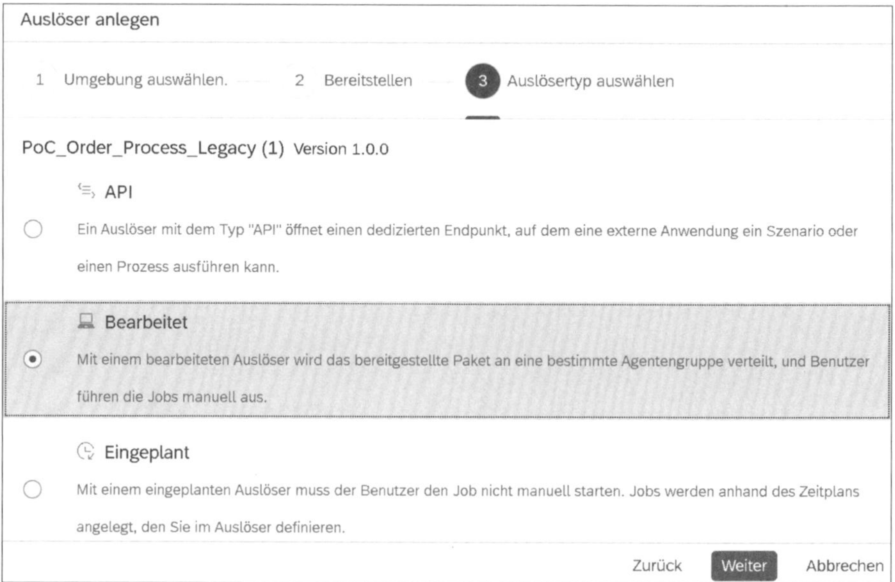

Abbildung 9.25 Auslösertyp wählen

6. Geben Sie die Details unter **Bearbeiteten Auslöser hinzufügen** ein. Wählen Sie per Drag-and-drop, an welchen Tagen Sie den Auslöser ausführen möchten. Außerdem wählen Sie die Priorität, die Zeitzone und die Wiederholungsfrequenz anhand der Wochentage aus und klicken anschließend auf **Anlegen** (siehe Abbildung 9.26).

Abbildung 9.26 Optionen für einen bearbeiteten Auslöser wählen

Damit ist das Deployment Ihres Bots abgeschlossen. In Abschnitt 10.1.4, »Auslöser«, gehen wir noch einmal ausführlicher auf die verschiedenen Arten von Auslösern ein. Neben der hier gezeigten Anlage eines bearbeiteten Auslösers lernen Sie dort auch, wie eingeplante und API-Auslöser angelegt und konfiguriert werden.

9.2.3 Projekt mit dem Desktop Agent ausführen

Desktop Agent

Zum Abschluss dieses Kapitels beschreiben wir, wie Sie Ihr erstelltes Projekt von der Cloud Factory in den Desktop Agent importieren, um das Projekt ausführen zu können. Der Desktop Agent ist die dritte Hauptkomponente von SAP Intelligent RPA (siehe Abschnitt 3.4, »Desktop Agent«). Es handelt sich dabei um eine Softwarekomponente, die auf einer Workstation oder einer virtuellen Umgebung installiert ist und ausgeführt wird. Der Desktop Agent nutzt die Sitzung einer Benutzerin oder eines Benutzers zur Ausführung von Automatisierungsaufträgen, die mit dem Desktop Studio entwickelt wurden. Der Desktop Agent kann vom Desktop Studio aus zum Debuggen von Projekten ausgeführt werden, die über die Cloud Factory bereitgestellt wurden. Er unterstützt API-basierte Szenarien, attended und unattended Bots.

Desktop Agent ausführen

Nachdem Ihr Projekt als Paket in der Cloud Factory bereitgestellt wurde, hat der Desktop Agent seinen Auftritt:

1. Führen Sie den Desktop Agent auf Ihrem Rechner aus. Klicken Sie dazu in der Übersicht auf das mittlere Symbol (siehe Abbildung 9.27).

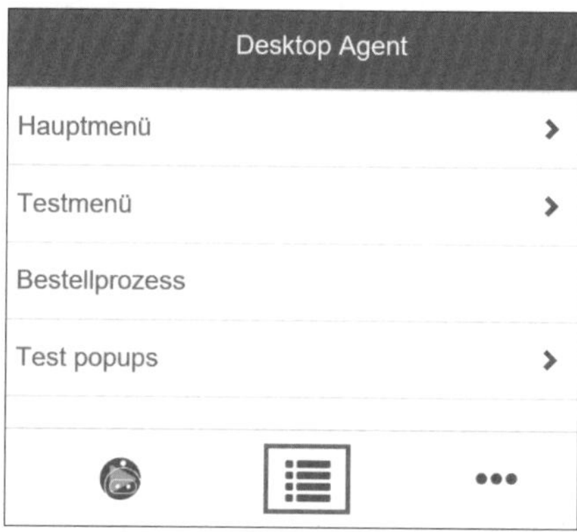

Abbildung 9.27 Übersichtsmenü des Desktop Agent

2. Sie sehen nun alle Projekte, für die ein eingeplanter Auslöser gesetzt und in der Cloud Factory deployt wurde. Um ein Projekt zu starten, klicken Sie auf **Starten**. In Abbildung 9.28 stehen drei beispielhafte Projekte zur Ausführung bereit.

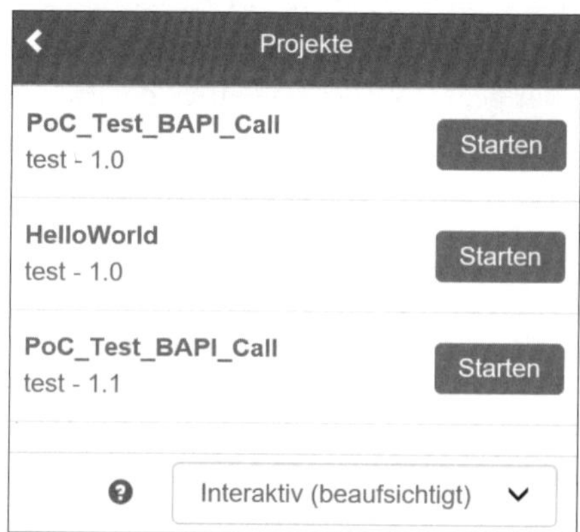

Abbildung 9.28 Projekte im Desktop Agent starten

3. Existieren für ein Projekt Optionen, gelangt man nach dem Klick auf **Starten** zu den Optionen des Projekts. Welche Optionen Ihnen zur Auswahl stehen, ist von Ihrer Projektkonfiguration abhängig.
4. Nachdem Sie Ihre Auswahl getroffen haben, können Sie das Projekt starten. Zu den Optionen des Projekts `Poc_Orders_Legacy` gehört lediglich das Starten des Projekts.

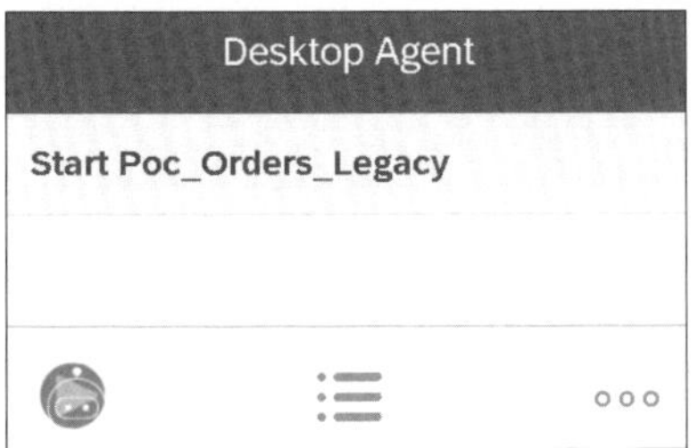

Abbildung 9.29 Projektoptionen auswählen

9.3 Zusammenfassung

In diesem Kapitel haben Sie gelernt, wie Sie Projekte aus dem Desktop Studio in die Cloud Factory importieren, dort deployen und dann mit dem Desktop Agent ausführen können. Zudem haben Sie die Rollen von Umgebungen, Agents und Variablen innerhalb der Cloud Factory kennengelernt und erfahren, wie man diese Elemente anlegt.

In Kapitel 10 folgt nun ein Überblick über die Konfiguration, die Administration und das Monitoring automatisierter Prozesse.

Kapitel 10

Konfiguration und Administration automatisierter Prozesse

In diesem Kapitel lernen Sie die Möglichkeiten kennen, die Ihnen SAP Intelligent RPA bietet, um Ihre automatisierten Prozesse einzuplanen und zu überwachen.

In Kapitel 9, »Deployment und Ausführung von Bots«, haben wir Ihnen gezeigt, wie ein Projekt in die Cloud Factory importiert wird und welche Rollen dabei Umgebungen (Environments), Agenten (Agents) bzw. Agentengruppen (Agent Groups) spielen. Wir haben Ihnen gezeigt, wie Sie Ihr Projekt deployen und somit in die Lage versetzt werden, Ihren automatisierten Prozess mit dem Desktop Agent auszuführen.

Aufbau des Kapitels

Dieses Kapitel legt den Fokus auf die verschiedenen Möglichkeiten, Ihren Prozess auszulösen und bei Bedarf zeitlich einzuplanen. Zudem werden Themen wie Paket-Versionierung und der Lebenszyklus eines Projekts behandelt (siehe Abschnitt 10.1, »Management von RPA-Projekten«). Abschnitt 10.2, »Monitoring«, beschreibt die Monitoring-Funktionalität der Cloud Factory, die Sie dabei unterstützt, den Überblick über abgeschlossene, laufende und zukünftige Prozesse zu behalten.

10.1 Management von RPA-Projekten

Anlage von Paketen

Es gibt verschiedene Arten, wie Projekte und Pakete in der Cloud Factory angelegt werden können:

- Zum einen haben wir Ihnen bereits gezeigt, wie Pakete aus dem Desktop Studio in die Cloud Factory importiert werden (siehe Abschnitt 9.1.2, »Importieren des Projekts«) und daraus automatisch Projekte und Pakete generiert werden.
- Zum anderen können Projekte seit SAP Intelligent RPA 2.0 nun auch von Grund auf innerhalb des *Cloud Studio* angelegt werden. Im Anschluss können daraus Pakete in der Cloud Factory generiert werden. Auf das

Cloud Studio als neue Entwicklungskomponente gehen wir in Kapitel 12, »Modellierung im Cloud Studio«, ausführlicher ein.

- Der dritte Weg besteht darin, ein Paket aus dem SAP Intelligent RPA Store zu beziehen, in dem für verschiedene Geschäftsbereiche bereits vordefinierte Abläufe bereitgestellt werden. Diese Pakete können direkt verwendet oder als Vorlage für neu zu erstellende Prozessabläufe verwendet werden.

In diesem Abschnitt zeigen wir Ihnen, wie Sie Pakete in der Cloud Factory verwalten sowie, den Lebenszyklus Ihrer Projekte steuern und Trigger konfigurieren.

10.1.1 Paket auf Basis eines Cloud-Studio-Projekts generieren

Wurde ein Projekt im Cloud Studio angelegt und ist die Modellierung der Automatisierung bis zur gewünschten Funktionalität abgeschlossen, wird im nächsten Schritt ein Paket aus dem Projekt generiert. Anders als bei einem im Desktop Studio erstellen Projekt muss dieses nicht zunächst in die Cloud Factory importiert werden, um dort ein Paket generieren zu können.

Paketgenerierung

Um ein Paket auf Basis eines Cloud-Studio-Projekts zu generieren, gehen Sie wie folgt vor:

1. Öffnen Sie das zu bearbeitende Projekt, und klicken Sie in der Übersicht auf **Paket generieren** (siehe Abbildung 10.1).

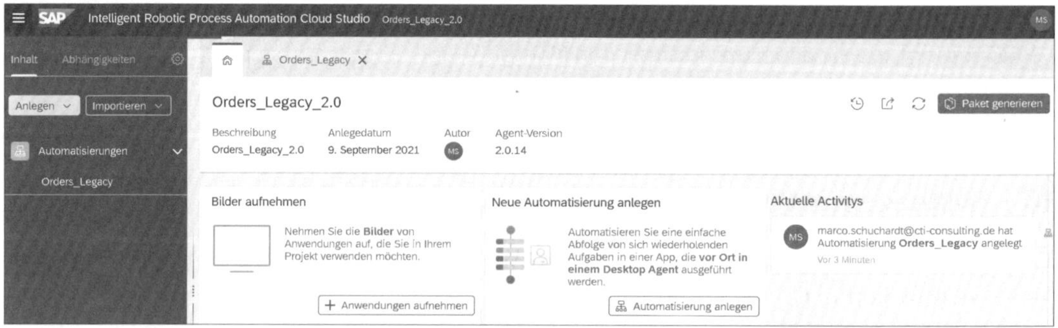

Abbildung 10.1 Paketgenerierung aus Projektbereich

2. Daraufhin öffnet sich der Dialog zum Anlegen des Pakets. Der Name des Pakets wird mit dem Namen des Projekts vorbelegt. Wurde bisher noch kein Paket aus dem gewählten Projekt generiert, startet die Versionierung im Feld **Versionsnummer** bei 1.0.0 (siehe Abbildung 10.2). Was die einzelnen Ziffern der Versionsnummer bedeuten, wird in Abschnitt 10.1.2, »Paket-Versionierung«, genauer beschrieben.

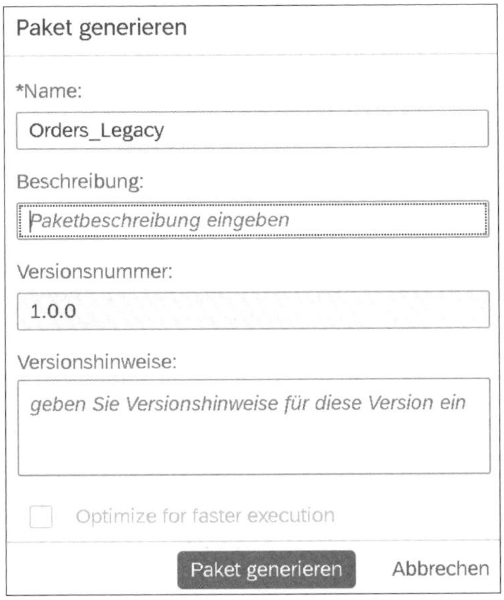

Paket generieren

*Name:

Orders_Legacy

Beschreibung:

Paketbeschreibung eingeben

Versionsnummer:

1.0.0

Versionshinweise:

geben Sie Versionshinweise für diese Version ein

Optimize for faster execution

Paket generieren Abbrechen

Abbildung 10.2 Paketgenerierung inklusive Versionsnummer

3. Klicken Sie abschließend auf **Paket generieren**.

Paket verwalten

Das Paket steht nun auf der Registerkarte **Pakete** zur Verfügung. Es kann mit Auslösern (Triggern) versehen und an die gewünschten Umgebungen verteilt werden. Abbildung 10.3 zeigt das zuvor generierte Paket, nachdem es auf der Registerkarte **Pakete** ausgewählt wurde. Durch einen Klick auf **Auslöser hinzufügen** wird der Wizard zur Verteilung in die Umgebungen gestartet.

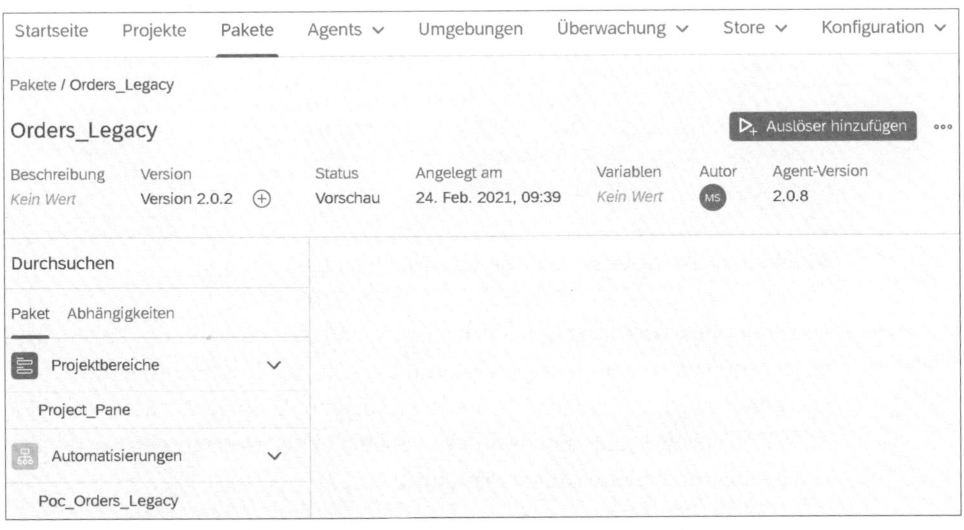

Abbildung 10.3 Auslöser zum Paket hinzufügen

Herkunft der Pakete

Auf der Registerkarte **Pakete** werden alle Pakete des ausgewählten Tenants, also Ihrer Cloud-Umgebung, angezeigt. Hierbei kann zwischen Paketen unterschieden werden, die durch einen Import aus dem Desktop Studio generiert (siehe Abschnitt 9.1.2, »Importieren des Projekts«), direkt im Cloud Studio angelegt (siehe Kapitel 12, »Modellierung im Cloud Studio«) oder aus dem SAP Intelligent RPA Store importiert wurden.

In Abbildung 10.4 sind Pakete dargestellt, die alle unterschiedliche Arten der Paketgenerierung bzw. der Herkunft des Pakets repräsentieren. Von oben nach unten sehen Sie hier folgende Pakete:

- Ein aus dem Store importiertes Paket, zu erkennen an dem Link **Store**.
- Ein im Cloud Studio angelegtes Paket.
- Ein aus dem Desktop Studio importiertes Paket, zu erkennen an der Beschreibung, die auf die automatische Generierung hinweist.

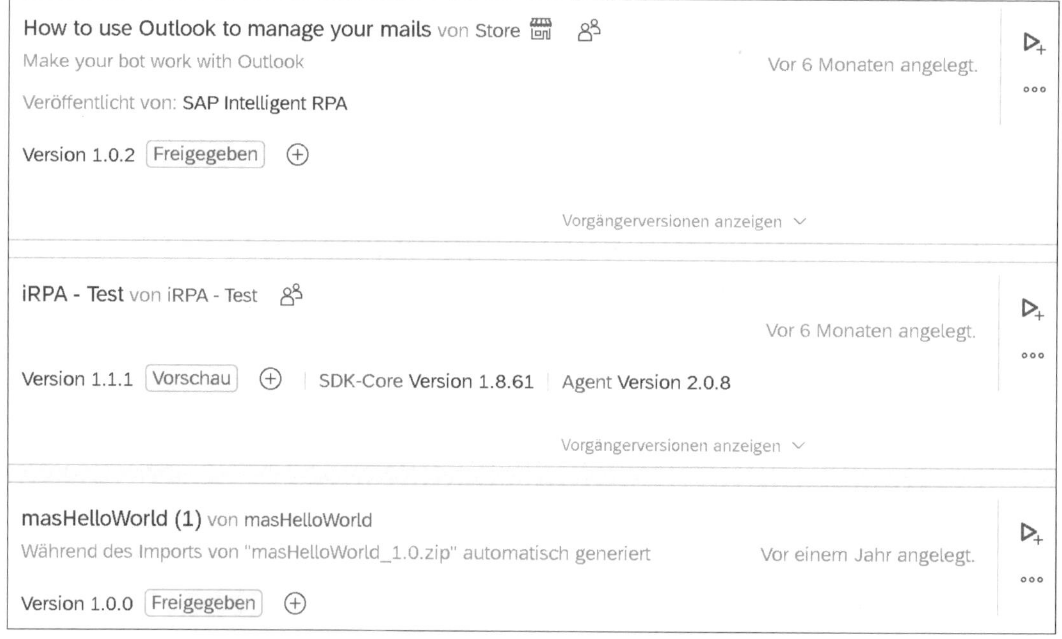

Abbildung 10.4 Unterschiedliche Arten der Paketgenerierung

Weitere Informationen zu den Paketen

Unter der Beschreibung bzw. dem Hinweis auf die Herkunft des Pakets wird zuerst die Paketversion angezeigt, mit der wir uns in Abschnitt 10.1.2, »Paket-Versionierung«, ausführlicher beschäftigen. Es folgt der Status des Pakets. Der Status ergibt sich aus dem Lebenszyklus-Management von Paketen (siehe den gleichnamigen Abschnitt 10.1.3).

10.1.2 Paket-Versionierung

Wurde ein Paket, wie in Abschnitt 10.1.1, »Paket auf Basis eines Cloud-Studio-Projekts generieren«, beschrieben generiert, wird automatisch eine Paketversion angelegt. Die initiale Version bei der Erstellung lautet 1.0.0 (wie in Abbildung 10.4 für das erste und dritte Paket angegeben).

Neugenerierung eines Pakets

Werden zu einem späteren Zeitpunkt Anpassungen am Projekt vorgenommen, die in Zukunft für den automatisierten Prozess relevant sind, wird das bestehende Projekt geändert und erneut gespeichert. Um die Anpassungen an die Umgebungen zu verteilen, muss aus dem geänderten Projekt erneut ein Paket generiert werden. Hierbei erkennt das Cloud Studio, dass es sich um ein bereits bestehendes Paket handelt, und bietet den Auswahldialog aus Abbildung 10.5.

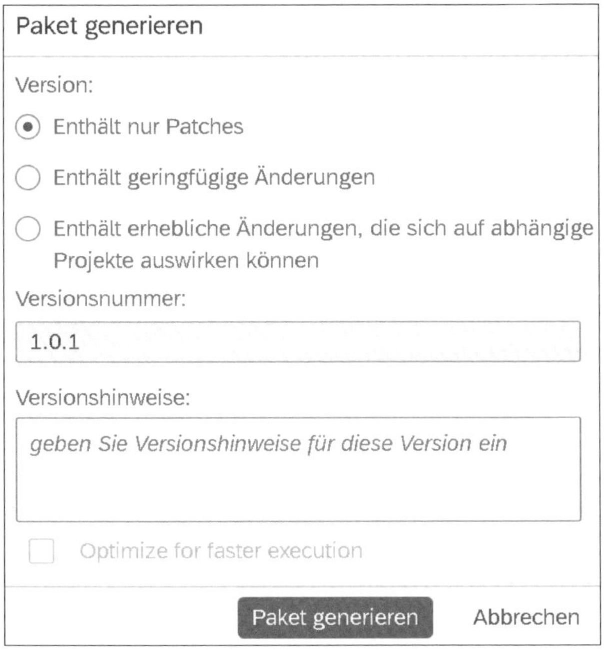

Abbildung 10.5 Versionsauswahl bei der Paketgenerierung

Versionsstufen

Im Gegensatz zur initialen Generierung eines Pakets aus einem Projekt (vergleichen Sie dazu mit dem Dialog aus Abbildung 10.2) kann der Paketname jetzt nicht mehr geändert werden. Stattdessen muss man festlegen, wie umfangreich die Anpassungen gewesen sind. Dies liegt im Ermessensspielraum der Person, die das Paket generiert. Es wird dabei zwischen den folgenden Arten neuer Versionen unterschieden:

- **Patch-Version (Enthält nur Patches)**
  Entspricht der in Abbildung 10.5 gewählten Versionierung. Es wurden nur kleine Anpassungen in Form von Bugfixes durchgeführt. Aus Version 1.0.0 wird 1.0.1.
- **Nebenversion (Enthält geringfügige Änderungen)**
  Es wurden kleinere Modifikationen und Bugfixes durchgeführt. Aus Version 1.0.0 wird 1.1.0. Gab es im Vorfeld mehrere Patch-Versionen, werden diese mit der Aktualisierung der Nebenversion auf 0 gesetzt. Aus Version 1.0.5 wird somit ebenfalls 1.1.0.
- **Hauptversion (Enthält erhebliche Änderungen, die sich auf abhängige Projekte auswirken können)**
  Es wurden umfangreiche Anpassungen am Projekt durchgeführt, sodass es unter Umständen zu Inkompatibilitäten zwischen den Versionen kommen kann. Aus Version 1.0.0 wird 2.0.0. Gab es im Vorfeld mehrere Neben- und/oder Patch-Versionen, werden diese mit der Aktualisierung der Hauptversion auf 0 gesetzt. Aus Version 1.1.5 wird somit ebenfalls Version 2.0.0.

10.1.3 Lebenszyklus-Management

Lebenszyklusphasen eines Pakets

Nach dem Anlegen eines Pakets durchläuft dieses verschiedene Phasen, bis es produktiv genutzt werden kann. Auch ist es möglich, dass ein Paket irgendwann keine Verwendung mehr findet und deshalb z. B. obsolet gesetzt werden soll. Welche Phasen ein Paket durchlaufen kann und was sich daraus für die Verwendung des enthaltenen Prozesses ergibt, wird mit Lebenszyklus-Management beschrieben.

Status

Den einzelnen Phasen des Lebenszyklus eines Pakets werden die folgenden Status zugeordnet:

- **Vorschau**
  Wird das Paket angelegt oder importiert, befindet es sich zunächst im Status **Vorschau**. Ein solches Paket kann in Umgebungen vom Typ Entwicklung (DEV) und Test (TEST) deployt werden. Ein Hinzufügen zu einer Produktivumgebung ist nicht möglich, dafür muss das Paket zunächst in den Status **Freigegeben** gesetzt werden.
- **Freigegeben**
  Das Paket ist freigegeben und kann einer Produktivumgebung (PROD) hinzugefügt werden.
- **Abgekündigt**
  Ein Paket wird auf den Status **Abgekündigt** gesetzt, wenn z. B. die Version des Pakets veraltet ist und es in Zukunft gelöscht werden soll. Dabei kön-

nen Sie entscheiden, ob das Paket sofort oder mit einer Verzögerung abgekündigt gesetzt werden soll. Mit der Verzögerung geben Sie den Benutzerinnen und Benutzern Zeit, ihre auf dem Desktop Agent deployte Paketversion zu aktualisieren, also z. B. zu einer neueren Version zu wechseln. Für Pakete im Status **Vorschau** ist dieser Status nicht relevant, hier wird das Paket stillgelegt.

- **Stillgelegt**
  Stillgelegte Pakete werden automatisch gelöscht, wenn sie in keinem Projekt oder in keinem anderen Paket referenziert werden.
- **Gelöscht**
  Das stillgelegte Paket ist gelöscht und steht nicht mehr zur Verfügung.

In Abbildung 10.6 erkennt man den Lebenszyklus des Pakets `Orders_Legacy`, also die verschiedenen Versionen inklusive Status. Durch einen Klick auf **Vorgängerversionen ausblenden** kann man die Historie auf- und zuklappen. Die Version 2.0.1 ist in diesem Beispiel als **Abgekündigt** gekennzeichnet und sollte somit nicht mehr verwendet werden. Allerdings besteht die Möglichkeit, zuvor gesetzte Status wieder zurückzunehmen.

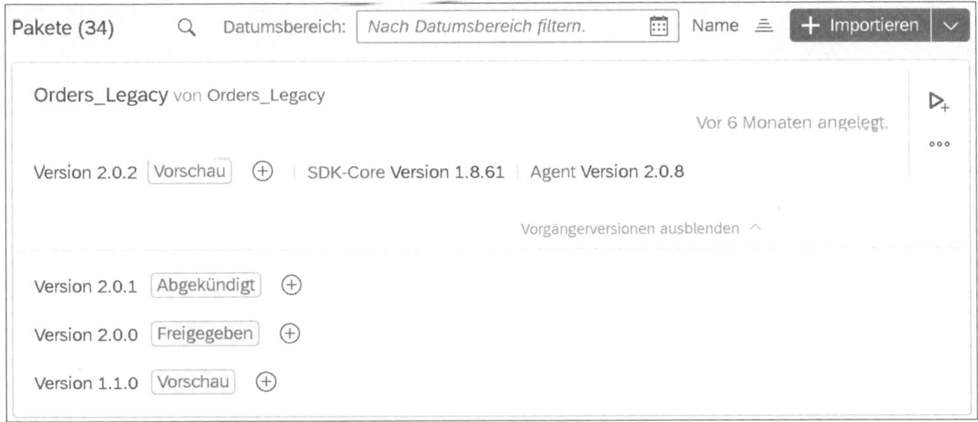

Abbildung 10.6 Übersicht der Paketversionen

Rollback eines gesetzten Status

Entscheiden Sie sich beispielsweise, die Version 2.0.1 doch weiter zu verwenden, können Sie ein *Rollback* des Status durchführen, das heißt zum vorherigen Status zurückspringen. Dafür wählen Sie die Version aus, für die Sie das Rollback ausführen möchten, und öffnen das Auswahlmenü über einen Klick auf die Schaltfläche mit den drei Punkten (⋯, siehe Abbildung 10.7). Wählen Sie das verfügbare Rollback aus, in unserem Beispiel **Rollback auf Freigegeben**. Nachdem Sie das nachfolgende Popup-Fenster bestätigt haben, wird der Status zurückgesetzt. In diesem Beispiel wird der Status zurück auf **Freigegeben** gesetzt.

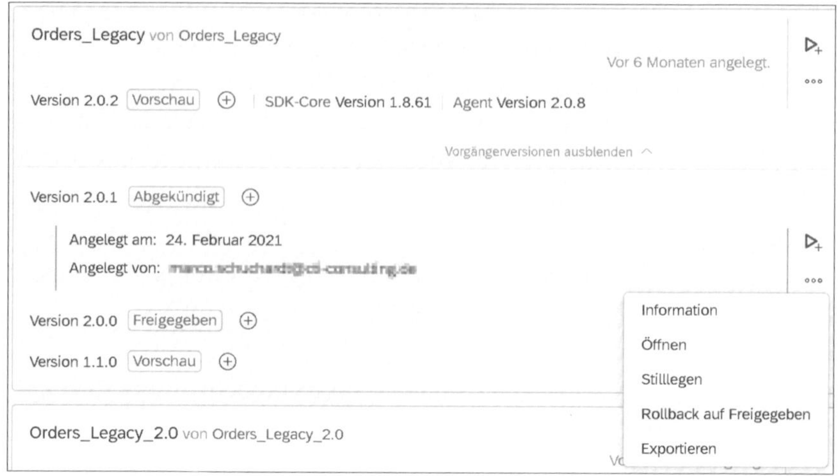

Abbildung 10.7 Rollback des Paketstatus

Folgende Rollbacks stehen zur Verfügung:

- von **Abgekündigt** zurück auf **Freigegeben**
- von **Stillgelegt** zurück auf den vorherigen Status, der entweder **Abgekündigt**, **Freigegeben** oder **Vorschau** gewesen sein kann.

10.1.4 Auslöser

Ist das Paket angelegt, benötigt es Auslöser bzw. Trigger, damit es als automatisierter Prozess verwendet werden kann. Auslöser steuern, wie der Prozess in einem Paket ausgeführt wird. Es ist möglich, die Auslöser bereits bei der Verteilung in die Umgebung zu bestimmen. Alternativ können Sie das Paket erst einmal ohne Auslöser in die Umgebung deployen. Eine Änderung der Auslöser innerhalb der Umgebung ist jederzeit möglich. Es kann einen oder mehrere verschiedene Auslöser zu einem Paket geben.

In Abschnitt 9.2.2, »Deployment und Auslöser«, haben wir Ihnen bereits gezeigt, wie Sie einen Auslöser vom Typ **Bearbeitet** (Attended) zu einem aus dem Desktop Studio importierten Paket hinzufügen. Außerdem haben Sie in diesem Abschnitt erfahren, welche verschiedenen Arten von Auslösern existieren. In den folgenden Abschnitten wollen wir noch einmal etwas genauer auf die Unterschiede zwischen den verschiedenen Arten von Auslösern eingehen. Dabei gehen wir auch darauf ein, wann man welchen Auslöser verwenden sollte.

Auslöser vom Typ »Bearbeitet« (Attended)

Soll die Automatisierung durch die Anwenderin oder den Anwender gestartet werden, entscheidet man sich für einen bearbeiteten Auslöser. Ein solcher Auslöser steuert, wann die Automatisierung auf den jeweiligen Agenten zur Verfügung steht.

Freie Auswahl des Ausführungszeitpunkts

Bei der Konfiguration eines bearbeiteten Auslösers ist es oft sinnvoll, bei der Zeitspanne einen großen **Datumsbereich** zu wählen und im Wochentags-/Uhrzeit-Diagramm den kompletten Zeitraum mit dem Mauszeiger zu selektieren. Die auswählten Wochentage und Uhrzeiten werden blau markiert (siehe Abbildung 10.8). Mit dieser Einstellung haben die Anwenderinnen und Anwender freie Wahl, wann sie die Automatisierung starten möchten.

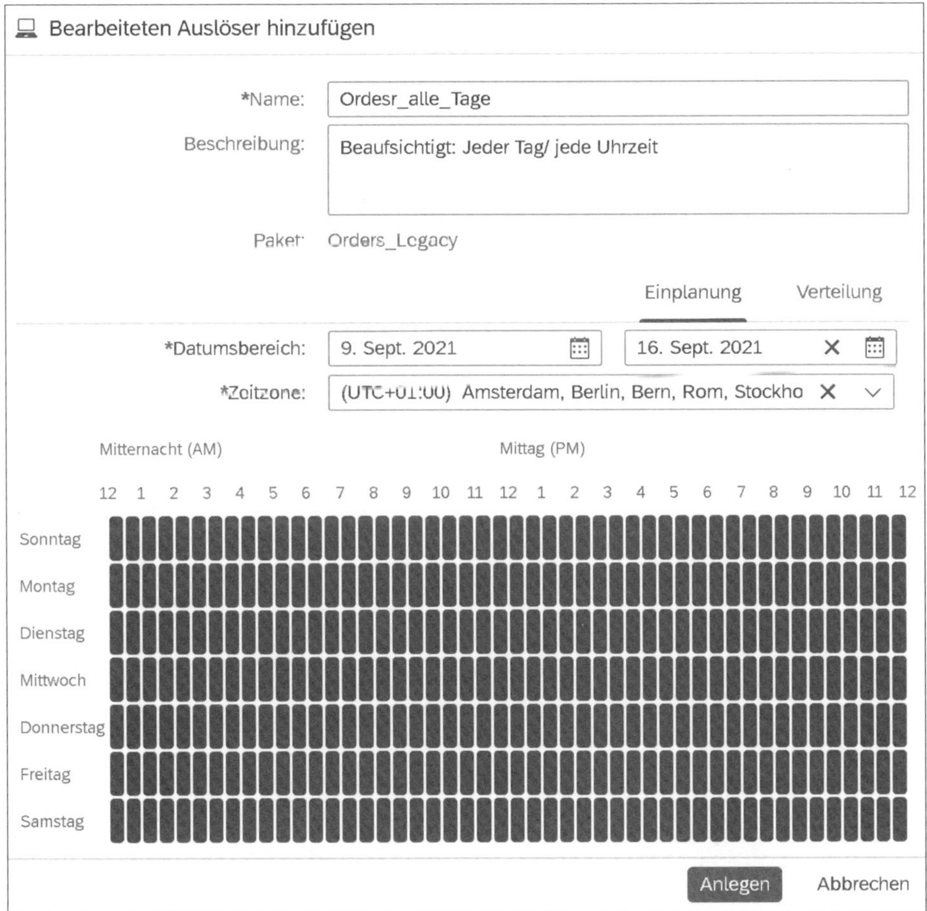

Abbildung 10.8 Bearbeiteter Auslöser, der über den kompletten möglichen Zeitraum ausgeführt werden kann

Eingeschränkte Auswahl des Zeitpunkts

In einigen Fällen kann es aber auch sinnvoll sein, dass die Automatisierung nur in einem bestimmten Zeitraum ausgeführt werden kann, weil vielleicht erst dann die benötigten Daten oder Agenten zur Verfügung stehen. Das Beispiel in Abbildung 10.9 zeigt einen Auslöser, der die Automatisierung nur an Wochentagen im Zeitraum zwischen 13.00 Uhr bis 17.00 Uhr steuert.

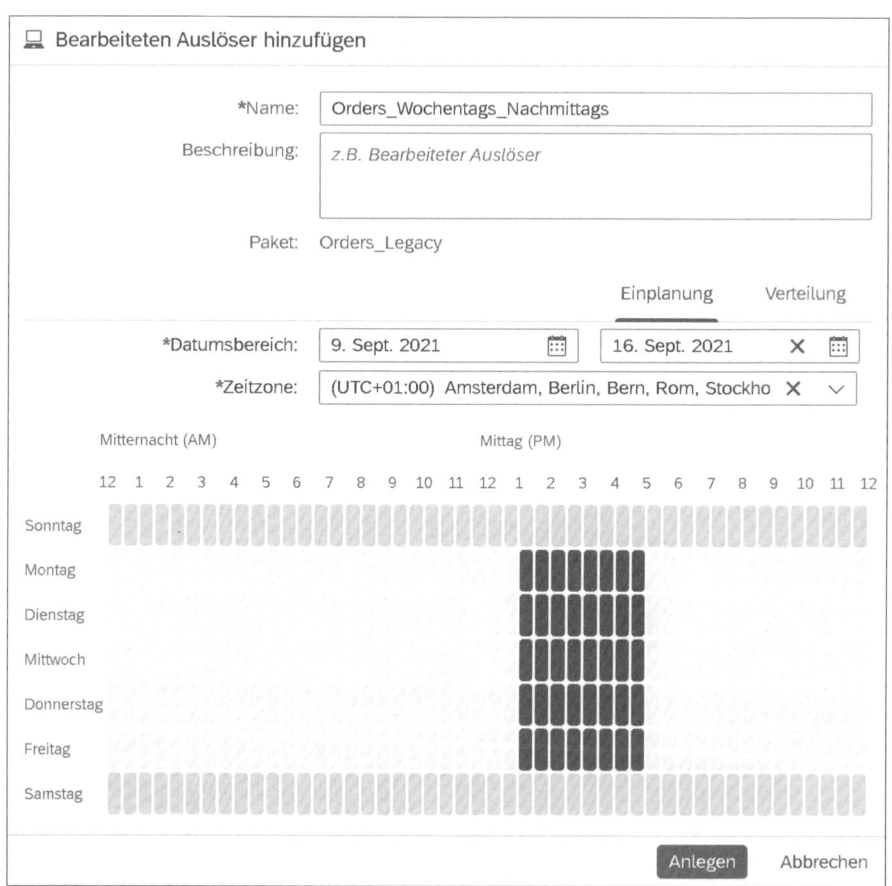

Abbildung 10.9 Bearbeiteter Auslöser für einen eingeschränkten Zeitraum

Auslöser vom Typ »Eingeplant« (Scheduled)

Unbeaufsichtigte bzw. eingeplante Auslöser müssen nicht von einem Benutzer manuell gestartet werden. Ein solcher Auslöser legt Jobs, also automatisch ablaufende Prozesse, nach dem hinterlegten Zeitplan an, die dann vollständig ohne einen manuellen Eingriff vom Desktop Agent ausgeführt werden.

Job-Ausführung nach festem Zeitplan

Die Vorgehensweise beim Erstellen des Zeitplans ist ähnlich wie bei den bearbeiteten Auslösern. Da aber niemand die Ausführung der Automatisierung manuell startet, müssen Sie bei der Definition des Auslösers angeben, in welchem zeitlichen Abstand die automatische Ausführung des Jobs gestartet werden soll (**Wiederholung**) und wann dieser im Falle einer Nicht-Erreichbarkeit des Desktop Agent auf den Job-Status »abgelaufen« gesetzt werden soll (**Jobs laufen ab nach**, siehe Abbildung 10.10).

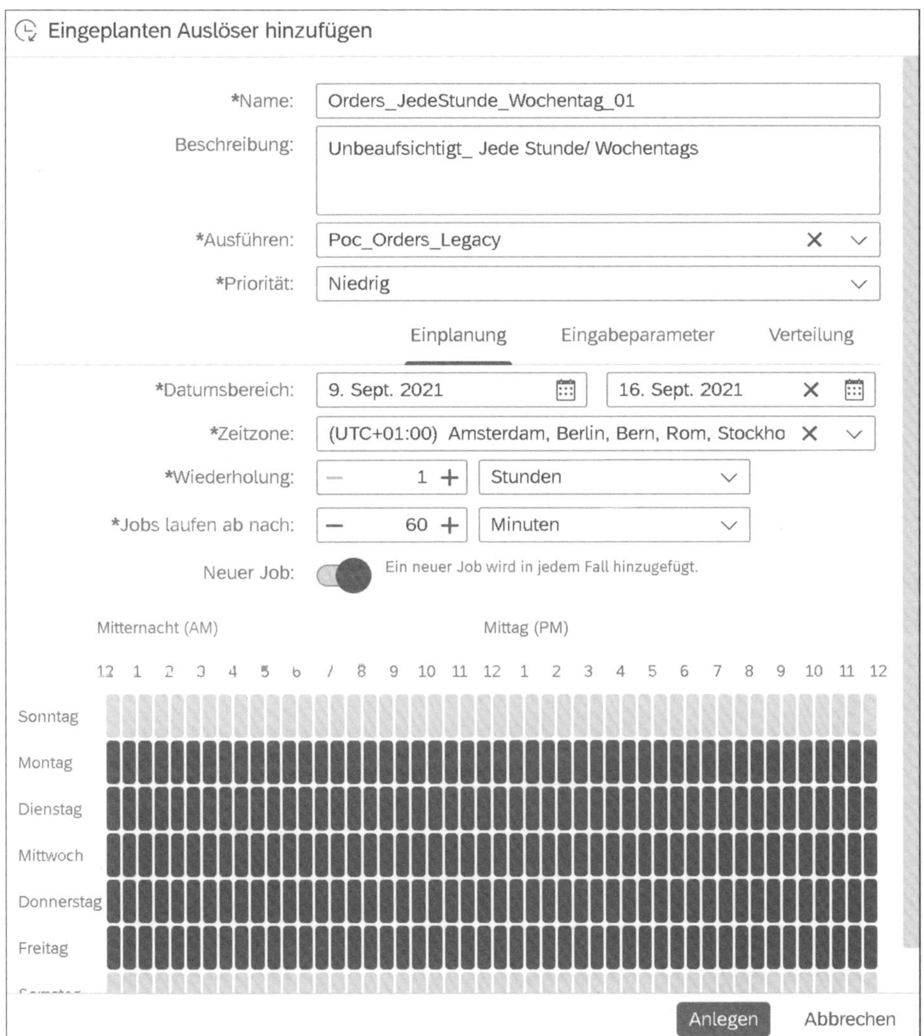

Abbildung 10.10 Eingeplanten Auslöser konfigurieren

> **Fehlerursachen bei der Job-Ausführung**
>
> Gründe dafür, dass der Job nicht auf dem Desktop Agent ausgeführt werden kann, könnten sein, dass sich der Desktop Agent z. B. im falschen Modus befindet, es sich also um einen attended Bot handelt, oder dass der Desktop Agent auf der Maschine nicht gestartet wurde.

Mit der Einstellung **Neuer Job** kann zudem noch gesteuert werden, ob ein neuer Job erst dann angelegt werden soll, wenn ein bereits laufender Job mit denselben Eingabeparametern für denselben Auslöser abgeschlossen wurde.

Auslöser testen

Es ist möglich, den Auslöser direkt zu starten, z. B. zu Testzwecken:

1. Wechseln Sie dazu auf die Registerkarte **Umgebungen**, und wählen Sie die Umgebung aus, in der Sie einen Auslöser testen wollen. Dort wählen Sie den Bereich **Auslöser**.
2. Wählen Sie den Auslöser aus, den Sie testen möchten, öffnen Sie das Aktionsmenü (°°°), und wählen Sie die Option **Jetzt ausführen** (siehe Abbildung 10.11).

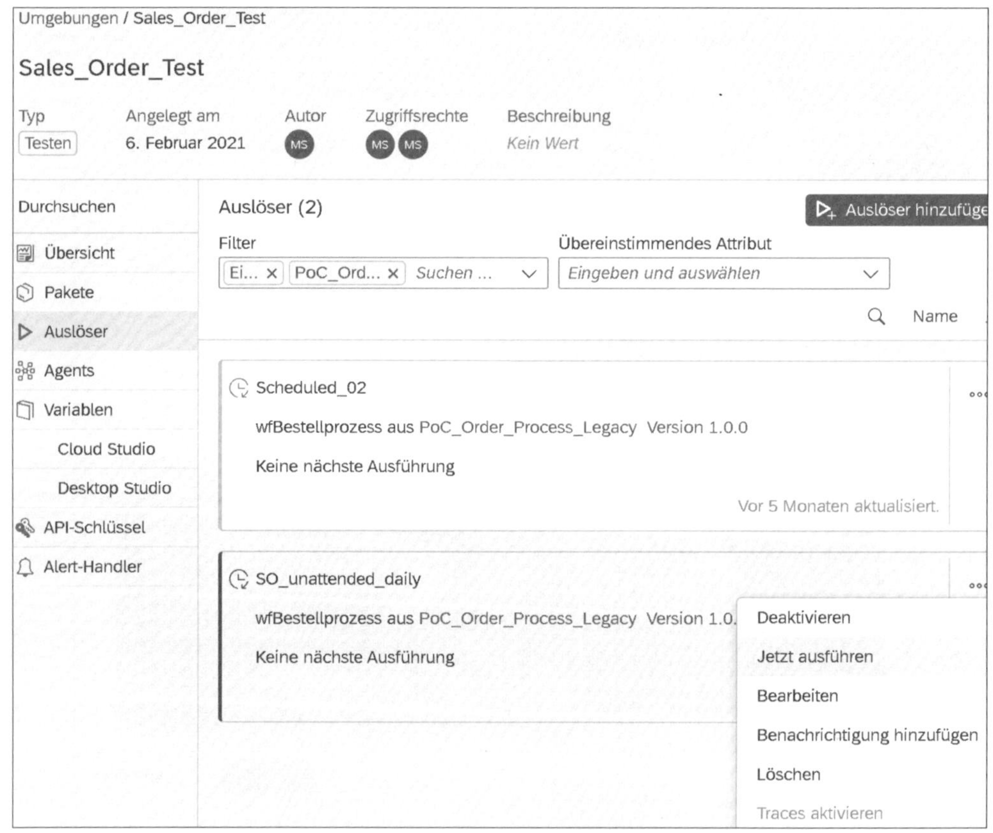

Abbildung 10.11 Auslöser direkt ausführen

Auslöser vom Typ »API«

Ausführung durch eine externe Anwendung

Ein Auslöser vom Typ **API** ermöglicht es einer externen Anwendung, ein Szenario oder einen Prozess in einer Umgebung zu starten. Es wird sozusagen ein Kanal geöffnet, der die Job-Ausführung über die mit der Umgebung verknüpften Desktop Agents ermöglicht. API-Auslöser können einem erstellten Paket zu jedem Zeitpunkt hinzugefügt werden. Außerdem können sie auch nachträglich noch geändert oder gelöscht werden, wodurch flexibel neue Kanäle geöffnet oder bestehende Kanäle gelöscht werden können.

API-Auslöser konfigurieren

In Abbildung 10.12 ist dargestellt, welche Informationen bei der Erstellung des Auslösers eingegeben werden können bzw. müssen. Im Feld **Ausführen** geben Sie die Anwendung, den Prozess oder das Szenario an, das die Automatisierung ausführen soll, in unserem Beispiel das Szenario **wfBestellprozess** der Maschinenbau GmbH. Mit der **Priorität** definieren Sie, welche Jobs in der Umgebung gegebenenfalls vorrangig bearbeitet werden, sollte es mehrere Anfragen zur selben Zeit geben.

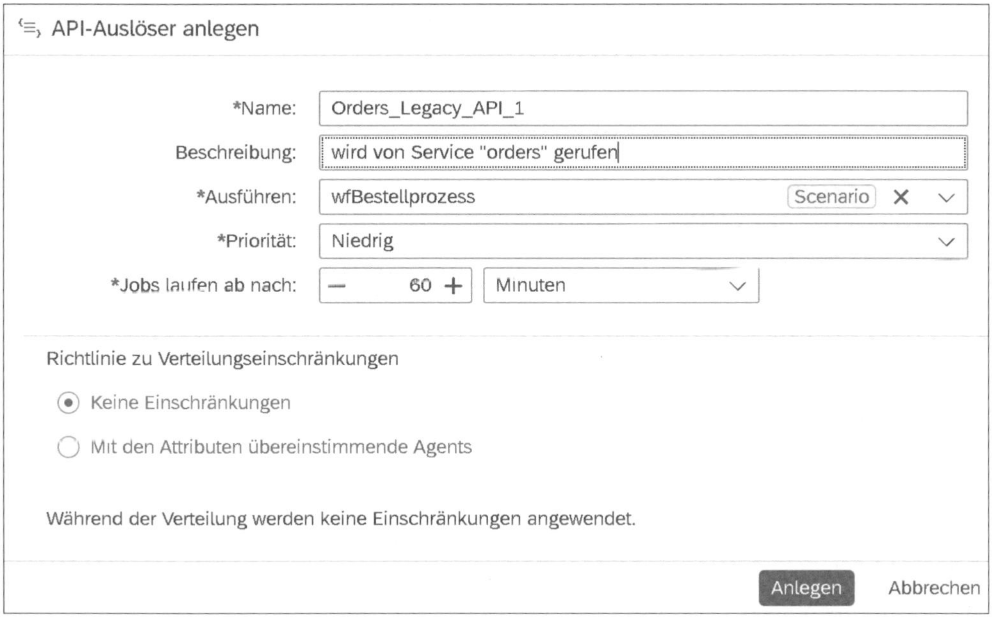

Abbildung 10.12 Auslöser vom Typ »API« anlegen

Informationen zum Aufruf des Auslösers

Mit Bestätigung der eingegebenen Daten über die Schaltfläche **Anlegen** erhalten Sie die Informationen, die benötigt werden, um den Auslöser aufzurufen, und die bei der Erstellung des Auslösers mit angelegt wurden (siehe Abbildung 10.13). Dazu gehören die Aufruf-URL und ein API-Schüssel.

API-Schlüssel generieren

Dieser in der Umgebung hinterlegte API-Schlüssel stellt sicher, dass die in der Umgebung angelegten API-Auslöser angesteuert und ausgeführt werden können. Der Schlüssel wird in der Cloud Factory innerhalb der Umgebung generiert, in der das Paket mit dem zugeordneten API-Auslöser liegt. Abbildung 10.14 zeigt den Bereich **API-Schlüssel** in der Umgebung. Klicken Sie hier auf die Schaltfläche **API-Schlüssel hinzufügen**, um einen neuen Schlüssel zu generieren und der Umgebung hinzuzufügen.

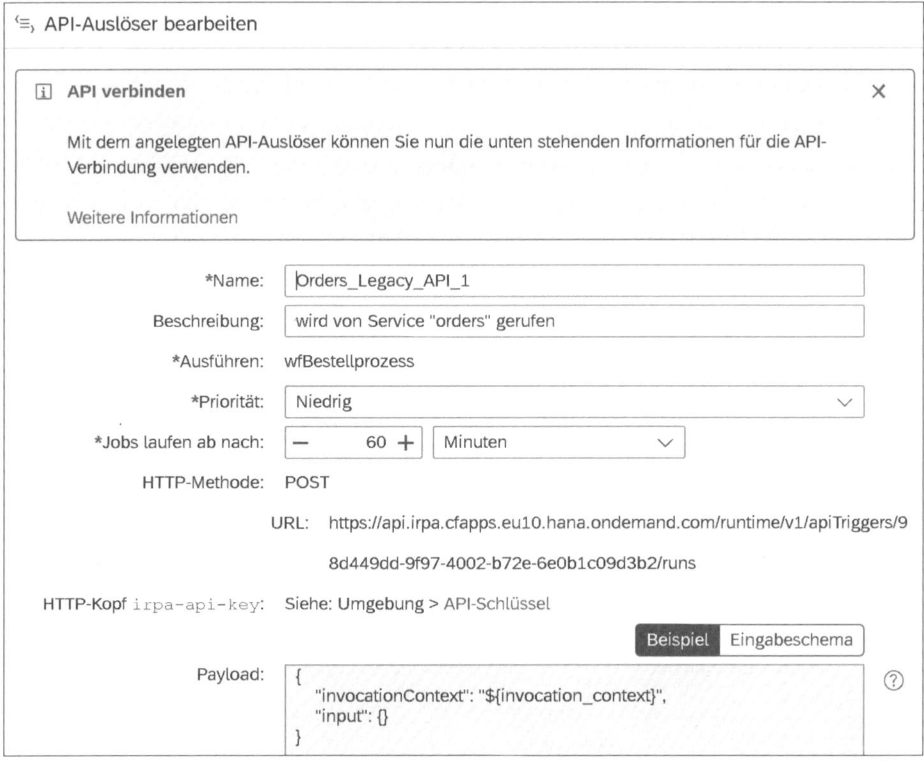

Abbildung 10.13 Informationen zum API-Auslöser

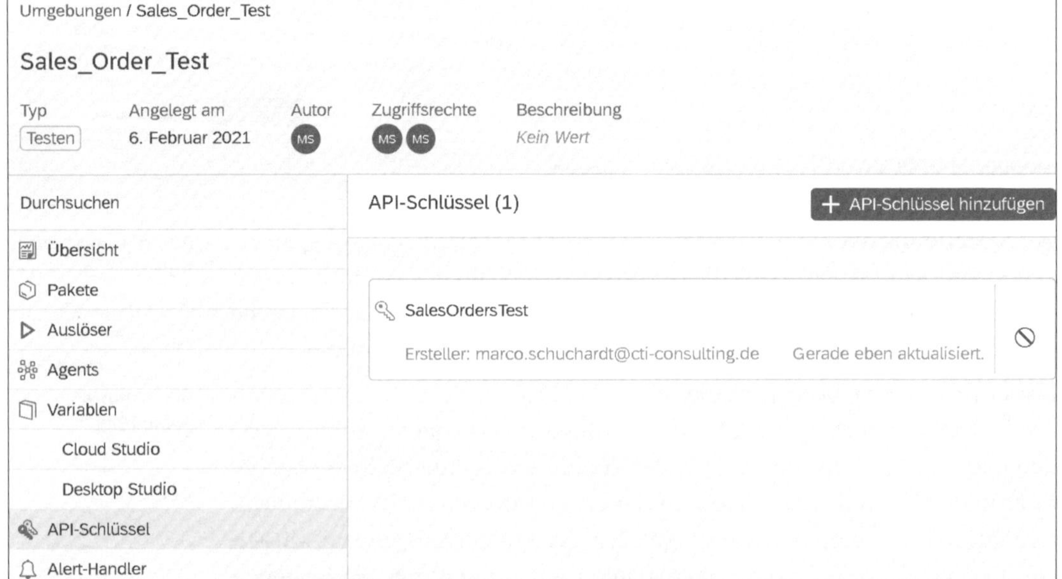

Abbildung 10.14 API-Schlüssel in einer Umgebung generieren

Der Schlüssel wird nur einmalig angezeigt und sollte daher rauskopiert und z. B. in eine Textdatei eingefügt werden, die im Anschluss sicher gespeichert wird, sodass die Systemadministration bei Bedarf darauf zugreifen kann (siehe Abbildung 10.15).

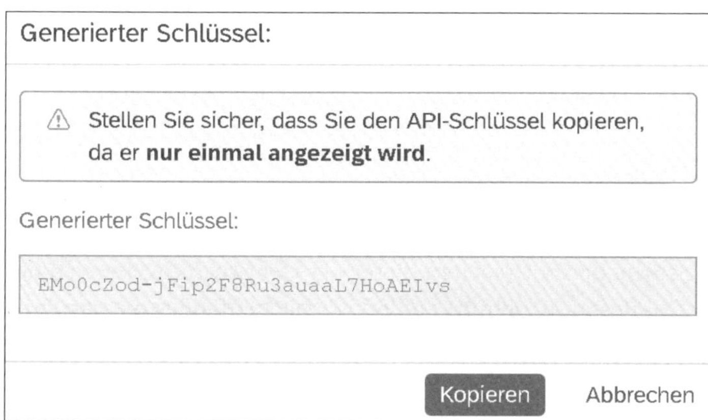

Abbildung 10.15 Generierter API-Schlüssel

API-Schlüssel löschen

Ein generierter Schlüssel kann auch wieder gelöscht werden. Dazu klicken Sie zunächst auf das Symbol zum **Widerrufen** (⃠), wodurch der Schlüssel zunächst ungültig wird. Im Anschluss kann er endgültig aus der Umgebung gelöscht werden.

Service-Key

Eine weitere Voraussetzung zur Verwendung von API-Triggern ist ein *Service-Key* von der Service-Instanz im *SAP BTP Cockpit*, mit dem SAP Intelligent RPA verknüpft ist. Wie und wo Service-Keys (Service-Schlüssel) angelegt werden können, können Sie dem Installationsleitfaden zu SAP Intelligent RPA entnehmen (siehe *http://s-prs.de/v776802*).

Zusammenfassend stellt Abbildung 10.16 alle erforderlichen Schritte zur Verwendung eines API-Auslösers noch einmal übersichtlich dar.

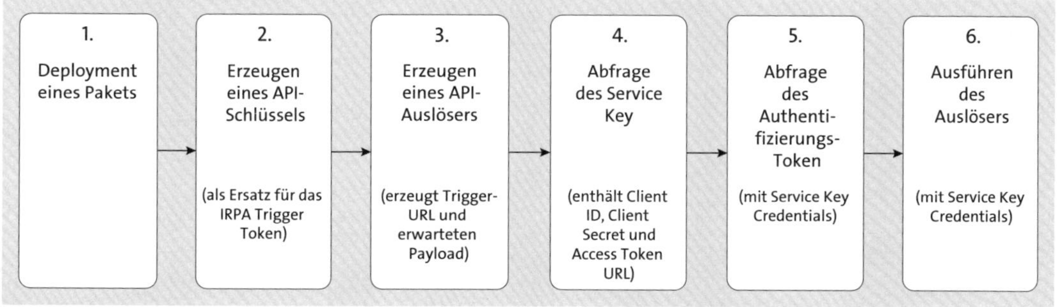

Abbildung 10.16 Notwendige Schritte zur Verwendung von API-Triggern (Quelle: SAP)

Weitere Informationen zu API-Auslösern

Über den Link **Weitere Informationen** (oben in Abbildung 10.13) können Sie in die Anwenderdokumentation der Cloud Factory abspringen. Darin sind alle notwendigen Schritte im Umgang mit API-Auslösern ausführlich beschrieben.

10.2 Monitoring

Einen Überblick über die aktuell laufenden Prozesse (Jobs), mögliche Fehler und Probleme sowie deren Ursachen bietet der Überwachungsbereich der Cloud Factory. In diesem Abschnitt stellen wir nacheinander die verschiedenen Bereiche des Monitorings vor: das Dashboard, die Job-Übersicht, die Protokolle, das Verbrauchs-Monitoring und die Möglichkeit zum Herunterladen von Monitoring-Daten.

10.2.1 Dashboard

Dashboard zum schnellen Monitoring

Ausgangspunkt bildet die Übersichtsseite **Dashboard**, die sich direkt nach Aufruf der Registerkarte **Überwachung** öffnet (siehe Abbildung 10.17). Mithilfe des Dashboards lassen sich die aktuellen Status der Jobs, der Agenten und der vergangenen Job-Läufe einsehen.

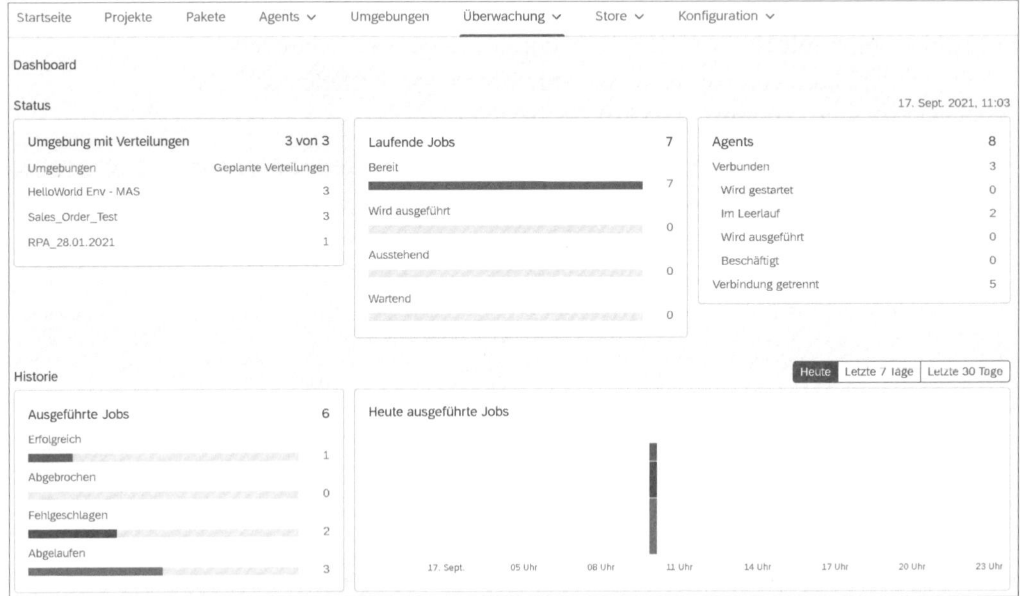

Abbildung 10.17 Dashboard auf der Registerkarte »Überwachung«

Im oberen Bereich des Dashboards sehen Sie den aktuellen Status der Verteilungen von Jobs auf die verschiedenen Umgebungen, der laufenden Jobs und der existierenden Agenten. Der untere Bereich des Dashboards stellt die historischen Daten dar. Auf die verschiedenen Kacheln des Dashboards gehen wir in den folgenden Abschnitten genauer ein.

Umgebungen mit Verteilungen

Eingeplante Jobs

In der linken oberen Ecke des Dashboards, im Bereich **Umgebung mit Verteilungen**, sind die Umgebungen gelistet, in denen eingeplante (unattended) Jobs auf einen zur Ausführung bereitstehenden Agenten warten (siehe Abbildung 10.18). Hier können bis zu fünf Umgebungen angezeigt werden. Die Anzeige ist nach der Anzahl der wartenden Jobs von oben nach unten absteigend sortiert.

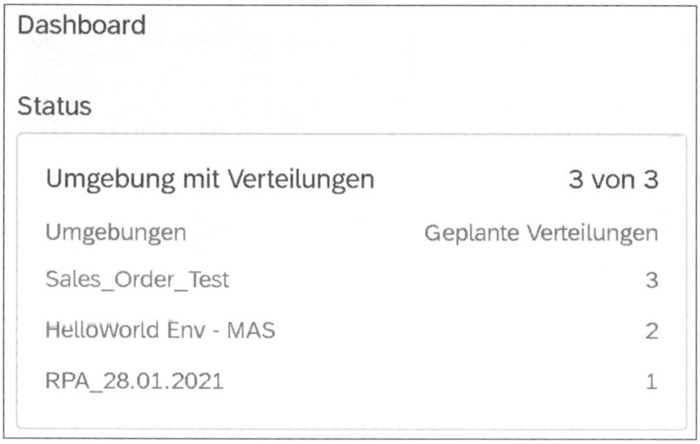

Dashboard

Status

Umgebung mit Verteilungen — 3 von 3

Umgebungen	Geplante Verteilungen
Sales_Order_Test	3
HelloWorld Env - MAS	2
RPA_28.01.2021	1

Abbildung 10.18 Umgebungen mit Verteilungen

In dem Beispiel aus Abbildung 10.18 warten aktuell drei Jobs auf Ausführung in der Umgebung **Sales_Order_Test** und zwei in der Umgebung **HelloWorld Env – MAS**. In der Umgebung **RPA_28.01.2021** steht ein Job zur Verteilung an. Gründe dafür, dass die Verteilung nicht stattfinden kann, können beispielsweise sein, dass der Agent aufgrund einer abgeschalteten Maschine nicht verfügbar ist, oder auch, dass der Desktop Agent nicht gestartet ist. Zudem wäre es möglich, dass der Desktop Agent im falschen Modus gestartet wurde. Handelt es sich z. B. um eingeplante Jobs, der Agent wurde aber im interaktiven (attended) Modus gestartet, ist eine Ausführung nicht möglich.

Absprung in die Job-Übersicht

Mit einem Klick auf eine der Umgebungen springen Sie direkt auf die Übersichtsseite dieser Umgebung ab. Klicken Sie hingegen auf **Umgebung mit Verteilungen**, gelangen Sie in die Übersicht der Jobs, die bereit zur Ausführung sind. Diese Übersicht entspricht der Auswahl **Jobs** auf der Registerkarte **Überwachung**, auf die wir in Abschnitt 10.2.2, »Jobs«, näher eingehen. Diese Job-Liste ist vorgefiltert auf die Jobs, die sich seit dem gestrigen Tag bis heute im Status **Bereit** befanden (siehe Abbildung 10.19).

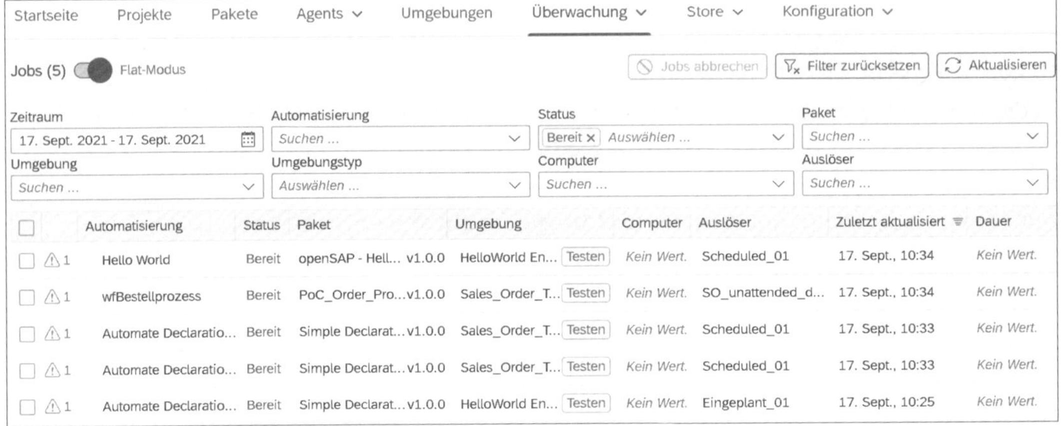

Abbildung 10.19 Jobs im Status »Bereit«

Laufende Jobs

Oben mittig im Dashboard wird die Anzahl der laufenden Jobs bzw. zur Ausführung anstehenden Jobs angezeigt. In Abbildung 10.20 sind sieben Jobs bereit für die Ausführung.

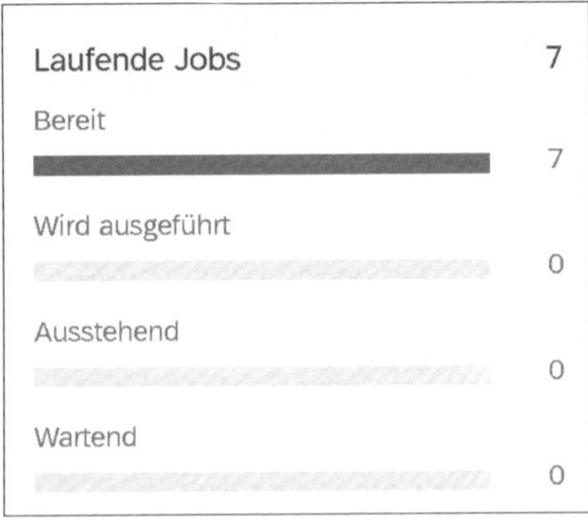

Abbildung 10.20 Übersicht der laufenden Jobs

Absprung in die Job-Übersicht

Durch einen Klick auf einen der Status **Bereit**, **Wird ausgeführt**, **Ausstehend** oder **Wartend** gelangen Sie in die Liste der Jobs aus Abbildung 10.19, gefiltert nach dem zuvor angeklickten Status.

Agenten

Statusüberwachung

Oben rechts im Dashboard wird die Anzahl der zur Cloud Factory zugeordneten Agenten gelistet, aufgeteilt nach ihrem jeweiligen Status (siehe Abbildung 10.21) **Wird gestartet**, **Im Leerlauf**, **Wird ausgeführt**, **Beschäftigt** oder **Verbindung getrennt**. Durch einen Klick auf einen der Status springen Sie in die Übersicht der Agenten auf der Registerkarte **Agents** ab, die nach dem angeklickten Status gefiltert wird.

Agents	8
Verbunden	3
Wird gestartet	0
Im Leerlauf	2
Wird ausgeführt	0
Beschäftigt	0
Verbindung getrennt	5

Abbildung 10.21 Anzahl der Agenten der Cloud Factory in den verschiedenen Status

Historische Daten zu ausgeführten Jobs

Variable Job-Historie

Der untere Abschnitt des Dashboards beinhaltet eine Übersicht der Anzahl der ausgeführten Jobs, sortiert nach deren Status. Über die Schaltflächen rechts oben in diesem Dashboard-Abschnitt können Sie die angezeigten Jobs auf die Zeiträume **Heute**, **Letzte 7 Tage** und **Letzte 30 Tage** eingrenzen. Abbildung 10.22 zeigt eine beispielhafte Übersicht der Job-Läufe in den letzten 30 Tagen. In diesem Beispiel ist auffällig, dass eine Vielzahl der Jobs abgelaufen ist. Die Ursache dafür könnte sein, dass der zur Ausführung gewählte Agent zum Zeitpunkt des Job-Laufs nicht zur Verfügung stand bzw. sich im falschen Modus (z. B. unattended statt attended) befunden hat.

Abbildung 10.22 Übersicht der historischen Job-Läufe

Auch diese Übersicht bietet wieder die Möglichkeit, durch einen Klick auf eines der Balkendiagramme direkt in die Liste der Jobs zu springen, gefiltert nach der getroffenen Auswahl (z. B. alle erfolgreichen Jobs der letzten sieben Tage).

10.2.2 Jobs

Filtermöglichkeiten

Nach dem Dashboard stellen die **Jobs** den nächsten Unterbereich auf der Registerkarte **Überwachung** dar. Dieser Bereich stellt die Jobs in Tabellenform dar und bietet die Möglichkeit, auf einzelne Tabellenspalten zu filtern. So können Sie individuelle Analysen der Job-Läufe durchführen. Zur Auswahl stehen dabei die folgenden Tabellenspalten:

- **Automatisierung** (ausgeführter Prozess bzw. Szenario)
- **Status**
- **Paket** (aus dem die Automatisierung stammt inklusive der Versionsnummer)
- **Umgebung** (inklusive des Umgebungstyps **Dev**, **Testen** oder **Prod**)
- **Computer** (auf dem der Job ausgeführt wird)
- **Auslöser**
- **Zuletzt aktualisiert**
- **Dauer** (der Ausführung)

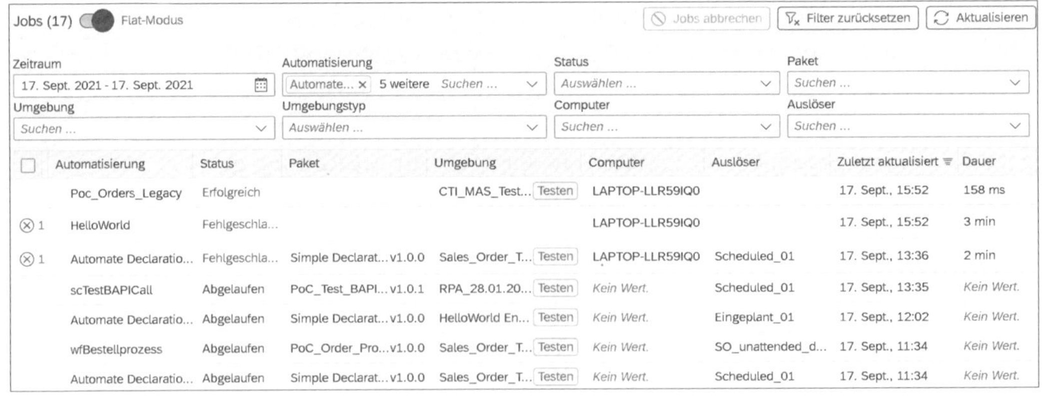

Abbildung 10.23 Übersicht der Jobs

Jobs ohne Paket und Umgebung

Wie in Abbildung 10.23 zu erkennen ist, gibt es Jobs, zu denen man in den Spalten **Paket** und/oder **Umgebung** keinen Eintrag findet. Ursache ist, dass diese Jobs bei der Erstellung der Automatisierung im Testmodus gelaufen sind. Die Generierung eines Pakets und das Deployment in eine Umgebung haben zu diesem Zeitpunkt noch nicht stattgefunden. Beim Testlauf wird hingegen ein temporäres (Test-)Paket generiert, das zur Ausführung in die zuvor gewählte Umgebung deployt wird.

Liste der Jobs filtern

Die Liste der Jobs können Sie nach den verschiedenen Spalten filtern, z. B. nach dem zu betrachtenden Zeitraum, den Status der Jobs oder nach den Umgebungen, in denen die Jobs ausgeführt wurden. Möchten Sie sich z. B. nur diejenigen Jobs anzeigen lassen, die in produktiven Umgebungen ausgeführt wurden, wählen Sie im Feld **Umgebungstyp** den Wert **Prod**. Voraussetzung ist, dass es zu den gewählten Filtern Job-Läufe in der Produktionsumgebung gegeben hat. Ansonsten wird der Wert zum Filtern nicht angeboten. Bereits gesetzte Filter können durch einen Klick auf die Schaltfläche **Filter zurücksetzen** am oberen rechten Rand gelöscht werden. Mit der benachbarten Schaltfläche **Aktualisieren** wird die Liste aktualisiert.

Detailierte Job-Übersicht

Durch einen Doppelklick auf einen der Jobs aus der Liste gelangen Sie in ein neues Fenster, in dem die Informationen über den Job inklusive der möglichen Absprünge in die jeweiligen Pakete, Umgebungen und Auslöser genauer dargestellt sind (siehe Abbildung 10.24).

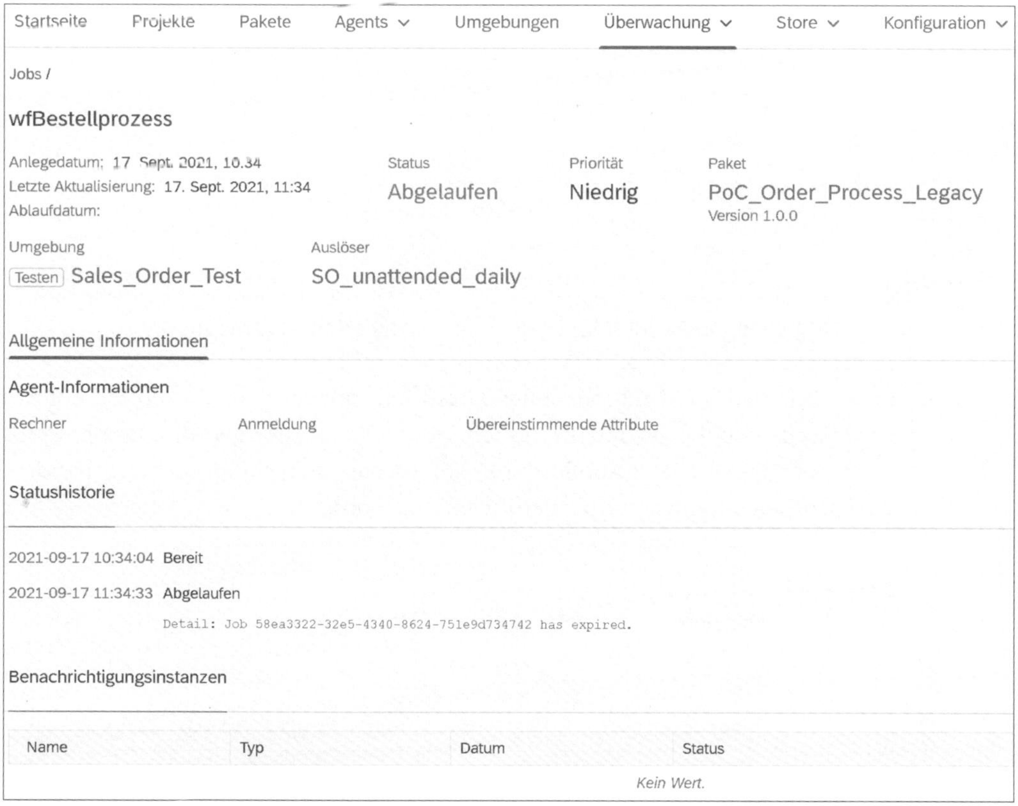

Abbildung 10.24 Job-Übersicht im Detail

Des Weiteren hält die Übersicht eine Statushistorie sowie Benachrichtigungen bereit. Sie bietet zudem eine Einsicht in die Job-Protokolle, falls es die zugeordneten Rollen erlauben.

Flat-Modus

Mit dem Regler **Flat-Modus** oben links in der Job-Übersicht können Sie die Ansicht der Jobs anpassen. Als Standardeinstellung ist der Modus deaktiviert, was zur Folge hat, dass Jobs, die in Eltern-Kind-Beziehung stehen, zusammengefasst dargestellt werden. Mit Eltern-Kind-Beziehung ist hier gemeint, dass ein übergeordneter Job einen weiteren Job ausgelöst hat. Die vom Eltern-Job getriggerten Kind-Jobs sind diesem untergeordnet und werden zum Beispiel auch nicht bei der Gesamtanzahl der ermittelten Jobs beachtet. Ist der Flat-Modus aktiviert, werden alle Jobs in der Auswahlliste auf der gleichen Ebene dargestellt. Die Anzahl der dargestellten Jobs erhöht sich demzufolge.

In Abbildung 10.25 ist der Flat-Modus deaktiviert. Die Gesamtanzahl der dargestellten Jobs wird mit 24 beziffert.

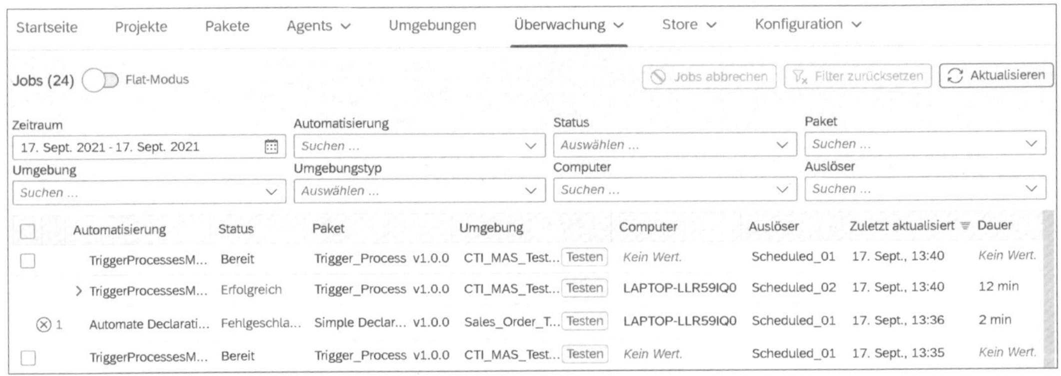

Abbildung 10.25 Job-Monitoring mit deaktiviertem Flat-Modus

Kind-Jobs anzeigen

Um auch die Kind-Jobs eines Eltern-Jobs anzuzeigen, klicken Sie auf das Pfeilsymbol (>) vor dem Namen, wodurch alle untergeordneten Kind-Jobs aufklappen (siehe Abbildung 10.26). Ist das Pfeilsymbol nicht vorhanden, enthält der Job keine ausgeführten Kind-Jobs.

∨ TriggerProcessesM...	Erfolgreich	Trigger_Process v1.0.0	CTI_
TriggerProcesse...	Erfolgreich	Trigger_Process v1.0.0	CTI_
TriggerProcesse...	Erfolgreich	Trigger_Process v1.0.0	CTI_
TriggerProcesse...	Erfolgreich	Trigger_Process v1.0.0	CTI_

Abbildung 10.26 Aufgeklappte Kind-Jobs

Status des Eltern-Jobs

Der Eltern-Job verbleibt zudem so lange im Status **Wartend**, bis alle ausgelösten Kind-Jobs abgeschlossen sind. Im Beispiel von Abbildung 10.27 wird gerade einer der Kind-Jobs ausgeführt, und ein weiterer Job ist bereit zur Ausführung. Die restlichen Kind-Jobs sind erfolgreich ausgeführt worden. Der Eltern-Jobs wartet so lange, bis alle Kind-Jobs einen abgeschlossenen Status erreicht haben.

Automatisierung	Status	Paket	Umgebung	Computer	Auslöser	Zuletzt aktualisiert	Dauer
> TriggerProcessesM...	Erfolgreich	Trigger_Process v1.0.0	CTI_MAS_Test... Testen	LAPTOP-LLR59IQ0	Scheduled_01	17. Sept., 13:16	4 min
∨ TriggerProcessesM...	Wartend	Trigger_Process v1.0.0	CTI_MAS_Test... Testen	LAPTOP-LLR59IQ0	Scheduled_02	17. Sept., 13:15	Kein Wert.
TriggerProcesse...	Bereit	Trigger_Process v1.0.0	CTI_MAS_Test... Testen	Kein Wert.		17. Sept., 13:15	Kein Wert.
TriggerProcesse...	Bereit	Trigger_Process v1.0.0	CTI_MAS_Test... Testen	Kein Wert.		17. Sept., 13:15	Kein Wert.
TriggerProcesse...	Erfolgreich	Trigger_Process v1.0.0	CTI_MAS_Test... Testen	LAPTOP-LLR59IQ0		17. Sept., 13:16	2 s
TriggerProcesse...	Wird ausgef...	Trigger_Process v1.0.0	CTI_MAS_Test... Testen	LAPTOP-LLR59IQ0		17. Sept., 13:29	4 s
> TriggerProcessesM...	Erfolgreich	Trigger_Process v1.0.0	CTI_MAS_Test... Testen	LAPTOP-LLR59IQ0	Scheduled_01	17. Sept., 13:09	2 min

Abbildung 10.27 Aktueller Status von Eltern- und Kind-Jobs

In den Flat-Modus wechseln

Um in den Flat Mode zu wechseln, schieben Sie den Regler mit der Maus nach rechts. Die Anzahl der dargestellten Jobs erhöht sich für dasselbe Beispiel auf 44 (siehe Abbildung 10.28). Nur in diesem Modus ist es zudem möglich, nach Kind-Jobs zu suchen bzw. zu filtern.

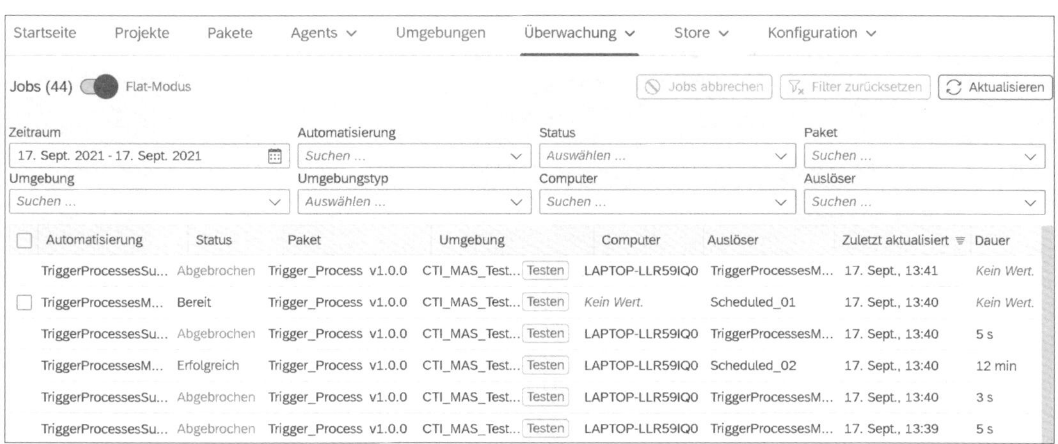

Automatisierung	Status	Paket	Umgebung	Computer	Auslöser	Zuletzt aktualisiert	Dauer
TriggerProcessesSu...	Abgebrochen	Trigger_Process v1.0.0	CTI_MAS_Test... Testen	LAPTOP-LLR59IQ0	TriggerProcessesM...	17. Sept., 13:41	Kein Wert.
TriggerProcessesM...	Bereit	Trigger_Process v1.0.0	CTI_MAS_Test... Testen	Kein Wert.	Scheduled_01	17. Sept., 13:40	Kein Wert.
TriggerProcessesSu...	Abgebrochen	Trigger_Process v1.0.0	CTI_MAS_Test... Testen	LAPTOP-LLR59IQ0	TriggerProcessesM...	17. Sept., 13:40	5 s
TriggerProcessesM...	Erfolgreich	Trigger_Process v1.0.0	CTI_MAS_Test... Testen	LAPTOP-LLR59IQ0	Scheduled_02	17. Sept., 13:40	12 min
TriggerProcessesSu...	Abgebrochen	Trigger_Process v1.0.0	CTI_MAS_Test... Testen	LAPTOP-LLR59IQ0	TriggerProcessesM...	17. Sept., 13:40	3 s
TriggerProcessesSu...	Abgebrochen	Trigger_Process v1.0.0	CTI_MAS_Test... Testen	LAPTOP-LLR59IQ0	TriggerProcessesM...	17. Sept., 13:39	5 s

Abbildung 10.28 Job-Monitoring mit aktiviertem Flat-Modus

Sub-Automatisierungen

Aber worum handelt es sich genau bei den Kind-Jobs? Während der Designphase des zu automatisierenden Prozesses (siehe Kapitel 5, »Workflows designen«) kann es sinnvoll sein, einzelne Prozessschritte als selbstständige Workflows bzw. eigenständige Automatisierungen anzulegen. Dies erhöht zum einen die Übersichtlichkeit des Prozesses und ermöglicht zum anderen die Wiederverwendbarkeit der einzelnen *(Sub-)Automatisierungen*. Die

Ausführung solcher Sub-Automatisierungen ist im Standardfall Bestandteil desselben Jobs und wird behandelt wie jeder andere Schritt innerhalb des automatisierten Prozesses. Die Ausführung der Sub-Automatisierung findet in diesem Fall *synchron* auf demselben Agenten statt, der den Job ausführt.

Asynchrone Ausführung

Es kann allerdings sinnvoll sein, solche Sub-Automatisierungen *asynchron* ausführen zu lassen, um die Durchlaufzeiten des Jobs zu reduzieren. Dabei wird die Ausführung der Sub-Automatisierung, also des Kind-Prozesses, von der des Eltern-Prozesses getrennt. Die Sub-Automatisierung kann dadurch auch auf einem anderen Agenten ausgeführt werden, der in der Umgebung registriert ist.

Beispiel: Bestellanlage im ERP-System

Ein Beispiel für die Nutzung von asynchronen Sub-Automatisierungen könnte z. B. das Einlesen einer Excel-Datei sein, in der mehrere Bestellungen enthalten sind, die im ERP-System angelegt werden sollen. Hierbei würde es sich anbieten, den Prozess der Bestellanlage im ERP-System als eigenständige Sub-Automatisierung anzulegen, die asynchron, also als eigenständiger Job, ausgeführt werden kann.

Kind-Job im Workflow-Design anlegen

Einzustellen ist diese Funktion während der Designphase des Workflows. Im Cloud Studio setzen Sie dazu bei der Einbindung der Sub-Automatisierung das Häkchen für die Checkbox **Als neuen Job auslösen** (siehe Abbildung 10.29).

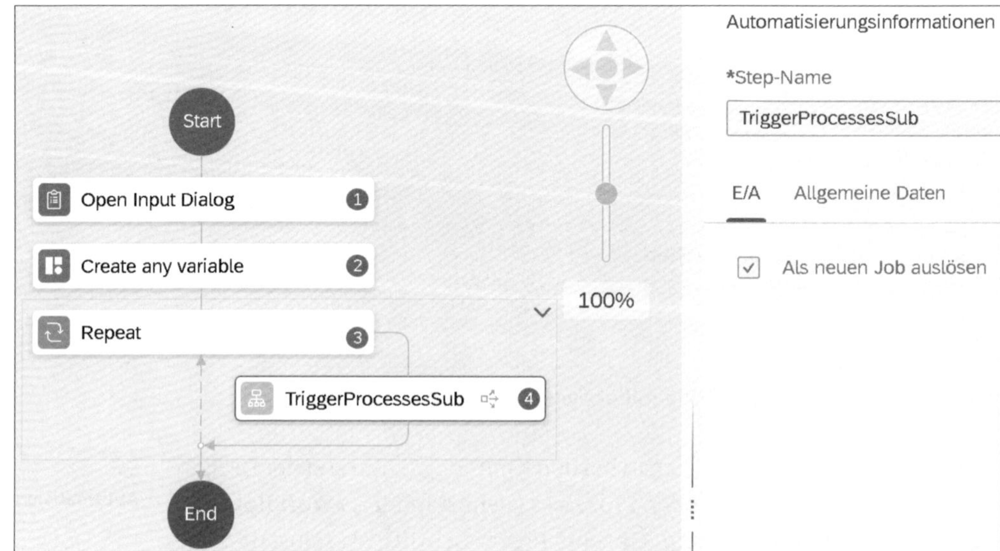

Abbildung 10.29 Sub-Automatisierung als eigenständigen Job im Cloud Studio anlegen

Eigenständige Auslösung einstellen

Damit eine Sub-Automatisierung als eigenständiger Job gestartet werden kann, muss dies in den Einstellungen der zu verwendeten (Sub-)Automatisierung zugelassen sein (siehe Abbildung 10.30). Im Cloud Studio müssen Sie dazu auf der Registerkarte **Allgemeine Daten** der Automatisierung den Schalter **Kann nur über eine andere Automatisierung gestartet werden** auf inaktiv setzen. Diese Einstellung ist beim Anlegen einer neuen Automatisierung standardmäßig ausgewählt. Eine Automatisierung, bei der dieser Schalter aktiviert ist, kann nicht unabhängig als Job ausgeführt werden. Sie lässt sich nur als Sub-Automatisierung in bestehende Workflows als synchroner Prozess integrieren.

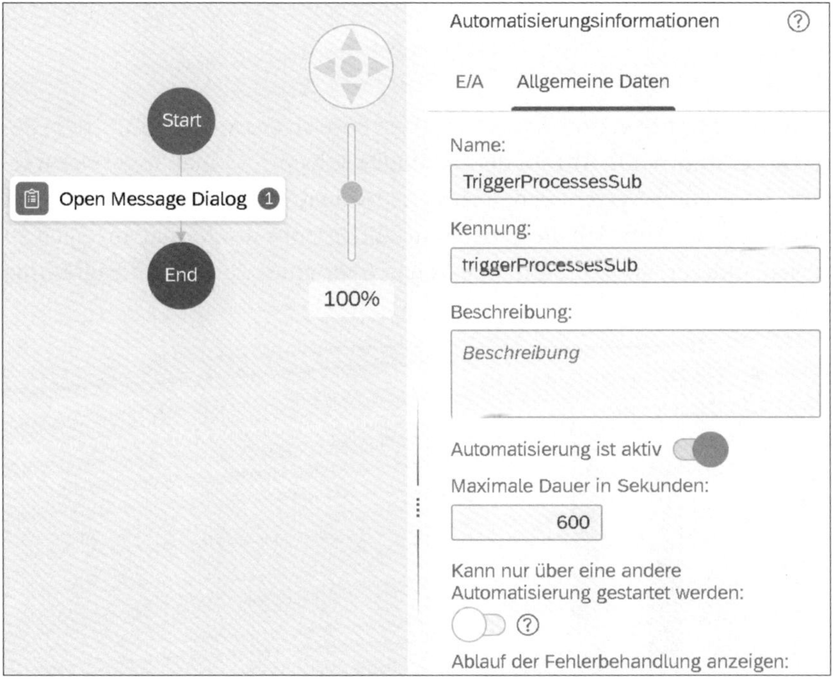

Abbildung 10.30 Optionen auf der Registerkarte »Allgemeine Daten« einer Automatisierung

10.2.3 Protokolle

Logs

Neben dem Dashboard und den Jobs bilden die **Protokolle** den dritten Bereich des Monitorings in der Cloud Factory (siehe Abbildung 10.31). In diesem Bereich werden alle Ereignisprotokolle angezeigt und können nach Datumsbereich, Umgebung, Schweregrad (Information, Warnung oder Fehler) sowie nach Kategorie (Job, Agent oder Auslöser) gefiltert werden.

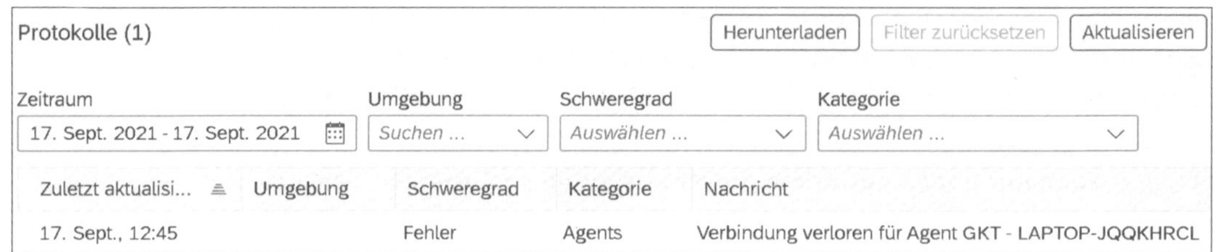

Abbildung 10.31 Protokollübersicht

Über einen Klick auf die Schaltfläche **Herunterladen** können Sie die Protokolle als **.csv**-Datei runterladen.

10.2.4 Verbrauch

Bereich »Verbrauch«

Zu Informationszwecken kann im vierten Bereich des Monitorings, dem Bereich **Verbrauch**, die Anzahl der laufenden Jobs pro Monat angezeigt werden, die auf dem System in den letzten 13 Monaten gelaufen sind (siehe Abbildung 10.32). Um sich die genaue Anzahl der Jobs pro Monat anzeigen zu lassen, müssen Sie mit dem Mauszeiger über eines der Balkendiagramme fahren.

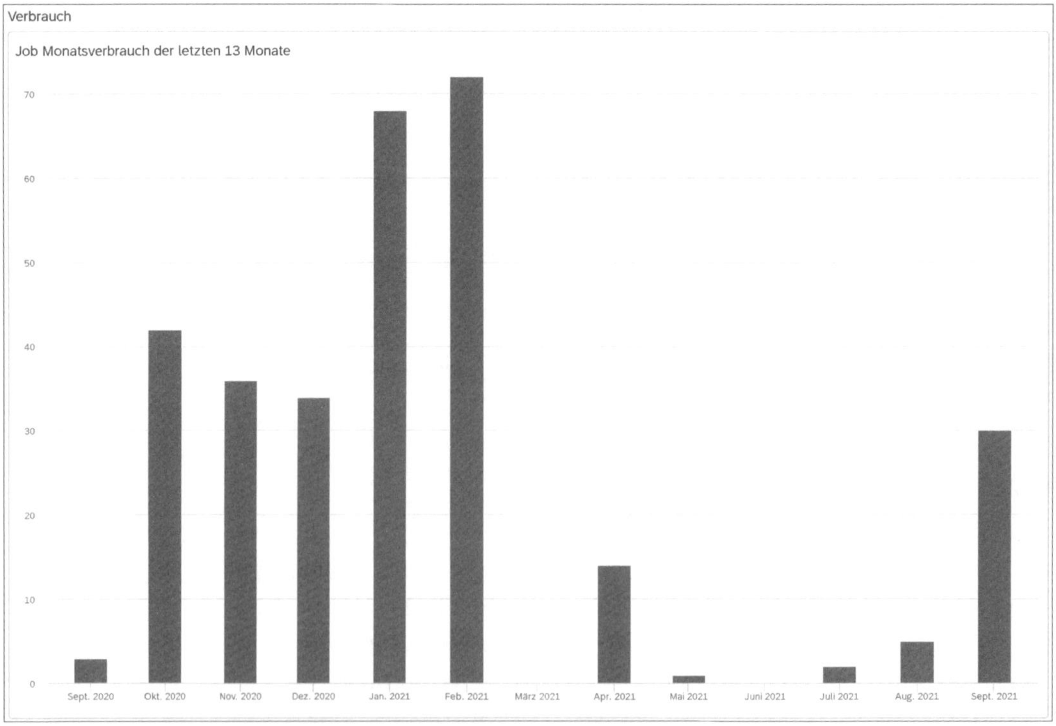

Abbildung 10.32 Verbrauchsmonitor

10.2.5 Daten exportieren

Export als .csv-Datei

Die letzte Kategorie auf der Registerkarte **Überwachung** stellt die Übersicht der **Daten** dar. Hier können verschiedene Datensätze zur weiteren Analyse als **.csv**-Datei exportiert werden. Folgende Daten werden zum Download bereitgestellt:

- **Historische Job-Daten**
  Daten zu Ausführungsjobs wie z. B. den verwendeten Auslösern, der verwendeten Maschine, dem Erzeugungsdatum, der Laufzeit usw.
- **Verteilung**
  Daten von unbeaufsichtigten Jobs, die auf Agenten verteilt wurden. An einer erhöhten Verteilungszeit können Sie erkennen, ob möglicherweise nicht genug Agenten zur Verfügung stehen, um anstehende Jobs aufzunehmen und abzuarbeiten.
- **Daten von Geschäftsaktivitäten (Business Activity Data, kurz BAM)**
  Nützliche Zusatzinformationen können im Desktop Studio über die BAM definiert und im gleichnamigen Bereich unter **Daten** ausgewertet werden. Bei den BAM handelt es sich nicht um Daten, die automatisch über die Monitoring-Funktion überwacht werden, sondern um Daten, die während der Ausführung des Desktop Agent an die Cloud Factory gesendet werden. Nützlich kann dies z. B. sein, um zu analysieren, wie viel Zeit der Desktop Agent innerhalb eines Szenarios benötigt, um auf eine spezielle Anwendung zuzugreifen.

Bibliothek für BAM

Um die BAM nutzen zu können, müssen Sie im Desktop Studio unter **Edit project** auf der Registerkarte **Libraries** die notwendige Bibliothek im Ordner **Galaxy** aktivieren (**Ctx Monitoring**, siehe Abbildung 10.33).

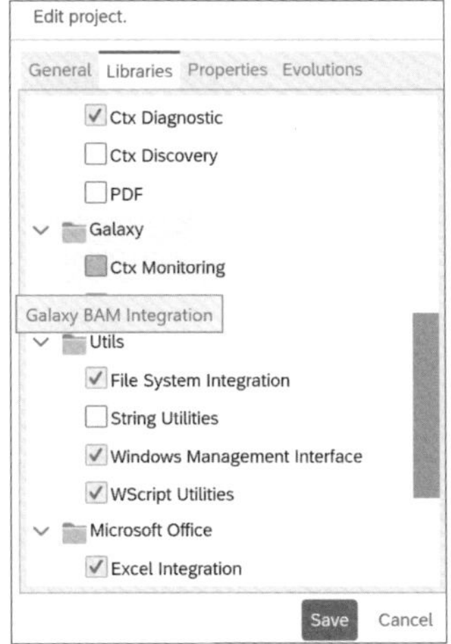

Abbildung 10.33 Ctx Monitoring (BAM) im Projekt aktivieren

Welche BAM-Statements Ihnen zur Verfügung stehen und was sonst noch notwendig ist, um die BAM zu nutzen, können Sie dem »Desktop Studio Developer Guide« (Kapitel »Business Activity Monitoring (BAM)«) entnehmen (siehe *http://s-prs.de/v776803*).

10.3 Zusammenfassung

In diesem Kapitel haben Sie gelernt, wie die von Ihnen im Cloud Studio modellierten Prozesse in die Cloud Factory importiert werden können und aus welchen drei möglichen Quellen (Desktop Studio, Cloud Studio und Store) die Pakete in der Cloud Factory stammen können. In diesem Zusammenhang sind wir auf den Lebenszyklus der Pakete eingegangen und haben deren Versionierung und unterschiedlichen Status erläutert. Mit diesem Wissen können Sie Ihre Projekte übersichtlich und nachvollziehbar managen. Mit der Darstellung der drei Arten von Auslösern (bearbeitet, eingeplant oder API) wurde der Abschnitt zum Management von RPA-Projekten abgeschlossen.

Im zweiten Abschnitt dieses Kapitels haben Sie die Monitoring-Funktionen kennengelernt, die die Cloud Factory zur Verfügung stellt, um die Jobs und Agenten in den jeweiligen Umgebungen zu überwachen. In diesem Zusammenhang sind wir etwas ausführlicher auf den Unterschied zwischen asynchronen und synchronen Jobs eingegangen und haben gezeigt, wie diese während der Designphase im Cloud Studio umgesetzt werden.

Im folgenden Kapitel 11, »Integration der Unternehmensanwendungen«, zeigen wir Ihnen einige Optionen, wie Sie sowohl SAP-GUI- als auch SAP-Webanwendungen auf Basis von SAPUI5- oder Microsoft-Office-Programmen sinnvoll in ein RPA-Projekt einbinden können.

TEIL IV

Weiterführende Themen

Kapitel 11
Integration der Unternehmensanwendungen

In diesem Kapitel lernen Sie Möglichkeiten kennen, um SAP-GUI-Anwendungen, SAPUI5-Anwendungen und Microsoft-Office-Programme in Ihrem RPA-Projekt zu nutzen.

Prozesse, die in einem betrieblichen Umfeld automatisiert werden, kommen ohne eine Einbindung in das zentrale SAP-System oder in die gewohnten Office-Anwendungen (wie die Produktfamilie Office von Microsoft mit Outlook, Word, Excel usw.) nicht aus. Insbesondere Prozesse, die Stammdaten anlegen oder verändern und dafür Daten aus anderen Anwendungen zusammentragen oder Dokumente wie Angebote, Bestellungen usw. erstellen, bieten sich für eine Automatisierung an, da diese oft standardisiert sind und häufig manuell ausgeführt werden.

Aufbau des Kapitels

In diesem Kapitel stellen wir die Möglichkeiten vor, die SAP Intelligent RPA bietet, um klassische SAP-GUI-Anwendungen (siehe Abschnitt 11.1, »Integration von SAP-GUI-Anwendungen«) und SAPUI5-Anwendungen (siehe Abschnitt 11.2, »Integration von SAP-Fiori-Anwendungen«) zu deklarieren und in automatisierte Workflows einzubinden. In Abschnitt 11.3, »Integration von Microsoft-Anwendungen«, zeigen wir Ihnen im Anschluss, wie Sie die von SAP Intelligent RPA fertig bereitgestellten Bibliotheken für die Einbindung von Microsoft Outlook, Excel und Word in Ihren Projekten nutzen können. Zudem gehen wir in Abschnitt 11.4, »Integration des Dateisystems«, auf die Verwendung der FSO-Bibliothek (File System Object) und ihrer Inhalte ein.

11.1 Integration von SAP-GUI-Anwendungen

SAP GUI

Das SAP Graphical User Interface (*SAP GUI*) ist die grafische Benutzeroberfläche, mit der die Anwenderinnen und Anwender eines SAP-Systems klassischerweise arbeiten. Das Programm, das diese Oberfläche bereitstellt, wird ebenfalls als SAP GUI bezeichnet. Es ist oftmals lokal auf dem Arbeitsplatzrechner der Anwenderin oder des Anwenders installiert oder wird als Programmkopie vom Server eines Netzwerks aus gestartet.

Durch das SAP GUI wird auch der Zugriff auf den *SAP NetWeaver Application Server*, also auf den Server, auf dem die SAP-Anwendungen laufen, ermöglicht. Es kann einen oder mehrere Applikationsserver für ein oder mehrere SAP-Systeme geben. Das SAP GUI stellt die zurzeit noch am weitesten verbreitete Zugriffsmöglichkeit auf SAP-Systeme dar.

Präsentationsschicht

In der gängigen *Drei-Schichten-Architektur*, bestehend aus Präsentations-, Logik- und Datenhaltungsschicht, mit der SAP-Systemlandschaften betrieben werden, übernimmt das SAP GUI die Rolle der Präsentationsschicht. Es bereitet aus relativ wenig Daten teils komplexe Bildschirmdarstellungen auf. Auf diese Weise kann die Datenlast für die Applikationsserver (und damit die Logikschicht) niedrig gehalten werden. Durch diese Besonderheit unterscheiden sich die Elemente von SAP-GUI-Oberflächen (Tabellendarstellungen, Auswahlfelder usw.) von den UI-Elementen anderer gängiger Windows-Anwendungen. Daher gibt es in SAP Intelligent RPA eine zusätzliche Bibliothek für SAP-GUI-Anwendungen, die den fehlerfreien Zugriff auf die Darstellungselemente gewährleistet. Wie diese Bibliothek eingebunden wird, erläutern wir im folgenden Abschnitt. Anschließend zeigen wir Ihnen, wie Sie SAP-GUI-Anwendungen deklarieren und auf dieser Basis Workflows im Desktop Studio modellieren können.

11.1.1 Einbindung der Bibliothek und Vorbereitung

Für die Verwendung einer SAP-GUI-Anwendung in einer Automatisierung muss zunächst die *SAP-GUI-Scripting-Bibliothek* in das Projekt eingebunden werden. Dies kann auf zwei verschiedene Arten erfolgen: vor oder während der eigentlichen Modellierung des Workflows.

Bereits zu Beginn der Konzeption eines automatisierten Prozesses sollte klar sein, ob das Arbeiten in der grafischen Benutzeroberfläche einer SAP-Anwendung Bestandteil Ihres neu definierten Prozesses ist. In diesem Fall ist es sinnvoll, gleich zu Beginn des Projekts die SAP-GUI-Scripting-Bibliothek zu aktivieren. Damit ist ein einfaches und korrektes Zugreifen auf die grafischen SAP-Objekte möglich. Bei dem SAP GUI Scripting handelt sich um ein Interface, das unter anderem dazu entwickelt wurde, Automatisierungen der SAP-GUI-Prozesse zu ermöglichen.

Einbinden der Bibliothek

Um die SAP-GUI-Scripting-Bibliothek im Desktop Studio zu aktivieren, gehen Sie wie folgt vor:

1. Wählen Sie im Menü des Desktop Studio den Pfad **File • Edit project...**

2. Rufen Sie dann die Registerkarte **Libraries** auf. Ihnen wird eine Liste der verfügbaren Bibliotheken angezeigt.
3. Scrollen Sie bis zum Bereich **CRM Applications**, der in Abbildung 11.1 zu sehen ist. Aktivieren Sie hier das **SAP GUI Scripting**, und speichern Sie Ihre Änderung mit **Save**.

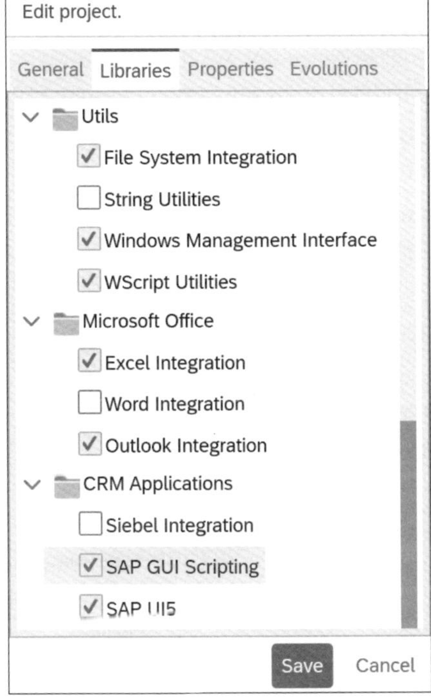

Abbildung 11.1 Bibliothek »SAP GUI Scripting« einbinden

[+]

Bibliothek während der Prozesserstellung einbinden

Ein nachträgliches Aktivieren dieser Bibliothek während der Erstellung eines Prozesses ist ebenfalls möglich. Die Vorgehensweise in diesem Fall können Sie am Beispiel der Einbindung der Office-Bibliotheken nachvollziehen, die wir in Abschnitt 11.3.1, »Einbinden der Bibliotheken«, beschreiben.

Automatische Aktivierung

Mit Version 1.0.8.36 von SAP Intelligent RPA ist ein manuelles Einbinden der SAP-GUI-Scripting-Bibliothek nicht mehr nötig. Sobald man bei der Deklaration von Pages das erste Mal **SAPGUI** als Technologie verwendet, wird das SAP GUI Scripting automatisch aktiviert und kann auch nicht mehr deaktiviert werden. Der Zugriff auf die Bibliothek ist somit sichergestellt. Auf die Deklaration von SAP-GUI-Pages gehen wir in Abschnitt 11.1.2, »Deklaration von SAP-GUI-Anwendungen«, näher ein.

SAP GUI Scripting aktivieren

Damit der von Ihnen neu definierte Prozess richtig mit der SAP-GUI-Anwendung zusammenarbeiten kann, ist es neben der Aktivierung der gleichnamigen Bibliothek nötig, die Funktionalität *SAP GUI Scripting* sowohl auf Clientseite als auch auf Serverseite zu aktivieren. Nur dadurch ist gewährleistet, dass die einzelnen Designelemente der SAP-Oberflächen wie Eingabefelder, Schaltflächen, Tabellen usw. vom Bot richtig erkannt und durch Tastatureingaben und emulierte Mausklicks bedient werden können. Ohne die Aktivierung des SAP GUI Scriptings erkennt der Bot die erfasste SAP-Anwendung lediglich als großen Block und kann die einzelnen Elemente nicht sicher ansteuern. Was Sie tun müssen, um das SAP GUI Scripting auf Client- und Serverseite zu aktivieren, zeigen wir Ihnen im Folgenden.

Aktivierung auf Clientseite

Um das SAP GUI Scripting auf Clientseite, das heißt im SAP GUI Client auf dem Rechner eines Anwenders oder einer Anwenderin, zu aktivieren, folgen Sie der Anleitung:

1. Öffnen Sie die Anwendung **SAP Logon**.
2. Durch einen Klick auf das Menüsymbol (☰) in der linken oberen Ecke öffnet sich der Menübaum mit der Absprungmöglichkeit **Optionen...**, wie in Abbildung 11.2 zu sehen ist. Klicken Sie darauf.

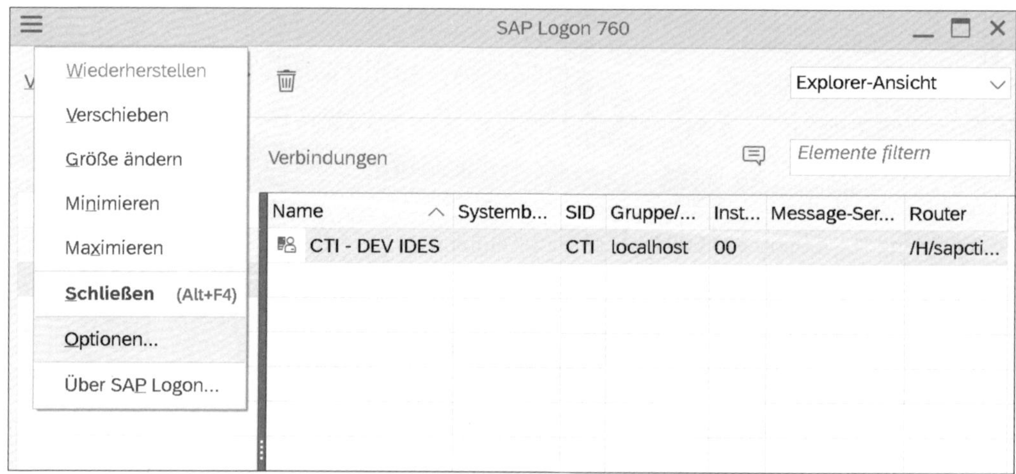

Abbildung 11.2 Optionen der Anwendung »SAP Logon« öffnen

3. Unter **Barrierefreiheit & Skripting • Skriptunterstützung** finden Sie die Einstellungen für das SAP GUI Scripting. Hier muss das Häkchen in der Checkbox **Skriptunterstützung aktivieren** gesetzt sein. Die Häkchen bei den anderen Punkten sollten Sie hingegen deaktivieren, wie in Abbildung 11.3 dargestellt ist.
4. Bestätigen Sie Ihre Einstellungen mit **OK**.

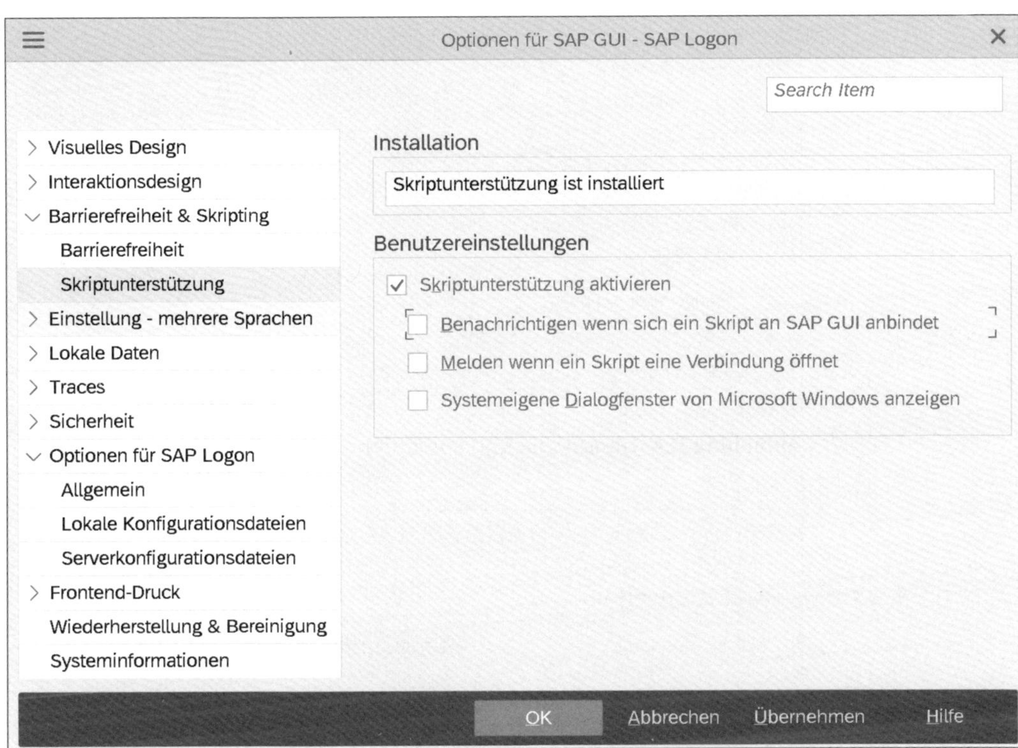

Abbildung 11.3 SAP GUI Scripting in der Anwendung »SAP Logon« aktivieren

Aktivierung auf Serverseite

Zur Aktivierung des SAP GUI Scriptings auf Serverseite, das heißt im SAP NetWeaver Application Server, müssen Sie sich zunächst an dem SAP-Server anmelden, auf dem die zu automatisierende Anwendung läuft und dessen Funktionen der Bot in Zukunft ausführen soll. Nach der Anmeldung gehen Sie wie folgt vor:

1. Starten Sie die Transaktion RZ11 (Profilparameter pflegen). Transaktionscodes wie RZ11 sind, vereinfacht beschrieben, Kürzel zum Starten von Programmen (Transaktionen) im SAP-System.
2. Geben Sie im Selektionsbild der Transaktion im Feld **Parametername** den Wert »sapgui/user_scripting« ein, und führen Sie die Transaktion mit einem Klick auf die Schaltfläche **Anzeigen** aus (siehe Abbildung 11.4).
3. Es öffnet sich die Detailsicht des Profilparameters `sapgui/user_scripting`, mit dem Sie die Einstellungen zum SAP GUI Scripting pflegen können.
4. Klicken Sie auf **Wert ändern**, woraufhin Ihnen das Popup-Fenster **Parameterwert ändern** angezeigt wird. Sollte der Wert im Feld **Aktueller Wert** »FALSE« lauten, ändern Sie ihn auf »TRUE«, wie in Abbildung 11.5 gezeigt.

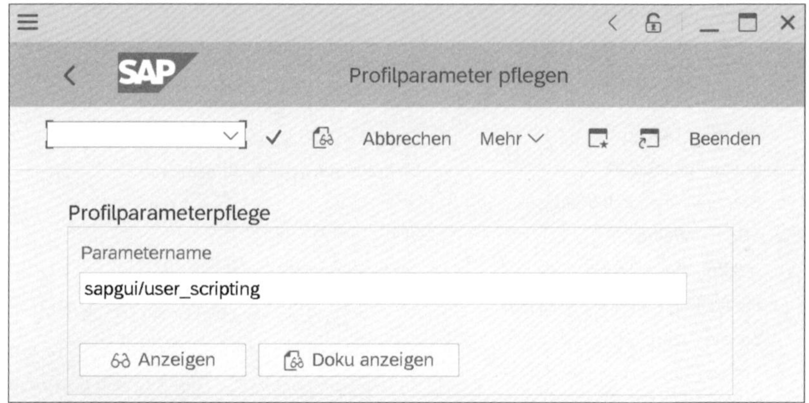

Abbildung 11.4 Transaktion RZ11 ausführen

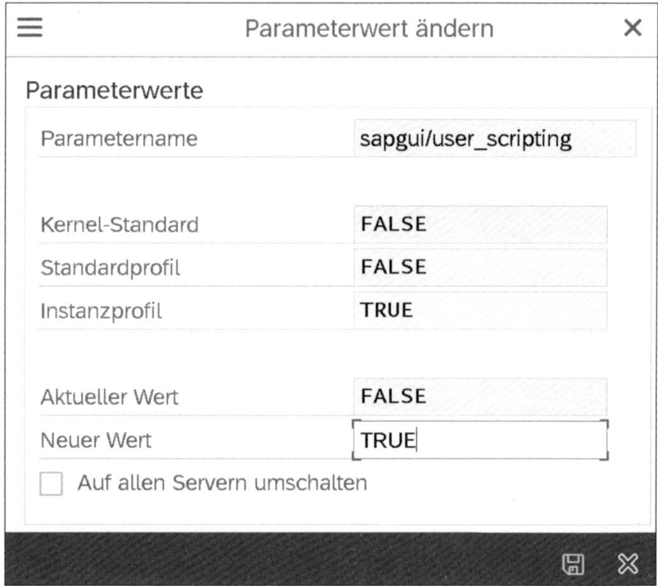

Abbildung 11.5 Wert des Profilparameters »sapgui/user_scripting« ändern

5. Speichern Ihre Anpassung im Anschluss.

Die Aktivierung des SAP GUI Scriptings muss sowohl auf Client- als auch auf *Serverseite* nur einmalig erfolgen. Für weitere Automatisierungsprozesse müssen Sie sie nicht erneut durchführen.

11.1.2 Deklaration von SAP-GUI-Anwendungen

Technologie »SAPGUI«

Damit die Elemente in einer SAP-GUI-Anwendung korrekt ermittelt und vom Bot bearbeitet werden können, muss beim Deklarieren die Technologie **SAPGUI** ausgewählt werden. In Abschnitt 4.4, »Deklaration«, haben wir Ihnen bereits verschiedene Technologien vorgestellt, die bei der Deklaration ausgewählt werden können, wie **WIN** oder **UIAutomation**. Im Folgenden wollen wir die Reihe dieser Technologien um die **SAPGUI**-Technologie erweitern.

Auf den folgenden Seiten werden wir mithilfe der Anwendung SAP Logon eine Verbindung mit einem SAP-Server herstellen. Für die weiteren Schritte der Deklaration wird dann die **SAPGUI**-Technik verwendet, um unser Anwendungsbeispiel der Bestellanlage direkt auf den *SAP-GUI-Dynpros*, also den Oberflächen des SAP-Systems, auszuführen. Bisher wurde die Verbindung zum SAP-System über einen BAPI-Aufruf hergestellt, also durch Programmierung im Hintergrund. Durch die direkte Einbindung der SAP-GUI-Dynpros rückt sie in den Vordergrund.

11

[«]

Dynpros

Dynpro steht dabei für *dynamisches Programm* und stellt neben den immer mehr verbreiteten Webtechnologien noch immer die Haupttechnologie für die Interaktion zwischen Benutzerinnen und Benutzern und SAP-Anwendungen. Neben den verschiedenen Eingabe- und Designelementen beinhalten Dynpros auch eine Ablauflogik, um auf die Eingaben der Benutzerinnen und Benutzer zu reagieren und die Bildschirme (Screens) entsprechend dynamisch aufzubauen.

SAP Logon deklarieren

Wir beginnen mit der Deklaration der Anwendung SAP Logon:

1. Zunächst müssen Sie die Anwendung **SAP Logon** starten, in der Sie die Liste der eingerichteten Systemverbindungen angezeigt bekommen.
2. Um die Anwendung zu erfassen, legen Sie als Erstes im Desktop Studio ein neues Projekt an. Nennen Sie es z. B. »SAPGUI_Automation«.
3. Klicken Sie auf die Schaltfläche **Add Application**, und wählen Sie im Dropdown-Menü **Technology** die Technologie **UIAutomation**. Dies ist notwendig, da es sich bei der SAP-Logon-Anwendung selbst nicht um eine SAP-GUI-Anwendung handelt.
4. In der Liste der verfügbaren Anwendungen sollten Sie nun **SAP Logon 760** finden (gegebenenfalls unter einer ähnlichen Bezeichnung, falls es sich um eine ältere Installation des SAP GUI handelt). Wählen Sie diese Anwendung aus (siehe Abbildung 11.6).
5. Klicken Sie auf die Schaltfläche **Save And Capture Page**. Damit wird die Anwendung hinzugefügt.

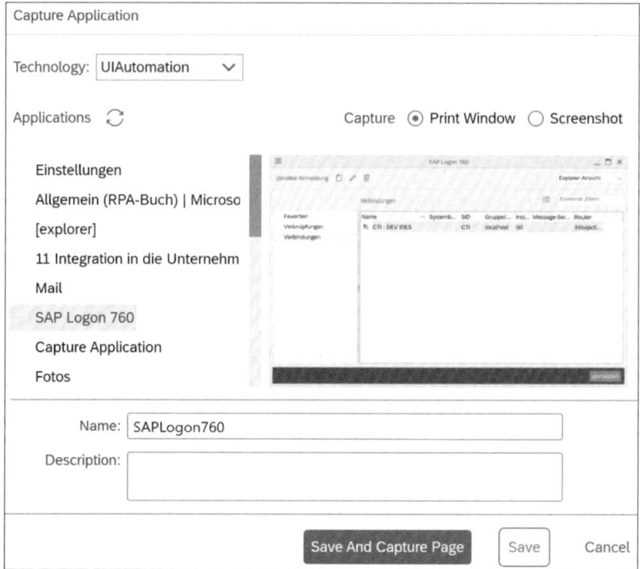

Abbildung 11.6 Hinzufügen der Anwendung »SAP Logon 760«

6. Auf dem folgenden Bildschirm erfassen Sie die zuvor aufgerufene SAP-Logon-Seite, über die Sie eine Verbindung zum SAP-Server herstellen können. Vergeben Sie einen Namen und eine Beschreibung für diese Page (siehe Abbildung 11.7).

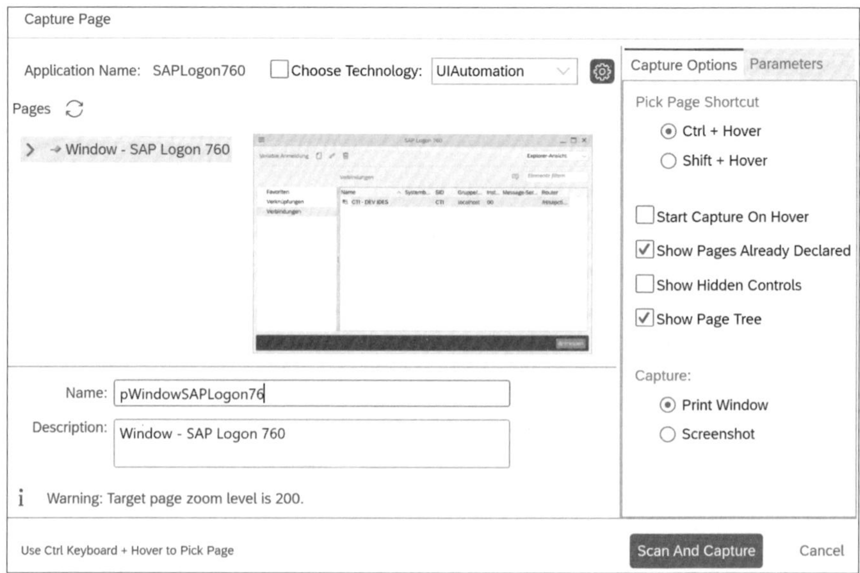

Abbildung 11.7 Erfassung einer Page der Anwendung »SAP Logon 760«

7. Klicken Sie dann auf **Scan And Capture**.
8. Die Seite ist nun erfasst und benötigt noch ein Kriterium. Dieses können Sie im Fenster **Criteria** hinzufügen, indem Sie doppelt auf das Kriterium **Name** im Fenster **Captured Data** klicken. Dies reicht im vorliegenden Beispiel aus, um die Seite eindeutig zu definieren (siehe Abbildung 11.8).

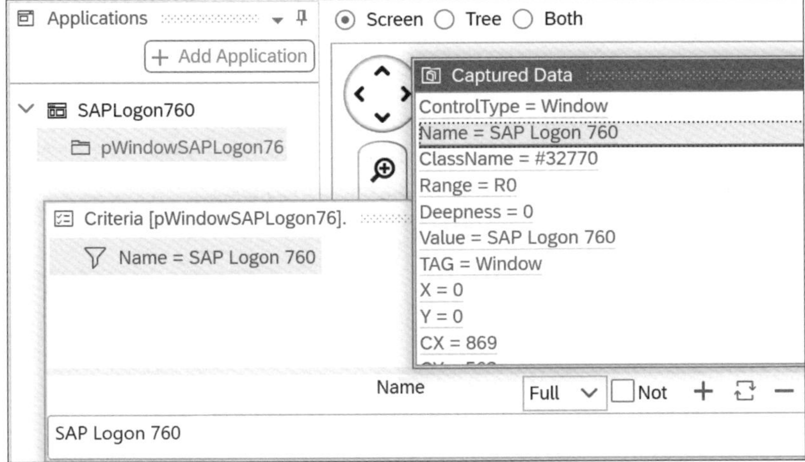

Abbildung 11.8 Kriterium für die Page der Anwendung »SAP Logon 760« hinzufügen

Anmeldung am SAP-System erfassen

Als Nächstes folgt die Anmeldung am SAP-System, auf dem der Prozess ausgeführt werden soll. Ist für dieses System ein *Single-Sign-on* (SSO) eingestellt, kann bei der Definition des Prozesses auf die Anmeldemaske verzichtet werden. Der Bot meldet sich dann unter dem Benutzernamen an, auf dessen Client er ausgeführt wird, vorausgesetzt ein entsprechendes Benutzerkonto existiert auf dem SAP-System. In unserem Beispiel zeigen wir die Anmeldung ohne SSO, also mit dem Zwischenschritt der Eingabe der Benutzerdaten.Gehen Sie wie folgt vor, um den Aufruf der Anmeldeseite zu erfassen:

1. Klicken Sie doppelt auf die Spalte **SID** im erfassten Screen. Wählen Sie dabei die Zeile des Systems aus, auf dem Sie sich und auch später den Bot anmelden wollen. Deklarieren Sie diese Zeile als Item der erfassten Page.
2. Führen Sie einen weiteren Doppelklick auf die Schaltfläche **Anmelden** im erfassten Screen aus, um ihn ebenfalls als Item zu deklarieren.

In der Anwendung SAP Logon würde nun die Anmeldemaske angezeigt, auf der Sie Ihren Benutzernamen und Ihr Passwort eingeben müssen. Bei dieser Anmeldeseite handelt es sich bereits um eine SAP-GUI-Oberfläche. Deshalb müssen Sie die Technologie **SAPGUI** beim Erfassen dieser Seite verwenden.

Umgebungsvariablen nutzen

Bevor wir mit der Deklaration der Anmeldemaske fortfahren, ein kleiner Exkurs: Für Anwendungen, bei denen es nötig ist, sich per Benutzername und Passwort anzumelden, ist es sinnvoll, diese Anmeldedaten als *Umgebungsvariablen* in der Cloud Factory zu hinterlegen. Dort können diese Daten sicher gespeichert werden und stehen zentral zur Verfügung. Durch diese Art der Ablage ist es schnell und einfach möglich, die Werte der Variablen an einer zentralen Stelle zu ändern.

Um eine Umgebungsvariable einzurichten, gehen Sie wie folgt vor:

1. Navigieren Sie in der Cloud Factory in der Umgebung, in die das Paket verteilt wurde, in den Bereich **Variables • Desktop Studio**.
2. Klicken Sie auf die Schaltfläche **Variable hinzufügen**, um eine Variable hinzufügen (siehe Abbildung 11.9).

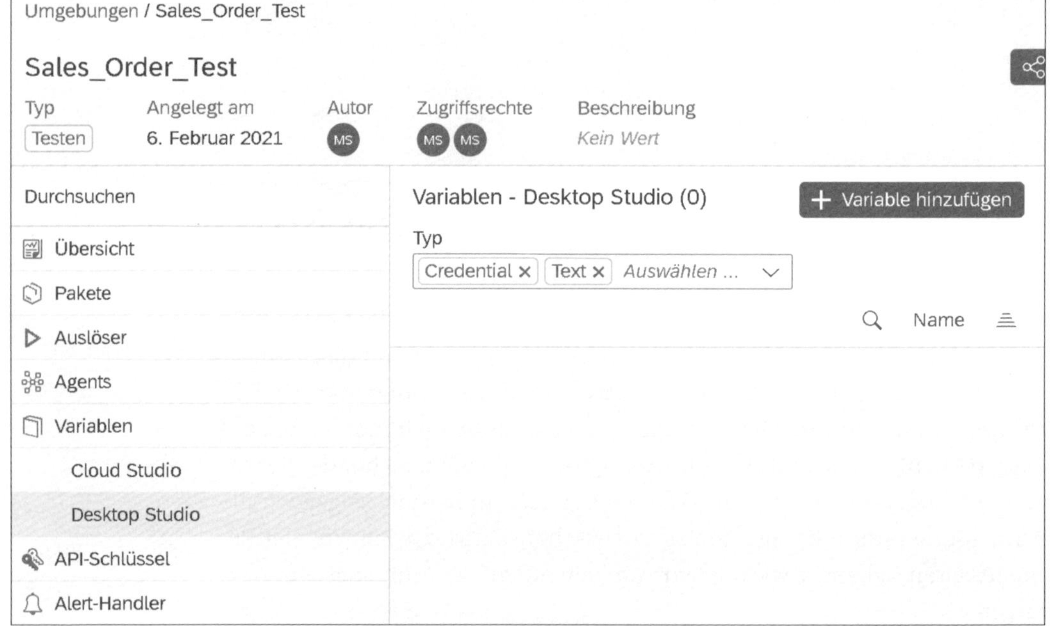

Abbildung 11.9 Umgebungsvariable für das Desktop Studio hinzufügen

3. Wie Sie in Abschnitt 9.2.1, »Verwaltung von Agenten und Umgebungen«, gelernt haben, gibt es im Zusammenhang mit dem Desktop Studio zwei Arten von Variablen: Text- und Credential-Variablen. In unserem Beispiel legen Sie eine Variable vom Typ **Credential** mit Ihren Anmeldedaten an (siehe Abbildung 11.10).
4. Speichern Sie die Variable anschließend mit **Anlegen**.

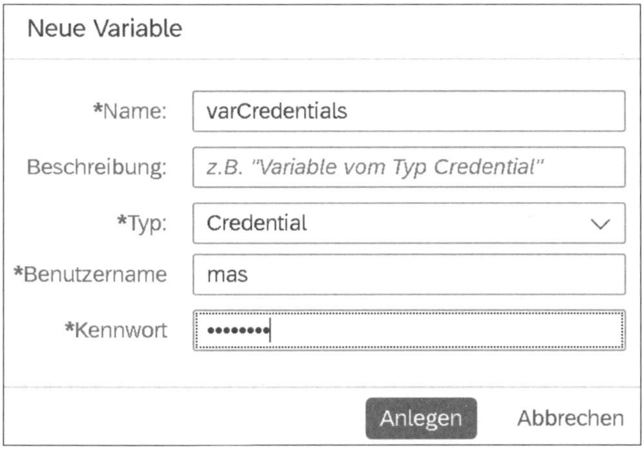

Abbildung 11.10 Umgebungsvariable vom Typ »Credential« anlegen

Variablen im Skript deklarieren

Es ist zwingend erforderlich, dass die Variablen im Prozess genauso benannt werden, wie sie in der Umgebung angelegt wurden. Andernfalls ist der Zugriff auf diese Variablen nicht möglich. Im Szenario wird die Variable per Code deklariert, wie beispielhaft in Listing 11.1 dargestellt.

```
ctx.cryptography.credential({ varCredential: {
        key: ctx.cryptography.keys.none,
        comment: "Credential",
        server: true
}});
```

Listing 11.1 Credential-Variable im Workflow-Code deklarieren

Um den Wert der Variablen anschließend im Skript des Workflow-Schritts zur Anmeldung am SAP-System zu verwenden, können Sie sich an dem Coding-Beispiel in Listing 11.2 orientieren.

```
ctx.cryptography.credentials.varCredential.get(function(code, label,
credential) {
        if (code == e.error.OK) {
           var user = credential.userName.get();
           var pass = credential.passwort.get();
        } else {
           ctx.log('Error during credential retrieval');
        }
});
```

Listing 11.2 Variablenwerte im Workflow-Schritt abfragen

Diese Variablenwerte können dann einfach durch den Bot an die jeweiligen Bildschirmfelder übergeben werden.

SAP-Anmeldemaske deklarieren

Nach diesem kurzen Exkurs zu den Umgebungsvariablen können Sie sich weiter dem Prozess des Capturings der Anmeldemaske widmen:

1. Klicken Sie dazu im Desktop Studio mit der rechten Maustaste auf Ihre Anwendung (in unserem Beispiel **SAPLogon760**), und wählen Sie im Kontextmenü **Capture a new Page**.
2. Setzen Sie auf dem folgenden Bildschirm das Häkchen bei **Choose Technology**, und wählen Sie **SAPGUI** aus dem Drop-down-Menü aus.
3. Aktualisieren Sie die Seite (), woraufhin Ihnen die SAP-Anmeldeseite **GuiMainWindow** unter den zur Verfügung stehenden Pages angezeigt wird (siehe Abbildung 11.11).
4. Durch einen Klick auf die Schaltfläche **Scan And Capture** wird auch diese Seite erfasst.

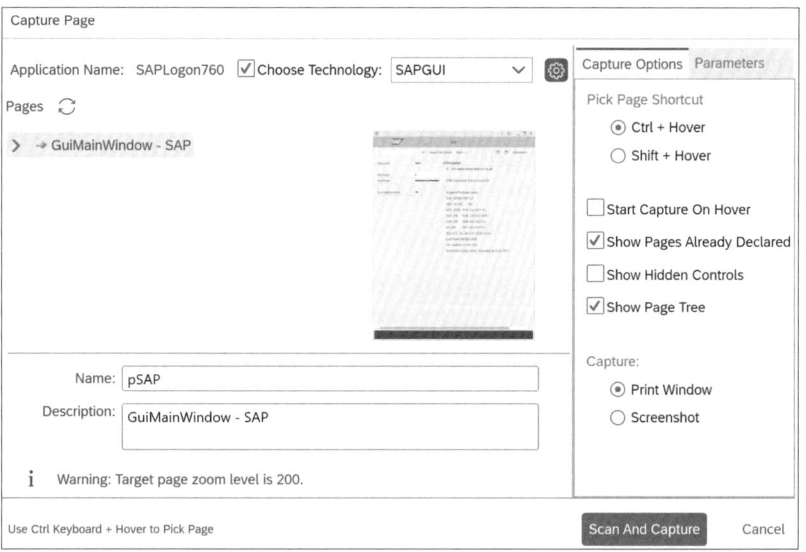

Abbildung 11.11 Erfassen der SAP-Anmeldeseite

5. Für die Anmeldung am SAP-System werden mindestens Benutzername (Typ `GuiTextField`) und Kennwort (Typ `GuiPasswordField`) benötigt. Die entsprechenden Felder können Sie per Doppelklick als Items auf der Page deklarieren.
6. Gibt es auf dem SAP-System verschiedene Mandanten, kann es notwendig sein, das Feld **Mandant** zu deklarieren (siehe Abbildung 11.12). Gibt es nur einen Mandanten, ist dies nicht unbedingt erforderlich, da der korrekte Mandant in diesem Fall automatisch vorbelegt ist.

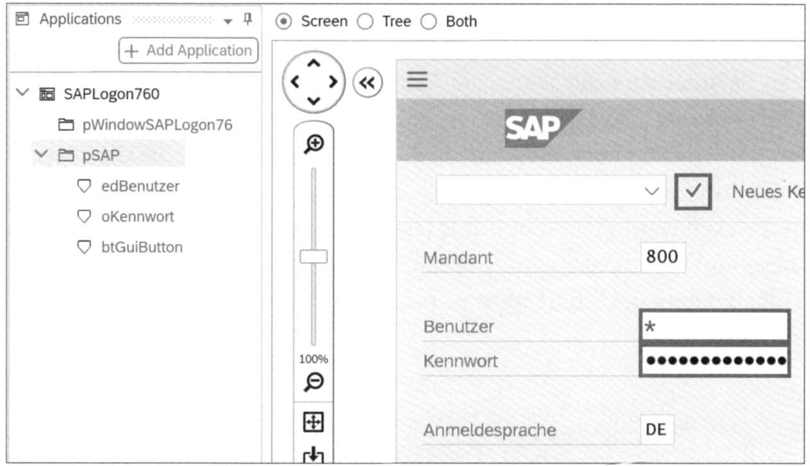

Abbildung 11.12 Deklarieren der Items auf der SAP-Anmeldeseite

7. Nach der Eingabe seiner Daten würde eine Benutzerin oder ein Benutzer auf das grüne Häkchen neben dem Kommandofeld klicken, um das System zu starten. Auch diese Schaltfläche (Typ `GuiButton`) deklarieren Sie mit einem Doppelklick.

Aufruf der Transaktion VA01

Um den Anwendungsfall weiterzuverfolgen, rufen Sie als Nächstes die Einstiegsmaske zum Anlegen des Kundenauftrags im SAP-System, also der eingehenden Bestellung, auf. Die zugehörige Transaktion heißt VA01. Dieser Transaktionscode muss für den Aufruf in das Kommandofeld am linken oberen Rand der SAP-GUI-Startseite eingegeben werden. Für den Prozessablauf ist es also notwendig, zunächst die SAP-GUI-Seite nach der Anmeldung (**SAP Easy Acccess**) zu erfassen, um hier den Transaktionscode einzugeben und weiterzuspringen. Dafür deklarieren Sie nach dem Erfassen der Seite das Kommandofeld zur Eingabe des Transaktionscodes (Typ `GuiOkCodeField`) und die Schaltfläche mit dem grünen Häkchen (Typ `GuiButton`) als Items der Page.

Unterstützende Aktivitäten in GuiSession

Es ist für das Aufrufen von Transaktionen nicht zwingend notwendig, den zuvor beschriebenen Weg über das Eintragen des Transaktionscodes in das Kommandofeld zu gehen. SAP Intelligent RPA stellt hierzu die Aktivität **Start Transaction** im Bereich **GuiSession** bereit. Auf die Verwendung dieser Aktivität und weiterer hilfreicher Aktivitäten aus dem Bereich **GuiSession** gehen wir in Abschnitt 11.1.3, »Erstellung von Workflows mit SAP-GUI-Anwendungen«, näher ein.

Einstiegsmaske zur Kundenauftragsanlage

Auf der Einstiegsmaske der Transaktion VA01 zum Anlegen des Kundenauftrags können anwendungsspezifische Werte gepflegt werden. Im vorliegenden Beispiel sind die Werte der Felder **Auftragsart**, **Verkaufsorganisation**, **Vertriebsweg** und **Sparte** fest vorgegeben, wie in Abbildung 11.13 zu sehen ist. Natürlich ist auch denkbar, dass sich diese Werte aus bestimmten Konstellationen automatisch ergeben oder beispielsweise aus Excel-Vorlagen eingelesen werden. Analog zur Erfassung der vorherigen Seiten muss auch diese Einstiegsmaske zum Kundenauftrag erfasst und es müssen die vier Eingabefelder deklariert werden, um sie später im Workflow verwenden zu können.

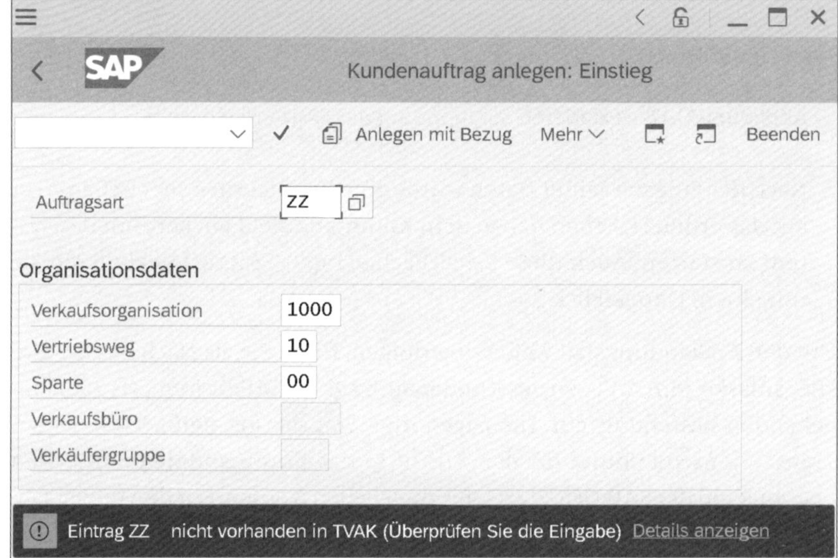

Abbildung 11.13 Eingabefelder in der Transaktion VA01 inklusive Fehlermeldung bei einer falschen Eingabe

Statusleiste für Fehlermeldungen deklarieren

Fehlermeldungen werden im SAP-System in den meisten Fällen in der unteren Zeile, der *Statusleiste*, ausgegeben. Eine solche Fehlermeldung ist in Abbildung 11.13 zu sehen. Damit der Bot in der Lage ist, auf Fehler zu reagieren, etwa durch das Schreiben der Fehlermeldung direkt in das Anwendungs-Log des Bots, durch Anzeige eines Popup-Fensters oder durch die Erzeugung einer Fehlerdatei, ist es sinnvoll, die Statusleiste auf den jeweiligen Seiten ebenfalls zu deklarieren.

Terminauftrag anlegen

Sind die eingegebenen Daten in der Transaktion VA01 korrekt, wird mit dem folgenden Bildschirm die Übersicht zum Anlegen eines Terminauftrags aufgerufen. Hier muss die Nummer der Auftraggeberin oder des Auftraggebers bzw. der Warenempfängerin oder des Warenempfängers eingegeben werden. Anders als in unserem Beispiel der Bestellanlage per BAPI-Aufruf muss außerdem ein Wunschlieferdatum eingetragen werden. Die Übernahme der Positionsdaten entspricht der in Abschnitt 6.2.2, »Benutzerdefiniertes Coding«, für den Anwendungsfall mit dem BAPI-Aufruf beschriebenen und ist beispielhaft in Abbildung 11.14 dargestellt.

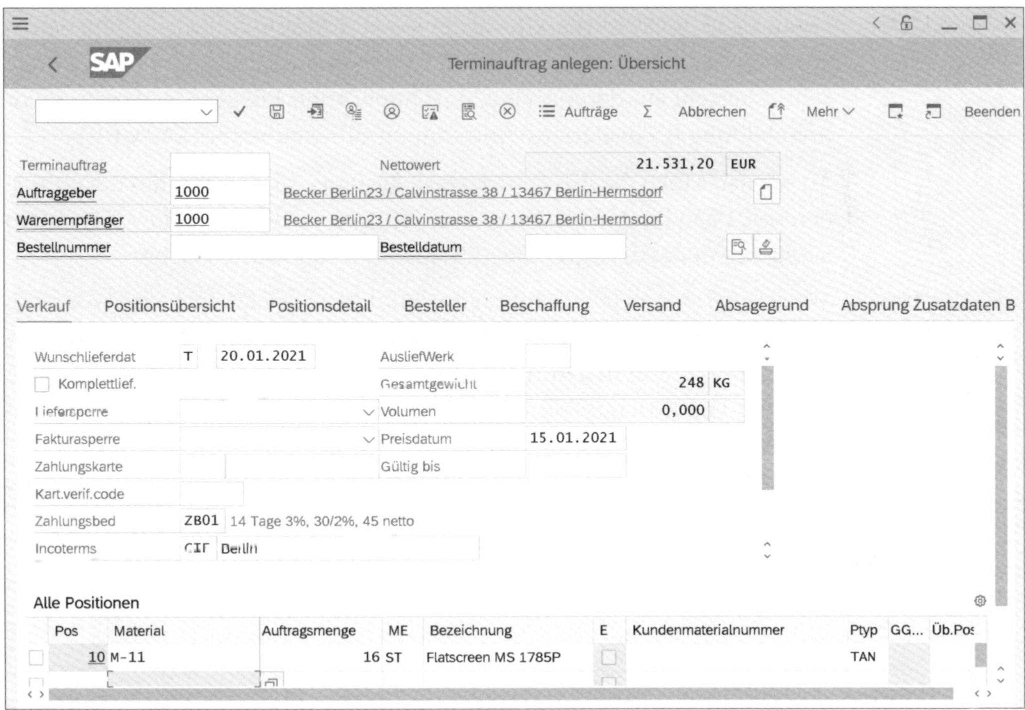

Abbildung 11.14 Anlegen des Terminauftrags und Übernahme der Bestellpositionen

Um den Prozess abzuschließen, muss auch diese Seite der SAP-GUI-Transaktion erfasst werden. Deklarieren Sie dabei die Felder **Auftraggeber**, **Warenempfänger** und **Wunschlieferdat**. Außerdem muss die Tabelle mit den Positionsdaten (Typ `GuiTableControl`) deklariert werden, um diese bei der späteren Dateneingabe im Workflow korrekt ansteuern zu können. `GuiTableControl` ist ein Dynpro-Element, das zur Darstellung und Bearbeitung von Tabellen genutzt wird. In der Tabelle werden die ersten drei Spalten (**Pos**, **Material**, **Auftragsmenge**) als Items erfasst. Welche hilfreichen Aktivitäten beim Arbeiten mit SAP-GUI-Elementen vom Typ `GuiTableControl` zur Verfügung stehen, erfahren Sie in Abschnitt 11.1.3, »Erstellung von Workflows mit SAP-GUI-Anwendungen«.

11.1.3 Erstellung von Workflows mit SAP-GUI-Anwendungen

Mithilfe der im vorangehenden Abschnitt deklarierten Pages modellieren wir in diesem Abschnitt den Ablauf des Automatisierungsprozesses im Workflow. Die allgemeine Vorgehensweise beim Designen von Workflows können Sie in Kapitel 5, »Workflows designen«, nachlesen. In diesem Abschnitt erläutern wir nur grob den Ablauf und gehen intensiver auf die speziellen Aktivitäten zur Verarbeitung von SAP-GUI-Anwendung ein.

Workflow anlegen

Legen Sie in der Sicht **Workflows** des Desktop Studio zunächst einen neuen Workflow an, den Sie z. B. »wfSAPGUI_Automation« nennen. Der erste Schritt besteht aus der Aktivität **Start Application**. Pflegen Sie hier die zuvor in Abbildung 11.7 deklarierte Anwendung zum Starten des SAP GUI.

Als Nächstes folgt die Auswahl des SAP-Systems, an dem sich der Bot anmelden soll. Dazu binden Sie die SAP-Logon-Seite in den Workflow ein, indem Sie sie mit der Maus unter die Aktivität **Start Applikation** ziehen.

»Click«-Aktivitäten auf der SAP-Logon-Seite

Mit einem Doppelklick auf die Seite definieren Sie jetzt die beiden Aktivitäten, die der Bot auf der Page ausführen soll. Es handelt sich hierbei um **Click**-Aktivitäten, mit denen zunächst das erfasste System in der Spalte **SID** gewählt und im Anschuss durch einen Klick auf **Anmelden** bestätigt wird. Abbildung 11.15 zeigt die Erfassung der beiden Aktivitäten.

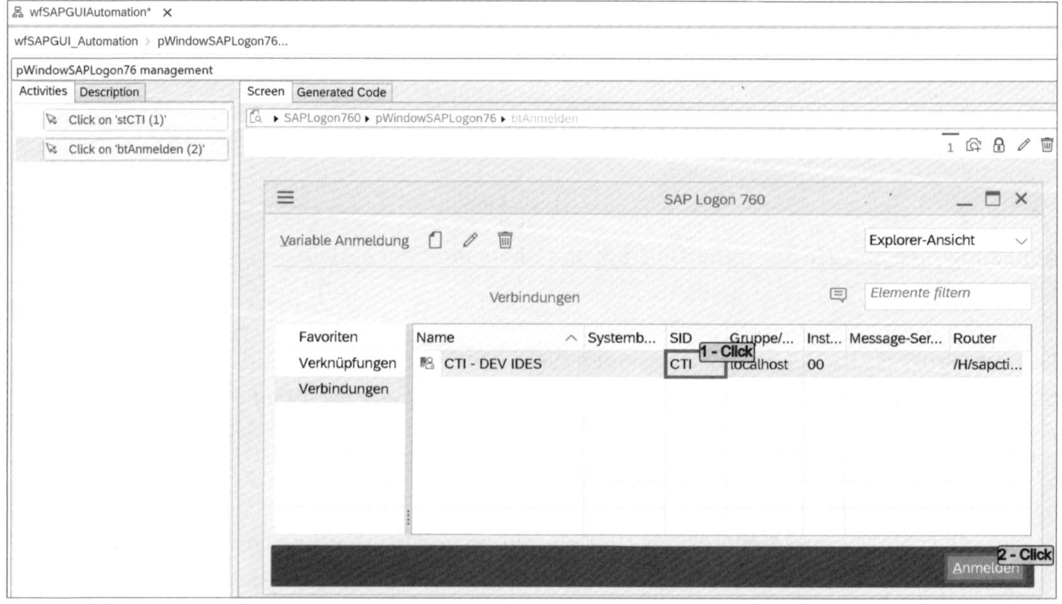

Abbildung 11.15 »Click«-Aktivitäten auf der SAP-Logon-Seite

Eingabe des Benutzernamens und Passworts

Wie im vorangehenden Abschnitt bereits erwähnt, ist es möglich, dass auf dem System, auf dem der Bot ausgeführt wird, SSO aktiviert ist. In diesem Fall ist es nicht nötig, die Seite zur Eingabe des Benutzernamens und des Passworts in den Workflow einzubinden. Ist SSO nicht aktiviert, können Sie die entsprechenden **Set**-Aktivitäten und die **Click**-Aktivität zur Bestätigung mit dem grünen Häkchen auf der Seite wie in Abbildung 11.16 gezeigt definieren.

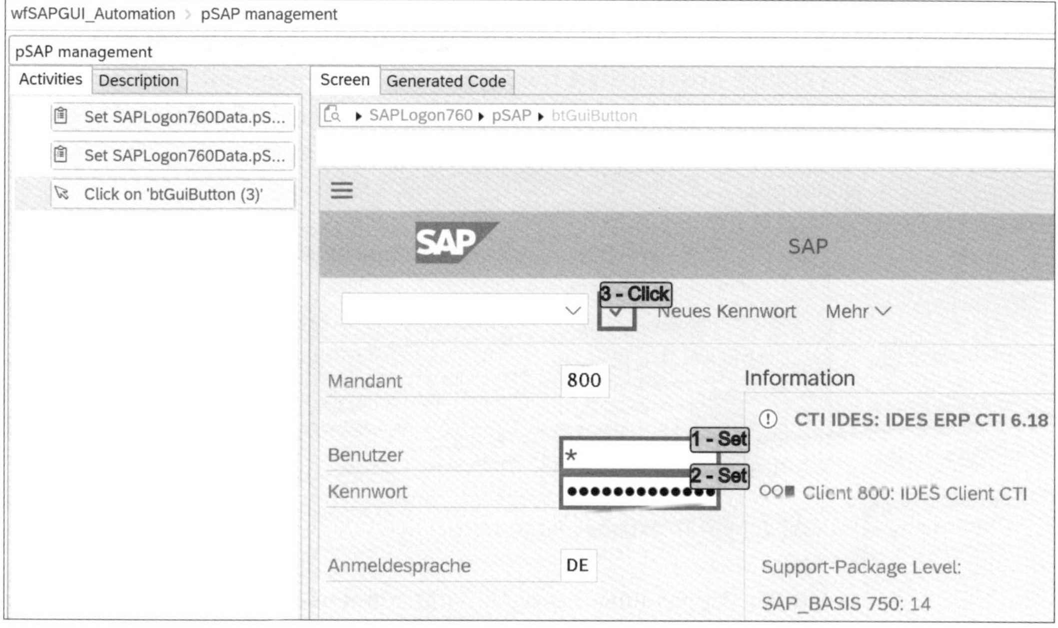

Abbildung 11.16 Aktivitäten zur Anmeldung definieren

Transaktion VA01 aufrufen

Unabhängig davon, ob SSO aktiviert ist oder nicht, ist es als Nächstes erforderlich, auf der Seite **SAP EASY Access** die Transaktion VA01 aufzurufen. Wie in Abschnitt 11.1.2, »Deklaration von SAP-GUI-Anwendungen«, bereits angesprochen, kann man das auf verschiedenen Wegen erreichen. Wie auch in anderen Anwendungen üblich, kann man die Aktionen, die die Anwenderin oder der Anwender manuell ausführen würde, durch den Bot eins zu eins nachspielen lassen. In diesem Fall würden Sie den Transaktionsnamen durch eine **Set**-Aktivität in das Kommandofeld eintragen lassen und im Anschluss mit einer **Click**-Aktivität das grüne Häkchen bestätigen. Da der Aufruf einer Transaktion jedoch einer der am meisten durchgeführten Vorgänge bei der Arbeit in einem SAP-System ist, gibt es hierfür eine vordefinierte Aktivität.

»GuiSession«-Aktivitäten

Oftmals erfordern Arbeitsabläufe im SAP-System ein häufiges Hin- und Herspringen zwischen verschiedenen Transaktionen. Dabei werden häufig mehrere Fenster verwendet, in denen die unterschiedlichen Transaktionen geöffnet sind, die auch als *Sessions* bezeichnet werden. Mehrere solcher Sessions sind beispielsweise hilfreich, um Daten von einem Fenster in ein anderes zu übertragen. Aufgrund dieser Tatsache sind für eine deklarierte SAP-GUI-Seite spezielle SAP-GUI-Aktivitäten, in dem Untermodul **GuiSession** zu finden. Diese SAP-GUI-Aktivitäten können nur auf Ebene einer Page verwendet werden. Innerhalb der Workflow-Modellierung können Sie folglich nicht auf diese Aktivitäten zugreifen.

Aktivität »Start transaction«

Im vorliegenden Beispiel verwenden wir für das Starten der Transaktion VA01 die Aktivität **Start transaction**. Ziehen Sie diese mit der Maus in den Bereich der Aktivitäten der entsprechenden Page `pSAPEasyAccess`. Tragen Sie anschließend den Wert »VA01« in das Feld **Transaction ID** ein (siehe Abbildung 11.17).

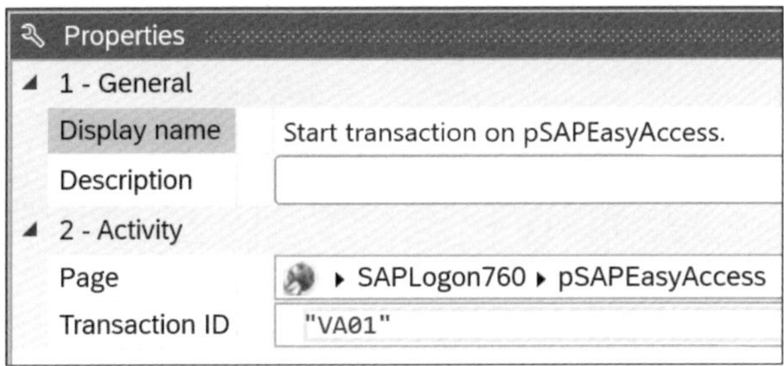

Abbildung 11.17 Aktivität »Start transaction«

Mit der Verwendung dieser Aktivität können Sie sich das Deklarieren der beiden Page-Elemente (Schaltfläche und Kommandofeld) ersparen. Es kommt hinzu, dass die Schaltfläche mit dem grünen Häkchen zur Bestätigung unter Umständen nicht vorhanden ist. Ihr Vorhandensein ist vom verwendeten *SAP-GUI-Theme* abhängig, also dem Layout der SAP-GUI-Seiten, das in der Anwendung SAP Logon ausgewählt werden kann. In manchen Themes wird die Schaltfläche nicht dargestellt, und der Anwender kann den Aufruf der Transaktion nur mit der Taste [↵] bestätigen.

[»]

SAP-GUI-Themes

Die SAP-GUI-Themes sind Designvorlagen für die SAP-Benutzeroberflächen. Je nach verwendetem Theme kann ein und dieselbe Anwendung unterschiedlich aussehen, und die Anordnung der Elemente auf den Seiten kann abweichen.

»Keystroke« für Tastaturbefehle

Tastaturbefehle wie das Drücken der [↵]-Taste und Tastenkombinationen können mit der Aktivität **Keystroke** auf den Pages definiert werden. In unserem Beispiel müsste zum Aufrufen der Transaktion VA01 nach der **Set**-Aktivität zur Eingabe des Transaktionscodes die **Keystroke**-Aktivität zum Betätigen der [↵]-Taste folgen. Für Seiten, die mit der Technologie **SAPGUI** deklariert wurden, wird dazu der Keystroke-Befehl der Bibliothek **SAP GUI Scripting** verwendet (siehe Abbildung 11.18).

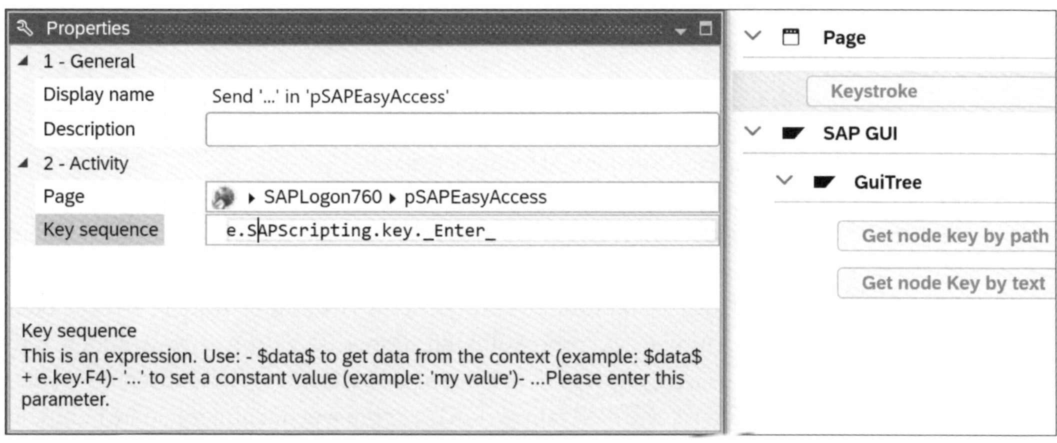

Abbildung 11.18 »Keystroke«-Aktivität definieren

Verfügbare »GuiSession«-Aktivitäten

Die GuiSession-Aktivitäten, die Ihnen bei der Bearbeitung einer Page zur Verfügung stehen, sind in Tabelle 11.1 aufgeführt.

GuiSession-Aktivität	Funktion
Create session	Erzeugt ein neues SAP-GUI-Fenster und zeigt dieses an.
End transaction	Beendet die aktuelle Transaktion. Entspricht der Standardtastenkombination [⇧] + [F3].
Get application server	Ermittelt den Applikationsserver, auf dem der Bot läuft (z. B. sapcti).
Get client name	Ermittelt den Mandanten (z. B. 800).
Get program	Ermittelt den Programmnamen (z. B. SAPMV45A).
Get screen number	Ermittelt die aktuelle Dynpro-Nummer (z. B. 4001).
Get session number	Ermittelt die aktuelle Session-Nummer (z. B. 1).
Get system name	Ermittelt den Systemnamen (z. B. CTI).
Get system number	Ermittelt die Systemnummer (z. B. 0).
Get transaction	Ermittelt die Transaktionsbezeichnung (z. B. VA01).

Tabelle 11.1 »GuiSession«-Aktivitäten

GuiSession-Aktivität	Funktion
Get user name	Ermittelt den Benutzernamen (z. B. MAS).
Maximize page	Maximiert die Seite.
Minimize page	Minimiert die Seite.
Restore page	Stellt die Seite wieder her.
Start transaction	Startet eine Transaktion (z. B. VA01).

Tabelle 11.1 »GuiSession«-Aktivitäten (Forts.)

»Get«-Aktivitäten

Die **Get**-Aktivitäten geben im Wesentlichen die Daten zurück, die sich im SAP GUI, z. B. in den Session-Informationen anzeigen lassen (siehe Abbildung 11.19). Diese Methoden können genutzt werden, um z. B. Erfolgs- oder Fehlermeldungen zu protokollieren. Dabei ist es unter Umständen hilfreich, zu wissen, auf welchem System und welchem Mandanten der Fehler entstanden ist, wie die Transaktion hieß und wer der angemeldete Benutzer gewesen ist. Die durch die **Get**-Aktivitäten ermittelten Werte werden hierfür in Variablen gespeichert und zum Fortschreiben im Protokoll weiterverwendet.

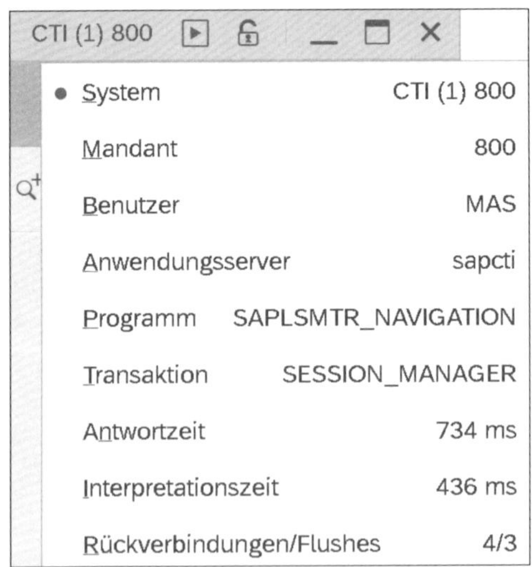

Abbildung 11.19 Session-Informationen

Daten für den Kundenauftrag eingeben

Kommen wir zurück zu unserem Beispiel-Workflow. Als Nächstes muss der Bot hier die Daten in die aufgerufene Transaktion VA01 eintragen. Für die Felder im oberen Bereich der Seite werden die Werte mit einer **Set**-Aktivität in die deklarierten Felder (**Auftraggeber**, **Warenempfänger**, **Wunschliefer-**

dat.) geschrieben. Die Positionsdaten werden in eine Tabelle vom Typ `GuiTableControl` eingetragen. Für das Eintragen von Daten in eine solche Tabelle bietet SAP Intelligent RPA die Aktivitäten im Bereich **GuiTableControl** (siehe Tabelle 11.2).

GuiTableControl-Aktivität	Funktion
Deselect a given row	Es wird bis zur markierten Zeile gescrollt, und die Markierung dieser Zeile wird aufgehoben. Diese Zeile ist jetzt die oberste sichtbare Zeile in der Tabelle.
Deselect all visible rows	Die Markierung aller sichtbaren Zeilen wird aufgehoben.
Deselect visible row	Die Markierung einer sichtbaren Zeile wird aufgehoben.
Get all visible rows	Alle sichtbaren Zeilen der Tabelle werden selektiert.
Get column names	Gibt die Spaltenbezeichnungen zurück. Handelt es sich bei einer Spaltenbezeichnung um ein Symbol, wird der technische Bezeichner des Symbols zurückgegeben.
Get row	Holt die Werte einer angegebenen Zeile ein. Es wird bis zu dieser Zeile gescrollt.
Get visible row count	Gibt die Anzahl der angezeigten Zeilen zurück.
Gets maximum vertical scroll offset	Gibt die maximale Anzahl von Zeilen zurück, bis zu der gescrollt werden kann.
Gets the vertical current position of scrollbar	Gibt die aktuelle Scroll-Position zurück.
Scroll down by one row	In der Tabelle wird eine Zeile nach unten gescrollt, wodurch die obere Zeile nicht mehr sichtbar ist und eine neue Zeile am unteren Rand der Tabelle erscheint. Dieses Herunterscrollen ist nur bis zum letzten Datensatz in der Tabelle möglich.
Scroll to a particular position	In der Tabelle wird bis zu einer bestimmten Zeile gescrollt. Die exakte Zeilenposition wird als Nummer zwischen von 0 und der maximalen Anzahl der Zeilen in der Tabelle angegeben.

Tabelle 11.2 »GuiTableControl«-Aktivitäten

GuiTableControl-Aktivität	Funktion
Scroll to next page	Scrollt nach unten, bis alle ursprünglich angezeigten Zeilen durch folgende ersetzt wurden.
Scroll to previous page	Scrollt nach oben, bis alle ursprünglich angezeigten Zeilen durch vorangehende ersetzt wurden.
Scroll up by one row	In der Tabelle wird eine Zeile nach oben gescrollt, wodurch die untere Zeile nicht mehr sichtbar ist und eine neue Zeile am oberen Rand erscheint. Nur möglich bis zum ersten Datensatz in der Tabelle.
Select a given row	Scrollt zur angegebenen Zeile und markiert diese. Diese Zeile ist jetzt die oberste sichtbare Zeile in der Tabelle.
Select a visible row	Selektiert eine sichtbare Zeile in der Tabelle.
Select all visible rows	Selektiert alle sichtbaren Zeilen.

Tabelle 11.2 »GuiTableControl«-Aktivitäten (Forts.)

Datenerfassung nur im sichtbaren Bereich

Bei der Darstellung von SAP-Tabellen vom Typ `GuiTableControl` muss man die Besonderheit beachten, dass der Bot nur auf Daten bzw. Zeilen zugreifen kann, die aktuell auch auf dem Bildschirm sichtbar sind. Zeilen, die sich im scrollbaren Bereich befinden, können nicht vom Bot erfasst werden. Das kann zu Problemen führen, wenn man Daten aus umfangreichen Tabellen einlesen möchte. In Anwendungsfällen, in denen alle Daten aus bestimmten Spalten einer Tabelle eingelesen werden müssen, muss man somit sicherstellen, dass die Tabelle bis zur letzten Zeile durchgescrollt wird. Eine Möglichkeit, dies umzusetzen, wäre es, immer nur die erste Zeile einzulesen und dann eine Zeile weiter nach unten zu scrollen, bis man die Gesamtanzahl der Tabellenzeilen erfasst hat.

Weitere nützliche SAP-GUI-Aktivitäten

Neben den bereits erwähnten **GuiSession**- und **GuiTableControl**-Aktivitäten gibt es im Desktop Studio noch weitere nützliche vordefinierte Aktivitäten für Dynpro-Designelemente.

GuiStatusBarControl

Fehlermeldungen, Warnungen und Informationen

In Abschnitt 11.1.2, »Deklaration von SAP-GUI-Anwendungen«, haben wir bereits erwähnt, dass Fehlermeldungen, Warnungen oder Informationen in der Statusleiste (Typ `GuiStatusBarControl`) der SAP-GUI-Oberflächen angezeigt werden (siehe auch Abbildung 11.13). Um den Ablauf eines Workflows zu steuern, kann es unter Umständen erforderlich sein, auf bestimmte Fehlermeldungen (identifizierbar durch deren Nachrichten-ID und/oder Fehlernummer) gesondert zu reagieren. So kann bei einer Fehlermeldung beispielsweise eine andere Transaktion aufgerufen werden, um fehlende Daten zu pflegen, während der Workflow bei einer Erfolgsmeldung weiterläuft. Es kann auch sinnvoll sein, alle Meldungen generell in das Log, also das Protokoll des automatisierten Prozesses, fortzuschreiben, um die Nachvollziehbarkeit im Fehlerfall zu verbessern.

»GuiStatusBar«-Aktivitäten

Hat man bei der Deklaration einer SAP-GUI-Seite die Statusleiste erfasst, stehen die in Tabelle 11.3 aufgeführten Aktivitäten für die zugehörige Page zur Verfügung.

GuiStatusBar-Aktivität	Funktion
Get message ID	Ermittelt die Nachrichten-ID zur Speicherung in einer Variablen.
Get message number	Ermittelt die Nachrichtennummer zur Speicherung in einer Variablen.
Get message type	Ermittelt die Nachrichtenart, z. B. Fehler (E) oder Warnung (W).

Tabelle 11.3 »GuiStatusBar«-Aktivitäten

Wenn man mit der einfachen **Get**-Aktivität (aus dem Bereich **Item-Get**) direkt auf das deklarierte `GuiStatusBarControl`-Objekt klickt, erhält man die Nachrichtendetails zum Speichern in einer Variablen zurück. Dabei handelt es sich um den eigentlichen Meldungstext, wie z. B. der »Eintrag ZZ nicht vorhanden in TVAK (Überprüfen Sie die Eingabe)«, der in Abbildung 11.13 in der Statusleiste angezeigt wird.

Neben den bereits beschriebenen SAP-GUI-Aktivitäten für die Elemente `GuiSession`, `GuiStatusBar` und `GuiTableControl` gibt es noch eine Vielzahl weiterer Aktivitäten, mit denen der Zugriff auf SAP-GUI-Objekte vereinfacht wird und die Sie bei der Workflow-Modellierung unterstützen. Diese wurden mit den letzten Releases sukzessive im Desktop Studio bereitgestellt. Nachfolgend werden diese Aktivitäten kurz vorgestellt.

GuiCtrlCalendar

Datumsfelder als Kalender

Kalender-Controls können auf Dynpros verwendet werden, damit die Anwenderinnen und Anwender einzelne Daten oder Zeitintervalle selektieren können. Es gibt diese Controls in horizontaler und vertikaler Ausführung. Abbildung 11.20 zeigt ein Beispiel für die vertikale Ausführung.

Abbildung 11.20 Kalender-Control im SAP GUI

»GuiCtrlCalendar«-Aktivitäten

Wenn innerhalb des automatisierten Prozesses Daten aus einem Kalender-Control verwendet werden müssen bzw. darin zu pflegen sind, stehen die in Tabelle 11.4 aufgeführten Aktivitäten der Rubrik **GuiCtrlCalendar** auf Ebene der Pages zur Verfügung.

GuiCtrlCalendar-Aktivität	Funktion
Get date	Gibt das selektierte Datum im Format YYYYMMDD zurück zur Übergabe in eine Variable.
Get date range	Gibt das selektierte Zeitintervall (Von, Bis) im Format YYYYMMDD zurück, durch Komma getrennt zur Übergabe in eine Variable.
Select date	Setzt das übergebene Datum im Format YYYYMMDD in das Calendar Control.
Select date range	Setzt das übergebene Zeitintervall. Es müssen hier das Von-Datum und das Bis-Datum jeweils im Format YYYYMMDD übergeben werden.

Tabelle 11.4 »GuiCtrlCalendar«-Aktivitäten

GuiGridView

Dynamisch Tabellen

Beim Arbeiten im SAP GUI trifft man häufig auf die Darstellungskomponente der *ALV Grid Control* bzw. *Grid View*. Es gibt unzählige Anwendungsbeispiele, bei denen zunächst eine Selektion von Daten vorgenommen wird, deren Ergebnisse dann im nächsten Schritt in einem ALV Grid Control dargestellt werden. Die Darstellungsform ist eine Tabelle, aus der sich verschiedene Möglichkeiten der Weiterverarbeitung der Selektionsergebnisse ergeben, wie z. B. das Extrahieren der selektierten Daten oder Absprünge in weitere Transaktionen. Einen Teilbereich des ALV Grid Controls bildet hierbei die *Toolbar*, die verschiedene Schaltflächen beinhaltet, mit denen die genannten Aktionen ausgeführt werden können.

»GuiGridView«-Aktivitäten

Die in Tabelle 11.5 aufgeführten Aktivitäten werden vom Desktop Studio in der Rubrik **GuiGridView** zur Verfügung gestellt. Sie können diese Aktiviäten beim Designen eines Workflows auf Ebene der Pages verwenden.

GuiGridView-Aktivität	Funktion
Click button cell	Klick auf eine Schaltfläche oder Auswahl einer Checkbox in einer der Tabellenzellen. Das angeklickte Element wird über die Zeilennummer und die Spalten-ID identifiziert.
Click cell	Klick auf eine Tabellenzelle. Diese Zelle wird über die Zeilennummer und die Spalten-ID identifiziert.
Deselect all rows	Die Markierung aller selektierten Reihen wird aufgehoben.
Get all visible rows	Gibt alle sichtbaren Tabellenzeilen zurück.
Get cell	Gibt die Daten aus einer Tabellenzelle zurück. Diese Zelle wird über die Zeilennummer und die Spalten-ID identifiziert.
Get columns	Gibt alle Spaltenbezeichnungen einer Tabelle zurück.
Get row	Gibt alle Daten einer Tabellenzeile, identifiziert über ihre Zeilennummer, zurück.
Get row count	Gibt die Anzahl der Zeilen der Tabelle zurück.
Get rows	Gibt einen Satz an Tabellenzeilen zurück, ausgehend von einem Zeilenindex und der Anzahl der zu selektierenden Zeilen.
Get rows by column	Gibt einen Satz an Zeilen, selektiert nach einer bestimmten Spalte, zurück, ausgehend von einem Zeilenindex und der Anzahl der zu selektierenden Zeilen.
Select all rows	Selektiert alle Zeilen einer Tabelle.

Tabelle 11.5 »GuiGridView«-Aktivitäten

GuiGridView-Aktivität	Funktion
Select cell	Selektiert eine Zelle in der Tabelle. Diese Zelle wird identifiziert über die Zeilennummer und die Spalten-ID.
Select Context Menu Item by ID	Selektiert ein Kontextmenü-Element für eine zuvor selektierte Zeile oder Zelle anhand der Element-ID.
Select Context menu Item by position	Selektiert ein Kontextmenü-Element zu einer zuvor selektierten Zeile oder Zelle anhand der Position des Elements im Menü.
Select Context menu item by text	Selektiert ein Kontextmenü-Element zu einer zuvor selektierten Zeile oder Zelle anhand der Element-ID.
Select row	Selektiert bzw. markiert eine Zeile der Tabelle, identifiziert über die Zeilennummer.
Select toolbar menu item by ID	Selektiert ein Element der Toolbar, identifiziert über die ID.
Select toolbar menu item by position	Selektiert ein Element der Toolbar, identifiziert über die Position des Elements.
Select toolbar menu item by text	Selektiert ein Element der Toolbar, identifiziert über den für das Element angezeigten Text.
Selected column	Gibt die Spalten-ID der markierten Zelle zurück.
Selected row	Gibt die Zeilennummer der markierten Zelle zurück.
Set cell	Setzt einen Wert in eine Zelle. Diese Zelle wird identifiziert über die Zeilennummer und die Spalten-ID.

Tabelle 11.5 »GuiGridView«-Aktivitäten (Forts.)

GuiTreeControl

Hierarchische Darstellung von Menüs

Das *GUI Tree Control* stellt hierarchische Strukturen in Form eines Baums dar, ähnlich wie die Ordnerstruktur eines Dateisystems. Die Seite **SAP Easy Access** enthält ein solches Control (siehe Abbildung 11.21). An diesem Beispiel wird deutlich, dass verschieden tiefe Verästelungen möglich sind. Im Falle des SAP-Easy-Access-Menüs befinden sich an deren Enden Absprünge in die verschiedenen Transaktionen des SAP-Systems.

Der Aufbau eines GUI Tree Controls ist mit dem einer Tabelle zu vergleichen, die je nach Darstellungstiefe eine verschiedene Anzahl an Spalten darstellt. Die einzelnen Elemente der Hierarchiebäume können über die Spaltenpositionen ermittelt werden.

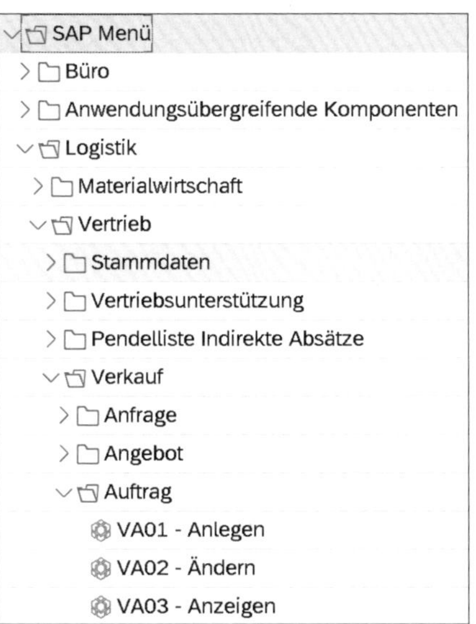

Abbildung 11.21 GUI Tree Control im SAP-Easy-Access-Menü

»GuiTreeControl«-Aktivitäten

Es kann vorkommen, dass ein Bot auf Elemente eines solchen Hierarchiebaums zugreifen muss. Ist das der Fall, so stehen Ihnen dafür die in Tabelle 11.6 aufgeführten **GuiTreeControl**-Aktivitäten zur Verfügung, die Sie auf Ebene der Pages einsetzen können.

GuiTreeControl-Aktivität	Funktion
Check	Aktiviert eine Checkbox im Hierarchiebaum. Diese Checkbox wird identifiziert über Knoten und Spalte des Elements.
Click node item link	Klickt auf ein Element im Hierarchiebaum, identifiziert über Knoten und Spalte des Elements.
Collapse node	Klappt einen Ordner zu, identifiziert über den Knoten.
Double-click node	Doppelklickt auf einen Knoten.
Double-click node item	Doppelklickt auf ein Element im Hierarchiebaum, identifiziert über Knoten und Spalte des Elements.
Expand node	Klappt einen Ordner auf, identifiziert über den Knoten.
Get node item checkbox state	Ermittelt den Status einer Checkbox im Hierarchiebaum. Diese Checkbox wird identifiziert über Knoten und Spalte des Elements.

Tabelle 11.6 »GuiTreeControl«-Aktivitäten

GuiTreeControl-Aktivität	Funktion
Get node item text	Ermittelt den Text eines Elements im Hierarchiebaum, identifiziert über Knoten und Spalte des Elements.
Get node key by path	Ermittelt den Schlüssel des Knotens über dessen Pfad im Hierarchiebaum.
Get node key by text	Ermittelt den Schlüssel des Knotens über den Text.
Get selected node	Ermittelt den Schlüssel des selektierten Knotens.
Press node item button	Klickt auf eine Schaltfläche im Hierarchiebaum. Diese Schaltfläche wird identifiziert über Knoten und Spalte des Elements.
Select context menu item by ID	Selektiert ein Element im Kontextmenü über dessen ID sowie den Knoten und die Spalte des zugehörigen Hierarchiebaumelements.
Select context menu item by position	Selektiert ein Element im Kontextmenü über dessen Position sowie den Knoten und die Spalte des zugehörigen Hierarchiebaumelements.
Select context menu item by text	Selektiert ein Element im Kontextmenü über dessen Text sowie den Knoten und die Spalte des zugehörigen Hierarchiebaumelements.
Select node	Selektiert einen Knoten direkt über den Schlüssel des Knotens oder hebt dessen Markierung auf.
Select node item	Selektiert ein Element eines Knotens über die Spalte des Elements.
Uncheck	Deaktiviert eine Checkbox im Hierarchiebaum. Diese Checkbox wird identifiziert über Knoten und Spalte des Elements.

Tabelle 11.6 »GuiTreeControl«-Aktivitäten (Forts.)

GuiComboBox

Fest vorgegebene Eingabemöglichkeiten

Ein weiteres spezielles Bildschirmelement im SAP GUI ist die *Combobox*. Sie besteht aus einem Eingabefeld, bei dem am rechten Rand eine Drop-down-Liste mit Auswahlmöglichkeiten durch den Klick auf eine Schaltfläche aufgeklappt werden kann. Das Eingabefeld erlaubt nur Eingaben, die als Elemente in der Drop-down-Liste vorhanden sind. Ein Beispiel einer Combobox sehen Sie in Abbildung 11.22.

Abbildung 11.22 Beispiel für eine Combobox im SAP GUI

»GuiComboBox«-Aktivitäten

Um in Ihren automatisierten Prozessen mit Comboboxen zu arbeiten, stehen Ihnen die in Tabelle 11.7 aufgeführten **GuiComboBox**-Aktivitaten im Workflow auf Ebene der Pages zur Verfügung.

GuiComboBox-Aktivität	Funktion
Get Key	Ermittelt den in der Combobox ausgewählten Schlüssel.
Get List	Ermittelt alle Elemente der Combobox.
Get Value	Ermittelt den in der Combobox ausgewählten Eintrag.
Set Key	Setzt den Schlüssel als selektierten Eintrag in der Combobox.
Set Value	Setzt einen Wert als selektierten Eintrag in der Combobox.

Tabelle 11.7 »GuiComboBox«-Aktivitäten

11.2 Integration von SAP-Fiori-Anwendungen

Neben den in Abschnitt 11.1, »Integration von SAP-GUI-Anwendungen«, vorgestellten SAP-GUI-Oberflächen werden mittlerweile auch immer mehr webbasierte Oberflächen auf Basis von *SAPUI5* und *SAP Fiori* in SAP-Systemen verwendet. SAP-Fiori-Anwendungen bzw. -Apps erlauben es den Anwenderinnen und Anwendern, im SAP-Umfeld typische Aufgaben geräteunabhängig und auch außerhalb des Arbeitsplatzes zu erledigen. Den SAP-Fiori-Apps liegt das SAPUI5-Framework zugrunde, das wiederum auf gängigen Webtechnologien wie *JavaScript*, *CSS* (Cascading Style Sheets) und *HTML5* (Hyper Text Markup Language) basiert.

Designprinzipien

Während SAPUI5 die technologische Grundlage moderner SAP-Oberflächen bildet, definiert SAP Fiori eine Designrichtlinie, also welche Merkmale bei der Entwicklung einer SAP-Fiori-Anwendung beachtet werden müssen. SAP Fiori verfolgt dabei folgende Grundprinzipien:

- **Rollenbasiertheit**
  Die Apps sind auf die Bedürfnisse und Arbeitsweise der Anwenderinnen und Anwender bzw. ihrer spezifischen Rolle zugeschnitten.
- **Adaptivität/Flexibiität**
  Die Apps sind auf verschiedenen Endgeräten in gleichem Maße nutzbar.
- **Kohärenz**
  SAP-Fiori-Oberflächen sind über alle Apps hinweg einheitlich und intuitiv gestaltet.
- **Einfachheit**
  Die Apps enthalten nur die nötigen Funktionen und sind nicht überladen.
- **Ansprechendes Design**
  Die Anwenderinnen und Anwender sollen gerne mit den Apps arbeiten und sich damit identifizieren.

SAPUI5-Bibliothek

Um eine SAPUI5-Anwendung im Desktop Agent korrekt verarbeiten zu können, bedarf es Funktionen der *SAPUI5-Bibliothek*. Sie ist im Bereich **CRM Applications** enthalten und standardmäßig aktiviert (siehe Abbildung 11.1). Durch diese Bibliothek werden die Standardmethoden im Falle von erfassten SAPUI5-Anwendungen und -Seiten durch spezielle SAPUI5-Methoden ersetzt und erweitert.

Wie im Rahmen der Erfassung von Pages und der Definition von Workflows mit den Besonderheiten einer SAPUI5-Anwendung umgegangen werden muss, erörtern wir in den folgenden Abschnitten.

11.2.1 Deklaration von SAP-Fiori-Anwendungen

Technologie »WEB«

Geht es darum, eine SAP-Fiori-Anwendung in einen SAP-Intelligent-RPA-Workflow zu integrieren, muss zunächst die SAP-Fiori-Anwendung im Browser geöffnet werden. Im folgenden Beispiel integrieren wir das *SAP*

Fiori Launchpad, das als zentraler Einstiegspunkt für die verschiedenen SAP-Fiori-Apps dient. Ist diese SAP-Fiori-Anwendung im Browser geöffnet, kann sie im Desktop Studio über die Schaltfläche **Add Application** hinzugefügt werden. Bei der Erfassung der Anwendung muss die Technologie **WEB** ausgewählt werden (siehe Abbildung 11.23), da es sich um eine im Browser geöffnete Anwendung handelt. Sie können nun direkt mit dem Erfassen der Seite fortfahren (Schaltfläche **Save And Capture Page**) oder wieder in den Arbeitsbereich des Desktop Studio zurückspringen (Schaltfläche **Save**).

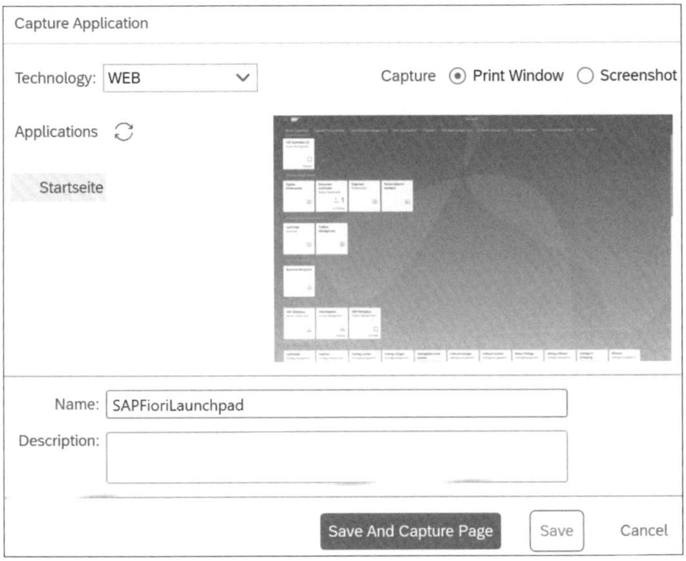

Abbildung 11.23 Erfassen der Anwendung »SAP Fiori Launchpad«

Typ »SAPUI5«

Bei der Deklaration von SAPUI5- bzw. SAP-Fiori-Anwendungen müssen Sie den Parameter **Custom type** immer mit dem Wert **SAPUI5** pflegen. Um das zu erreichen, wählen Sie die gerade erfasste Anwendung im Desktop Studio aus und selektieren im Fenster **Parameters** im Bereich **1 – General** bei **5 – Custom type** den Wert **SAPUI5** (siehe Abbildung 11.24). Diese Einstellung ist notwendig, damit die Seitenelemente bei der weiteren Deklaration als SAPUI5-Elemente erkannt werden können und die SAPUI5-spezifischen Bedienelemente korrekt identifiziert und die Methoden der SAPUI5-Bibliothek verwendet werden.

Nicht-SAPUI5-spezifische Elemente

Allerdings ist es auch möglich, dass sich Elemente auf einer SAPUI5-Seite befinden, die nicht SAPUI5-spezifisch sind. Das Desktop Studio erkennt diese Elemente selbstständig, füllt den **Custom type** automatisch und startet den Standardmethodenaufruf. Beispielsweise wird für die im SAP Fiori Launchpad üblichen Kacheln automatisch der **Custom type SAPUI5.pseudobutton** gesetzt (siehe Abbildung 11.25).

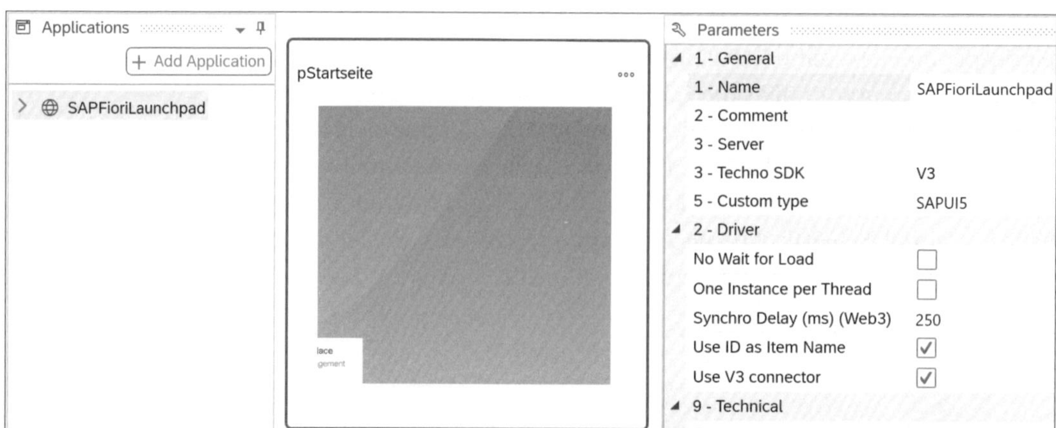

Abbildung 11.24 Parameter »Custom type« auf den Wert »SAPUI5« setzen

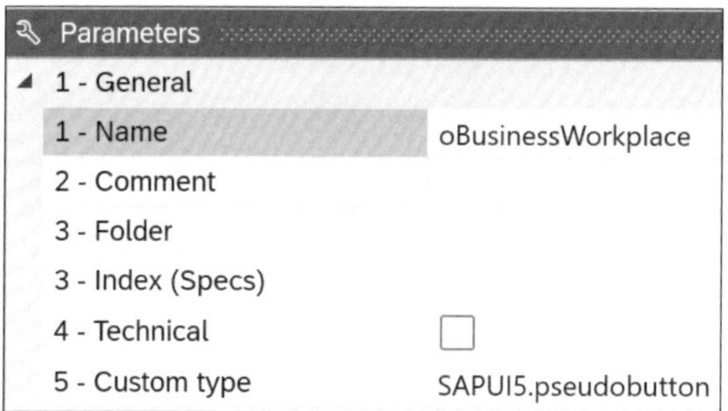

Abbildung 11.25 Automatische Einstellung »Custom type = SAPUI5.pseudobutton«

Ansonsten unterscheidet sich die Deklaration einer SAPUI5-Seite grundsätzlich nicht von den bereits vorgestellten Technologien. Auf die SAPUI5-spezifischen Bedienelemente gehen wir im folgenden Abschnitt weiter ein.

11.2.2 Erstellung von Workflows mit SAP-Fiori-Anwendungen

Standardaktivitäten

SAP-Fiori- bzw. SAPUI5-Anwendungen haben spezifische Kontrollelemente, die Ihr Bot gegebenenfalls bedienen muss. Für bestimmte Aktionen bringt das Desktop Studio bereits ein Set von Aktivitäten mit, die direkt bei der Modellierung der Seitenbearbeitung verwendet werden können. Für das Container-Element vom Typ **Carousel** stehen z. B. die Aktivitäten **Next** und **Previous** zur direkten Auswahl zur Verfügung, über die das Karussell zum nächsten oder vorangehenden Element gedreht wird (siehe Abbildung 11.26).

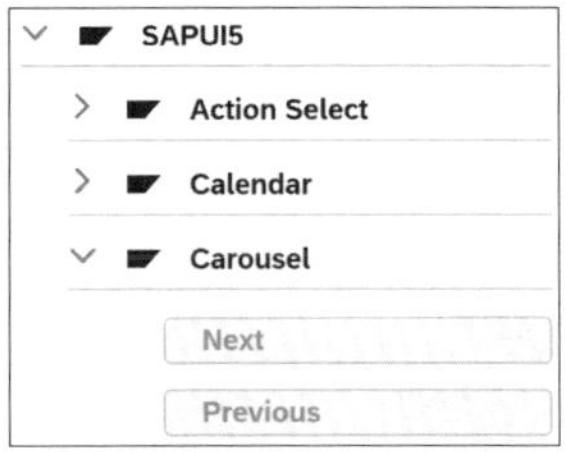

Abbildung 11.26 Aktivitäten für »Carousel«-Element in der SAPUI5-Bibliothek

Übersicht über SAPUI5-Bedienelemente

Eine gute Übersicht der SAPUI5-Bedienelemente finden Sie in der Dokumentation von SAPUI5 unter dem folgenden Link: *https://openui5nightly.hana.ondemand.com/controls*

Die Aktivitäten im Bereich SAPUI5 stehen, wie auch die SAP-GUI-Aktivitäten, nur auf Ebene der Seitenmodellierung zur Verfügung. Abbildung 11.27 zeigt die in der zum Zeitpunkt der Drucklegung dieses Buchs aktuellen Version des Desktop Studio zur Verfügung stehenden Aktivitäten. Eine Übersicht der Aktivitäten und Methoden, die direkt verwendet werden können, entnehmen Sie auch dem »Desktop Studio Developer Guide« (siehe *http://s prs.de/v776804*).

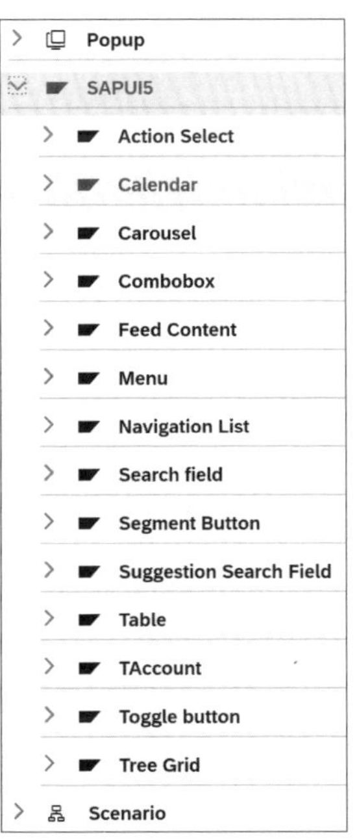

Abbildung 11.27 Auswahl der SAPUI5-Aktivitäten

Custom-Aktivität

Steht für das zu bedienende SAPUI5-Seitenelement keine Aktivität in dieser Liste zur Verfügung, haben Sie die Möglichkeit, die gewünschte Funktion in einer Custom-Aktivität selbst zu programmieren. Welche Aktivitäten über das Desktop SDK als Methoden einer Custom-Aktivität programmiert werden müssen, können Sie ebenfalls dem Desktop Studio Developer Guide entnehmen.

11.3 Integration von Microsoft-Anwendungen

Integration durch Bibliotheken

Selbstverständlich können Sie auch die Microsoft-Office-Anwendungen wie jede andere Anwendung deklarieren und für Ihre automatisierten Prozesse nutzen. In Abschnitt 4.4.1, »Deklaration von Windows-Anwendungen«, hatten wir Ihnen das bereits am Beispiel des Posteingangs in Microsoft Outlook gezeigt. Allerdings kann die Deklaration von Windows-Anwendungen recht aufwendig sein. Hinzu kommt, dass es für eine häufige Verwendung der Office-Anwendungen besser ist, auf eine »tiefere« Integration als die über die Deklaration der grafischen Oberfläche zu setzen. Über eine tiefere Integration wird die wiederholte Handhabung dieser Anwendungen präziser und sicherer.

Zu diesem Zweck bietet SAP Intelligent RPA für die Microsoft-Office-Anwendungen Excel, Outlook und Word eigens geschaffene Bibliotheken mit notwendigen und typischen Befehlen an. Die Einbindung und Verwendung dieser Bibliotheken zeigen wir Ihnen in den folgenden Abschnitten.

11.3.1 Einbinden der Bibliotheken

Für die Verwendung müssen die gewünschten Bibliotheken zunächst in das Projekt eingebunden werden. Dies kann auf zwei Arten erfolgen, direkt nach Anlage des Projekts oder zu einem späteren Zeitpunkt.

Einbindung nach Anlage des Projekts

Ist bereits zu Beginn des Projekts klar, dass eine oder mehrere Bibliotheken aus der Microsoft-Office-Familie verwendet werden, ist es sinnvoll, diese nach Anlage des Projekts direkt einzubinden. Dazu klicken Sie im Desktop Studio auf **File • Edit project...** und wählen die Registerkarte **Libraries**. Aus der angezeigten Liste wählen Sie die für Ihr Projekt benötigten Bibliotheken aus. Für den Anwendungsfall der Maschinenbau GmbH wurden etwa die beiden Bibliotheken **Excel Integration** und **Outlook Integration** gewählt (siehe Abbildung 11.28).

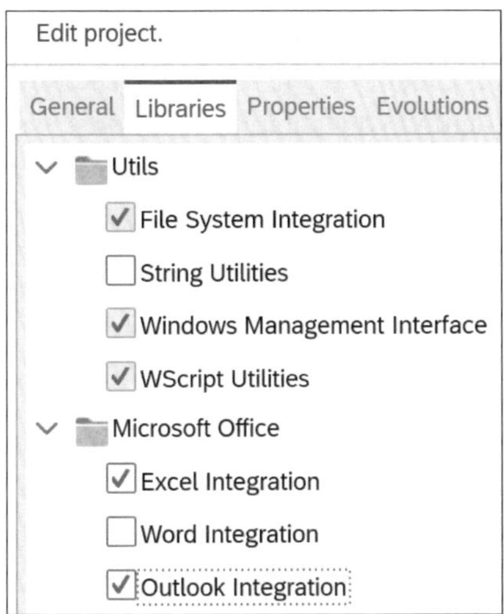

Abbildung 11.28 Bibliotheken für Office-Anwendungen einbinden

Bibliothek in Skriptansicht einbinden

Natürlich kann das Einbinden der benötigten Bibliotheken auch erst zu einem späteren Zeitpunkt des Projekts erfolgen. Unter Umständen stellen Sie während der Entwicklung fest, dass die benötigte Funktionalität in einer Bibliothek enthalten ist, die noch nicht eingebunden wurde. In diesem Fall haben Sie die Möglichkeit, die Bibliothek während der Arbeit im Desktop Studio in der Ansicht **Scripts** hinzuzufügen. Klicken Sie dazu mit der rechten Maustaste in den leeren Bereich in dieser Ansicht, öffnet sich das Kontextmenü, in dem Sie **Include library Script** auswählen (siehe Abbildung 11.29). Als Ergebnis erhalten Sie die Liste der zur Verfügung stehenden Bibliotheken, die Sie aus Abbildung 11.28 kennen.

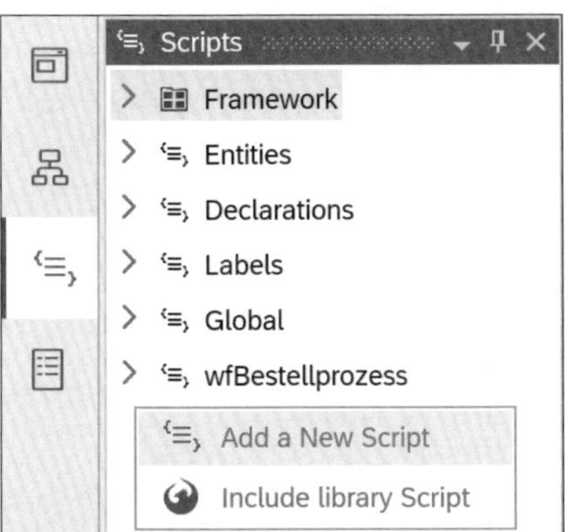

Abbildung 11.29 Bibliothek in der »Scripts«-Ansicht einbinden

11.3.2 Integration von Microsoft Excel

Das Bearbeiten von Listen in Form von Excel-Dateien, z. B. zur Erzeugung von Stammdaten oder zu deren Übertragung von einem in das andere System, ist in vielen Geschäftsprozessen ein guter Ansatzpunkt, um die Unterstützung eines Bots in Anspruch zu nehmen. Auch im Anwendungsfall der Maschinenbau GmbH werden die Daten aus den Bestellungen über die Verwendung einer Vorlage in Form einer Excel-Datei in das SAP-System übertragen.

Funktionsumfang der Excel-Bibliothek

Um die Integration von Excel-Arbeitsmappen (*Workbooks*) und Excel-Arbeitsblättern (*Worksheets*) zu unterstützen und den Zugriff darauf sowie die Bearbeitung zu erleichtern, bringt SAP Intelligent RPA die Bibliothek **Excel Integration** mit. Um diese Bibliothek zu verwenden, muss sie zunächst eingebunden werden, wie in Abschnitt 11.3.1, »Einbinden der Bibliotheken«, beschrieben.

Die Bibliothek untergliedert sich in die folgenden Module:

- Variablen und Funktionen, um die Excel-Instanz zu verwalten, z. B. zum Starten, Freigeben, Stoppen usw.
- Funktionen zum Verwalten der Excel-Anwendung und deren Objekten
- Dateifunktionen wie das Erstellen, Öffnen, Sichern, Schließen von Dateien usw.
- Arbeitsblattfunktionen zum Bearbeiten von Zellen, Bereichen, Reihen und Spalten

Den Aufbau der Excel-Bibliothek verdeutlicht Abbildung 11.30. Außerdem sind hier ein paar beispielhafte Methoden aufgeführt.

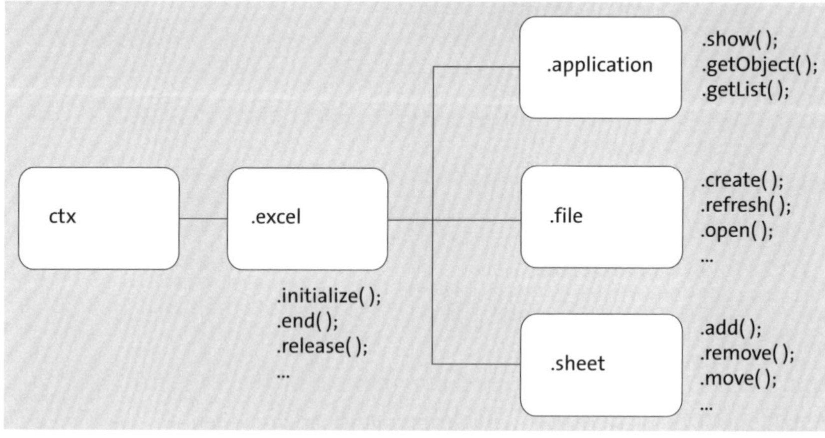

Abbildung 11.30 Module und Methoden der Excel-Bibliothek

[+]

Desktop SDK Reference Guide für Excel

Einen vollständigen Überblick der Excel-Bibliothek erhalten Sie im »Desktop SDK Reference Guide« unter: *http://s-prs.de/v776805*.

Instanz des Excel-Objekts erzeugen

Wenn Sie in Ihrem Prozess Excel benutzen wollen, ist es zunächst notwendig, eine Instanz des Excel-Objekts zu erzeugen. Im Desktop Studio finden Sie die entsprechende Funktion in der Ansicht **Workflows** unter **Activities • Excel Lib • Initialize Excel** (siehe Abbildung 11.31).

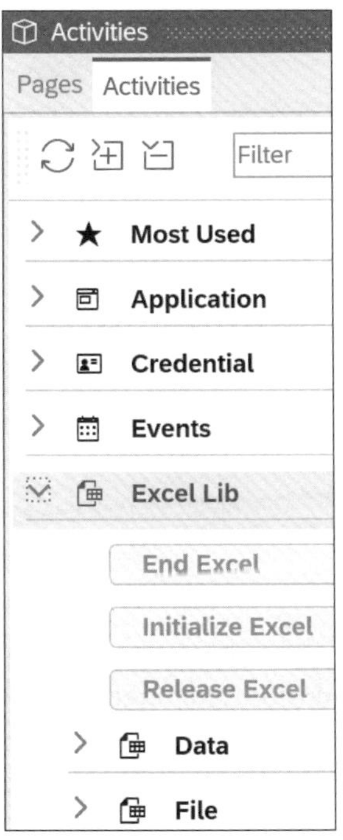

Abbildung 11.31 Aktivität »Initialize Excel«

11

Optionen der Excel-Initialisierung

Beim Initialisieren von Excel können Sie zwischen folgenden Optionen wählen (siehe Abbildung 11.32):

- **New instance**: Diese Option bietet die Möglichkeit, eine Excel-Instanz eigens für Ihren Bot zu erstellen, in der z. B. eine Excel-Datei bearbeitet und am Ende des Prozesses wieder geschlossen wird. Standardmäßig ist diese Option vorausgewählt (Wert »true«). Wird kein Wert gesetzt (`newXIsInstance = "false"`), wird eine bereits bestehende Instanz von Excel verwendet, z. B. um eine Excel-Datei, die von einer Anwenderin oder einem Anwender geöffnet wurde, weiterzubearbeiten.

- **Visible**: Mit dem Standardwert »true« ist die Instanz von Excel für die Anwenderinnen und Anwender im Vordergrund sichtbar, wodurch die Manipulationen, die der Bot am Arbeitsblatt vornimmt, direkt zu erkennen sind.
- **Display alerts**: Werden durch Excel Warnungen ausgegeben, können diese für die Anwenderinnen und Anwender sichtbar angezeigt oder unterdrückt werden. Der Standardwert ist hier »false«.

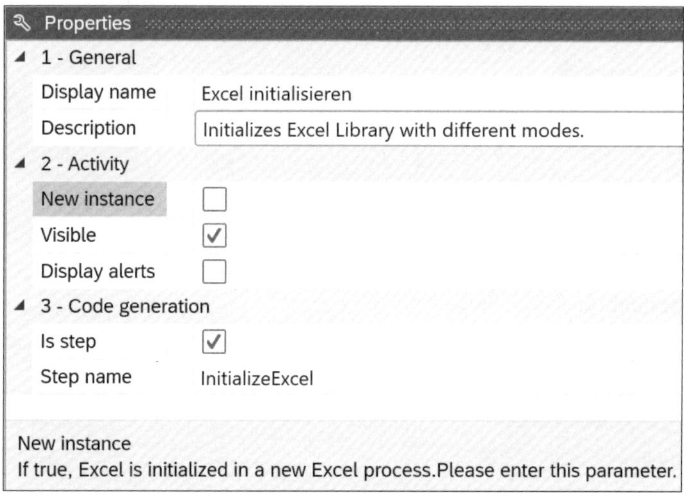

Abbildung 11.32 Optionen der Aktivität »Initialize Excel«

Aktivitäten »Release Excel« und »End Excel«

Hat der Bot alle notwendigen Aktionen in Excel abgeschlossen, muss er Excel wieder freigeben. Hierfür stehen die beiden Aktivitäten **Release Excel** und **End Excel** zur Verfügung. Für diese Aktivitäten gibt es keine weiteren Optionen. Sie können direkt an der entsprechenden Stelle des Workflows eingebunden werden. **Release Excel** hebt die Sperre der Excel-Datei zur weiteren Bearbeitung auf, z. B. um eine Benutzung der bearbeiteten Excel-Datei durch die Anwenderin oder den Anwender zu ermöglichen. Sie lässt Excel geöffnet, während **End Excel** die Excel-Anwendung komplett schließt. In diesem Fall müsste eine Anwenderin oder ein Anwender Excel zunächst wieder öffnen, um die Datei zu bearbeiten.

Best Practice für die »Excel Integration«

Für die Arbeiten mit Excel in einem automatisierten Prozess hat sich der folgende Ansatz als Best Practice erwiesen, die in den meisten Fällen Anwendung finden kann:

1. Zuerst wird die Aktivität **Initialize Excel** (zu finden in der Aktivitätengruppe **Excel Lib**) verwendet. Dies kann am Anfang des Prozesses bzw. mindestens vor der ersten Aktion des Arbeitens mit Excel-Dateien (Methode `ctx.excel.initialize( )`) geschehen.

2. Als Nächstes folgt die Aktivität **Close Excel file** (Aktivitätengruppe **Excel Lib • File**), die am Ende der Bearbeitung der Excel-Dateien (Methode `ctx.excel.file.close( oWorkbook, 'true')` verwendet werden sollte.
3. Die Aktivität: **Release Excel** (Aktivitätengruppe **Excel Lib**) kann direkt auf **Close Excel file** folgen (Methode `ctx.excel.release( )`).
4. Die Bearbeitung von Excel wird mit der Aktivität **End Excel** (Aktivitätengruppe **Excel Lib**) direkt nach **Release Excel** beendet (Methode `ctx.excel.end( )`).

Auch im Anwendungsbeispiel der Maschinenbau GmbH wurde dieser Ablauf angewendet. Das Ende der Excel-Bearbeitung im Workflow ist in Abbildung 11.33 zu sehen. Nach dem Sichern der geänderten Bestelldatei wird die Datei zunächst geschlossen und Excel daraufhin freigegeben.

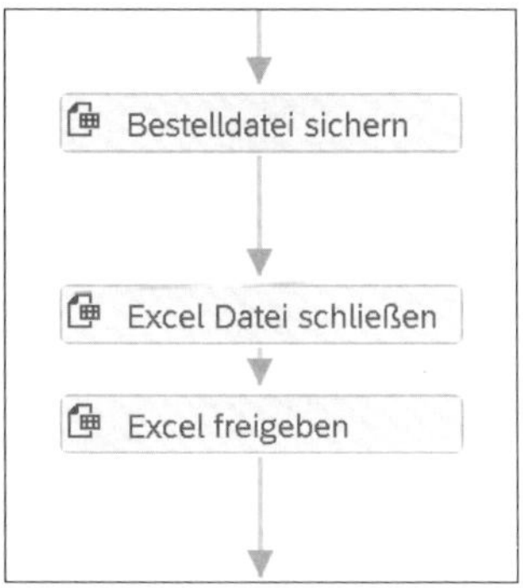

Abbildung 11.33 Ende der Excel-Bearbeitung

11.3.3 Integration von Microsoft Outlook

Ist es in einem Geschäftsprozess notwendig, Informationen von A nach B zu senden, werden oft E-Mails mit Anhängen verwendet. Diese stellen eine einfache und schnelle Möglichkeit dar, Dateien auszutauschen. Auch in unserem Anwendungsfall der Maschinenbau GmbH wird am Ende des Prozesses eine E-Mail an die Kundin oder den Kunden versendet. Als Anhang wird die eingereichte Excel-Vorlage mit der SAP-Bestellnummer versehen und automatisch versendet. Hat die Kundin oder der Kunde versehentlich keine Excel-Datei mit den Bestelldaten mitgeschickt, wird ebenfalls eine automatische E-Mail erzeugt, die darauf hinweist, dass der Bestellvorgang nicht durchgeführt werden kann.

Bibliothek »Outlook Integration«

Für die gängigsten Funktionen im Umgang mit Outlook stellt SAP Intelligent RPA die Bibliothek **Outlook Integration** zur Verfügung. Um die Bibliothek zu verwenden, muss sie zunächst wie in Abschnitt 11.3.1, »Einbinden der Bibliotheken«, beschrieben, eingebunden werden.

Die Bibliothek untergliedert sich in die folgenden Module:

- Globale Variablen und Funktionen, um die Outlook-Instanz zu verwalten, z. B. um sie zu starten oder zu stoppen
- E-Mail-Funktionen wie das Suchen, Bearbeiten und Senden von E-Mails
- Ordnerfunktionen wie das Hinzufügen von neuen oder Entfernen von bestehenden Ordnern in der Ordnerhierarchie
- Notizfunktionen wie das Anlegen und Anzeigen von Notizen
- Aufgabenfunktionen wie das Anlegen und Anzeigen von Aufgaben
- Kontaktfunktionen wie das Erstellen, Anzeigen oder Entfernen von Kontakten

Den Aufbau der Outlook-Bibliothek sowie ein paar beispielhafte Methoden sehen Sie in Abbildung 11.34.

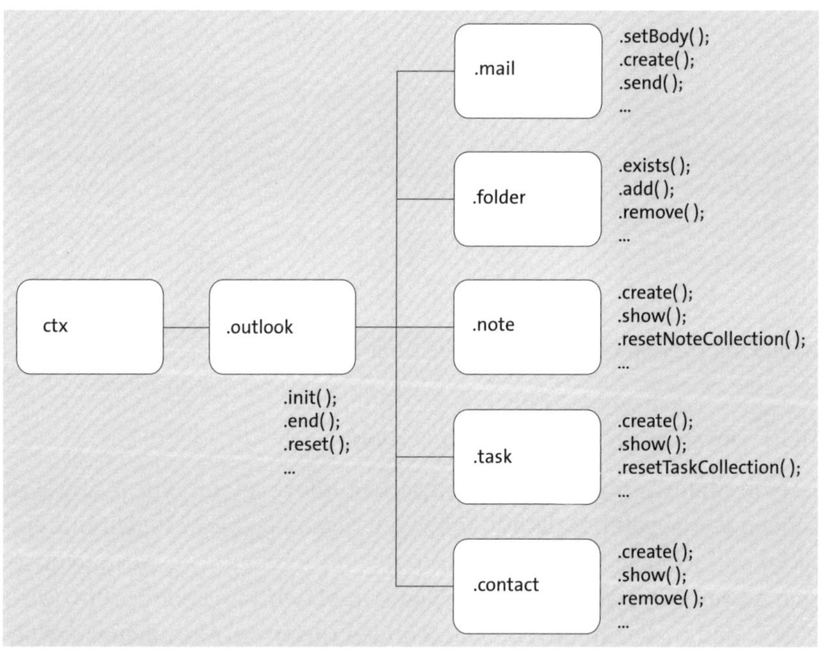

Abbildung 11.34 Module und Methoden der Outlook-Bibliothek

[+]

Desktop SDK Reference Guide für Outlook

Einen vollständigen Überblick über die Bibliothek erhalten Sie im »Desktop SDK Reference Guide« zur Outlook-Bibliothek unter folgender URL: *http://s-prs.de/v776806*

Outlook initialisieren

Wenn Sie den E-Mail-Versand per Microsoft Outlook in Ihren Prozess integrieren wollen, ist es zunächst notwendig, eine Instanz des Outlook-Objekts zu erzeugen. Die entsprechende Aktivität hierzu finden Sie im Desktop Studio in der Ansicht **Workflows** unter **Activities • Outlook Lib • Init Outlook** (siehe Abbildung 11.35).

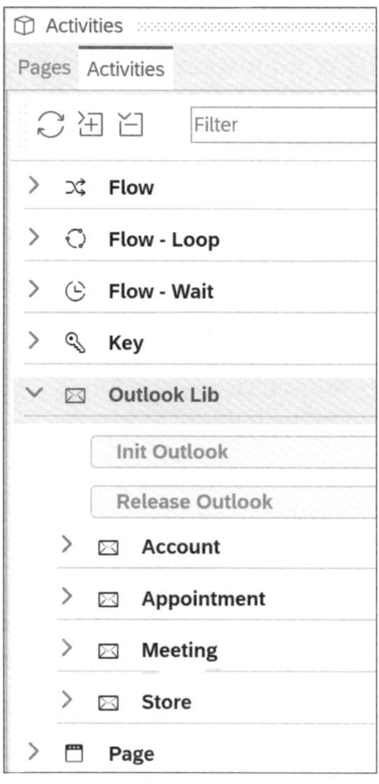

Abbildung 11.35 Aktivitäten »Init Outlook« und »Release Outlook«

Weitere Aktivitäten

Auf die Outlook-Instanz kann danach mit den Funktionen aus den beschriebenen Modulen zugegriffen werden, um zum Beispiel mit der Methode `ctx.outlook.mail.send( )` eine E-Mail zu versenden. Hat der Bot alle Aktionen in Microsoft Outlook abgeschlossen, sollte die Aktivität **Release Outlook** verwendet werden, um die Anwendung zu beenden. Hinter dieser Aktivität liegt die Methode `ctx.outlook.end( )`. Sowohl für **Init Outlook** als auch für **Release Outlook** sind keine weiteren Eigenschaften neben dem Namen zu pflegen. Beide Aktivitäten können einfach in den Workflow übernommen werden.

11.3.4 Integration von Microsoft Word

Um das automatisierte Arbeiten mit Microsoft-Word-Dokumenten im Prozess zu ermöglichen und zu erleichtern, lässt sich die Bibliothek **Word Inte-**

gration wie in Abschnitt 11.3.1, »Einbinden der Bibliotheken«, beschrieben, einbinden. Diese unterstützt die am häufigsten genutzten Word-Funktionalitäten, wie sie auch in automatisierten Prozessen Anwendung finden. Mögliche Szenarien wären hier das Anlegen einer Word-Datei, das Einfügen von Text oder die Formatierung von Wörtern bzw. Textpassagen.

Bibliothek »Word Integration«

Die Bibliothek untergliedert sich in die folgenden Module:

- Globale Variablen und Funktionen, um die Word-Instanz zu verwalten, z. B. zum Starten, Freigeben oder Stoppen
- Funktionen zur Verwaltung der Word-Anwendung, z. B. zum Anzeigen oder Ausblenden von Word
- Dateifunktionen wie das Erstellen, Öffnen, Sichern und Schließen einer Datei
- Dokumentfunktionen zum eigentlichen Bearbeiten des Dokumenteninhalts, z. B. zum Einfügen von Text, Absätzen, Bildern usw.

Den Aufbau der Word-Bibliothek sowie ein paar beispielhafte Methoden sehen Sie in Abbildung 11.36.

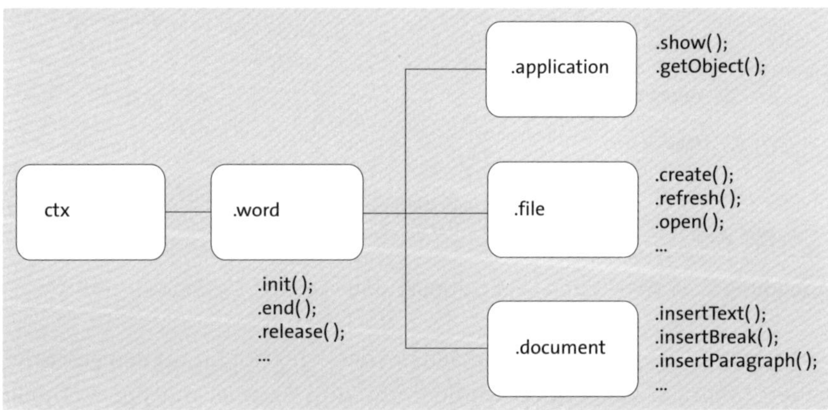

Abbildung 11.36 Module und Methoden der Word-Bibliothek

Desktop SDK Reference Guide für Word

Einen vollständigen Überblick erhalten Sie auf der Seite des »Desktop SDK Reference Guide« zur Word-Bibliothek unter folgender URL: *http://s-prs.de/v776807*

Word initialisieren

Wenn Sie in Ihrem Prozess Dokumente mit Microsoft Word bearbeiten wollen, muss zunächst eine Instanz der Word-Bibliothek erzeugt werden. Im

Desktop Studio finden Sie die Aktivität hierzu in der Ansicht **Workflows** unter **Activities • Word Lib • Init Word** (siehe Abbildung 11.37).

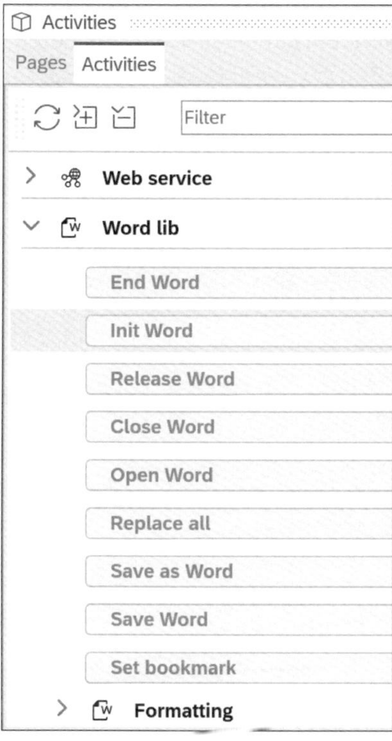

Abbildung 11.37 Aktivität »Init Word«

Best Practice für die »Word Integration«

Nach der Initialisierung der Word-Instanz kann mit den Funktionen aus den beschriebenen Modulen auf diese Instanz zugegriffen werden. Genau wie bei der Verwendung der Excel- und Outlook-Bibliothek sollte man auch bei der Verwendung von Word nach Abschluss der Bearbeitung zunächst die Sperre der bearbeiteten Datei aufheben und danach die Word-Anwendung beenden. Daraus ergibt sich der folgende Best-Practice-Ansatz für das Workflow-Design, der in den meisten Fällen Anwendung finden kann:

1. Am Anfang des Prozesses bzw. mindestens vor der ersten Aktion mit Word-Dateien steht die Aktivität **Initialize Word** (Aktivitätengruppe **Word Lib**, Methode `ctx.word.init( )`).
2. Nach Abschluss der Bearbeitung der Word-Datei folgt die Aktivität **Release Word** (Aktivitätengruppe **Word Lib**, Methode `ctx.word.release( )`).
3. Der Prozess schließt ab mit der Aktivität **End Word** (Aktivitätengruppe **Word Lib**) direkt im Anschluss an die Word-Bearbeitung (Methode `ctx.word.end( )`).

Zwischen den Schritten **Initialize Word** und **Release Word** findet die automatisierte Bearbeitung der Word-Dokumente statt. Für das Erstellen eines neuen Word-Dokuments müssen Sie z. B. die Methode `ctx.word.file.create( )` in einer **Custom**-Aktivität verwenden. Für die Bearbeitung bereits existierender Dokumente steht die Funktion `ctx.word.file.open(filepath)` zur Verfügung. Diese Funktion kann unter dem Namen **Open Word** auch einfach direkt aus den Aktivitäten in den Workflow gezogen werden. Als Parameter wird der Pfad der Datei inklusive des Dateinamens angegeben (siehe Abbildung 11.38).

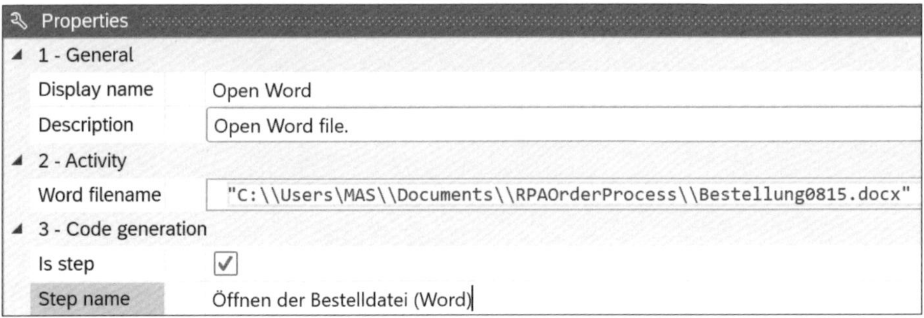

Abbildung 11.38 Aktivität »Open Word«

Pfade mit »\« maskieren

Hier gilt, wie bei allen Operationen, die Dateipfade beinhalten, dass Sie für das Backslash-Zeichen (»\«) einen zusätzlichen Backslash als Maskierung verwenden, damit er korrekt interpretiert wird.

Bearbeitung des Dokuments

Unabhängig davon, ob in Ihrem Prozess ein neues Dokument angelegt oder ein existierendes Dokument geöffnet wurde, kann im Anschluss mit den Methoden des Moduls `.document` die Bearbeitung des Dokuments erfolgen:

- Einen neuen Absatz fügen Sie mit der Funktion `ctx.word.document.insertParagraph( )` ein.
- Durch die Verwendung der Methode `ctx.word.document.insertText(string)` kann Text an die aktuelle Position des Cursors eingefügt werden.
- Funktionen zur Formatierung von Text, wie z. B. Fettung oder Kursivierung, finden sich in dem Modul `ctx.word.selection.fontFormatter`. Soll in einem Word-Dokument z. B. das Wort »Bestellbestätigung« fett dargestellt werden, erreichen Sie dies durch die folgenden Codezeilen:

```
ctx.word.document.findText("Bestellbestätigung");
ctx.word.selection.fontFormatter.formatBold(true);
```

Die Formatierungen können Sie auch direkt aus den Aktivitäten in den Workflow übernehmen, wie in Abbildung 11.39 zu erkennen.

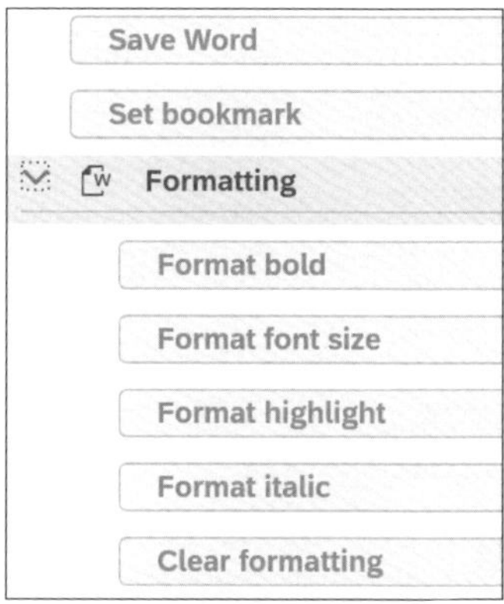

Abbildung 11.39 Aktivitäten für Formatierungen in der Word-Bibliothek

11

11.4 Integration des Dateisystems

Bibliothek »File System Object«

Oft ist es in automatisierten Prozessen unabdingbar, mit Dateien zu arbeiten und diese z. B. von Ordner A in Ordner B zu verschieben. Auch in unserem Anwendungsbeispiel der Maschinenbau GmbH werden die Excel-Dateien nach der Anlage der Bestellung im SAP-System in den Ordner **Bearbeitet** verschoben. Zusätzlich findet eine Umbenennung der Datei statt. Für solche Operationen gibt es die Bibliothek *File System Object* (FSO).

Im Gegensatz zu den Bibliotheken der Microsoft-Office-Familie ist die FSO-Bibliothek standardmäßig aktiviert. Zu finden ist sie unter **Utils • File System Integration** (siehe Abbildung 11.1 in Abschnitt 11.1.1, »Einbindung der Bibliothek und Vorbereitung«). Die Bibliothek untergliedert sich in die folgenden Module:

- Funktionen, um die FSO-Instanz zu verwalten, z. B. zum Starten und Stoppen der Instanz
- Funktionen, die auf das Arbeiten mit Laufwerken zielen, wie z. B. zur Ermittlung des Laufwerkbuchstabens
- Funktionen, um mit Ordnern zu arbeiten, z. B. das Erstellen, Verschieben oder Löschen eines Ordners
- Funktionen, um mit Dateien zu arbeiten, z. B. das Löschen, Kopieren oder Umbenennen einer Datei
- Funktionen, um auf Seiten eines FTP-Servers (File Transfer Protocol) zuzugreifen, z. B. für den Upload und Download von Dateien

Den Aufbau der FSO-Bibliothek sowie ein paar beispielhafte Methoden sehen Sie in Abbildung 11.40.

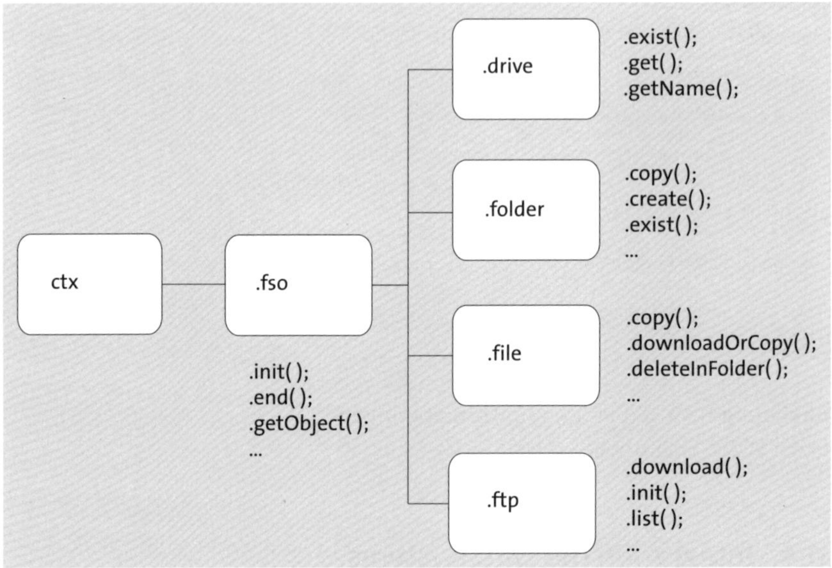

Abbildung 11.40 Module und Methoden der FSO-Bibliothek

Desktop SDK Reference Guide für die FSO-Bibliothek

Einen vollständigen Überblick erhalten Sie auf der Seite des »Desktop SDK Reference Guide« zur FSO-Bibliothek unter folgender URL: *http://s-prs.de/v776808*

Vordefinierte Aktivitäten

Ähnlich wie bei den Office-Bibliotheken kann man einige der in der FSO-Bibliothek enthaltenen Methoden direkt per Drag-and-drop aus dem Bereich **Activities** in den Workflow ziehen. Die zum Zeitpunkt der Drucklegung dieses Buchs zur Auswahl stehenden Methoden sind in Abbildung 11.41 dargestellt.

Initialisierung und Freigabe

Im Gegensatz zur Office-Integration ist es jedoch nicht nötig, die FSO-Bibliothek durch Verwendung der Methode `ctx.fso.init( )` zu initialisieren und nach der Verwendung durch die Methode `ctx.fso.end( )` freizugeben. Beide Methoden werden automatisch aufgerufen, sobald eine Funktion der FSO verwendet wird bzw. im Anschluss an eine andere aufgerufene Methode, die FSO benutzen möchte.

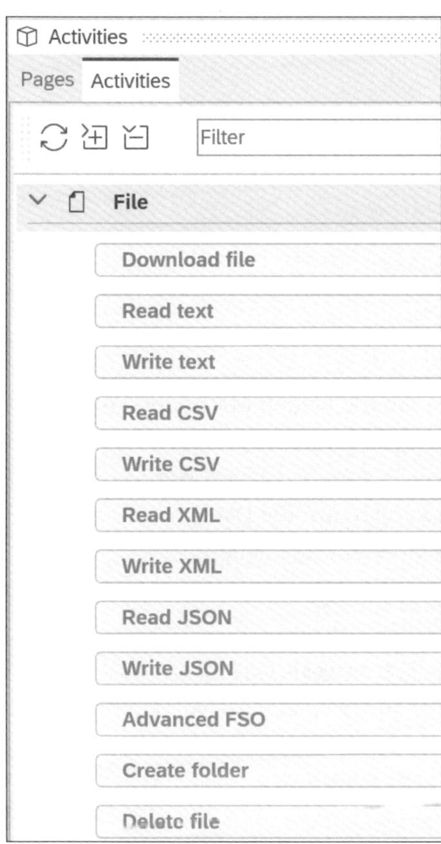

Abbildung 11.41 Aktivitäten der FSO-Bibliothek

FSO-Aktivitäten im Beispiel-Workflow

Im Anwendungsbeispiel der Maschinenbau GmbH werden aus dem **File**-Modul der FSO-Bibliothek die beiden Methoden `ctx.fso.file.getFolderName( Dateiname(string) )` und `ctx.fso.file.move( Dateiname(string), Dateiname(string) )` verwendet. Beide Methoden sind in der **Custom**-Aktivität **Bestelldatei verschieben** enthalten (siehe Abbildung 11.42). Da in diesem Schritt mehrere Aktionen stattfinden, für die es keine vordefinierten Aktivitäten gibt, wurde die **Custom**-Aktivität verwendet, und die enthaltenen Funktionen wurden in JavaScript programmiert. Die Vorgehensweise in solchen Fällen sollte immer sein, dass Sie zunächst die **Custom**-Aktivität in den Workflow einbinden und danach den Code generieren (z. B. mit der Tastenkombination [Strg] + [B]), um im Nachgang die eigenen Anpassungen bzw. Methoden hinzuzufügen.

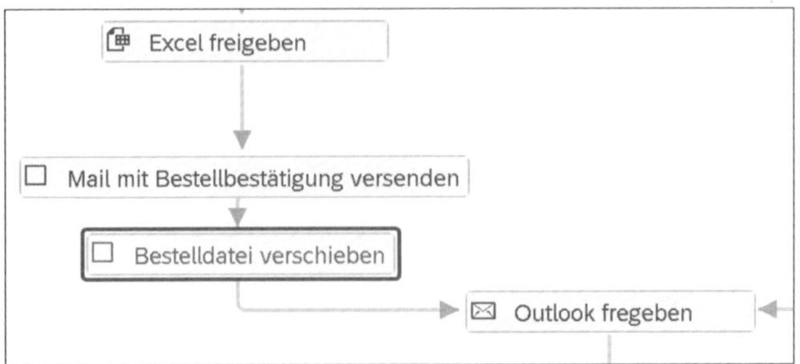

Abbildung 11.42 »Custom«-Aktivität »Bestelldatei verschieben«

Der Auszug des Programmcodes, in dem die beiden Methoden aufgerufen werden, ist in Listing 11.3 zu sehen. Mit der Methode getFolderName() kann der Ordnerpfad aus einem Dateinamen zurückgegeben werden. Die Methode move() wird anschließend verwendet, um die Datei vom Download-Verzeichnis in das Verzeichnis **Bearbeitet** zu verschieben.

```
// Ermittlung des Dateipfads (ohne Dateinamen)
var abs_folder =
 ctx.fso.file.getFolderName(rootData.GLOBALVAR.varFileNameDone);
ctx.log("ermittelter Ordner: " + abs_folder, e.logIconType.Info);

// Timestamp, um Dateien nicht zu überschreiben
var d = new Date();
var n = d.getTime();

// Dateiname im Ordner "Bearbeitet" (inklusive Timestamp)
rootData.GLOBALVAR.varFileNameDone = abs_folder + "\\"
+ n + filename;
// Verschieben der Datei in den Ordner "Bearbeitet"
ctx.fso.file.move(rootData.GLOBALVAR.varFileName,rootData.GLOBALVAR.
varFileNameDone);
sc.endStep(); // ReleaseOutlook
```

Listing 11.3 Auszug des Programmcodes der Automatisierung der Maschinenbau GmbH mit den Aufrufen der FSO-Methoden

11.5 Zusammenfassung

In diesem Kapitel haben Sie gelernt, welche Möglichkeiten SAP Intelligent RPA bietet, um SAP-GUI-Anwendungen, Anwendungen auf Grundlage von SAP Fiori oder Microsoft-Office-Programme in Ihren Workflow zu integrieren. Notwendige Voraussetzungen, wie das client- und serverseitige Aktivieren von SAP GUI Scripting und das Einbinden von Bibliotheken der jeweils benötigten Technologie wurden ausführlich beschrieben. Anschließend sind wir auf besondere Elemente von SAP-GUI- und SAP-Fiori-Anwendungen eingegangen und wie diese in der Designphase richtig deklariert werden. Auch das Arbeiten mit den Microsoft-Office-Produkten Word, Excel und Outlook und deren korrekte Verwendung im Workflow haben wir anhand des Anwendungsfalls der Maschinenbau GmbH erläutert. Zum Abschluss des Kapitels sind wir auf die FSO-Bibliothek eingegangen, die unter anderem Funktionen zum Manipulieren von Dateien beinhaltet.

Im folgenden Kapitel 12, »Modellierung im Cloud Studio«, stellen wir Ihnen die Webanwendung SAP Intelligent RPA Cloud Studio und deren Funktionen vor.

Kapitel 12
Modellierung im Cloud Studio

In diesem Kapitel stellen wir Ihnen die Webanwendung SAP Intelligent RPA Cloud Studio vor, mit der Bots zur Automatisierung verschiedener Anwendungen wie Microsoft Excel oder Outlook online entworfen werden können.

SAP Intelligent RPA Cloud Studio 2.0 (im Folgenden kurz Cloud Studio genannt) ist eine Webanwendung, mit der Sie Bots zur Automatisierung Ihrer Anwendungen entwerfen können. Im Vergleich zu früheren Versionen dieser Anwendung, die mit der Vorgängerversion *SAP Intelligent RPA 1.0* ausgeliefert wurden, hat die Version 2.0 des Cloud Studio bewiesen, dass die Gestaltung und Einführung der Bots deutlich einfacher gelingt – bei gleichen Resultaten wie mit den Vorversionen.

Aufbau des Kapitels

Um Ihnen die Arbeitsweise im Cloud Studio näherzubringen und die erforderlichen Schritte zur Automatisierung Schritt für Schritt durchzugehen, beschreiben wir in diesem Kapitel die Automatisierung von Microsoft Excel (siehe Abschnitt 12.2, »Entwicklung eines Bots unter Verwendung einer Excel-Datei«) und Outlook (siehe Abschnitt 12.3, »Entwicklung eines Bots zum Lesen von E-Mails in Outlook«). Zunächst folgt jedoch in Abschnitt 12.1, »Das Cloud Studio im Überblick«, eine allgemeine Übersicht über die Webanwendung und deren Funktionen.

12.1 Das Cloud Studio im Überblick

Bereiche des Cloud Studio

Grundlegend ist die Benutzeroberfläche des Cloud Studio folgendermaßen aufgebaut (siehe Abbildung 12.1):

❶ **Projekt-Explorer-Panel**
Im Projekt-Explorer-Panel werden alle *Artefakte* (engl. *artifacts*, siehe Abbildung 12.3) angezeigt. Zu den Artefakten des Cloud Studio gehören beispielsweise Applikationen, Automatisierungen oder auch Datentypen.

❷ **Registerkarten**
Jedes Mal, wenn ein Artefakt geöffnet wird, wird die entsprechende Registerkarte an dieser Stelle angezeigt.

❸ **Funktionsleiste**
Je nach Artefakt-Typ sind unterschiedliche Optionen oder Schaltflächen in der Funktionsleiste verfügbar.

❹ **Hauptleinwand**
Die Hauptleinwand oder der Hauptbildschirm ist Ihr Arbeitsbereich im Cloud Studio.

❺ **Konsole**
Im Konsolenbereich werden Fehler und Informationen zentralisiert gesammelt und angezeigt.

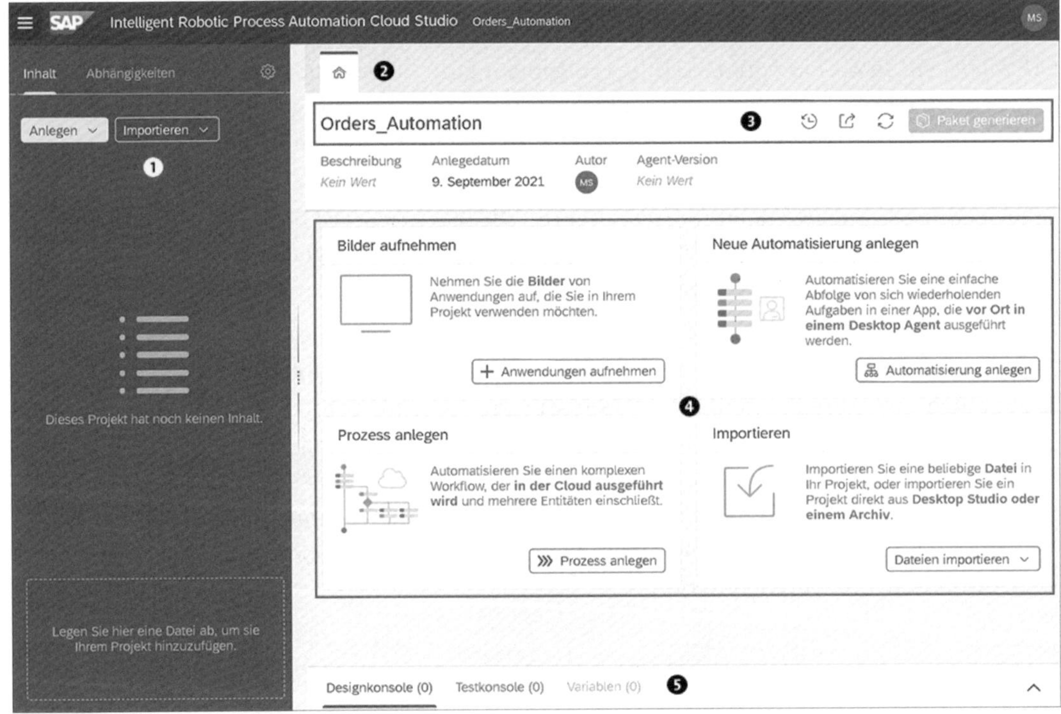

Abbildung 12.1 Cloud Studio – Übersicht

Umgang mit den Artefakten

Es gibt grundsätzlich zwei Arten, mit den Artefakten des Cloud Studio zu arbeiten:

- **Assemble**
  Es wird von einem *Assemble* gesprochen, wenn verschiedene Pakete, Automatisierungen oder Szenarien zusammengefügt werden, was vor allem für die Gestaltung eines langlebigen Prozesses durch Wiederverwendung bestehender Desktoppakete sinnvoll sein kann.

- **Automatisierung**
  Eine Automatisierung ist nicht nur eine Abfolge von einfachen Schritten, sie kann auch Logiken enthalten, die z. B. durch Bedingungen und Schleifen abgebildet werden.

Als *Szenario* wird im Cloud Studio eine Abfolge von Schritten zum Steuern und Automatisieren mehrerer Interaktionen auf verschiedenen Anwendungen bezeichnet, die auf einem bestimmten Computer verfügbar sind. Dagegen können in einem *Paket* Automatisierungen unabhängig voneinander entweder im beaufsichtigten (attended) oder unbeaufsichtigten (unattended) Modus ausgeführt werden. Alle Automatisierungen werden im *Automatisierungseditor* entworfen, der im Cloud Studio auf der Hauptleinwand eingebettet wird.

Eine Automatisierung kann mit den nachfolgenden Elementen interagieren:

- andere Automatisierungen, um Wiederverwendbarkeit zu ermöglichen
- Anwendungsbildschirme, um Aktivitäten aufzurufen
- eingebaute Aktivitäten, die mit den SDK-Paketen geliefert werden
- Datentyp- und Variablenmanipulationen
- Kontrollen, die es erlauben, die anderen Schritte zu orchestrieren
- benutzerdefinierter JavaScript-Code

In den folgenden Abschnitten zeigen wir Ihnen den Umgang mit dem Cloud Studio in zwei Entwicklungsbeispielen, eines mit Einbindung von Microsoft Excel und eines mit Einbindung von Outlook.

12.2 Entwicklung eines Bots unter Verwendung einer Excel-Datei

In diesem Abschnitt zeigen wir Ihnen, wie Sie im Cloud Studio einen Bot entwickeln können, der nach einer Excel-Datei sucht und deren Inhalt anschließend an ein Formular sendet.

Um mit dem Entwurf des Projekts zu beginnen, müssen zunächst einige vorbereitende Schritte durchgeführt werden: Grundvoraussetzungen für eine erfolgreiche Excel-Automatisierung mit dem Cloud Studio sind, dass Sie den Desktop Agent 2.0.x auf Ihrem Rechner installiert haben. Auch wenn Sie nur Zugriff auf die Betaversion von SAP Intelligent RPA Cloud Studio haben, können Sie die folgenden Ausführungen nachvollziehen. **Voraussetzungen**

Für die Umsetzung des Projekts sind anschließend folgende Schritte notwendig:

- das Capturing der Screens, die Sie automatisieren wollen (siehe Abschnitt 12.2.1)
- das Testen und Überprüfen der Screen-Deklarationen (siehe Abschnitt 12.2.2)
- der Entwurf des Workflows (siehe Abschnitt 12.2.3)
- das Testen des Workflows und die Fehlersuche (siehe Abschnitt 12.2.4)
- das Deployen in eine Umgebung sowie das Ausführen des Projekts auf einem Agenten (siehe 12.2.5)

12.2.1 Capturing der Screens

Projekt in der Cloud Factory anlegen

Zunächst müssen Sie ein neues Projekt in der Cloud Factory erstellen. Navigieren Sie dazu auf die Registerkarte **Projekte**, und klicken Sie auf die Schaltfläche **Neues Projekt**. Geben Sie einen Namen und eine Beschreibung für Ihre Projekt ein, z. B. »iRPA - Test« oder auch »Bestellformular Maschinenbau GmbH« (siehe Abbildung 12.2). Klicken Sie dann auf **Anlegen**.

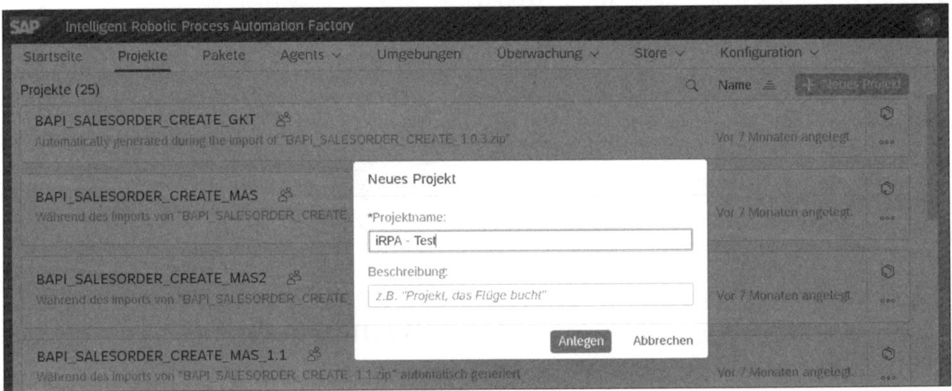

Abbildung 12.2 Projekt in der Cloud Factory erstellen

RPA Challenge

Für unser Beispiel verwenden wir Beispieldaten der *RPA Challenge*. RPA Challenge ist ein Projekt, mit dem sich die Möglichkeiten, Fähigkeiten und die Performance von RPA-Tools wie dem SAP Intelligent RPA Cloud Studio austesten lassen. Öffnen Sie dazu die Seite *http://www.rpachallenge.com/* in Ihrem Browser. Sie stellt eine Excel-Datei mit exemplarischen Adressdatensätzen bereit und enthält verschiedene Felder und Schaltflächen zum Anlegen eines neuen Adressdatensatzes und zur Anzeige des Datensatzes.

Anwendung anlegen

Erstellen Sie nun eine neue Anwendung im Cloud Studio. Öffnen Sie dazu das Cloud Studio, und klicken Sie im Projekt-Explorer-Panel auf die Schaltfläche **Anlegen**, um das Drop-down-Menü zur Auswahl des Artefakt-Typs, den Sie anlegen möchten, zu öffnen. Wählen Sie den Typ **Anwendung** (siehe Abbildung 12.3).

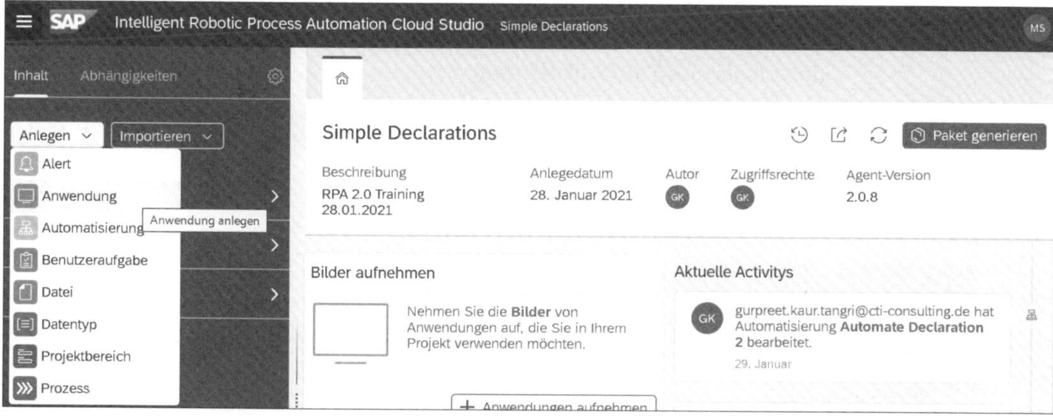

Abbildung 12.3 Anwendung im Cloud Studio anlegen

Bildschirmauswahl

Sie werden nun automatisch zur Bildschirmauswahl weitergeleitet. Klicken Sie hier auf das Aktualisierungssymbol (), um die Liste der verfügbaren Bildschirme zu aktualisieren (siehe Abbildung 12.4). Wählen Sie dann über das Suchfenster den Bildschirm aus, den Sie aufnehmen möchten, in unserem Beispiel das Browserfenster der RPA Challenge.

Abbildung 12.4 Bildschirm-Auswahl

Capturing einer Browserseite

Als Erstes erfassen wir den Hauptbildschirm der Seite, auf der ein Adressdatensatz erfasst und eine Excel-Datei mit den Adressdaten heruntergeladen werden kann. Die Felder im Fenster **Bildinformationen** werden bei der Erfassung der Seite vom Cloud Studio automatisch vorausgefüllt. Als **Anwendungsname** wird hier »Rpa Challenge« verwendet (siehe Abbildung 12.5). Benutzen Sie die URL als Wiedererkennungsmerkmal in der **Anwendungsbeschreibung**. Ändern Sie diesen Namen für unser Beispiel in »Main«. Wählen Sie die Option **Neue Anwendung anlegen** und die Technologie **Web**, und klicken Sie dann auf **Aufnehmen**.

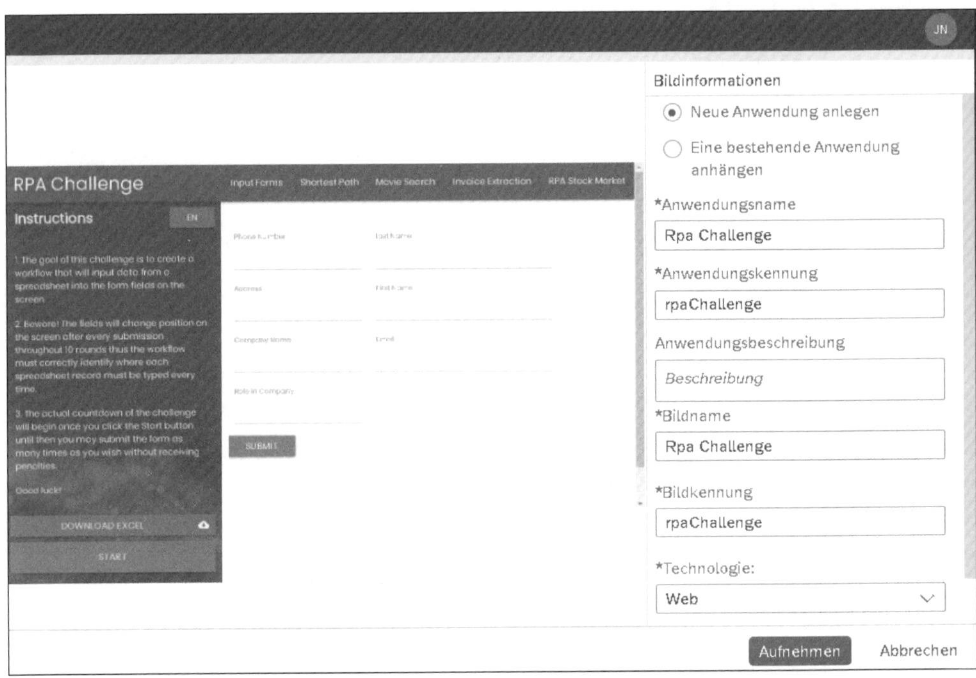

Abbildung 12.5 Capturing einer Browserseite

Die soeben erstellte Anwendung wird Ihnen nun im Projekt-Explorer-Panel in der Liste der Anwendungen angezeigt (siehe Abbildung 12.6).

Abbildung 12.6 Anzeige der neuen Anwendung

Items deklarieren

Deklarieren Sie im Anschluss die Items, die in Ihrer Automatisierung verwendet werden sollen (siehe Abbildung 12.7). Cloud Studio erkennt automatisch alle Elemente des erfassten Bildschirms. Wählen Sie die Elemente, die Sie in Ihrer Automatisierung nutzen möchten, in der Übersicht links aus.

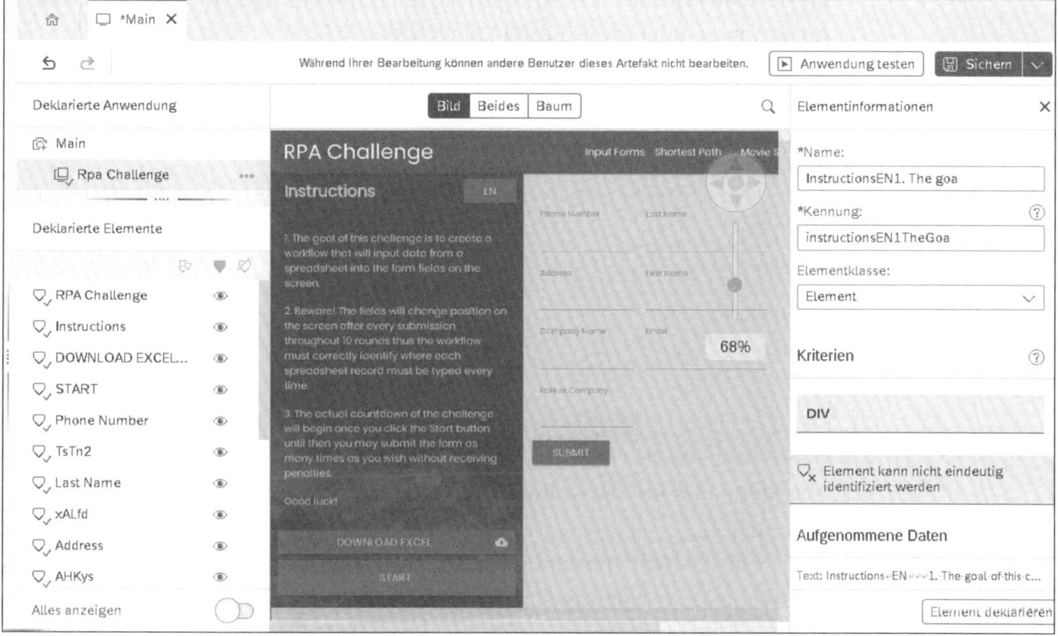

Abbildung 12.7 Item-Deklaration im Cloud Studio

Kriterien definieren

Die Verwendung jedes Items in der Anwendung kann daraufhin mit den folgenden Kriterien näher definiert werden:

- **Must exist**: Das Kriterium **Must exist** bedeutet, dass der Bildschirm nur erkannt wird, wenn das Element oder die Elemente, die mit diesem Kriterium definiert wurden, erkannt werden.
- **Must not exist**: Das Kriterium **Must not exist** bedeutet, dass der Bildschirm nicht erkannt wird, wenn ein so definiertes Element erkannt wird.
- **A collection**: Das Kriterium **A collection** bedeutet, dass das Element aus mehreren Teilen besteht, z. B. eine Liste mit mehreren Einträgen.

Bei den Elementen **'Download Excel'**, **'Start'** und **'Submit'** der erfassten Browserseite sollte beachtet werden, dass der bereits erfasste Screen **'Main'** und der noch zu erfassende Screen **'Result'** eine identische URL haben. Folglich müssen Sie eines dieser Elemente mit dem Attribut **Must exist** deklarieren, um die beiden Seiten unterscheiden zu können. Wir weisen dieses Kriterium dem Element **'Submit'** zu.

Binden Sie anschließend den übergeordneten Knoten **DIV** für das Document-Division-Element ein, ein HTML-Element, über das man weitergeleitet wird. Legen Sie hier den Text als Kriterium für das Feld **Address** der Seite **Main** fest. Der Text in diesem Feld soll die Elemente 'Firmenname', 'Nachname' usw. enthalten. Bestätigen Sie Ihre Einstellungen mit der Schaltfläche **Anwenden** (siehe Abbildung 12.8).

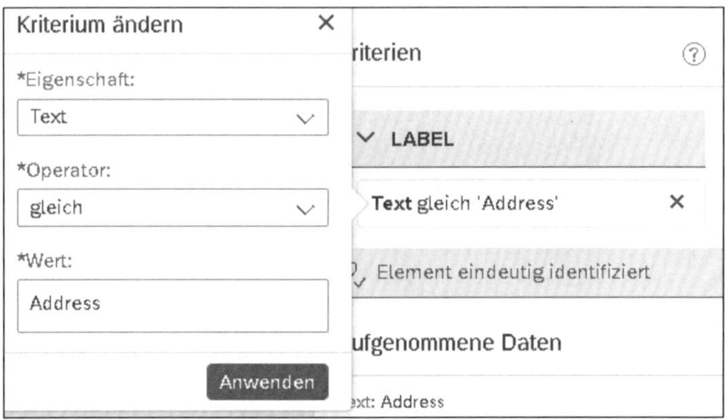

Abbildung 12.8 Kriterien für die Erfassung eines Items definieren

Im letzten Schritt dieser Phase erfassen Sie den zweiten Screen der RPA Challenge, den Ergebnis-Screen. Nennen Sie diese Seite »Result«. Deklarieren Sie auch die Items dieses Bildschirms mithilfe der automatischen Elementerkennung des Cloud Studio. Die Seite enthält eine Schaltfläche **Reset**. Dieses Item muss mit der Must-exist-Funktion deklariert werden. Nachdem Sie auch diese Seite erfasst haben, speichern Sie die Änderung über die Schaltfläche **Sichern**. Daraufhin wird das Paket für die Anwendung erstellt. Der Status dieses Ladevorgangs wird Ihnen in einem Popup-Fenster mitgeteilt (siehe Abbildung 12.9).

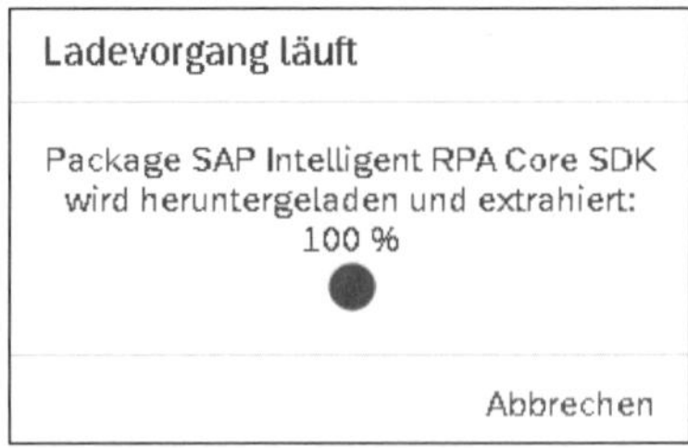

Abbildung 12.9 Capturing des Ergebnis-Screens und Sichern des Pakets

Erweiterte Capturing-Techniken

An diesem einfachen Beispiel haben Sie bereits gesehen, wie unkompliziert das Capturing mit dem Cloud Studio abläuft. Neben der automatischen Erfassung der Seiten und Items besteht aber auch hier die Möglichkeit, erweiterte Capturing-Techniken anzuwenden. Dazu werden Patterns und Collections verwendet:

- Ein *Pattern* ist eine Methode zur Erkennung zusammengehöriger Komponenten innerhalb Ihres erfassten Screens. Diese Komponenten werden als Einheit betrachtet, anstatt einzelne Items zu deklarieren. Die einzelnen Komponenten müssen dazu in einer Eltern-Kind-Beziehung miteinander verbunden sein. Eine der Komponenten bildet dabei das Eltern-Element. Die Patterns sind nützlich, wenn dieses Zielelement keine (oder unzureichende) eindeutige Eigenschaften hat.
- Eine *Collection* ist eine Methode zum Erkennen eines Elements innerhalb einer Liste. Es ist manchmal nicht möglich, ein Bildschirmelement automatisch im Rahmen der Deklaration zu erkennen. Die Collection-Methode kann dann auf das Zielelement angewendet werden. Ein entsprechender Indexwert wird in einem Skript innerhalb der Automatisierung verwendet, um das gewünschte Vorkommen anzuvisieren.

Pattern verwenden

Möchten Sie ein Pattern verwenden, um ein Element zu deklarieren, sind folgende Schritte erforderlich:

1. Fügen Sie ein anderes Element als Kriterium (das heißt als Eltern- oder Kind-Element) hinzu. Dazu können Sie entweder die Liste der deklarierten Elemente oder den Hierarchiebaum verwenden.
2. Fügen Sie Erkennungskriterien hinzu und bearbeiten Sie diese, bis das Zielelement erkannt wird.
3. Stellen Sie das Zielelement ein, indem Sie es mit einem anderen Element verknüpfen.

Collection verwenden

Möchten Sie eine Collection verwenden, um ein Element zu deklarieren, sind folgende Schritte erforderlich:

1. Deklarieren Sie ein Element als Liste.
2. Deklarieren Sie das Element, das nicht identifiziert werden kann, da es Teil dieser Liste ist.
3. Fügen Sie Erkennungskriterien hinzu und bearbeiten Sie diese, damit das Element präziser erkannt werden kann.
4. Definieren Sie das Element als Teil einer Collection innerhalb des deklarierten Elementbereichs.

12.2.2 Testen und Überprüfen der Screen-Deklarationen

Bot-Ausführung simulieren

Bevor Sie mit der Phase des Workflow-Designs fortfahren, sollten Sie testen, ob Ihre Deklarationen zum gewünschten Ergebnis führen. Dazu können Sie den *Application Tester* des Cloud Studio verwenden, den Sie über die Registerkarte **Applications** aufrufen (siehe Abbildung 12.10). Im Application Tester markieren Sie die Elemente, deren Erkennung Sie testen möchten. Setzen Sie exemplarische Werte in die Felder ein. Simulieren Sie das Klicken der Schaltflächen einfach über **Click**.

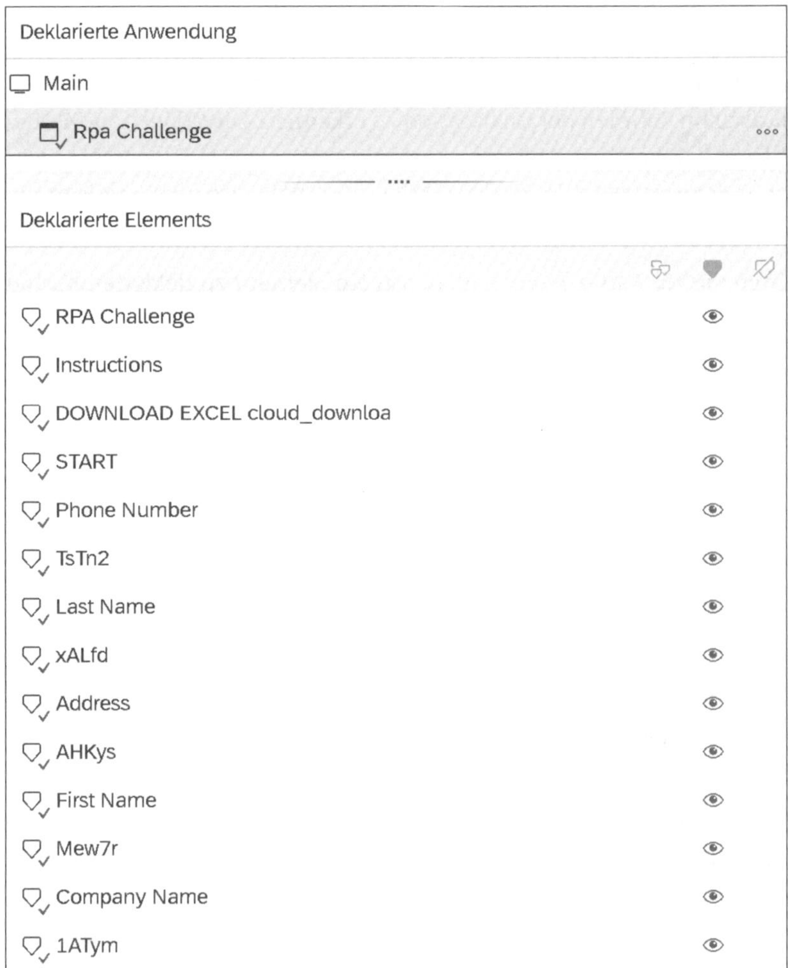

Abbildung 12.10 Application Tester

Führen alle Ihre Deklarationen zu dem gewünschten Ergebnis, können Sie mit dem Design des Workflows beginnen, das wir im folgenden Abschnitt beschreiben.

12.2.3 Design des Workflows

Konzeption des Workflows

Direkt zu Beginn der Designphase sollten Sie eine Vorstellung davon haben, wie der Workflow letztendlich aussehen soll. Legen Sie den Fokus dabei vor allem auf die Bestimmung der Hauptbestandteile des Workflows und überlegen Sie, wie Sie den Workflow gegebenenfalls in verschiedene Automatisierungen und Sub-Automatisierungen aufteilen können. Eine gute Planung kann den erfolgreichen Entwurf eines Workflows deutlich erleichtern. Ein weiterer Vorteil eines gut geplanten Workflows ist, dass die Pflege und Verwaltung eines solchen Workflows im Anschluss deutlich leichter fallen, da er in der Regel auch für andere Personen einfacher zu verstehen ist.

Datentyp anlegen

Im ersten Schritt der Workflow-Automatisierung mit dem Cloud Studio müssen Sie zunächst eine Datenstruktur bzw. einen Datentyp erstellen. In unserem Beispiel soll diese Datenstruktur zum Speichern der aus der Excel-Datei des RPA-Challenge-Projekts gelesenen Daten verwendet werden (siehe Abbildung 12.11). Wir suggerieren, dass es sich bei den enthaltenen Adressdaten um Kundenadressen der Maschinenbau GmbH handelt, und nennen den Datentyp daher »Maschinenbau GmbH«. Speichern Sie den Datentyp mit einem Klick auf **Anlegen**.

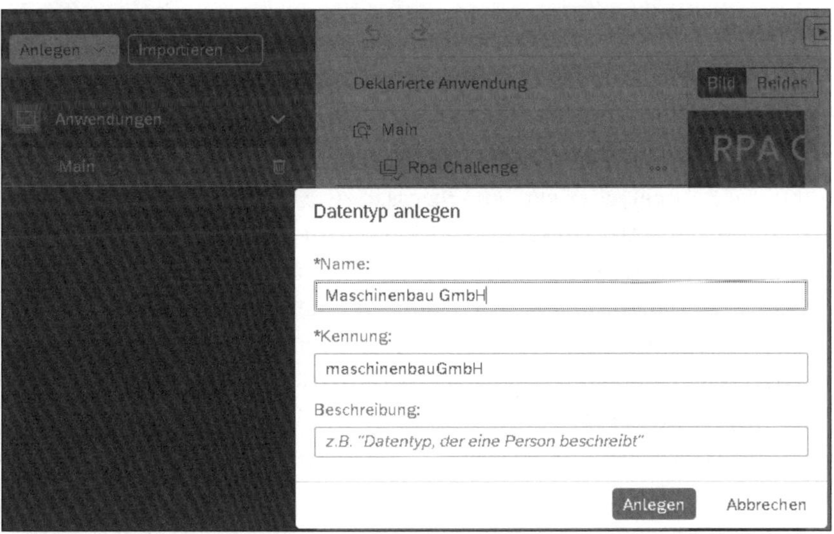

Abbildung 12.11 Datenstruktur anlegen

Standardmäßig sind im Cloud Studio drei grundlegende Datentypen verfügbar: *String*, *Zahl* und *Boolean*. Für komplexere Daten können eigene Datentypen erstellt werden. Die Datentypen ermöglichen es, die Daten zu strukturieren, die zwischen den Schritten Ihrer Automatisierungen übergeben werden können. Ein neuer Datentyp kann manuell erstellt werden, aber einige sind auch automatisch mit dem SDK verfügbar. Um mehr Flexibilität zu ermöglichen, haben wir in unserem Beispiel den Typ **beliebig** gewählt.

SDK-Paketabhängigkeiten

Nun können Sie eine Automatisierung erstellen. Wählen Sie dazu im Projekt-Explorer-Panel aus dem Drop-down-Menü **Anlegen** das Element **Automatisierung** aus. Wenn die erste Automatisierung in einem Projekt erstellt wird, werden automatisch zwei *SDK-Paketabhängigkeiten* hinzugefügt:

- Core
- Excel

Diese Pakete enthalten die grundlegenden Aktivitäten zum Erstellen einer Automatisierung und zum Bearbeiten von Excel-Dateien. Es können auch andere SDK-Pakete, z. B. für Word, PDF oder Outlook importiert werden.

Auswahl der Agentenversion

Beim Anlegen der ersten Automatisierung in einem Projekt werden Sie außerdem aufgefordert, die Agentenversion zu wählen:

- Wenn der Agent bereits mit dem Tenant verbunden ist, auf dem das Cloud Studio auf der SAP BTP läuft, wird das entsprechende Feld mit der aktuellen Agentenversion ausgefüllt.
- Andernfalls geben Sie manuell die Agentenversion ein, mit der die Automatisierung mindestens ausgeführt werden soll.

Die Auswahl der Agentenversion für das Projekt filtert die Liste der Aktivitäten, die Sie verwenden können.

Die Anzahl an Automatisierungen kann komplett flexibel gewählt werden. Für unser Beispiel teilen wir den Prozess in zwei verschiedene Automatisierungen auf: eine Art Hauptautomatisierung mit dem Namen **Run RPA Challenge** sowie eine Nebenautomatisierung namens **Execute Challenge**. Legen Sie zunächst die Automatisierung **Run RPA Challenge** an. Die Automatisierung **Execute Challenge** werden wir im weiteren Verlauf der Modellierung noch erstellen. Abbildung 12.12 zeigt den Workflow mit der ersten Automatisierung auf der Hauptleinwand des Cloud Studio.

Aktivitäten hinzufügen

Im nächsten Schritt starten Sie die Hauptseite des RPA-Challenge-Projekts. Fügen Sie dazu die Aktivität **Start Application** hinzu, indem Sie diese aus der Liste der **Werkzeuge** auswählen und per Drag-and-drop in Ihren Workflow ziehen. Fügen Sie Ihrem Workflow zudem die Funktion **Maximize** hinzu, die dafür sorgt, dass die Applikation gestartet wird. Falls die Hauptseite bereits gestartet sein sollte, können Sie über einen Klick auf die Aktivität **Start** zurück zu dieser Seite navigieren (siehe Abbildung 12.13).

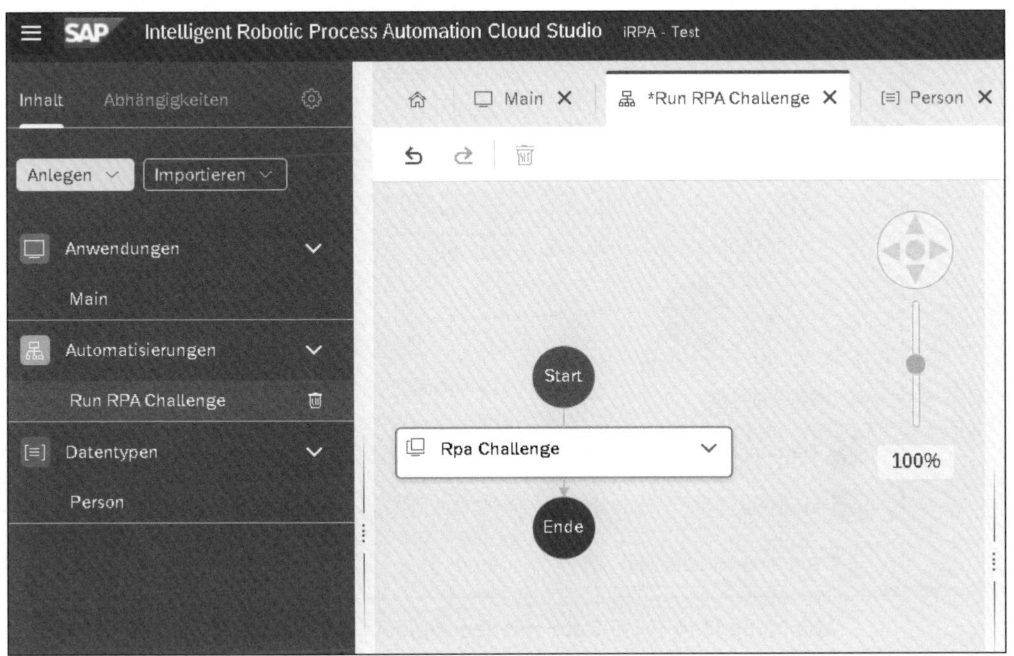

Abbildung 12.12 Automatisierung anlegen und Workflow erstellen

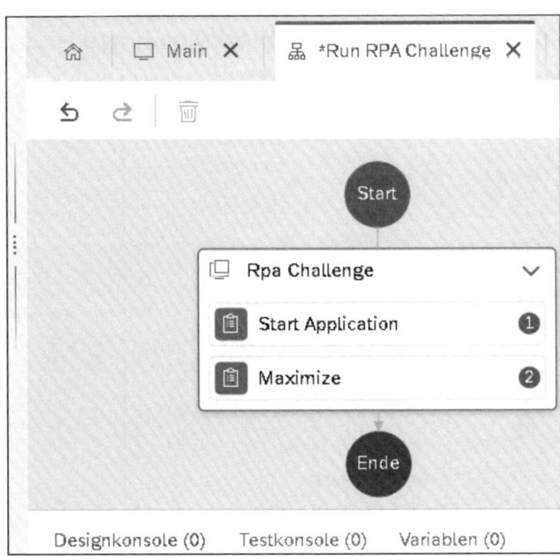

Abbildung 12.13 Einfügen der Aktivitäten »Start Application« und »Maximize«

Excel-Datei abrufen

Anschließend soll die Excel-Datei aufgerufen werden. Fügen Sie dazu das Element **Get Property** zu Ihrem Workflow hinzu. Tragen Sie das Attribut »href« als Eingabe- und Ausgabeparameter ein. Es enthält in unserem Fallbeispiel die besagte Excel-Datei (siehe Abbildung 12.14).

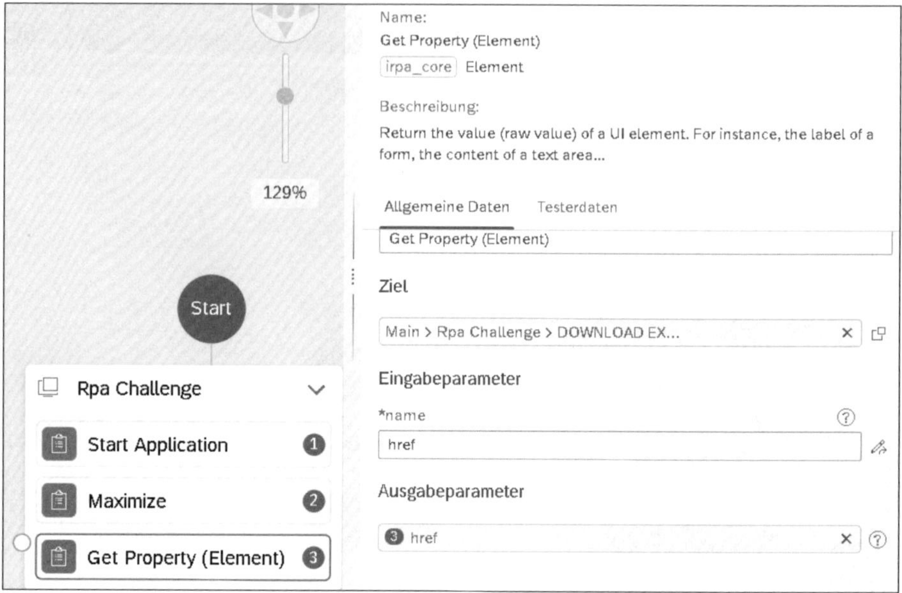

Abbildung 12.14 Excel-Datei mit dem Element »Get Property« aufrufen

Speicherpfad der Excel-Datei

Im Anschluss daran müssen Sie den lokalen Pfad auf Ihrem Rechner festlegen, unter dem die Excel-Datei gespeichert wird (wenn der Download bereits erfolgte). Fügen Sie die Aktivität **Set** zu Ihrem Workflow hinzu (siehe Abbildung 12.15), die die Datei unter diesem Pfad abruft.

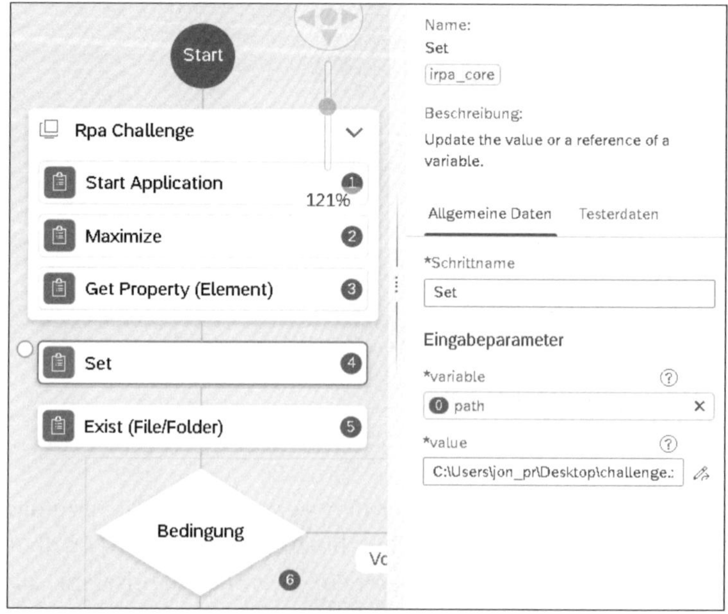

Abbildung 12.15 Lokalen Speicherort für die Excel-Datei definieren

Der Eingabeparameter ist in unserem Fall eine selbst ausgewählte Variable (**0 path**). Geben Sie dafür im Feld **value** einen Dateipfad an, unter dem die Datei auf dem Rechner abgespeichert wird.

Bedingung hinzufügen

Als Zwischenschritt fügen wir eine **Bedingung** hinzu (siehe Abbildung 12.16). Diese prüft, ob bereits ein Download der Excel-Datei erfolgt ist.

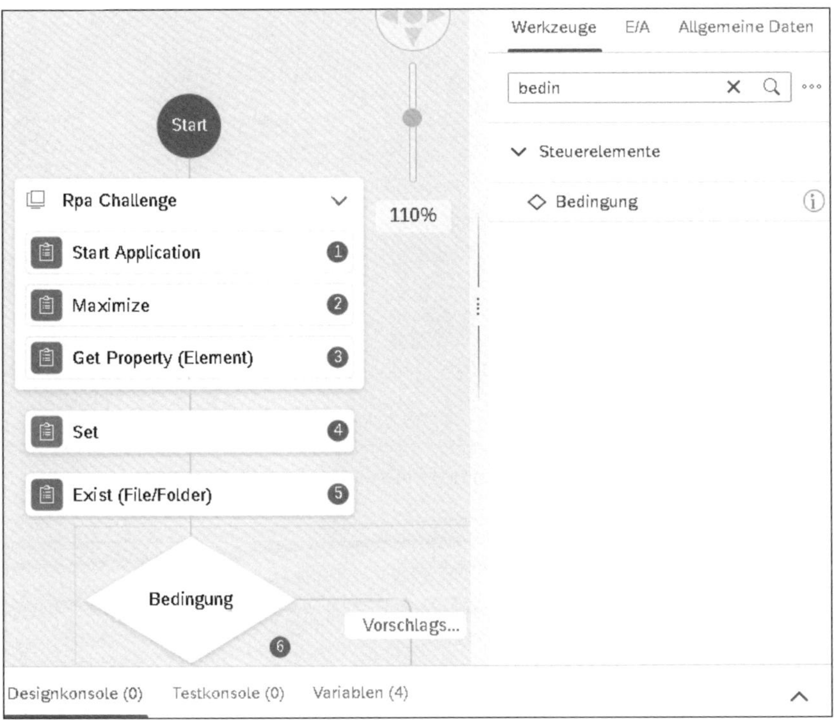

Abbildung 12.16 Bedingung einfügen

Falls die Datei bereits heruntergeladen wurde (**exist**-Abzweigung), wird der Download einfach übersprungen. Ansonsten folgt eine Aktivität **Download File** für den Klick auf die Download-Schaltfläche der RPA-Challenge-Startseite (siehe Abbildung 12.17), für den noch die richtigen Parameter festgelegt werden müssen.

Die Eingabeparameter für den Download der Excel-Datei sind **href** für die URL der Quelldatei, unser lokaler Pfad **0 path** für den Speicherort sowie ein individuell festlegbares Timeout, also ein Zeitraum nach dessen Ablauf der Download-Versuch abgebrochen wird.

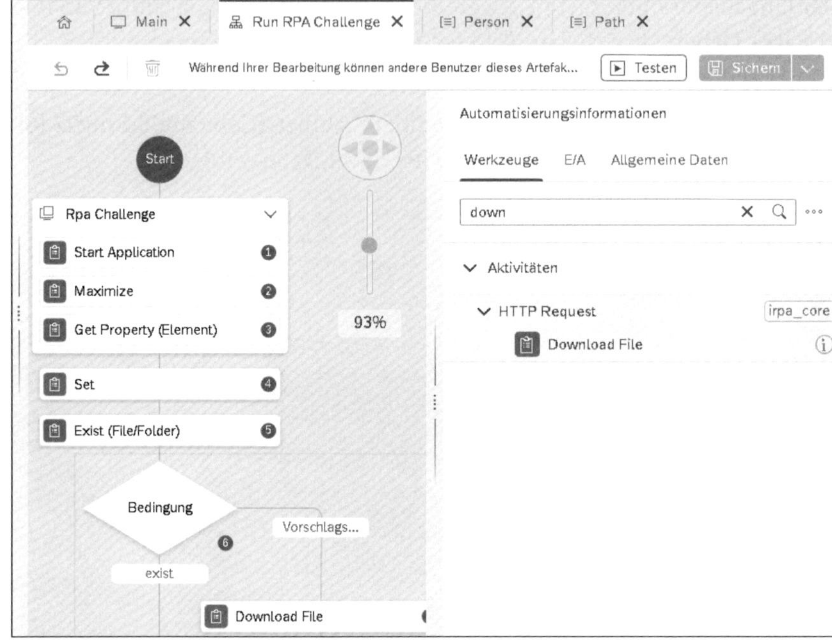

Abbildung 12.17 Bereits vorhanden oder »Download File« hinzufügen

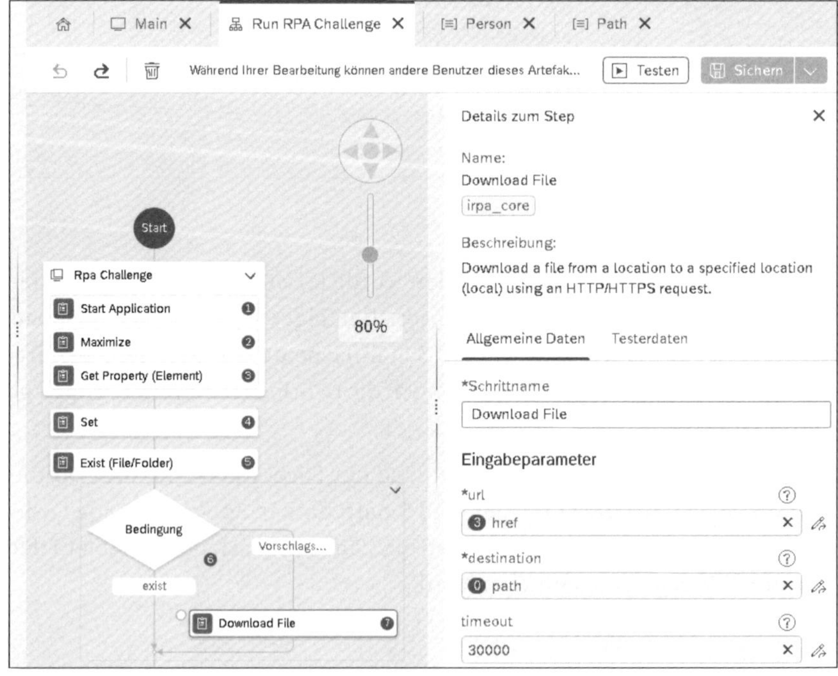

Abbildung 12.18 Eingabeparameter für den Download der Excel-Datei

Excel-Datei öffnen

Im Anschluss daran öffnet die Automatisierung die Excel-Datei. Fügen Sie dazu die Aktivität **Open Excel Instance** zu Ihrem Workflow hinzu (siehe Abbildung 12.19).

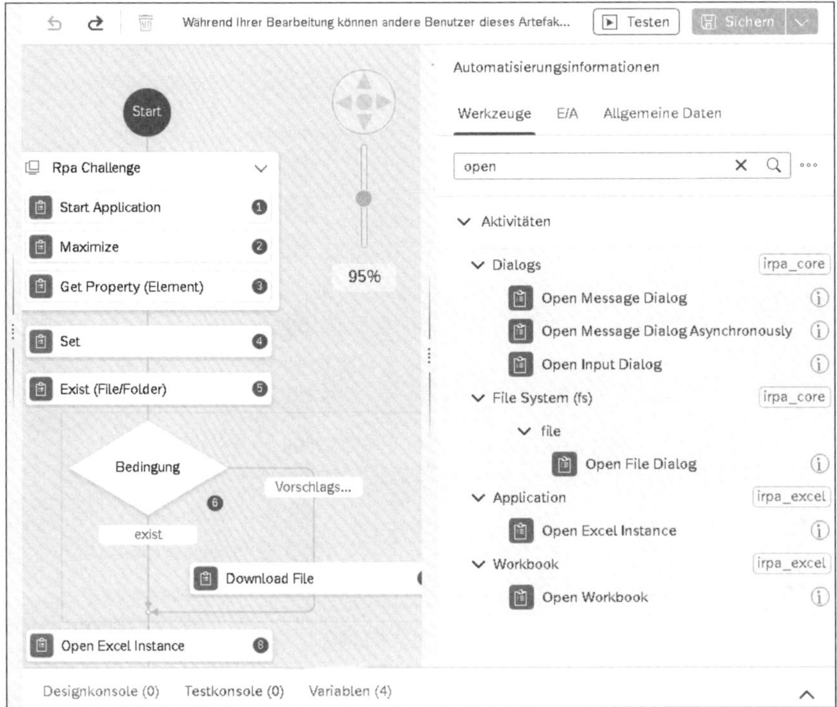

Abbildung 12.19 Excel-Datei öffnen

Um den Inhalt der Datei auch auslesen zu können, können Sie daran anschließend die Aktivität **Excel Cloud Link** nutzen (siehe Abbildung 12.20). Sie gibt ein Array aus einem beliebigen Excel-Dokument zurück, hier die Liste der Adressdatensätze des RPA-Challenge-Projekts. Sie könnten diese Aktivität z. B. auch zum Auslesen des Excel-Bestellformulars im Beispiel der Maschinenbau GmbH verwenden oder auch zum Auslesen einer Mitarbeiterliste aus einer Excel-Datei.

Je nach Inhalt des Excel-Dokuments werden Ihnen dann die verschiedenen Variablen und Parameter des Dokuments in den Einstellungen neben Ihrem Workflow angezeigt (siehe Abbildung 12.21). Die angezeigten Parameter entsprechen hier der zuvor auf Basis der Excel-Datei definierten Datenstruktur.

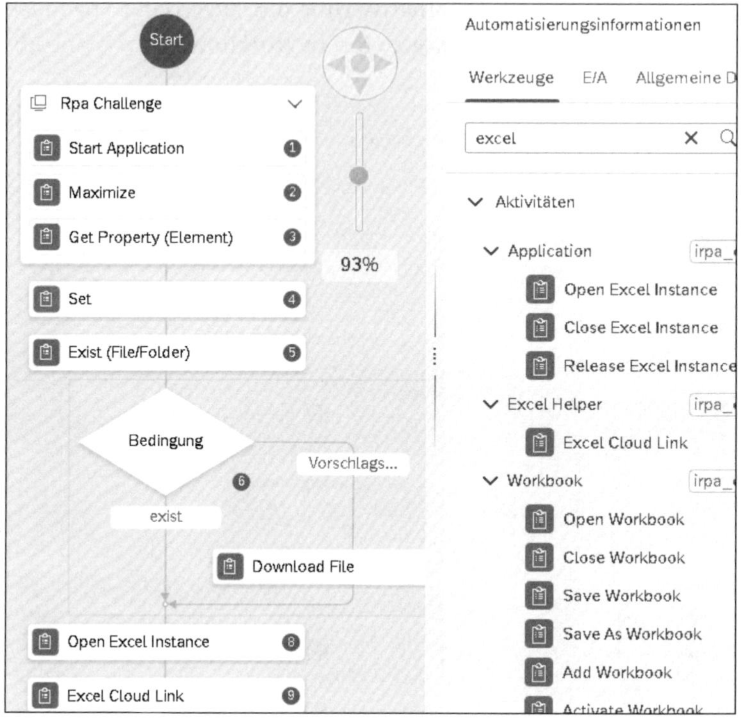

Abbildung 12.20 Excel-Datei mit der Aktivität »Excel Cloud Link« auslesen

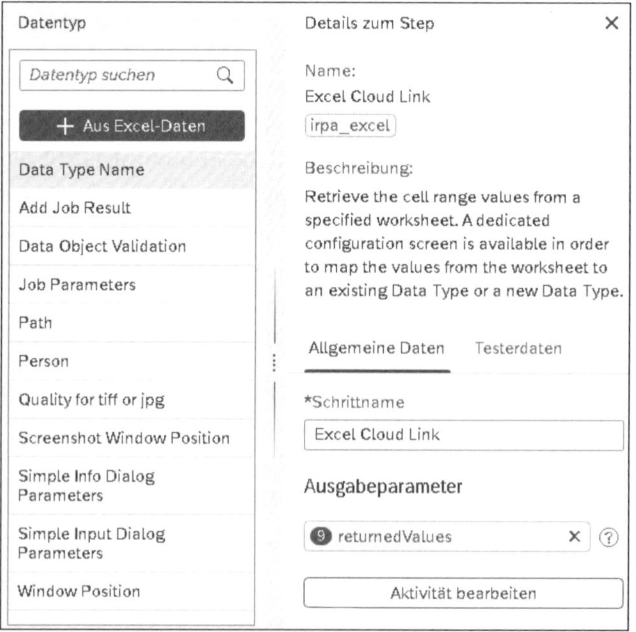

Abbildung 12.21 Konfiguration der Aktivität »Excel Cloud Link«

Excel-Datei schließen

Um die erste Automatisierung **Run RPA Challenge** unseres Workflows abzuschließen, fügen Sie schließlich noch die Aktivität **Close Excel Instance** Ihrem Workflow hinzu. Damit wird die geöffnete Excel-Datei wieder geschlossen (siehe Abbildung 12.22).

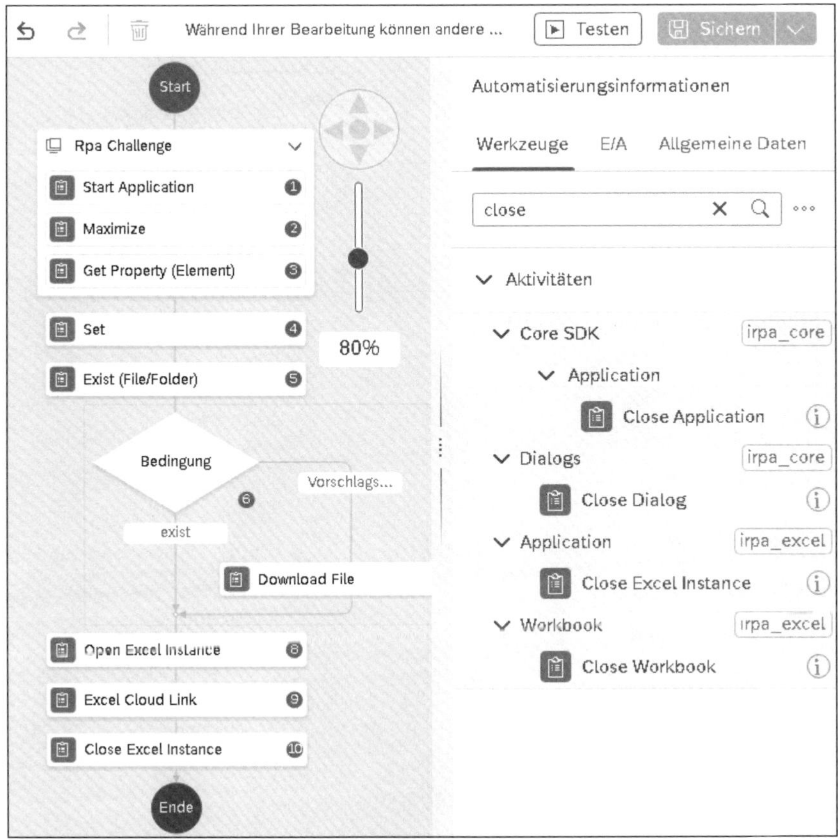

Abbildung 12.22 Aktivität »Close Excel Instance« zum Schließen der Excel-Datei hinzufügen

Zweite Automatisierung »Execute Challenge«

Nach Abschluss der Hauptautomatisierung modellieren Sie nun noch die Nebenautomatisierung **Execute Challenge**, die im vollständigen Workflow in Abbildung 12.23 zu sehen ist. Sie dient dazu, alle vorliegenden Variablen, Parameter, Spalten oder Zeilen Ihres Excel-Dokuments auszufüllen, in unserem Beispiel also dazu, neue Adressdatensätze einzufügen.

Die Automatisierung **Execute Challenge** nimmt ein Array von Personen (hier die Personen, zu denen Adressdaten hinterlegt wurden) als Eingabe und führt dann einen Klick auf die Schaltfläche **Start** auf der Webseite aus, um die RPA Challenge zu starten (**Click**-Aktivität in Abbildung 12.24).

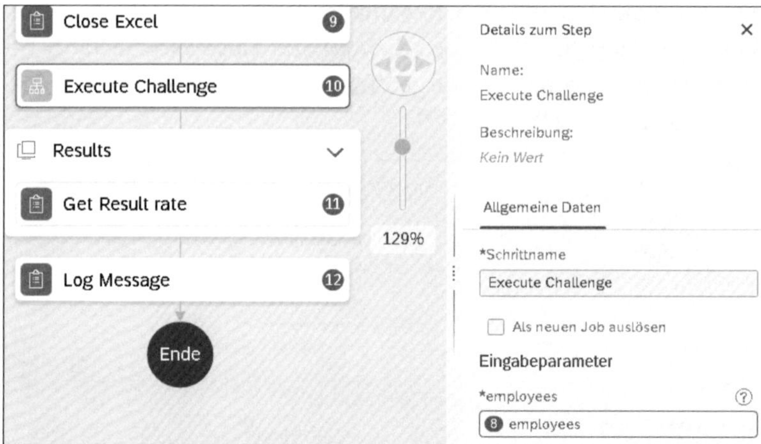

Abbildung 12.23 Challenge ausführen

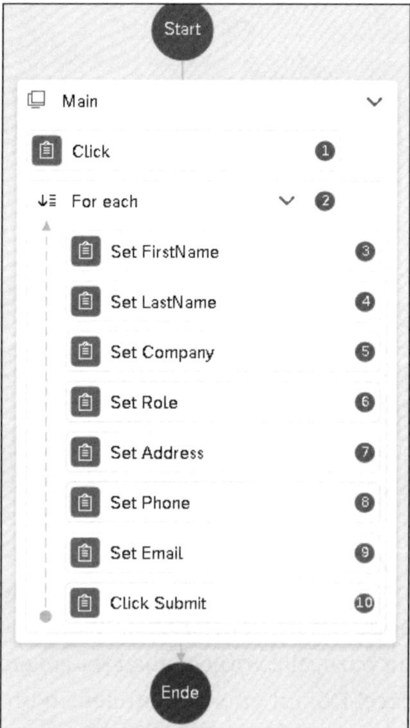

Abbildung 12.24 Loop zum Ausfüllen und Abschicken des Formulars

Dann durchläuft sie einen Loop, um die verschiedenen Felder des Adressformulars auszufüllen. Im letzten Schritt wird dieses Formular dann mit der Aktivität **Click Submit** über einen Klick auf die Schaltfläche **Submit** der Webseite abgeschickt.

Steuerelemente im Cloud Studio

An diesem einfachen Beispiel haben Sie gesehen, dass beim Erstellen der Automatisierung verschiedene *Steuerelemente* verwendet werden können, die im Cloud Studio auf der Registerkarte **Werkzeuge** (engl. *tools*) zu finden sind:

- **Bedingungen (Conditions)**
  Bedingungen können ausgewählt werden, um mehrere Verzweigungen für einen Schritt hinzuzufügen. Sie können dabei Ausgänge für die Bedingung definieren. Der Ausgang nimmt jeweils einen anderen Wert an, abhängig davon, welcher Zweig ausgeführt wird. In den verschiedenen Zweigen kann jeweils ein Automatisierungsschritt **Beenden** hinzugefügt werden, um die Automatisierung unter bestimmten Bedingungen zu beenden.
- **Schleifen (Loops)**
  Es gibt verschiedene Arten von Schleifen:
  - **Für jede**: Mit dem Steuerelement der *For-each-Schleife* können Sie alle Elemente einer Liste nacheinander durchlaufen. Wenn Sie sich innerhalb einer For-each-Schleife befinden, haben Sie Zugriff auf die folgenden zwei Parameter:
    - **index**: Eine Zahl, die bei 0 beginnt und dem Index des aktuellen Elements in der Liste entspricht.
    - **currentMember**: Das aktuelle Element in der Liste
  - **Wiederholung**: Mit dem Steuerelement einer *Repeat-Schleife* können Sie einige Schritte für eine bestimmte Anzahl an Ausführungen wiederholen. Dafür werden die Wiederholungen nummeriert, und es muss ein Start- und ein Endwert eingegeben werden. Die Schleife wird so oft wiederholt, wie angegeben (Endwert – Startwert + 1). Wenn Sie sich innerhalb einer Repeat-Schleife befinden, haben Sie nur Zugriff auf den Parameter **index**, der eine Zahl angibt, die bei Ihrem Startwert beginnt und in jeder Schleife um 1 erhöht wird, bis sie den Endwert erreicht.
  - **Dauerhaft**: Das Steuerelement einer *Forever-Schleife* ermöglicht es, einige Schritte zu wiederholen, bis eine bestimmte Bedingung erfüllt ist. Wenn Sie eine Forever-Schleife einfügen, wird automatisch eine Bedingung hinzugefügt. Für diese Bedingung muss ein *boolescher Ausdruck* angegeben werden, der beschreibt, wann die Schleife enden soll. Innerhalb der Forever-Schleife haben Sie nur Zugriff auf den Parameter **index**, der eine Zahl angibt, die bei 0 beginnt und um 1 erhöht wird, bis die Schleife endet.
- **Benutzerdefiniertes Scripting**
  Benutzerdefinierte Aktivitäten ermöglichen es, ein individuelles Verhalten mit JavaScript-Code zu definieren. Sie können damit Daten aus vor-

herigen Schritten manipulieren, wenn diese Daten als Eingaben des Skripts eingerichtet sind. Es können auch neue Ausgaben erstellt und im JavaScript-Code zurückgegeben werden. In einem benutzerdefinierten Skript haben Sie Zugriff auf alle im Projekt verfügbaren Aktivitäten und Bildschirme.

12.2.4 Testen und Debugging des Workflows

Als nächster Schritt muss die entworfene Automatisierung getestet werden. Dazu wählen Sie die Registerkarte **Run RPA Challenge** mit Ihrer Automatisierung aus und klicken auf **Testen** (siehe Abbildung 12.25). Es wird ein Testpaket generiert und bereitgestellt, woraufhin der Desktop Agent startet, das Paket herunterlädt und mit der Ausführung der ausgewählten Automatisierung beginnt.

Abbildung 12.25 Eine Automatisierung testen

Testzeitleiste

In der Zeit, in der die Ausführung abläuft, wird auf der linken Seite die *Testzeitleiste* generiert, die die Ausführung des Tests visualisiert (siehe Abbildung 12.26). Jede ausgeführte Aktivität oder Sub-Automatisierung wird hier mit ihren Eingangs- und Ausgangswerten angezeigt.

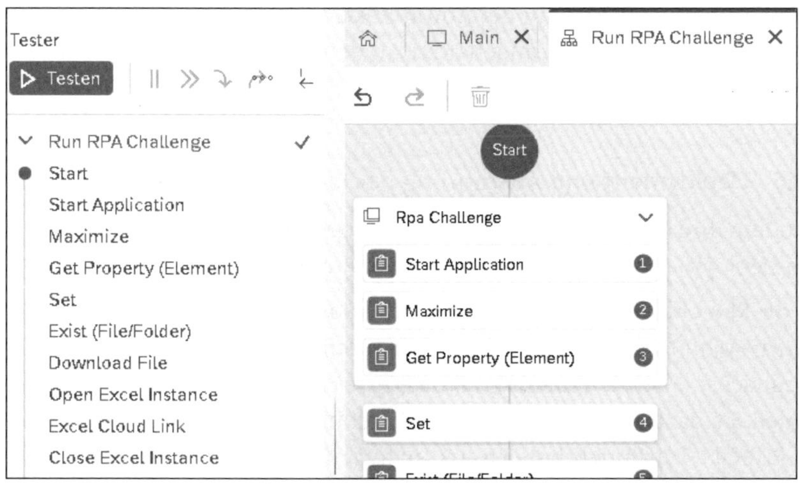

Abbildung 12.26 Testzeitleiste

Breakpoints setzen

Bei Bedarf ist es auch möglich, einige Breakpoints zu setzen, um die Ausführung sorgfältiger prüfen zu können. So können Sie sich Schritt für Schritt ansehen, was die Fehlersuche erleichtert, da Sie im Falle eines Fehlers sehr schnell erkennen, in welchem Schritt dieser Fehler aufgetreten ist. So können Sie schneller eine Lösung für das vorliegende Problem finden.

Um einen Breakpoint hinzuzufügen, wählen Sie einen Schritt aus dem Flowgraph aus und klicken auf den orangefarbenen Kreis links neben diesem Workflow-Schritt (siehe Abbildung 12.27).

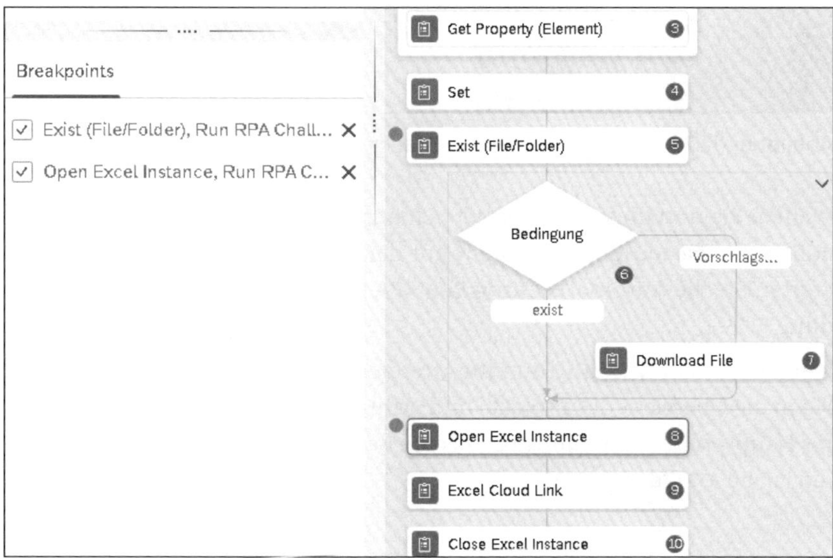

Abbildung 12.27 Breakpoints setzen

Wenn Sie dann den Testlauf der Automatisierung starten, wird diese automatisch bei den Schritten angehalten, an denen die Breakpoints hinzugefügt wurden.

12.2.5 Deployment und Ausführung des Projekts auf einem Agenten

Nachdem Ihre Automatisierung erfolgreich getestet wurde, können Sie mit dem Deployment und der Ausführung des Projekts fortfahren.

Projektbereich anlegen

Um die **RPA Challenge** im Attended-Modus aus dem Benachrichtigungsfeld (*Systray-Menü*) Ihres Windows-Betriebssystems starten zu können, müssen Sie zunächst einen sogenannten *Projektbereich* im Desktop Agent anlegen. Wählen Sie dazu im Projekt-Explorer-Panel im Drop-down-Menü **Anlegen** den Artefakt-Typ **Projektbereich** aus. Im folgenden Popup-Fenster geben Sie einen Namen und eine Beschreibung für den Projektbereich an und bestätigen mit **Anlegen** (siehe Abbildung 12.28).

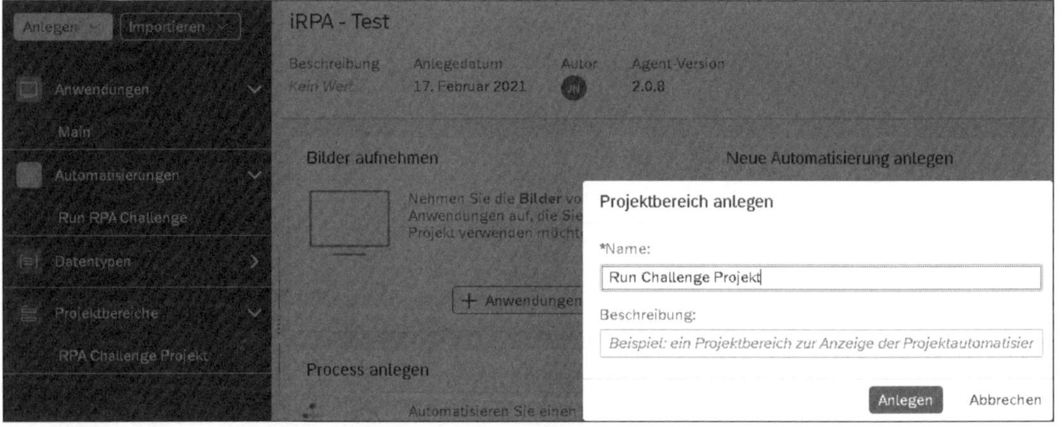

Abbildung 12.28 Projektbereich »Run Challenge Projekt« hinzufügen

Wählen Sie nun diesen Projektbereich im Projekt-Explorer-Panel aus, woraufhin ein Kasten **Desktop Agent** auf der Hauptleinwand angezeigt wird. Starten Sie die Automatisierung **Run RPA Challenge** per Klick (siehe Abbildung 12.29).

Ausführung im Attended-Modus

Um die Automatisierung nun im Attended-Modus auszuführen, wechseln Sie in die Übersicht des Projekts und wählen zunächst die Registerkarte Ihres Hauptprojektes (**Main**) aus. Anschließend klicken Sie auf **Paket generieren** (siehe Abbildung 12.30).

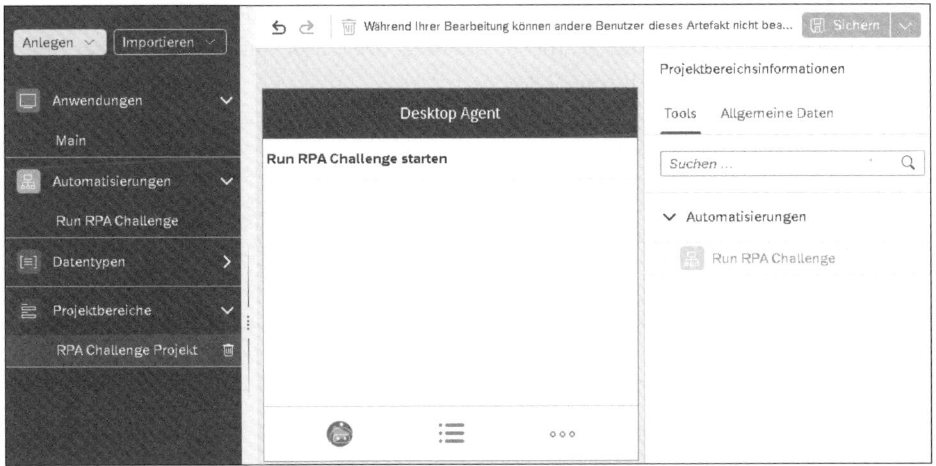

Abbildung 12.29 Projektbereich mit der erstellen Automatisierung »Run RPA Challenge«

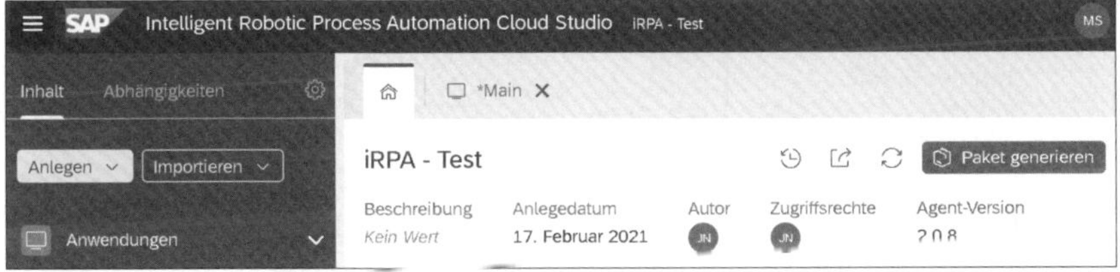

Abbildung 12.30 Paket im Hauptprojekt generieren

Daraufhin wird Ihnen automatisch eine neue Versionsnummer vorgeschlagen (siehe Abbildung 12.31). Sie können diese Versionsnummer übernehmen und die Generierung des Pakets mit der Schaltfläche **Package generieren** bestätigen.

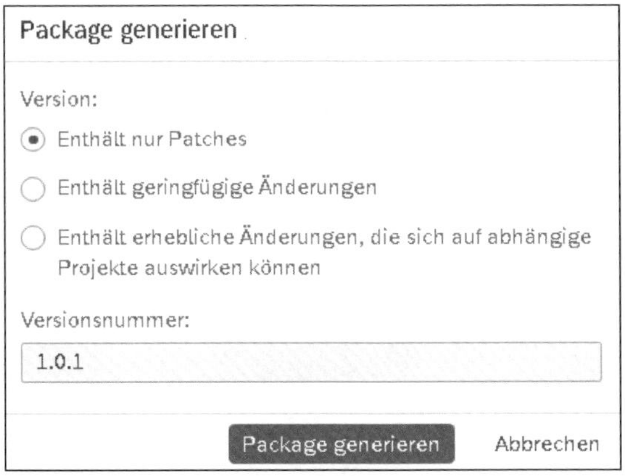

Abbildung 12.31 Paket generieren – Einstellungen

Paket in der Cloud Factory hinzufügen

Navigieren Sie anschließend in Ihre **Umgebung** in der Cloud Factory, und fügen Sie Ihr Cloud-Studio-Paket über die Schaltfläche **Paket hinzufügen** hinzu (siehe Abbildung 12.32).

Abbildung 12.32 Paket einer Umgebung hinzufügen

Wählen Sie das erstellte Paket in der neusten Version dazu mithilfe des Assistenten aus (siehe Abbildung 12.33), und bestätigen Sie mit **Weiter**. Anschließend müssen Sie die Bereitstellung und das Hinzufügen des Pakets noch einmal bestätigen.

Ist das Hinzufügen des Pakets gelungen, erkennen Sie das an dem grün hinterlegten Status **Bereitstellung abgeschlossen** (siehe Abbildung 12.32).

Fügen Sie nun im Bereich **Auslöser** einen Auslöser vom Typ **Bearbeitet** (attended) hinzu, wie in Abschnitt 10.1.4, »Auslöser«, beschrieben. Nennen Sie den Auslöser »Attended_01«. Er wird Ihnen anschließend in der Übersicht der Auslöser angezeigt (siehe Abbildung 12.34).

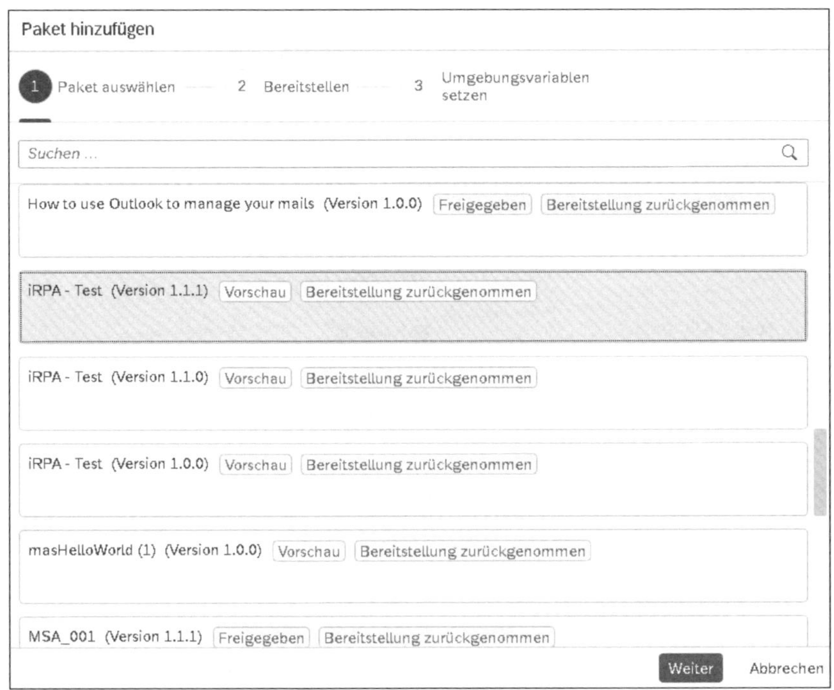

Abbildung 12.33 Paket für das Deployment auswählen

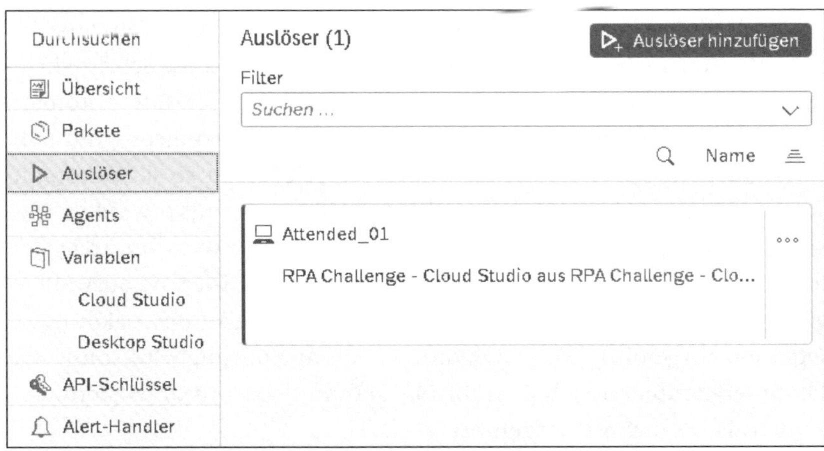

Abbildung 12.34 Bearbeiteten Auslöser hinzufügen

Desktop Agent starten

Starten Sie anschließend Ihren Desktop Agent. Nach kurzer Zeit sollte dann das Projekt **RPA Challenge** verfügbar sein. Wählen Sie dieses Projekt aus, und starten Sie es.

Der Desktop Agent lädt dann das ausgewählte Projekt herunter und startet neu. Das Menü des Desktop Agent zeigt Ihnen dann Ihr Projekt **RPA Chal-**

lenge – Cloud Studio mit der Schaltfläche **Starten** an, auf die Sie klicken können, um die Ausführung Ihrer erstellten Automatisierung zu **starten** (siehe Abbildung 12.35) Damit ist die Erstellung und Ausführung Ihrer Excel-Automatisierung über die Cloud-Studio-Plattform erfolgreich beendet.

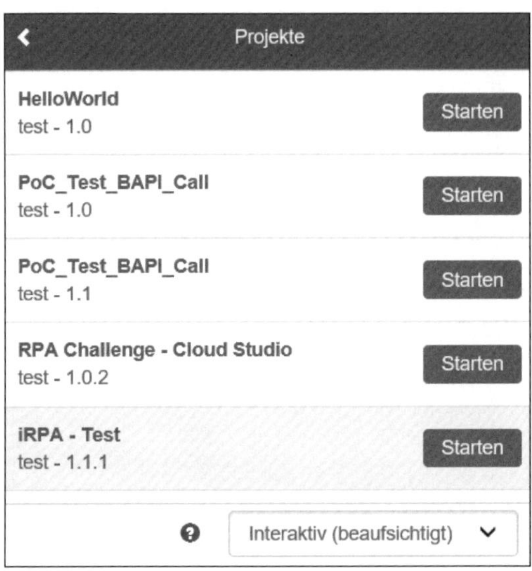

Abbildung 12.35 Ausführung der Automatisierung im Attended-Mode

Synchrone oder asynchrone Ausführung

Mit der Ausführung der Automatisierung wird ein Job erstellt. Falls eine Automatisierung mehrere Schritte enthält, ist es möglich, diese Schritte in einem einzigen Job auszuführen. Enthält ein Projekt mehrere Sub-Automatisierungen wie in unserem Beispiel, kann auch die Ausführung der Sub-Automatisierungen Teil desselben Ausführungsjobs sein, so alle Automatisierungen synchron und auf demselben Agenten ausgeführt werden. Dies ist der Standardmodus. Wenn Sie bei der Erstellung des Workflows dagegen die Option **Trigger as a new Job** für die Sub-Automatisierung auswählen, wie in Abschnitt 10.2.2, »Jobs«, beschrieben, wird diese Automatisierung als neuer Job ausgeführt. Die übergeordnete Job-Ausführung wird somit von der untergeordneten Job-Ausführung getrennt, die Automatisierungen werden also asynchron ausgeführt.

Die Sub-Automatisierung kann auch von einem anderen Agenten ausgeführt werden, der jedoch in der gleichen Umgebung definiert sein muss.

12.3 Entwicklung eines Bots zum Lesen von E-Mails in Outlook

Outlook SDK

Nachdem wir in unserer ersten Beispiel-Automatisierung mit dem Cloud Studio eine Excel-Datei verarbeitet haben, zeigen wir Ihnen in diesem Abschnitt, wie Sie Microsoft Outlook im Cloud Studio automatisieren können. Dazu wird das neue *Outlook Software Development Kit* (Outlook SDK) für SAP Intelligent RPA Cloud Studio 2.0 verwendet.

Als Beispiel erstellen wir eine Automatisierung, mit der Sie anhand bestimmter Suchkriterien nach E-Mails suchen sowie deren Anhänge in lokalen Ordnern ablegen können. In diesem Zuge lernen Sie, wie Sie die verschiedenen Aktivitäten aus dem Outlook SDK nutzen können.

12.3.1 Vorbereitungen

Beispiel-E-Mails erstellen

Zur Vorbereitung der Outlook-Automatisierung erstellen Sie zunächst mehrere E-Mails in Outlook, die Sie in einem neu erstellten Outlook-Ordner ablegen. Nennen Sie diesen Ordner beispielsweise »iRPA Outlook – Test« (siehe Abbildung 12.36). Jede dieser E-Mails sollte dabei mehrere Anhänge haben: eine Excel-Datei (wie das Bestellformular der Maschinenbau-GmbH) und ein PDF-Dokument. Der Betreff der E-Mails sollte »Test 1«, »Test 2« usw. lauten.

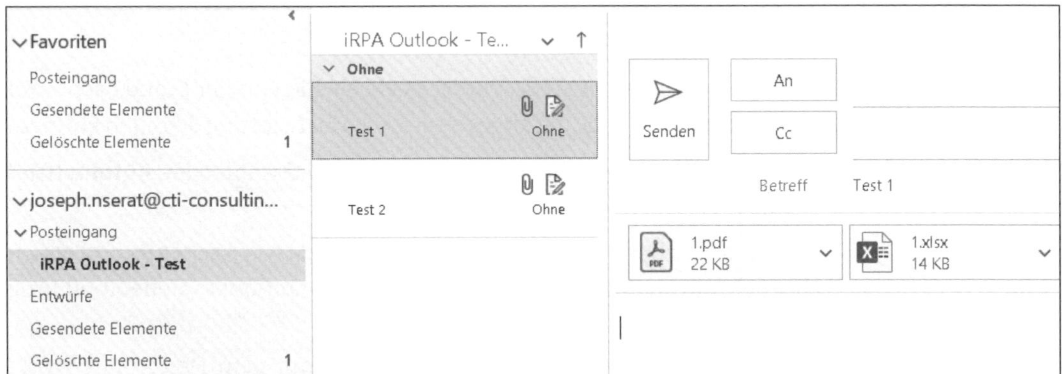

Abbildung 12.36 E-Mails mit Anhängen in einem neuen Outlook-Ordner erstellen

Ablageordner erstellen

Zudem erstellen Sie zwei lokale Ordner auf Ihrem PC, einen zur Ablage der Excel-Anhänge und einen für die PDF-Anhänge (siehe Abbildung 12.37).

Projekt anlegen

Um die Entwicklung der Automatisierung zu beginnen, melden Sie sich an der Cloud Factory an und erstellen dort ein neues Projekt. Nennen Sie das Projekt flexibel z. B. »Outlook Test« (siehe Abbildung 12.38).

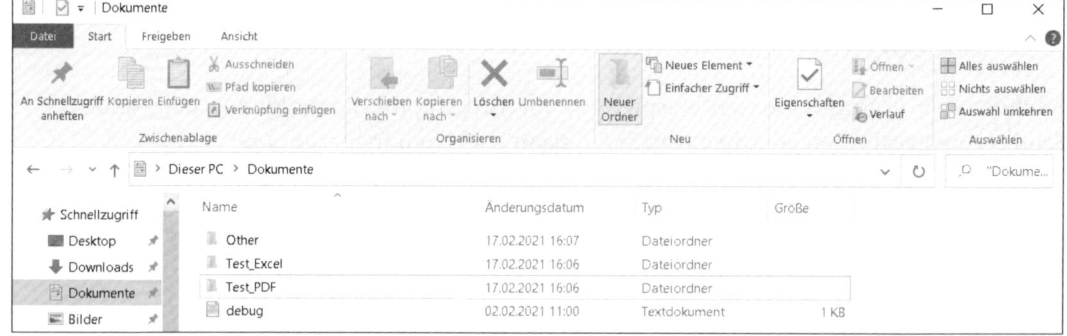

Abbildung 12.37 Lokale Ordner für Excel- und PDF-Anhänge erstellen

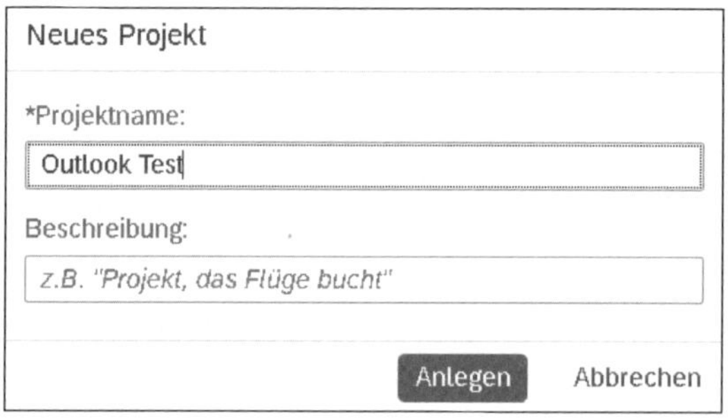

Abbildung 12.38 Anlage des neuen Projekts

12.3.2 Automatisierung entwickeln

Automatisierung anlegen

Nachdem das Projekt erstellt wurde, wechseln Sie von der Cloud Factory in das Cloud Studio, wo Sie die angestrebte Automatisierung erstellen können:

1. Öffnen Sie das Drop-down-Menü **Anlegen**, und wählen Sie **Automatisierung**.
2. Wählen Sie die aktuelle Version von Ihrem Desktop Agent aus und geben Sie der Automatisierung einen Namen, z. B. »Outlook« (siehe Abbildung 12.39).

Outlook-Aktivitäten

Ist die Automatisierung angelegt, können Sie mit dem Design des Workflows beginnen. Dazu können Sie die verschiedenen Outlook-Aktivitäten nutzen, die Ihnen über die entsprechende Bibliothek auf der rechten Seite unter **Automatisierungsinformationen** auf der Registerkarte **Werkzeuge** angeboten werden. Um sie zu finden, geben Sie in der Suchleiste das Stichwort »Outlook« ein (siehe Abbildung 12.40).

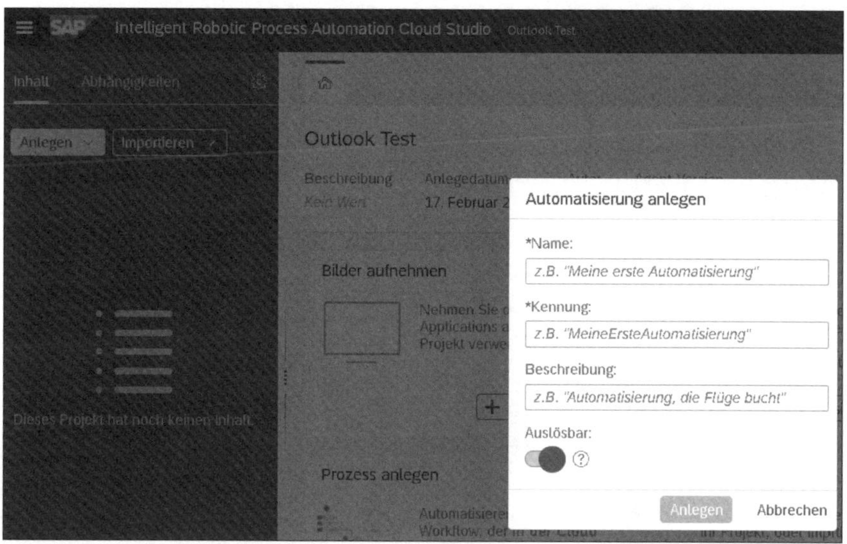

Abbildung 12.39 Anlegen der neuen Automatisierung

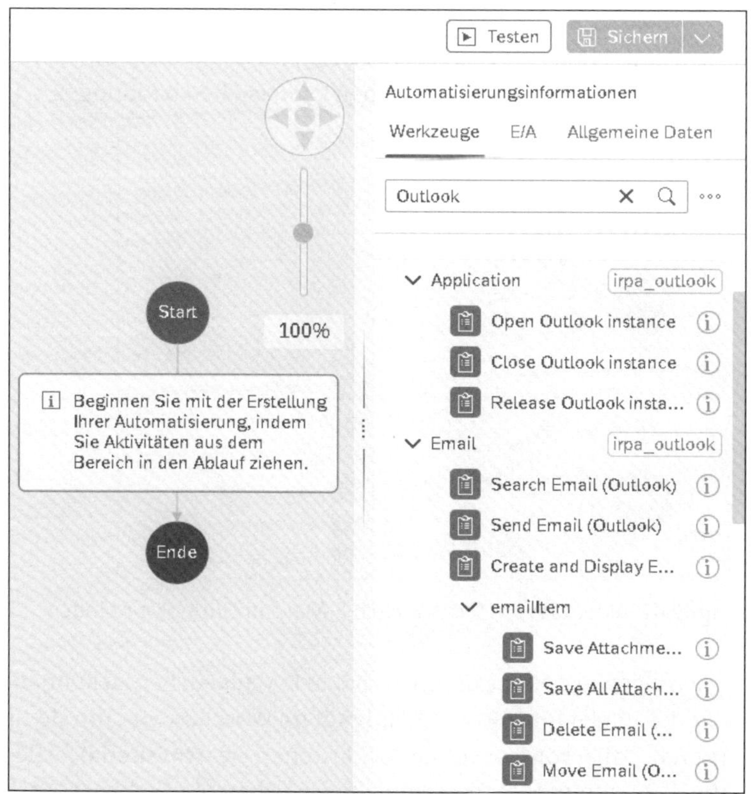

Abbildung 12.40 Outlook-Aktivitäten auf der Registerkarte »Werkzeuge« suchen und anzeigen

Workflow designen

Bauen Sie den Workflow nun wie folgt auf:

1. Ziehen Sie zunächst die Aktivität **Open Outlook instance** in Ihren Workflow (siehe Abbildung 12.41), mit der Outlook geöffnet wird.

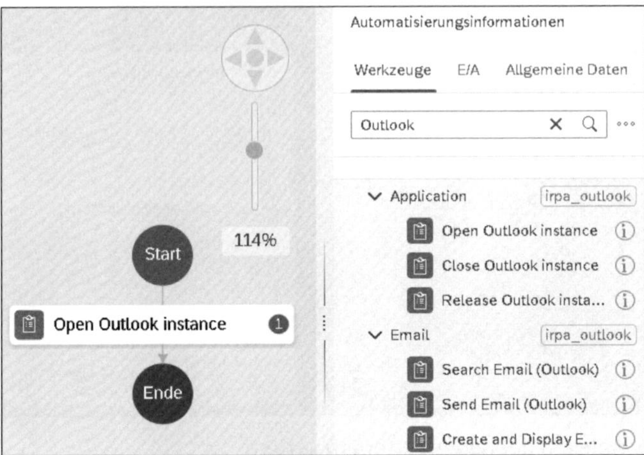

Abbildung 12.41 Aktivität zum Öffnen von Outlook hinzufügen

2. Ziehen Sie die Aktivität **Search Email (Outlook)** in Ihren Workflow, damit Ihre Automatisierung nach E-Mails suchen kann (siehe Abbildung 12.42).

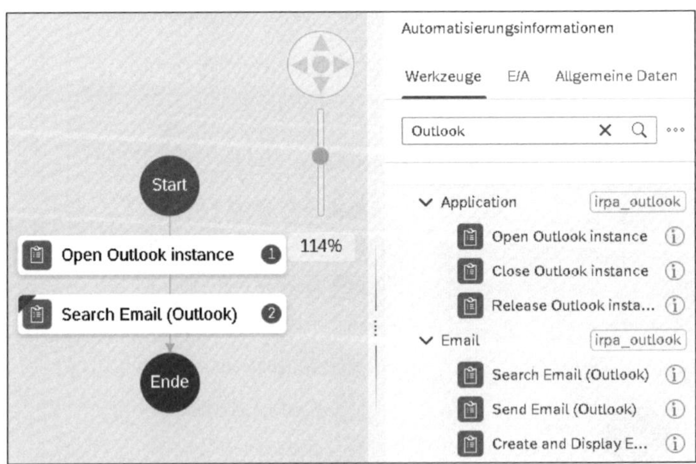

Abbildung 12.42 Aktivität zum Suchen nach E-Mails in Outlook einbinden

3. Um möglichst genau und spezifisch nach den E-Mails suchen zu können, wählen Sie die zuletzt hinzugefügte Aktivität im Workflow aus, um sie zu konfigurieren. Dabei können Sie die Suchkriterien (**searchCriteria**) festlegen (siehe Abbildung 12.43). Im Feld **element** geben Sie »subject« (also den Betreff, nach dem gesucht werden soll) ein, im Feld **operand** wählen

Sie **contains** und im Feld **value** geben Sie den Suchbegriff »Test« ein, mit dem Sie die erstellten Outlook E-Mails finden.

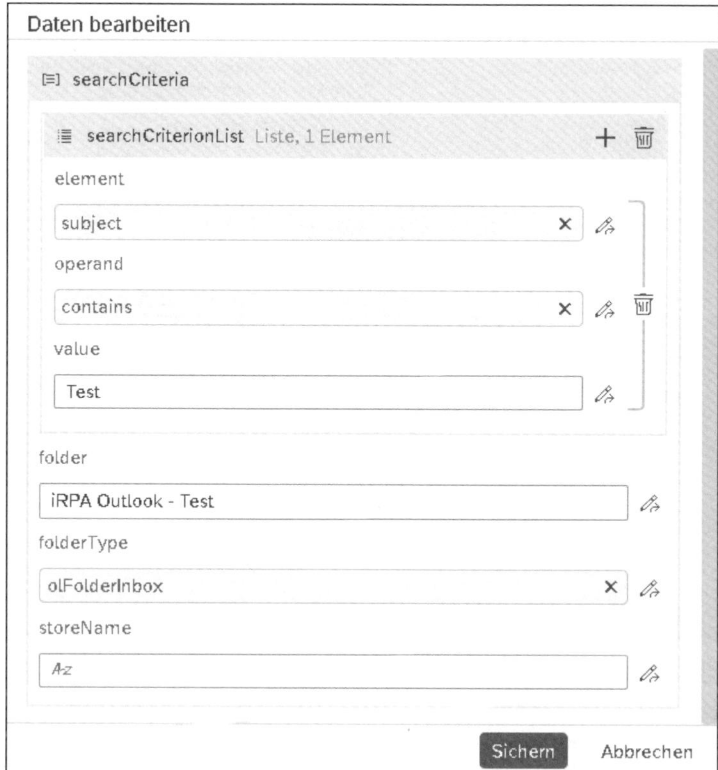

Abbildung 12.43 Suchkriterien für die Suche nach E-Mails festlegen

4. Im Feld **folder** grenzen Sie die Suche auf den Outlook-Ordner **iRPA Outlook - Test** ein, in dem Sie die Beispiel-E-Mails abgelegt hatten. Als Ordnertyp wählen Sie im Feld **folderType** den Typ für einen Posteingangsordner (**olFolderInbox**).
5. Speichern Sie die vorgenommenen Einstellungen anschließend mit einem Klick auf **Sichern**.
6. In den nächsten Workflow-Schritten müssen die Daten aus den gefundenen E-Mails verwaltet werden. Da Sie im Normalfall mehr als eine E-Mail bearbeiten werden, fügen Sie dazu eine Schleife hinzu. Dafür scrollen Sie unter **Automatisierungsinforamtionen • Werkzeuge** bis zum Knoten **Steuerelemente** und ziehen das Steuerelement **Dauerhaft** unterhalb der ersten beiden Schritte in Ihren Workflow (siehe Abbildung 12.44). Die Schleife wird damit endlos wiederholt, kann jedoch durch einen Fehler in

der Bedingung auch unterbrochen werden. Das Workflow-Element **Bedingung** wird bei Auswahl der Schleife automatisch hinzugefügt.

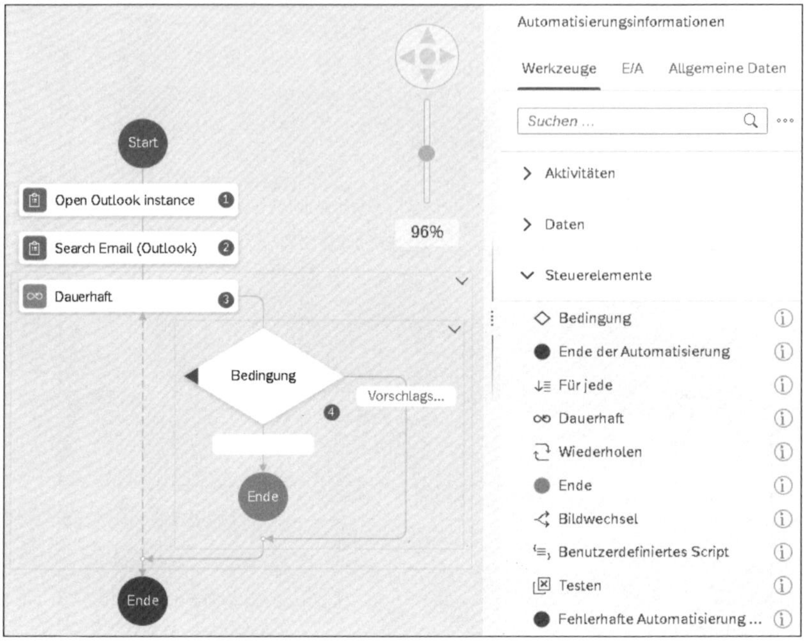

Abbildung 12.44 Loop integrieren (Typ »Dauerhaft«)

7. Im Rahmen der Bedingung muss überprüft werden, ob überhaupt eine E-Mail gefunden wurde. Navigieren Sie dazu auf der rechten Seite zurück zu den Outlook-Aktivitäten, und suchen Sie dort unter dem Knoten **context** nach der Aktivität **Is there no Context Current Email** (siehe Abbildung 12.45). Sie beschreibt den Fall, dass keine E-Mail gefunden wurde. Fügen Sie diese Funktion zwischen der Schleife **Dauerhaft** und der **Bedingung** hinzu.
8. Im nächsten Schritt muss geprüft werden, ob diese Bedingung falsch oder richtig ist. Klicken Sie dazu auf das Element **Bedingung** im Workflow, woraufhin Sie in der rechten Seite den **Bedingungsausdruck** konfigurieren können (siehe Abbildung 12.46). Wählen Sie hier den Ausdruck **isContextCurrentEmailNotExist** aus.
9. Ist die besagte Bedingung erfüllt, und es sind tatsächlich keine E-Mails mit dem gesuchten Betreff vorhanden, verlässt die Automatisierung sofort den Loop und beendet die Suche, springt also zur Aktivität **Ende**. Ist die Bedingung nicht erfüllt, fährt der Workflow mit dem **Vorschlagswert**-Pfad fort.

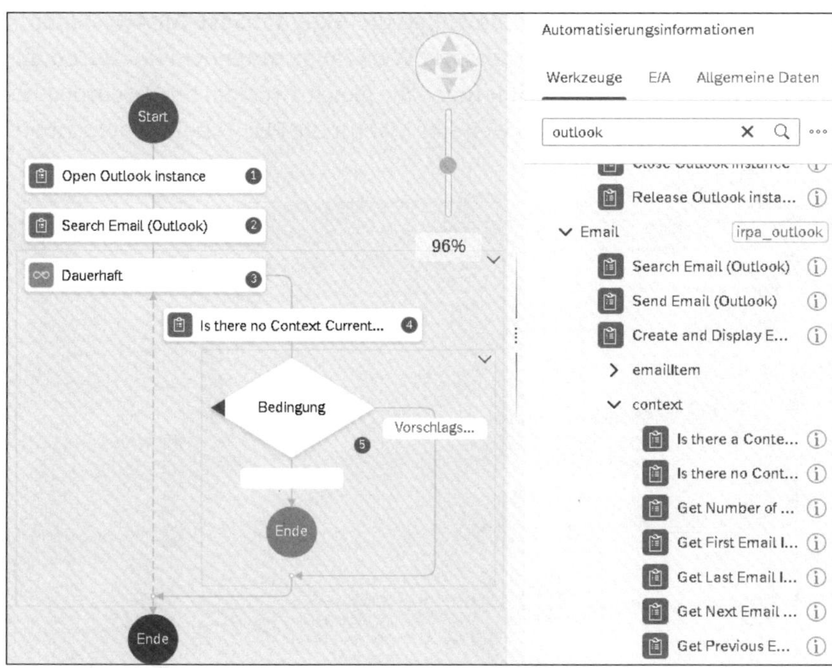

Abbildung 12.45 Workflow-Aktivität »Is there no Context Current Email?« hinzufügen

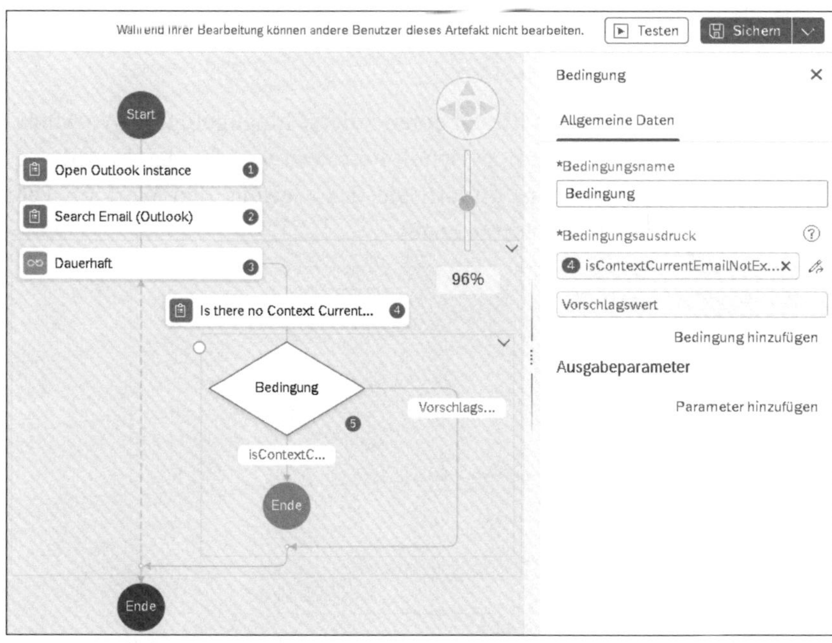

Abbildung 12.46 Bedingung prüfen

10. Fügen Sie in diesem Workflow-Pfad die Aktivität **Save All Attachments** hinzu, die Sie auf der Registerkarte **Werkzeuge** unter dem Knoten **emailitem** finden . Diese Aktivität fügen Sie gleich zwei Mal hinzu: einmal für die Excel-Dateien und ein weiteres Mal für die PDF-Dateien (siehe Abbildung 12.47).

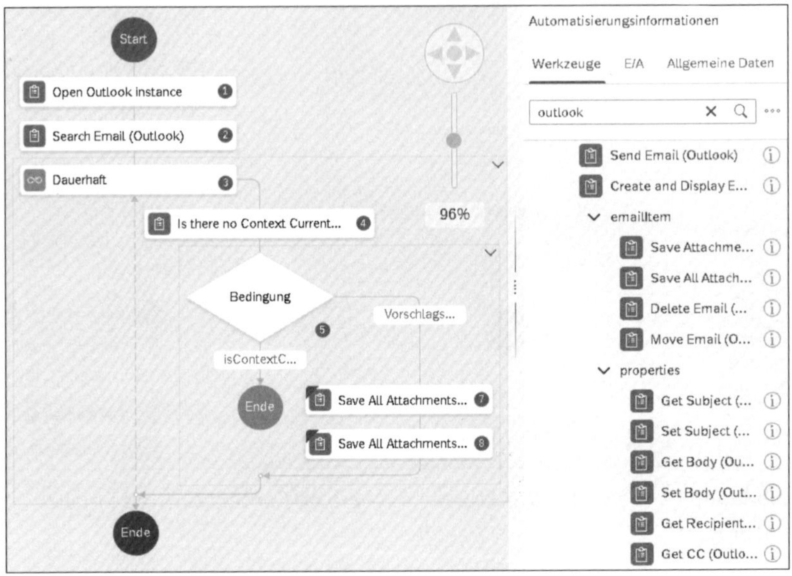

Abbildung 12.47 Workflow-Aktivität zum Speichern aller Anhänge hinzufügen

11. Als Nächstes sollten Sie diese beiden zuletzt hinzugefügten Workflow-Schritt umbenennen, um zwischen den zwei verschiedenen Anhangtypen zu unterscheiden. Ändern Sie dazu jeweils den Wert im Feld **Schrittname** (siehe Abbildung 12.48).

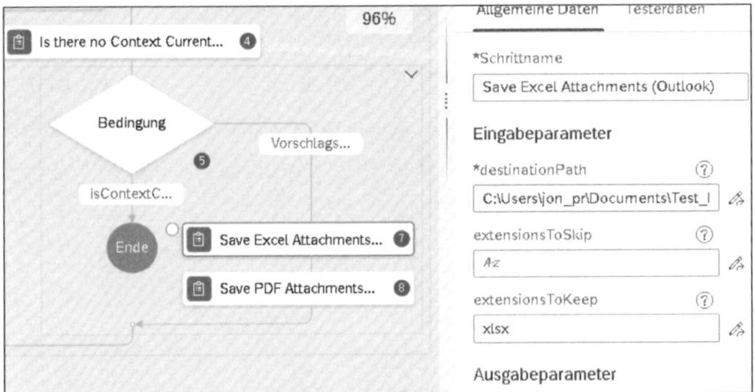

Abbildung 12.48 Umbenennung der Workflow-Schritte zum Speichern der Excel- und PDF-Anhänge

Zusätzlich müssen Sie darauf achten. dass Sie die beiden Speicherpfade für die Anhänge im Feld **destinationtoPath** jeweils richtig angeben. Im Feld **extensionsToKeep** müssen Sie jeweils das richtige Format (**xlsx** bzw. **PDF**) eingeben.

12. Fügen Sie nun einen weiteren Workflow-Schritt unter den beiden **Save-Attachment**-Schritten ein, nämlich die Aktivität **Get Subject (Outlook)**, die Sie unter dem Knoten **properties** finden. Sie soll den Betreff der E-Mail abfragen (siehe Abbildung 12.49).

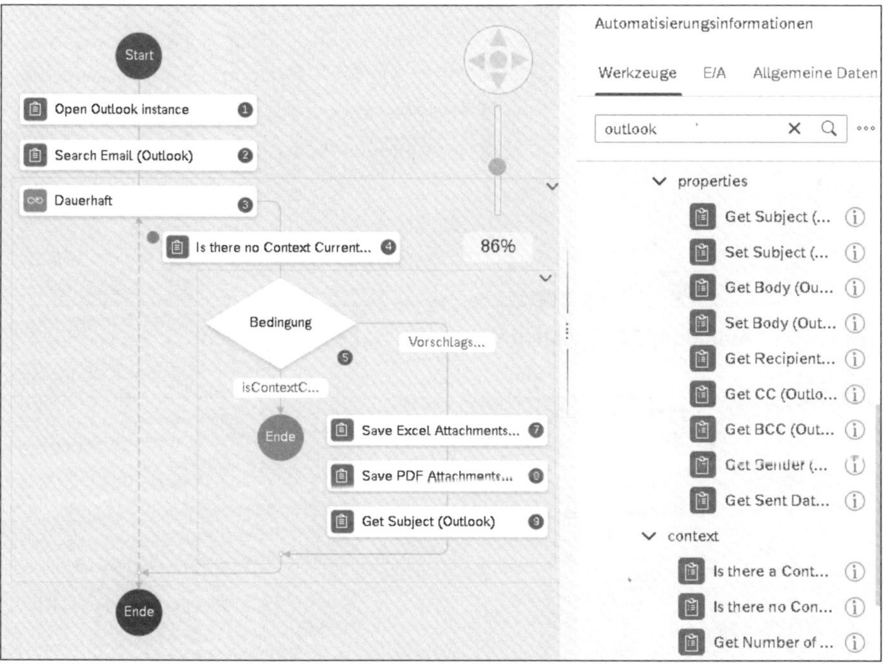

Abbildung 12.49 Aktivität »Get Subject (Outlook)« hinzufügen

13. Fügen Sie direkt darunter die Aktivität **Log Message** hinzu, die Sie am besten über den Suchbegriff »Log« finden (siehe Abbildung 12.50).
14. In den Einstellungen der Aktivität definieren Sie nun die Eingabeparameter. Belassen Sie es im Feld **message** bei der vorgeschlagene Auswahl **subject**, sprich dem Betreff der E-Mail. Als Nachrichtentyp (**type**) wählen Sie **Info**, und als **label** setzen Sie **Result** (siehe Abbildung 12.51).

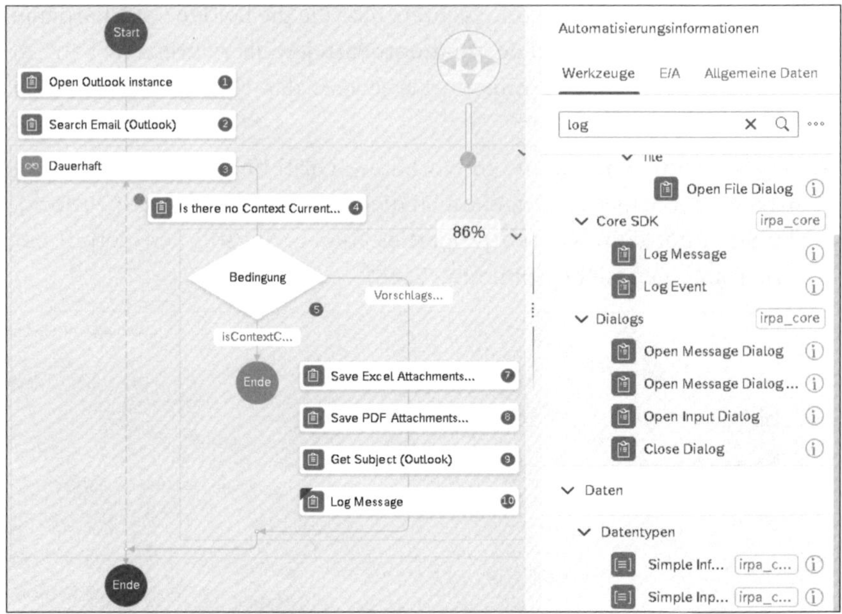

Abbildung 12.50 Aktivität »Log Message« hinzufügen

Abbildung 12.51 Konfiguration der Aktivität »Log Message«

15. Da Sie ja nicht nur eine E-Mail auslesen wollen, ist der nächste Schritt des Workflows die Aktivität **Get Next Email Item in Context**, um eine weitere E-Mail auszulesen (siehe Abbildung 12.52).

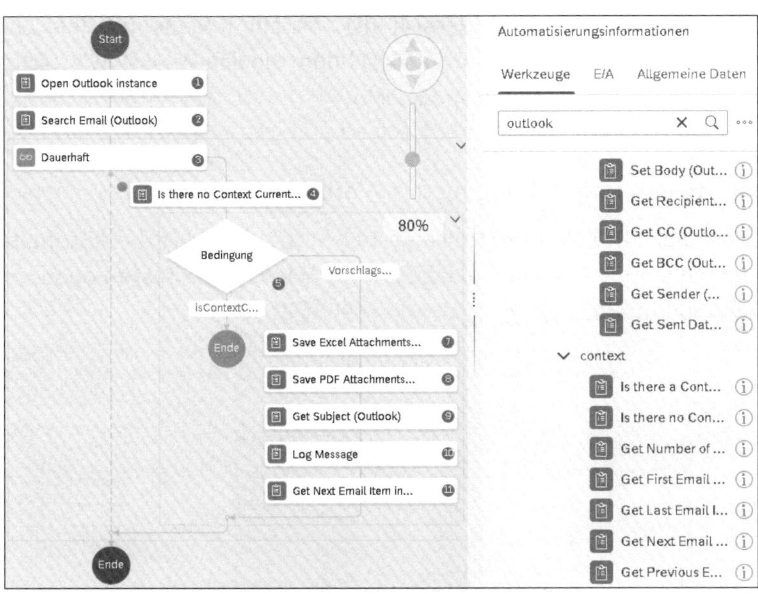

Abbildung 12.52 Aktivität zum Aufruf der nächsten E-Mail hinzufügen

16. Als abschließenden Schritt fügen Sie Ihrem Workflow die Aktivität **Release Outlook instance** hinzu, um Outlook wieder zu schließen (siehe Abbildung 12.53).

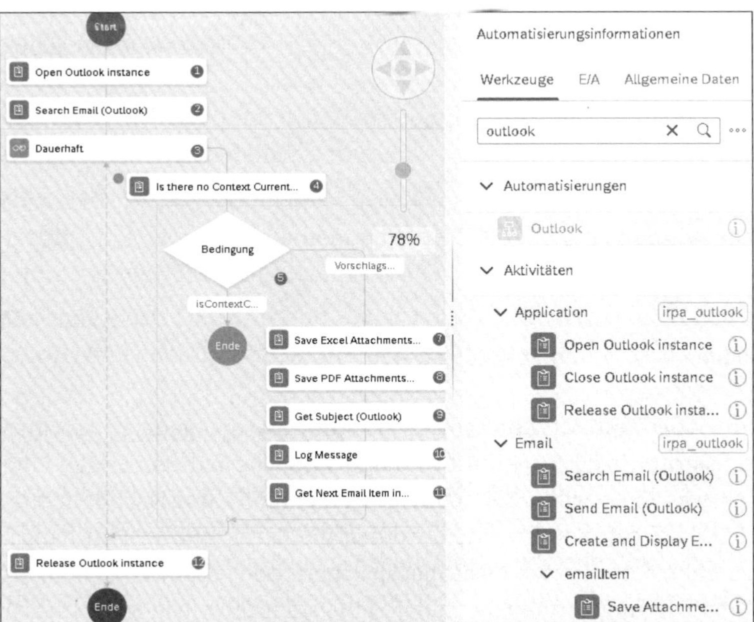

Abbildung 12.53 Aktivität zum Verlassen von Outlook zum Abschluss des Workflows

Der modellierte Prozess wiederholt sich, bis alle E-Mails mit dem ausgewählten Betreff bearbeitet wurden. Nachdem Sie den Workflow erstellt haben, sollten Sie Ihr Projekt abspeichern.

12.3.3 Testen und Debugging des Workflows

Haben Sie das Projekt erfolgreich gespeichert, sollten Sie die Automatisierung noch testen. Klicken Sie dazu auf die Schaltfläche **Testen** oben rechts (siehe Abbildung 12.54).

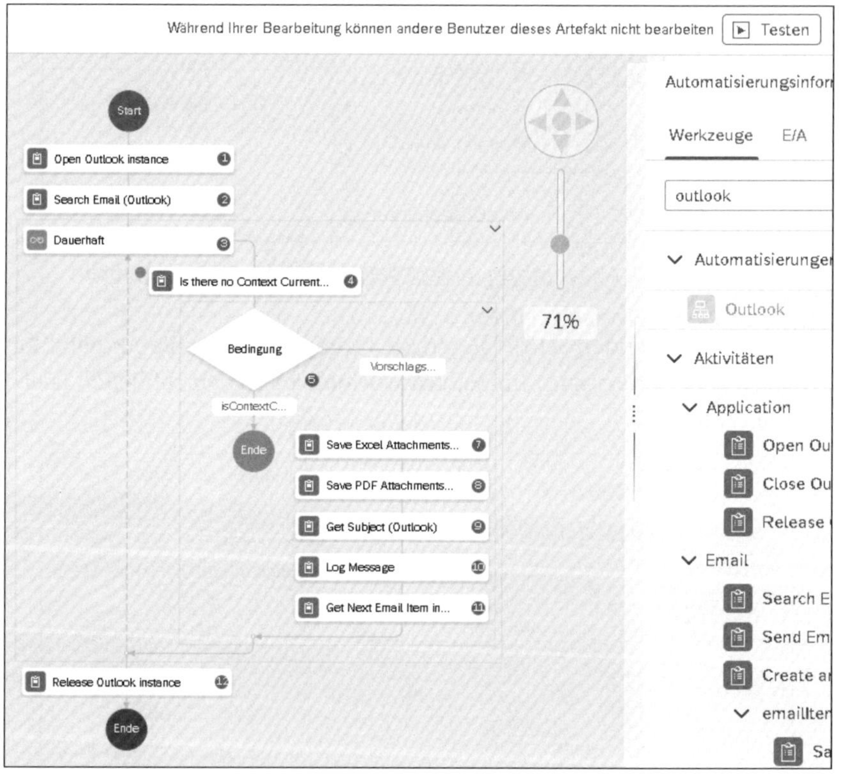

Abbildung 12.54 Automatisierung testen

Testausführung Während des Testlaufs konfiguriert sich Ihr Desktop Agent so, dass Ihre Automatisierung lokal ausgeführt wird und die Suche in Ihrem E-Mail-Eingang startet, was eine gewisse Zeit in Anspruch nehmen kann. Nachdem Ihre Beispiel-E-Mails gefunden wurden, werden die Excel- und PDF-Anhänge wie vorgesehen automatisch lokal abgespeichert. Den gesamten Durchlauf der Automatisierung können Sie in der Zeitleiste nachvollziehen (siehe Abbildung 12.55).

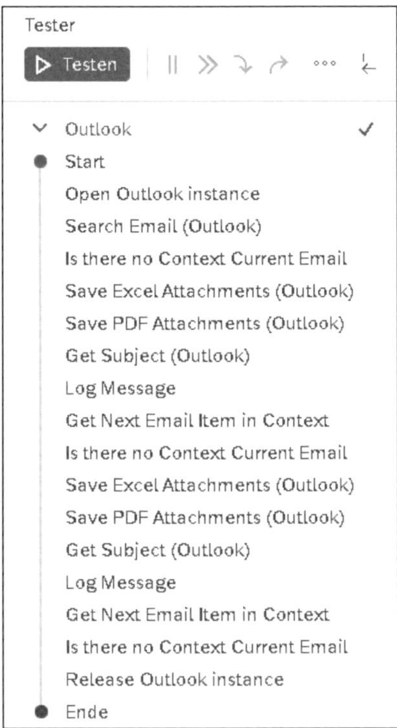

Abbildung 12.55 Erfolgreicher Testdurchlauf der Outlook-Automatisierung

Die abgespeicherten Anhänge sollten Sie dann in Ihrem zu Beginn angelegten lokalen Ordner wiederfinden und können sie hier öffnen. Abbildung 12.56 zeigt beispielsweise den Ordner mit den Excel-Anhängen.

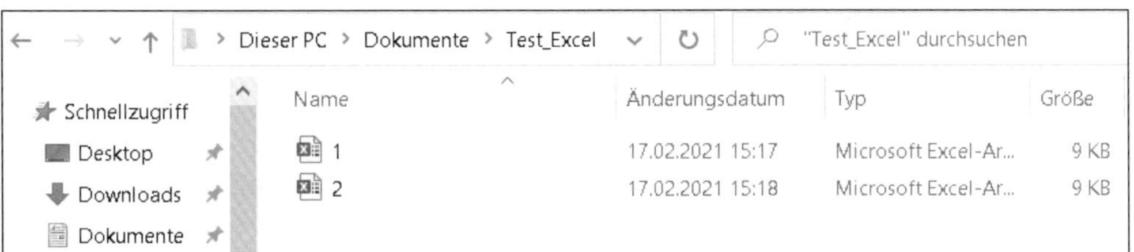

Abbildung 12.56 Erfolgreich heruntergeladene Excel-Anhänge

Sie haben in diesem Abschnitt gelernt, wie man das Suchen von E-Mails und das Abspeichern von Anhängen problemlos mit dem Cloud Studio automatisieren kann. Im folgenden Abschnitt erfahren Sie mehr über das Lesen von E-Mails, über das SDK der Outlook-Bibliothek sowie über das Erstellen eigener Aktivitäten im Kontext von Outlook.

12.3.4 Outlook-Bibliothek zur Verwaltung des E-Mail-Eingangs nutzen

Nachdem Sie nun wissen, wie Sie mit SAP Intelligent RPA 2.0 Outlook-Prozesse auch über das Cloud Studio automatisieren können, ist es sinnvoll, sich einen guten Überblick über den Aufbau und die Funktionen der Outlook-Bibliothek zu verschaffen. Daher gehen wir in diesem Abschnitt ausführlicher auf diese Bibliothek ein.

Überblick über den Posteingang

Ein häufiger Anwendungsfall für Outlook-Automatisierungen ist es, sich einen besseren Überblick über die Unmengen an täglichen E-Mails zu verschaffen und sich auf jene zu fokussieren, die Sie lesen und mit denen Sie auch arbeiten. Die aktuell bearbeitete E-Mail wird auch *Current Context E-Mail* (CCE) genannt. Es kann immer nur eine solche E-Mail gleichzeitig geben.

Outlook-Bibliothek hinzufügen

In diesem Abschnitt zeigen wir Ihnen, wie Sie die Outlook-Bibliothek zu Ihrem Cloud-Studio-Projekt hinzufügen. Dies geschieht in den Einstellungen Ihres Projekts im Bereich der sogenannten *Abhängigkeiten*:

1. Navigieren Sie im Projekt-Explorer-Panel auf die Registerkarte **Abhängigkeiten**.
2. Klicken Sie auf die Schaltfläche **Abhängigkeiten verwalten** (siehe Abbildung 12.57).

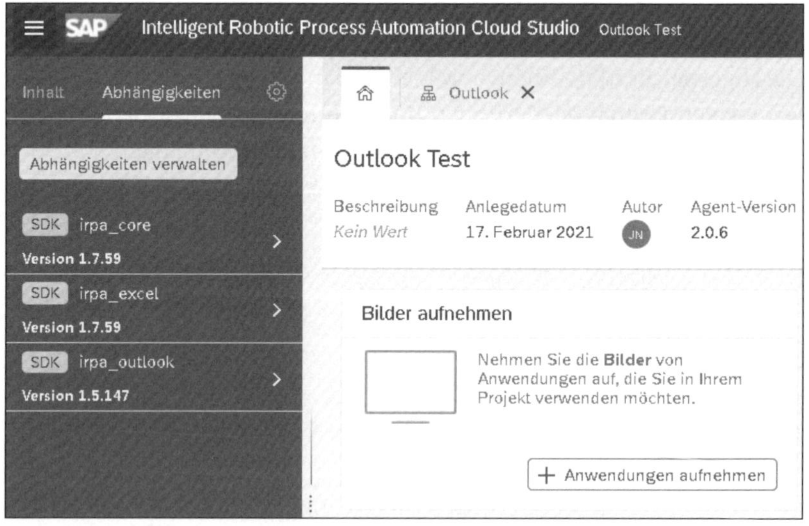

Abbildung 12.57 Abhängigkeiten in einem Outlook-Projekt verwalten

3. Wählen Sie den Bereich **Abhängigkeiten**, und fügen Sie eine neue Abhängigkeit zu Ihrer Outlook-Bibliothek hinzu, indem Sie auf die Schaltfläche **Abhängigkeit hinzufügen** klicken (siehe Abbildung 12.58).

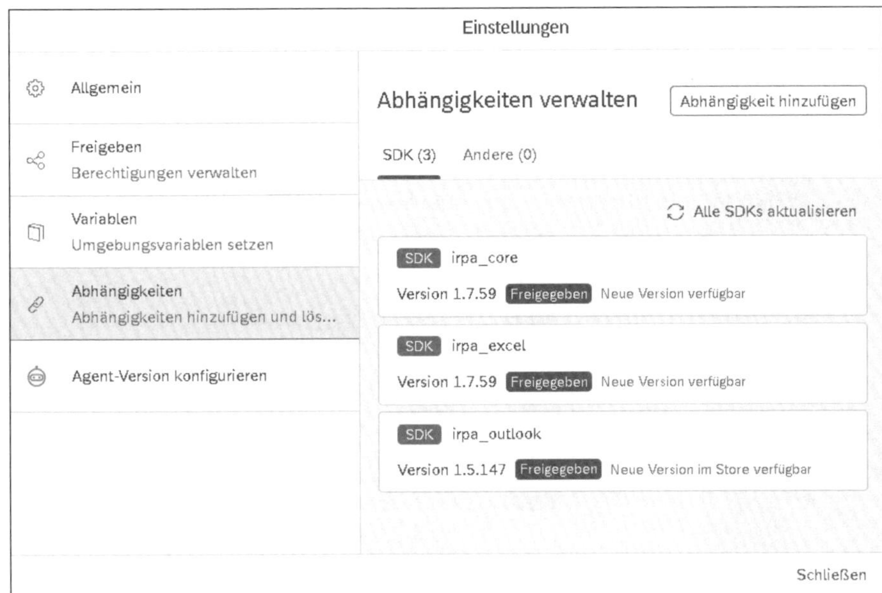

Abbildung 12.58 Abhängigkeit hinzufügen

4. Im nächsten Schritt fügen dann die aktuellste Version der Outlook-Bibliothek **irpa_outlook** im Feld **Alias** hinzu (siehe Abbildung 12.59).
5. Anschließend können Sie die Einstellungen über die Schaltfläche **Schließen** wieder verlassen.

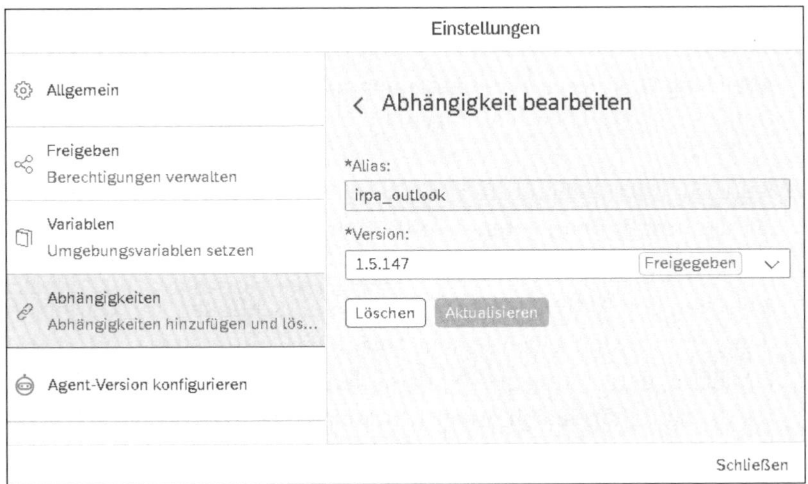

Abbildung 12.59 Outlook-Bibliothek hinzufügen

Automatisierung zum Öffnen der Outlook-Bibliothek

Um eine E-Mail automatisiert zu lesen, muss zunächst immer die Outlook-Bibliothek geöffnet werden. Legen Sie zu diesem Zweck zunächst eine neue Automatisierung in Ihrem Projekt an, die Sie »Outlook Library« nennen. Modellieren Sie diese Automatisierung wie folgt:

1. Fügen Sie die Aktivität **Open Outlook instance** zu Ihrem Workflow hinzu (siehe Abbildung 12.60).

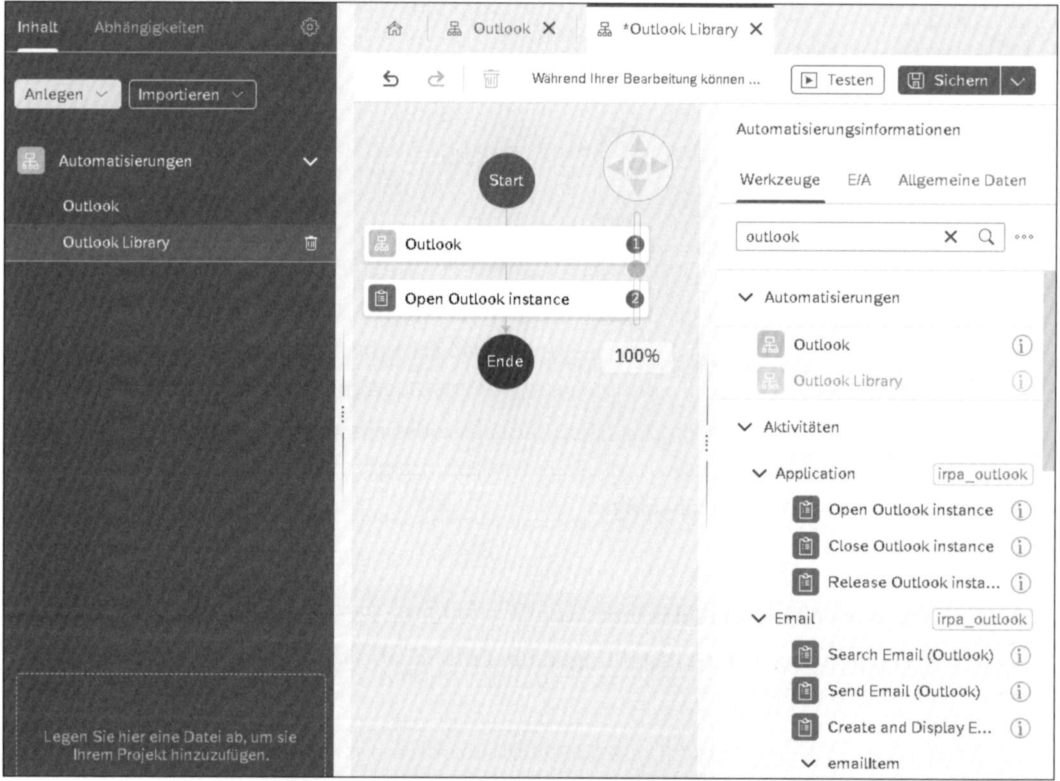

Abbildung 12.60 Neue Automatisierung anlegen und Schritt zum Öffnen von Outlook dem Workflow hinzufügen

2. Fügen Sie anschließend direkt die Aktivität **Release Outlook instance** hinzu, die immer den letzten Schritt einer Outlook-Automatisierung darstellt (siehe Abbildung 12.61).
3. Zwischen den Aktivitäten zum Öffnen und Schließen von Outlook modellieren Sie den eigentlichen Ablauf der Automatisierung. Um die E-Mail mit dem richtigen CCE auswählen zu können, fügen Sie als Nächstes die Aktivität **Search Email (Outlook)** unterhalb der Aktivität **Open Outlook instance** hinzu (siehe Abbildung 12.62).

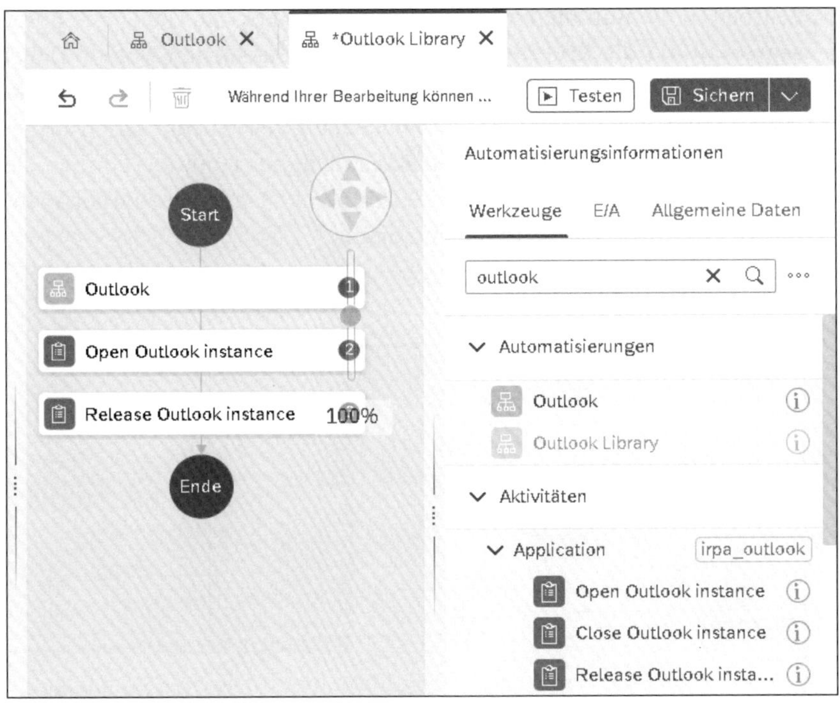

Abbildung 12.61 Aktivität zum Schließen von Outlook hinzufügen

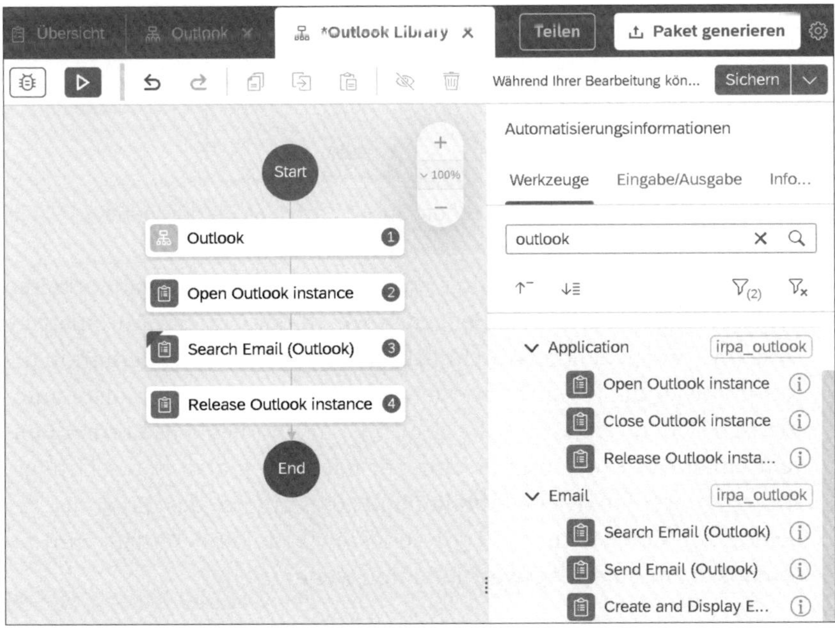

Abbildung 12.62 Aktivität zum Suchen nach E-Mails hinzufügen

4. Bearbeiten Sie nun die Eigenschaften dieser Aktivität. Geben Sie unter **searchCriteria** die Kriterien ein, nach denen Sie suchen wollen: Dabei können Sie Zeichenketten in die Felder **folder**, **folderType** sowie **storeName** eingeben. An dieser Stelle können beliebig viele Suchkriterien ausgewählt werden (siehe Abbildung 12.63). Mit dieser Funktion können Sie sich folglich eine Liste an E-Mails zusammenstellen lassen, die genau Ihren persönlichen Suchkriterien entspricht.

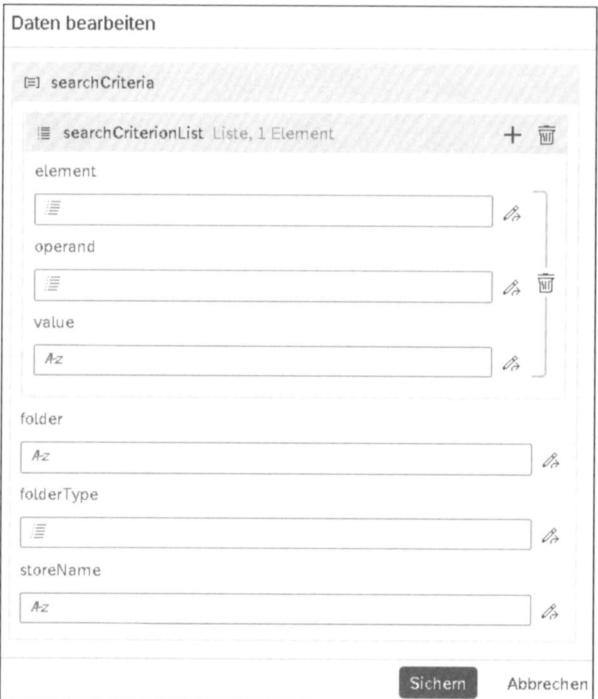

Abbildung 12.63 Suchkriterien für die Suche nach E-Mails definieren

5. Damit Sie dauerhaft mit dieser spezifischen E-Mail-Auswahl arbeiten können, muss an dieser Stelle (genau wie in der Outlook-Automatisierung im vorangehenden Abschnitt), ein Loop vom Typ **Dauerhaft** in die Automatisierung integriert werden. So wird bei jedem Durchlauf automatisch sichergestellt, dass die gesuchte CCE »vorliegt« (**Is Current Content Email Not Exist**), und es kann zur nächsten E-Mail in der Liste gesprungen werden (siehe Abbildung 12.64). Sofern das Ergebnis der Bedingung wahr ist, wird der Loop verlassen (**Ende**), anderenfalls wird automatisch zur **Vorschlagswert**-Funktion weitergeleitet.

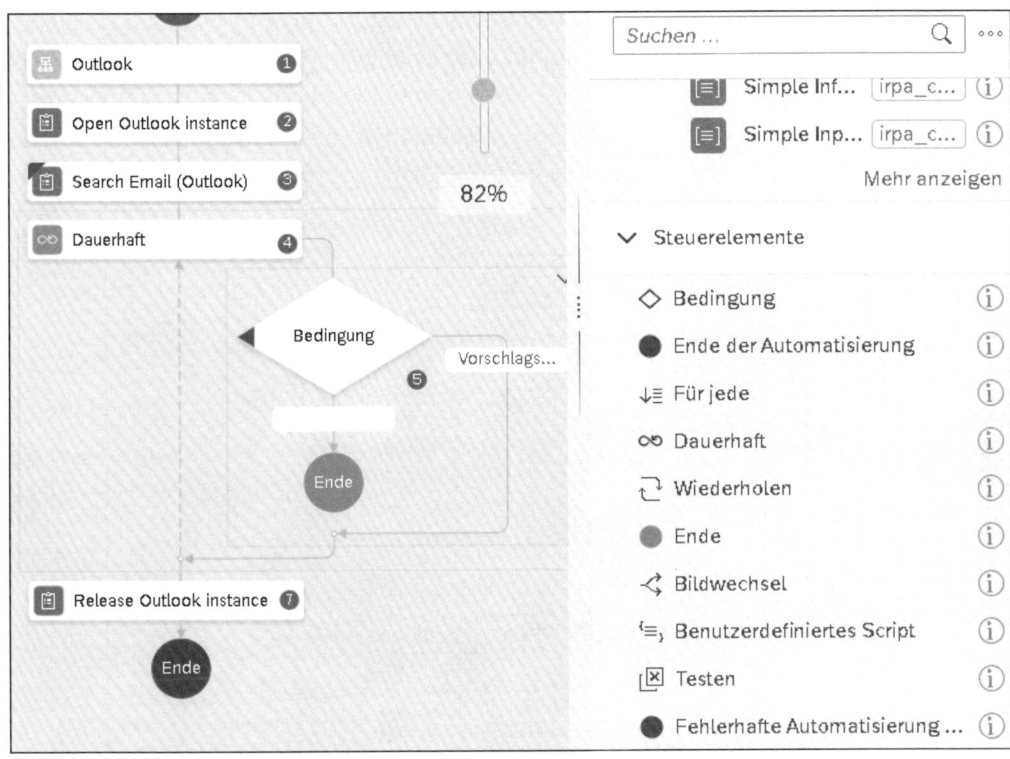

Abbildung 12.64 Loop hinzufügen

6. Wenn die eingegebene CCE verfügbar ist, können alle Funktionen ausgeführt werden, die die Outlook-Bibliothek bereitstellt, beispielsweise das Abrufen der Empfänger oder Anhänge. Alle Funktionen, die Sie verwenden können, finden Sie auf der Registerkarte **Werkzeuge** mit dem Suchwort »outlook« unter den Kategorien **emailItem** und **properties**.
7. Nachdem die CCE-Funktion abgeschlossen wurde, wird die nächste E-Mail in der Liste aufgerufen, und der Loop wiederholt sich (**Get Next Mail Item in the List**), bevor als abschließender Schritt die Outlook-Bibliothek wieder verlassen wird (**Release Outlook instance**), um die Automatisierung zu beenden.

Die in diesem Abschnitt vorgenommene Outlook-Automatisierung mit allen Teilschritten sehen Sie in Abbildung 12.65.

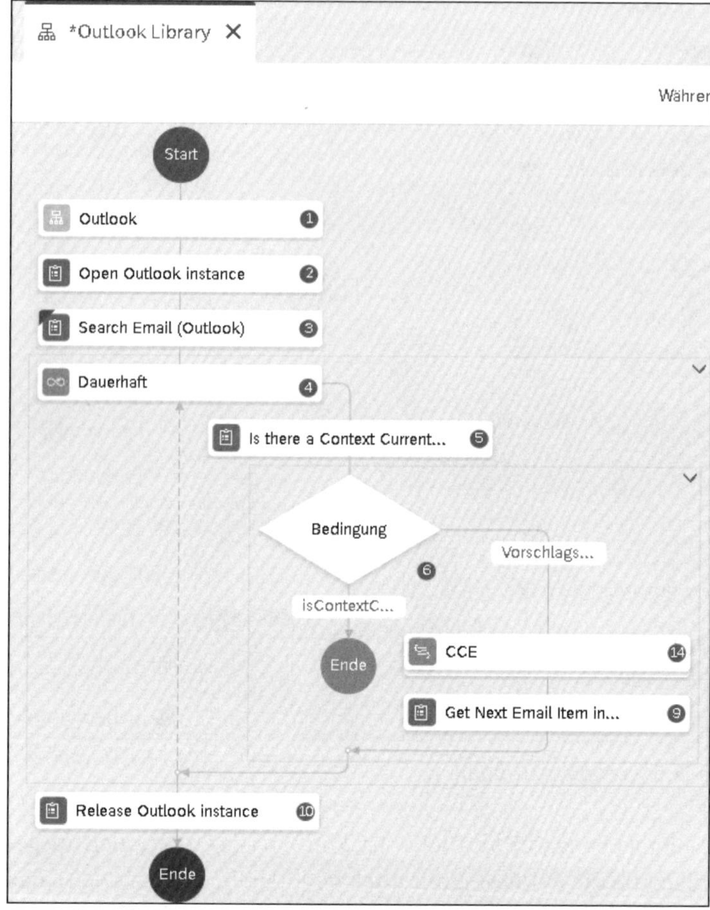

Abbildung 12.65 Finaler Workflow im Überblick

12.4 Zusammenfassung

In diesem Kapitel haben Sie die umfangreiche Webanwendung SAP Intelligent RPA Cloud Studio kennengelernt. Wir haben Ihnen gezeigt, wie Sie online und ortsunabhängig mithilfe dieser Anwendung Bots zur Automatisierung verschiedener Anwendungen wie Microsoft Excel oder Outlook entwerfen können.

Nachdem Sie einen Überblick über die Möglichkeiten und Funktionen des Cloud Studio erhalten haben, widmet sich Kapitel 13 dem Thema der künstlichen Intelligenz (KI) als nächste Entwicklungsstufe von RPA.

Kapitel 13
Robotic Process Automation und künstliche Intelligenz

Künstliche Intelligenz ist die nächste Evolutionsstufe von RPA. Deshalb erfahren Sie in diesem Kapitel, welche Punkte dabei von besonderem Interesse sind und wo sich in der Zukunft Potenziale ergeben können.

Künstliche Intelligenz (KI) oder englisch *Artifical Intelligence* (AI) als Teilgebiet der Informatik beschreibt die Forschung und Entwicklung von Mechanismen mit dem Ziel, menschenähnliche Intelligenz und das menschliche Gehirn nachzubilden.

Ziel künstlicher Intelligenz

Im Fokus der KI steht das Erforschen von Methoden, die es einem Computer ermöglichen, menschliche Wahrnehmung, kognitive Fähigkeiten und intelligentes Verhalten durch Analyse der Umgebung und Verwendung *kognitiver Technologien* zu simulieren. Computer sollen in die Lage versetzt werden, autonom Probleme zu bearbeiten und deren Lösungen herbeizuführen.

Die KI soll möglichst als ein *softwarebasierter Smart Advisor* dienen und in Kombination mit Sprach- und Bilderkennung, *Machine Learning*, Verarbeitung natürlicher Sprache, Wissensrekonstruktion und -präsentation eigenständig Hardwaregeräte aktivieren und steuern. Zu den zu steuernden Hardwaregeräten zählen beispielsweise Roboter, autonome Fahrzeuge, Drohnen oder IoT-Anwendungen (Internet of Things).

Schwache und starke KI

Man unterscheidet zwischen schwacher und starker KI:

- *Schwache KI* wird in abgegrenzten Bereichen eingesetzt, um menschliches Denken und Verhalten durch die Anwendung mathematischer Verfahren und Verfahren der Informatik zu simulieren.
- *Starke KI* zielt darauf ab, eine *Superintelligenz*, das heißt Maschinen mit einem Bewusstsein, zu entwickeln, die über die gleichen intellektuellen Fähigkeiten und Fertigkeiten wie ein Mensch verfügen. Starke KI soll sogar dazu in der Lage sein, die menschlichen Fähigkeiten zu übertreffen und sich fehlende Konstrukte autonom anzueignen.

Die schwache KI hat in Wissenschaft, Wirtschaft und Gesellschaft ihren Einsatz zur pointierten Problembearbeitung und IT-gestützten Entscheidungsfindung gefunden. Sie basiert eher auf reaktiven Herangehensweisen, das heißt, sie lernt nicht autonom, kann durch das Hinzufügen neuer Daten jedoch abweichende Ergebnisse im Vergleich zu den zuvor gewonnen Resultaten herbeiführen.

Die starke KI ist dagegen bis dato ein wissenschaftlich-theoretisches Konstrukt und Szenario geblieben. Eine KI, die aus eigener Initiative und aufgrund des Vorhandenseins eines Bewusstseins besteht, existiert noch nicht.

KI und RPA

Als nächste Evolutionsstufe nach einer regelbasierten Automatisierung durch Robotic Process Automation (RPA) zeichnet sich die *künstliche Intelligenz* (KI) ab. Trotzdem ist die Literatur zu KI und RPA noch sehr unspezifisch, und die Definitionen der zur jeweiligen Disziplin gehörigen Fähigkeiten sind häufig austauschbar. Hinzu kommt, dass sich viele Fähigkeiten und Technologien von KI und RPA stark überschneiden. Mit der Akkumulation neuer Technologien innerhalb der KI kann RPA so weiterentwickelt werden, dass es auch Aufgaben ausführen kann, die menschliche Kognition erfordern. Dies ist möglich, weil in KI lernende Komponenten enthalten sind.

Intelligent Robotic Process Automation

Diese Kombination von Techniken wird allgemein als *Intelligent Robotic Process Automation* (Intelligent RPA) bezeichnet. Die Implementierung dieser Methoden hat das Potenzial, mehrere Funktionen, die heute im Front-, Middle- und Backoffice von Menschen erfüllt werden, vollständig durch Intelligent RPA zu ersetzen. Mit solchen Fortschritten sind mehrere Herausforderungen verbunden, sowohl hinsichtlich der technischen Machbarkeit als auch hinsichtlich der personellen Ressourcen.

Hyperautomation

Immer häufiger wird auch der Begriff der *Hyperautomation* in diesem Zusammenhang genannt. Hyperautomation beschreibt keine Technologie, sondern einen Ansatz, der unterschiedliche Automatisierungstechnologien miteinander kombiniert.

Aufbau des Kapitels

In diesem Kapitel erfahren Sie einleitend in Abschnitt 13.1 mehr über die Grenzen von RPA und die daraus resultierenden Chancen durch die KI. Darauf aufbauend beschäftigt sich Abschnitt 13.2 mit den Einsatzmöglichkeiten von KI im Rahmen von Intelligent RPA. Zudem thematisieren wir Hyperautomation (siehe Abschnitt 13.3) sowie das prozessuale Wissensmanagement (siehe Abschnitt 13.4) als weitergehende Ansätze im Rahmen der Geschäftsprozessautomatisierung.

13.1 Grenzen von Robotic Process Automation und Chancen durch künstliche Intelligenz

Als Technologie ist RPA ein idealer Kandidat für die Automatisierung von regelbasierten Prozessen und Aktivitäten, die mit strukturierten Daten abgewickelt werden. Das Ergebnis dieser Prozesse und Aktivitäten muss in hohem Maße vorhersehbar und damit *deterministisch* sein. Dies ist gleichzeitig auch das Problem der RPA, denn diese Voraussetzungen begrenzen die so automatisierbaren Prozesse und den Umfang der möglichen Einsatzbereiche von RPA-Lösungen. In jüngster Zeit gewinnt jedoch eine andere Art von Automatisierung zunehmend an Bedeutung. Diese wird als *intelligente Automatisierung, kognitive RPA* oder eben *Intelligent RPA* bezeichnet. Dabei handelt sich um die nächste Stufe bei der Automatisierung von Geschäftsprozessen.

Intelligente Automatisierung

Die intelligente Automatisierung unterscheidet sich von der traditionellen RPA in dem Sinne, dass sie andere Technologien und Fähigkeiten, die traditionell eine menschliche Entscheidungsfindung erfordern, mit RPA kombiniert, um das Lernen und die Automatisierung von Prozessen zu ermöglichen. Zu diesen Technologien gehören *maschinelles Lernen* und *Deep Learning* als KI-basierte Lösungen. Der wichtigste Unterscheidungsfaktor besteht darin, dass diese KI-basierten Lösungen in der Lage sind, Prozesse auf der Grundlage von Erfahrungen zu erlernen und sich selbst anzupassen. Rein RPA-basierte Prozesse müssen dagegen programmiert werden, um bestimmte Aufgaben auf der Grundlage einer bestimmten Logik auszuführen. Sie können sich nicht an sich ändernde Situationen und Eingabedaten anpassen, sondern müssen für jedes Szenario neu programmiert werden. Dies bedeutet auch, dass RPA-Lösungen nur für klar definierte Prozesse geeignet sind, die gleich bleiben und standardisierte, strukturierte Daten als Input verwenden.

Maschinelles Lernen

Maschinelles Lernen (engl. *Machine Learning*) ist ein Teilbereich der KI. Mithilfe des maschinellen Lernens können IT-Systeme auf Basis vorhandener Datenbestände und Algorithmen Muster und Gesetzmäßigkeiten erkennen und Lösungen entwickeln. Die gewonnenen Erkenntnisse lassen sich weiter verallgemeinern und für neue Problemlösungen oder auch für die Analyse von bisher unbekannten Datenkonstellationen verwenden.

Damit eine Software eigenständig lernen und Lösungen finden kann, ist ein vorheriges Handeln von Menschen notwendig. Beispielsweise müssen die Systeme zunächst mit den für das Lernen relevanten Daten und Algorithmen versorgt werden. Zudem sind Regeln für die Analyse des Datenbestands und das Erkennen der Muster aufzustellen.

Man unterscheidet beim maschinellen Lernen zwischen *Supervised Learning* (überwachtem Lernen), *Unsupervised Learning* (unüberwachtem Lernen) und *Reinforcement Learning* (bestärkendem Lernen):

- Beim Supervised Learning werden im Vorfeld Beispielmodelle definiert und spezifiziert, um die Informationen passend zu den Modellgruppen der Algorithmen zuzuordnen.
- Beim Unsupervised Learning werden die Modellgruppen aufgrund eigenständig erkannter Muster gebildet.
- Reinforcement Learning basiert auf virtuellen Belohnungen und Bestrafungen. Dem System wird durch diese Interaktion mitgeteilt, wie es auf verschiedene Situationen reagieren muss. Diese Art und Weise des Lernens ist dem menschlichen Lernen sehr ähnlich.

Teilüberwachtes Lernen stellt eine Mischform aus unüberwachtem und überwachtem Lernen dar.

Deep Learning und künstliche neuronale Netze

Deep Learning ist ein Teilgebiet des maschinellen Lernens. Es nutzt das Konzept *künstlicher neuronaler Netze* (KNN). Ein künstliches neuronales Netz ist eine Ansammlung von einzelnen Informationsverarbeitungseinheiten (*Neuronen*), die schichtweise in einer netzartigen Architektur angeordnet sind. Die Neuronen und Schichten stellen die Komponenten eines *Modells* dar und werden von einer Anwenderin oder einem Anwender definiert. Jedes Neuron der einen Schicht ist immer mit allen Neuronen der nächsten Schicht verbunden. Jede Verbindung zwischen zwei Neuronen hat ein sogenanntes *Gewicht*, dessen Wert das wesentliche Element der Anpassung des künstlichen neuronalen Netzes darstellt. Das bedeutet, die Optimierung der Gesamtheit der Gewichte stellt u. a. das Lernen des Netzes sicher.

Schichten eines KNN

Ein künstliches neuronales Netz weist die folgenden Schichten auf:

1. Die erste Ebene des künstlichen neuronalen Netzes wird als *Eingabeschicht* (Input Layer) bezeichnet. Die Anzahl der Neuronen in dieser Schicht hängt von der Dimensionalität der Daten ab. Eingangssignale werden von den Neuronen in dieser Schicht aufgenommen und am Ende gewichtet an die Neuronen der ersten *Zwischenschicht* weitergegeben. Dabei gibt ein Neuron der Eingabeschicht die jeweilige Information an alle Neuronen der ersten Zwischenschicht weiter.
2. Zwischen der Eingabe- und der Ausgabeschicht befindet sich in jedem künstlichen neuronalen Netz mindestens eine Zwischenschicht, die auch *Aktivitätsschicht* oder *verborgene Schicht* (Hidden Layer) genannt wird. Bei einer steigenden Anzahl an Zwischenschichten entsteht eine größere Tiefe innerhalb des künstlichen neuronalen Netzes. Daher rührt auch der Begriff Deep Learning.

3. Die *Ausgabeschicht* (Output Layer) liegt hinter den Zwischenschichten und bildet die letzte Schicht eines künstlichen neuronalen Netzes. Die Ausgabeschicht stellt den Endpunkt des Informationsflusses in dem Netz dar und enthält das Ergebnis der Informationsverarbeitung durch das Netzwerk.

Deep Neural Networks

Deep Neural Networks sind durch die Komplexität der verborgenen Schichten gekennzeichnet. Sie sind – mit geringer Datenaufbereitung und Spezifizierung der Daten durch Menschen – in der Lage, eigenständig Sprache zu verstehen, logische Schlüsse zu ziehen sowie Muster, Konzepte und Korrelationen zu erkennen. Dementsprechend findet Deep Learning auch überall dort Anwendung, wo die Mustererkennung und Untersuchung großer Datenmengen auf Trends relevant werden.

Algorithmen und Fähigkeiten von Intelligent RPA

Eine intelligente Automatisierung, die sich neben RPA auch KI-Lösungen zunutze macht, verwendet verschiedene Algorithmen und Fähigkeiten wie die statistische Analyse, maschinelles Lernen, Bilderkennung und die Verarbeitung natürlicher Sprache, um auch mit unstrukturierten Daten arbeiten zu können. Da eine intelligente Automatisierung lernfähig ist und unterschiedliche Prozessszenarien und Ausnahmen handhaben kann, bedeutet dies, dass die Prozesse, in denen sie implementiert wird, mehrere mögliche Ergebnisse haben können, deren Auftreten mehr oder weniger wahrscheinlich ist. Die Ergebnisse sind somit *probabilistischer* Natur. Dies ist ein entscheidender Unterschied zu RPA, denn RPA kann nur Prozesse mit deterministischem Ergebnis, eine intelligente Automatisierung auch solche mit probabilistischem Ergebnis handhaben.

Umgang mit unstrukturierten Datenquellen

Da RPA nur strukturierte und manchmal halbstrukturierte Datenquellen als Eingangsdaten verarbeiten kann, ist der andere wichtige Unterscheidungsfaktor die Fähigkeit intelligenter Automatisierungen, mit *unstrukturierten Datenquellen* zu arbeiten. Dies ermöglicht die Extraktion von Informationen aus verschiedenen Datenquellen wie Texten, gescannten Dokumenten und PDFs, die oft in unterschiedlichen Layouts vorliegen. Diese sind für RPA-Roboter oft sehr schwer auszulesen.

Festzuhalten ist also: RPA ist ein sehr leistungsstarkes Werkzeug zur Automatisierung regelbasierter, einfacher Prozesse mit einer hohen Anzahl an Prozessinstanzen, z. B. vielen Eingangsrechnungen. Sobald die Komplexität der Prozesse zunimmt, die Daten unstrukturierter werden oder eine Art von Argumentation in Entscheidungspunkten erforderlich ist, reicht reines RPA jedoch nicht mehr aus.

End-to-End-Automatisierung

Um eine echte *End-to-End-Prozessautomatisierung* zu erreichen oder diesem Stadium näher zu kommen, sind auch andere unterstützende Technologien erforderlich. Es ist anzunehmen, dass die Kombination grundlegender RPA-Lösungen mit verschiedenen KI-Fähigkeiten, je nach Art des Prozesses, zu einem viel höheren Automatisierungsgrad führen könnte. Im Idealfall könnte ein gesamter Prozess fast vollständig automatisiert werden, ohne dass Menschen intervenieren müssen.

Einzusetzende KI-Technologien

Für die Automatisierung können dabei verschiedene Techniken aus dem Bereich der KI zum Einsatz kommen. Vorzugweise sind dies:

- Machine Learning (soll für Predictive Analytics oder Image Analytics eingesetzt werden)
- Natural Language Processing (NLP)
- Text Mining
- Optical Character Recognition (OCR)
- Intelligent Character Recognition (ICR)

Diese verschiedenen KI-Technologien grenzen wir im Folgenden voneinander ab.

Predictive Analytics

Predictive Analytics verwendet historische Daten sowie interne und externe *Echtzeitdaten*, um daraus Prognosen sowie neue Informationen zu gewinnen. Diese Analysetechnik ist auf große Datensätze (Lerndaten) angelegt. Durch eine Datenmustererkennung werden Vorhersagen und Empfehlungen ermöglicht. Das entstehende *prädiktive Modell* wird dann auf aktuelle Daten angewandt, um zukünftige Zustände vorherzusagen oder um Aktionen vorzuschlagen, mit denen verbesserte Ergebnisse erzielt werden können.

Solche Modelle kommen unter anderem in den Bereichen Finanzen, Meteorologie, Sicherheit, Wirtschaft, Versicherungen, Mobilität und Marketing zum Einsatz. Typischerweise werden die prädiktiven Verfahren in Klassifikations- und Regressionsfragestellungen eingeteilt:

- Die *Regressionsanalyse* dient zur quantitativen Vorhersage von Werten. Beispielsweise können so die Beschwerderaten im Verkaufsprozess vorhergesagt werden.
- Die *Klassifikation* trägt zur qualitativen Prognose bei. Beispielsweise können damit spezifische Kaufentscheidung einer Kundin oder eines Kunden vorhergesagt werden.

Der zu prognostizierende Wert wird als *Zielgröße* bezeichnet und muss ein Bestandteil der Lerndaten sein.

Image Analysis

Die *Bilderkennung* (Image Analysis) ist ein grundlegendes Werkzeug zur Erkennung, Unterscheidung und Quantifizierung verschiedener Bildtypen. Es handelt sich um ein Teilgebiet der Mustererkennung und Bildverarbeitung, in dem man versucht, Objekte in einem Bild zu segmentieren und aussagekräftige Informationen zu extrahieren. Während in der Mustererkennung nach Zusammenhängen zwischen den gewonnenen Informationen gesucht wird, beschränkt sich die Bildanalyse auf eine Zuweisung von symbolischen Beschreibungen.

Bilderkennung wird hauptsächlich bei digitalen Bildern angewendet, um beispielsweise eine Person anhand ihres Gesichts zu identifizieren. Um große Mengen an Daten zu analysieren und quantitative Informationen zu extrahieren, sind Computer erforderlich, die komplexe Berechnungen durchführen können. Doch auch die menschliche visuelle Wahrnehmung kann sehr gut Bilder analysieren, und in vielen Bereichen, wie z. B. der Medizin, können Menschen noch immer nicht durch Computer ersetzt werden. Aus diesem Grund basieren viele wesentliche Werkzeuge zur Bilderkennung auf Vorbildern des menschlichen Cortex wie neuronalen Netzen.

Natural Language Processing

Natural Language Processing ist ein Teil der künstlichen Intelligenz, der Computern hilft, menschliche Sprache zu verstehen, zu interpretieren und zu manipulieren. NLP bedient sich vieler Disziplinen, darunter der Informatik und der Computerlinguistik, mit dem Ziel, die Lücke zwischen menschlicher Kommunikation und Computerverständnis zu schließen. Der Computer soll natürliche Sprache verstehen, verarbeiten und analysieren können, einschließlich des Kontexts des Dokuments. Durch NLP ist der Computer dann in der Lage, eigenständig Informationen aus Dokumenten zu extrahieren und große Mengen an Daten zu sortieren und in Kategorien zu unterteilen.

Während überwachtes und unüberwachtes Lernen und insbesondere Deep Learning inzwischen weit verbreitet sind, um menschliche Sprache zu modellieren, besteht noch ein Bedarf an syntaktischem und semantischem Verständnis, das bei maschinellen Lernansätzen oft nicht vorhanden ist. NLP hilft, Mehrdeutigkeiten in der Sprache aufzulösen und den Daten eine nützliche numerische Struktur zu geben, die für viele nachgelagerte Verwendungen wie z. B. der Spracherkennung oder der Textanalyse wichtig ist.

Text Mining

Text Mining (auch *Text Data Mining* oder *Textual Data Mining* genannt) ist ein algorithmenbasiertes Analyseverfahren zur Entdeckung von Bedeutungsstrukturen aus unstrukturierten oder schwach strukturierten Textdaten.

Textdaten auf HTML-Seiten, in PDF-Dateien oder in E-Mails können wichtige Informationen z. B. über Kundenwünsche oder -probleme enthalten. Nehmen wir beispielsweise an, die Intention, eine Bestellung zu schicken, wäre in unserem Beispielprozess der Maschinenbau GmbH nicht direkt durch den Betreff der E-Mail erkennbar, sondern erst »versteckt« im Text der E-Mail. Durch Text-Mining-Algorithmen lassen sich solche Inhalte mittels statistischer und linguistischer Verfahren erschließen, sodass eine gewisse Kategorisierung möglich wird, auf deren Basis die bearbeitenden Personen die relevanten Informationen in den verarbeiteten Texten schnell erkennen können.

Optical Character Recognition

Optical Character Recognition oder *optische Zeichenerkennung* meint den Einsatz von Technologie zur Erkennung von gedruckten oder handgeschriebenen Textzeichen innerhalb digitaler Bilder von physischen Dokumenten, wie beispielsweise einem gescannten Papierdokument. Der grundlegende Prozess der OCR besteht darin, den Text eines Dokuments zu untersuchen und die Zeichen in Code zu übersetzen, der für die Datenverarbeitung verwendet werden kann. OCR wird häufig verwendet, um gedruckte juristische oder historische Dokumente in PDFs zu verwandeln. Dank OCR können solche Dokumente bearbeitet, formatiert und durchsucht werden, als wären sie mit einem Textverarbeitungsprogramm erstellt worden.

Die Hauptvorteile der OCR-Technologie sind Zeitersparnis, geringere Fehlerquoten und weniger Aufwand. Sie ermöglicht zudem Aktionen, die mit physischen Kopien von Dokumenten nicht möglich sind, wie das Komprimieren in ZIP-Dateien, das Hervorheben von Schlüsselwörtern, das Einbinden in eine Website oder das Anhängen an eine E-Mail. Während abfotografierte Dokumente schon digital archiviert werden können, bietet OCR die zusätzliche Funktionalität, diese Dokumente bearbeiten und durchsuchen zu können.

Intelligent Character Recognition

Intelligent Character Recognition oder *intelligente Zeichenerkennung* meint eine computergestützte Interpretation von handgeschriebenen oder gedruckten Texten und Zahlen, die es ermöglicht, Dokumente in ein standardisiertes Format zu transkribieren, das von einem Computer erkannt und verstanden werden kann. ICR-Software ist damit eine erweiterte Form der OCR-Software. Während OCR-Software nur gedruckten Text erkennen kann, erkennt ICR-Software handgeschriebenen Text und eine Vielzahl von Schriftarten.

Das Besondere an der ICR ist, dass auch fehlerhaft erfasste Zeichen erkannt und korrigiert werden können. ICR arbeitet dafür mit semantischen Zusammenhängen, statistischen und linguistischen Verfahren und erlernten Referenzmustern, um das bestmögliche Ergebnis zu erzielen. Im Rahmen der Korrektur können so fehlerhafte Zeichen durch das Abgleichen mit Wörterbüchern oder einer kontextuellen, semantischen Einordnung verbessert werden.

Automatisierung komplexer Prozesse

Die Erwartung an einen Einsatz von KI in RPA-Lösungen besteht darin, dass auch komplexere Prozesse automatisiert werden können. So sollen KI-gestützte, automatische Prozesse einerseits selbst ihren Ablauf anpassen können, indem sie Abläufe erlernen, die zuvor nicht durch Konfiguration oder Programmierung implementiert wurden. Andererseits wird erwartet, dass solche Systeme auch auf der Ebene der Prozessausführung bzw. -steuerung adaptiv agieren können, z. B. dass automatisiert weitere Prozessinstanzen gestartet werden, wenn dafür aktuell Bedarf besteht.

13.2 Einsatzoptionen von künstlicher Intelligenz in RPA-Szenarien

KI kann im Rahmen von RPA-Szenarien in verschiedenen Ausprägungen und unterschiedlichem Umfang zum Einsatz kommen. Im Folgenden gehen wir auf die vielfältigen Einsatzmöglichkeiten im Bereich der Prozessschnittstellen, der Prozessverwaltung und -administration sowie der Benutzerinteraktion ein.

13.2.1 Einsatz im Bereich der Prozessschnittstellen

Betrachtet man den Bereich der Schnittstellen, die für den Input und den Output von Prozessen eingerichtet werden, ergeben sich die folgenden denkbaren Einsatzoptionen für KI.

Erkennung von Informationen

Techniken der KI können eingesetzt werden, um relevante Informationen in einer Menge von Daten zu identifizieren. Dazu können KI-Technologien wie Bild- und Audioerkennung (*Image* und *Audio Recognition*), Gesichts- und Spracherkennung (*Face* und *Speech Recognition*) sowie Textextraktion eingesetzt werden. Daneben kommen in diesem Bereich auch *Computer Vision* zum Einlesen von Daten aus Applikationen oder OCR-Technologie zum Lesen von Belegen zum Einsatz.

Computer Vision

Computerbasiertes Sehen (*Computer Vision)* ist ein Bereich der Informatik und der Ingenieurwissenschaften, der Computern beibringt, Bilder auf die gleiche Weise zu sehen, zu identifizieren und zu verarbeiten wie das menschliche Auge. Typische Aufgaben von Computer Vision beinhalten die Objekterkennung und die Vermessung von geometrischen Objekten oder Bewegungen.

Computer Vision ist eng mit künstlicher Intelligenz verknüpft, da das System interpretieren muss, was es sieht, und dann eine entsprechende Analyse durchführen oder entsprechend handeln muss. Das Ziel von Computer Vision ist nicht nur das Sehen, sondern auch das Verarbeiten und Bereitstellen nützlicher Ergebnisse auf Basis der Beobachtungen.

Identifikation konkreter Objekte

Über die Erkennung relevanter Daten hinaus kann zudem eine Identifikation eines konkreten Objekts oder Sprechers erfolgen. Auch dies kann mithilfe der Bild oder Audioerkennung, Gesichts- oder Spracherkennung geschehen. Beispielsweise ist die Erkennung relevanter Datenfelder in Bildschirmmasken bereits jetzt ein verbreitetes Anwendungsgebiet. Dass solche Bildschirmelemente etwa in SAP-Benutzeroberflächen auch nach Wechsel des Erscheinungsbilds (z. B. in unterschiedlichen Formfaktoren bei Anwendungen mit *Responsive Design*, nach einem Releasewechsel, nach dem Wechsel des SAP-GUI-Themes oder bei einer Änderung der Bildschirmauflösung) erkannt werden, ist bei RPA-Lösungen essenziell und Voraussetzung für einen wartungsarmen Einsatz der Lösungen.

Zudem ist eine Kombination verschiedener KI-Techniken möglich sodass weitergehende Informationen zu Datenquellen gewonnen werden können. So könnten beispielsweise Bild- und Texterkennung zum Einsatz kommen, diesen Techniken könnten jedoch *Data-Analytics-Methoden* nachgelagert sein, um tiefergehende Analysen auf Basis der vorgelagerten Elemente durchzuführen.

Relationales Lernen

Man spricht hier auch von *statistischem relationalem Lernen* (SRL), in der Literatur manchmal als *relationales maschinelles Lernen* (RML) bezeichnet. Diese Art des Lernens spielt im Zeitalter der Datenwissenschaften (*Data Science*) eine zentrale Rolle. Der Trend hin zu *Big Data*, das heißt zunehmend großen Datenmengen, ist einer der Hauptgründe für die anhaltende Popularität dieses relationalen Lernansatzes, da er es ermöglicht, unbekannte Muster aus umfangreichen Datensätzen zu erkennen. SRL gehört zur Disziplin der künstlichen Intelligenz und des maschinellen Lernens.

SRL ist eine Kombination aus *statistischem Lernen*, das sich mit Unsicherheiten in Daten befasst, und *relationalem Lernen*, das sich komplexen relationalen Strukturen widmet. Ein statistisches, relationales Modell für eine gegebene Datenbank zeigt nicht nur die Korrelationen zwischen den Attributen der einzelnen Tabellen auf, sondern auch die Abhängigkeiten zwischen diesen Attributen. SRL kombiniert so eine logikbasierte Darstellung mit der probabilistischen Modellierung und maschinellem Lernen.

SRL-Modelle werden üblicherweise als Kombination von *probabilistischen grafischen Modellen* (PGMs) und Logik erster Ordnung dargestellt. Sie sollen die Unsicherheiten und die probabilistischen Korrelationen in relationalen Domänen behandeln.

Inferenz

Auf der Basis von Beziehungen, die zwischen den erfassten Informationen hergestellt werden, wird versucht, weitergehende Schlussfolgerungen zu ziehen. Dies nennt man *Inferenz*.

Inferenz

Mit dem Begriff Inferenz wird ein schlussfolgerndes Denken beschrieben. Aus gegebenen Fakten und Regeln lassen sich Schlüsse ziehen. Im Kontext von KI werden mit diesem Begriff vor allem Anwendungen bezeichnet, die mithilfe neuronaler Netze trainiert wurden. In einer Analogie zu Software wäre das Training einer KI das Schreiben des Programms, während die Inferenz dieses Programm benutzt.

13.2.2 Einsatz im Bereich der Prozessverwaltung

Process Mining

Die *Prozessverwaltung* einer RPA-Lösung umfasst Komponenten, die für die eigentliche Prozessausführung zuständig sind. In SAP Intelligent RPA sind dies beispielsweise die Cloud Factory und der Desktop Agent. Diese Komponenten beinhaltet den Entwurf, die Administration und das Monitoring von Prozessen sowie deren Analyse. KI kann an dieser Stelle folgendermaßen zum Einsatz kommen: Die Erfassung von Prozessen anhand ihrer Instanzdaten wird auch als *Process Mining* bezeichnet. Die darauf basierenden Analysen können durch die Einbeziehung der Designinformationen eines RPA-Bots ergänzt werden. Data-Analytics-Methoden können in diesem Zusammenhang von Nutzen sein.

Process Mining

Process Mining ist ein wichtiger Bestandteil der Data Science und beschreibt die Visualisierung und Analyse von Geschäftsprozessen auf Basis von *Ereignisprotokollen* und mittels Algorithmen und mathematischer Verfahren. Process Mining beruht auf der Verfügbarkeit von Daten und dem Wunsch, Prozesse im Unternehmen zu optimieren. Es vermittelt Unternehmen ein datengesteuertes Echtzeitbild davon, wie ihre Prozesse ablaufen. Ereignisprotokolle sind Protokolle von IT-basierten Prozessen. Hier werden die Events, das heißt die einzelnen Aktivitäten im IT-System, zusammen mit ihren Attributen aufgelistet.

Process-Mining-Techniken liefern neue Erkenntnisse, die zur Identifizierung und Behebung von Leistungs- und Compliance-Problemen genutzt werden können. Process Mining zeigt Unternehmen beispielsweise Engpässe auf – oder eben manuelle Prozesse, die automatisiert werden sollten. In diesem Kontext kann Prozess Mining zur Identifikation von geeigneten Prozessen für die Automatisierung nützlich sein.

Category Learning

Durch die Einbindung von Formen des Lernens kann die Erkennung der Prozesse, Prozessschritte und ihres Kontexts noch verbessert werden. Dies erfolgt durch Datenkategorisierungen (*Category Learning*), das Erlernen von Beziehungen zwischen erhobenen Daten (relationalem Lernen) und die permanente Verfeinerung der Wissensbasis, auf der die Erkennungsalgorithmen aufbauen.

Category Learning

Die Methode des Category Learning (auch *Concept Learning* genannt) stammt aus der Psychologie und beschreibt die Suche und Auflistung von Attributen, die zur Unterscheidung von Exemplaren und Nicht-Exemplaren verschiedener Kategorien verwendet werden. Die Methode verbessert so die Effizienz der Zuordnung von neuartigen Objekten zu kontrastierenden Gruppen.

Die *Konzepte* sind in mentale Kategorien unterteilt, die Menschen helfen, Objekte, Ereignisse oder Ideen zu klassifizieren. Diese Kategorisierung erfolgt aufbauend auf dem Wissen, dass jedes Objekt, Ereignis oder jede Idee eine Reihe von gemeinsamen relevanten Merkmalen hat. Category Learning ist also eine Strategie, bei der eine Lernende oder ein Lernender Gruppen oder Kategorien, die konzeptrelevante Merkmale enthalten, mit Gruppen oder Kategorien, die keine konzeptrelevanten Merkmale enthalten, vergleicht und kontrastiert. Kategorien ermöglichen es Menschen, Dinge zu klassifizieren und wichtige Vorhersagen oder Schlussfolgerungen zu treffen. Daneben ermöglichen Kategorien Erklärungen, Kommunikation und konzeptuelle Kombination. Viele kategoriale Unterscheidungen sind angeboren oder resultieren aus jahrelanger Erfahrung (z. B. die Erkennung von Gesichtern), aber der Schlüssel zur menschlichen Intelligenz ist die Fähigkeit, neue Kategorien schnell zu lernen, selbst wenn sie abstrakt sind.

Autonomes Process Mining

In einem weiteren visionären Schritt könnte das Process Mining darauf aufbauend sogar vollständig automatisiert werden. Eine RPA-Implementierung könnte dazu die Anwendungssysteme und die darin ablaufenden Prozesse überwachen und selbstständig Prozessbeschreibungen ableiten. Ein selbstlernendes System könnte dann anhand des menschlichen Verhaltens trainiert werden und zukünftig Prozesse analysieren und Vorschläge für eine Optimierung anbieten. Das RPA-System könnte an dieser Stelle Vorschläge für die Verbesserung der Prozesse machen, indem es eigenständig Analysen anhand der Vorgaben der Prozessmodellierenden vornimmt und dabei Data-Analytics-Methoden anwendet. So könnte es beispielsweise auch automatisierte Vergleiche zwischen Ist-Prozessen, Soll-Prozessen und Referenzmodellen durchführen.

13.2.3 Einsatz im Bereich der Prozessadministration

KI in der Planung

In der Prozessadministration, also der Überwachung und Kontrolle laufender Prozesse sowie der Fehlerbehandlung, kann KI in der Planung eingesetzt werden. Dazu können existierende Prozessablaufinformationen ausgewertet und Empfehlungen erarbeitet werden. Als KI-Methode kommt hier *Predictive Inference* im Zusammenspiel mit Data Analytics zum Einsatz.

[«]

Predictive Inference

Predictive Inference ist ein Ansatz für ein statistisch basiertes, schlussfolgerndes Denken, bei dem die Vorhersage zukünftiger Beobachtungen auf Grundlage vergangener Beobachtungen betont wird.

Ein durch KI unterstütztes RPA-System kann die Planung und Ausführung von Prozessen selbstständig handhaben. Die durch das Monitoring zurückgelieferten Kennzahlen liefern dafür die Basis.

13.2.4 Einsatz im Bereich der Benutzerinteraktion

Die Kanäle für die ein- und ausgehenden Benutzerinteraktionen können beliebiger Natur und auch unterschiedlicher Struktur sein. Hier kommen verschiedene Ausprägungen digitaler Assistenten, beispielsweise *Chatbots* oder *Sprachdialogsysteme* (*Interactive Voice Response*, kurz IVR) zum Einsatz.

Drei Stufen der Unterstützung

Hierbei können drei Stufen der Unterstützung unterschieden werden:

- die Erkennung wiederholter Vorgänge oder Anfragen und kontextabhängige Informationen durch Agenten
- Die Identifikation konkreter Vorgänge oder Personen. Bei den Personen besteht zudem die Möglichkeit einer Einschätzung gewisser Merkmale, z. B. ihres emotionalen Status mittels einer *Sentiment Analysis*. Eine solche Erkennung von Emotionen kann beispielsweise als Teil der Textextraktion bzw. des Sprachverständnisses erfolgen.

- die Kombination verschiedener Techniken, um die Wissensbasis bzw. den Fähigkeitenumfang der Assistenten zu erweitern oder zu verfeinern

[»]

Sentiment Analysis

Sentiment Analysis (*Sentiment Detection* genannt) ist ein Teilgebiet des Text Mining und bezeichnet die automatische Auswertung von Texten mit dem Ziel, eine geäußerte Haltung korrekt als positiv oder negativ bewerten zu können.

Innerhalb eines Prozesses werden basierend auf den erfassten Informationen Schlussfolgerungen gezogen (*Synthetic Reasoning*) oder Prognosen erstellt (Predictive Inference). Dabei wird auf Wissen zurückgegriffen, das durch die Beschreibung der Beziehungen zwischen Daten (Relationship Learning) und Gruppierungen (Category Learning) gewonnen wurde. Basierend auf diesen Schlussfolgerungen und Prognosen kann ein Prozess für bestimmte Aufgaben mithilfe von KI-Lösungen erstellt werden.

Weitere Aspekte des KI-Einsatzes

Über die genannten drei Stufen der Unterstützung hinaus sind in diesem Zusammenhang noch drei weitere Aspekte zu berücksichtigen:

- **Verfeinerung von Wissen**
  Eine Verfeinerung des Wissens umfasst, dass ein Prozess nicht nur mit den aktuell vorliegenden Informationen arbeitet, sondern auch Mechanismen nutzt, um neues Wissen (z. B. aus dem Dialog mit den Nutzerinnen und Nutzern) in die Modelle einzuarbeiten, die er zur Inferenz, Problemlösung, Planung und Entscheidungsfindung verwendet.
- **Erklärung von KI-Systemen**
  Da KI-Systeme Techniken nutzen, mit denen getroffene Entscheidungen sich nicht nachvollziehen lassen (man spricht daher auch von *Blackbox AI*), können Prozesse durchaus zusätzliche Techniken erfordern, um die Entscheidungen offenzulegen. Dies kann für bestimmte Prozesse, in denen eine Rechenschaftspflicht besteht, erforderlich sein.
- **Kommunikation**
  Softwareroboter gehen mithilfe von Sprachgenerierung (*Language Generation*) und der Ausgabe von Sprache als Text oder Audiospur auf den Menschen ein. Zukünftig sind auch Szenarien denkbar, bei denen Bots miteinander interagieren und konventionelle Schnittstellen ersetzen. Der jeweilige Bot behandelt dabei sein Gegenüber als menschlichen Gegenpart und kommuniziert mithilfe von natürlicher Sprache. Durch die Fähigkeit der KI-gestützten Bots, natürliche Sprache zu erkennen und bei fehlendem direkten Verständnis Rückfragen zu stellen, ist auch eine

Kommunikation mit einem ähnlich aufgebauten technischen Gegenpart ohne weitergehende detaillierte Schnittstellenbeschreibung oder eine technische Fehlerbehandlung möglich.

[«]

Explainable AI vs. Blackbox AI

Explainable AI (XAI) ist ein Begriff, der etwa seit 2004 in der Forschung und Diskussion über KI und maschinelles Lernen verwendet wird. XAI soll eindeutig nachvollziehbar machen, auf welche Weise beispielsweise künstliche neuronale Netze oder Deep-Learning-Systeme zu Ergebnissen gelangen. Ohne diese XAI wird der Vorgang des maschinellen Lernens mit einer Blackbox verglichen: Es sind lediglich die Input- und Outputgrößen bekannt, ein Einblick in den Vorgang des Erkenntnisgewinns bleibt den Anwenderinnen und Anwendern jedoch verwehrt. Somit mangelt es ihnen an Kontrollmöglichkeiten.

RPA als Plattformstrategie

Die Einbindung von KI in RPA-Lösungen bedeutet nicht zwangsläufig, dass RPA-Werkzeuge zukünftig selbst mit KI-Komponenten ausgestattet werden. Oftmals sind RPA-Systeme und KI nur mittelbar miteinander integriert. RPA kann vielmehr ebenso wie KI als *Plattformstrategie* verstanden werden, in deren Zentrum die Abarbeitung von Prozessen steht. KI-Komponenten von Drittanbietern werden in RPA-Plattformen eingebunden, indem Konnektoren oder Ökosysteme und Marktplätze geschaffen werden.

13.3 Hyperautomation

Der Begriff *Hyperautomation* wurde im Oktober 2019 zum ersten Mal durch ein Marktforschungsunternehmen benannt. Der Ansatz der Hyperautomation ist jedoch auch in anderen branchengängigen Fachbegriffen bereits enthalten. Das Phänomen wurde beispielsweise auch als »digitale Prozessautomatisierung« oder »intelligente Prozessautomatisierung« bezeichnet.

Begriffsdefinition

Hyperautomation beschreibt einen Ansatz, der mithilfe verschiedenster, moderner Technologien selbst komplexe Prozesse vollständig abbilden kann. Hyperautomation befasst sich in erster Linie mit der Anwendung fortschrittlicher Technologien, einschließlich *intelligenter Business-Process-Management-Software* (iBPMS), KI in Form von Process Mining, maschinellem Lernen, NLP und RPA, um den Automatisierungsanteil zu steigern und die menschliche Arbeit zu ergänzen. Dabei erstreckt sich Hyperautomation nicht nur auf Tools, die Automatisierung ermöglichen, sondern bezieht sich auch auf den gesamten Prozess der Automatisierung: von der Bedarfserhebung über die Messung und Automatisierung bis hin zur Überwachung, Bewertung und weitergehenden Entscheidung.

Hyperautomation vs. RPA

RPA ist damit einer der Grundsteine für Hyperautomation und intelligente Automatisierung. Beides benötigt eine RPA-Plattform, die es der KI ermöglicht, Daten aus den verschiedenen Unternehmenssystemen zu erfassen und Aktionen auszulösen, die die zur Verarbeitung benötigten Informationen enthalten. Intelligente Automatisierung wiederum verbindet KI mit den interaktiven Fähigkeiten der RPA.

Der Ansatz Hyperautomation greift die intelligente Automatisierung auf und erweitert diese um zusätzliche Anwendungen. RPA, Analytics, KI und Geschäftsprozessmanagement werden zu einem Framework für die Verarbeitung von Arbeitsabläufen verschmolzen, das die Analyse und Entscheidungsfindung an KI-Algorithmen überträgt, während gleichzeitig Daten über die Geschäftsabläufe gesammelt werden.

Architektur für Hyperautomation

Weil Hyperautomation verschiedene Technologien kombiniert, ist es für Unternehmen, die diesen Ansatz nutzen, von besonderer Wichtigkeit, die Software mit Akribie und einem Blick auf die gesamte Unternehmensarchitektur (*Enterprise Architecture*) auszuwählen. Dabei sollten sowohl bestehende Standards als auch die Interoperabilität zwischen den Systemen berücksichtigt werden. Die Kunst liegt zudem darin, nicht nur die richtigen Technologien auszuwählen, sondern diese auch zu orchestrieren und zu steuern.

Trends

Marktforscher prognostizieren, dass sich der Umfang der Automatisierungen in den nächsten Jahren exponentiell entwickeln wird – von der Automatisierung von Transaktionen und bestimmten Aufgaben, die auf statischen Regeln basieren, hin zur Automatisierung von Wissensarbeit. Dies wird eine völlig neue Strategie für die Automatisierung erfordern, die sich auf die Optimierung digitaler Prozesse von kundenorientierten Anwendungen bis hin zur IT-Infrastruktur konzentriert. Hyperautomation bietet die Option, den gesamten Lebenszyklus eines automatisierten Prozesses auf einer Plattform zu integrieren.

13.4 Prozessuales Wissensmanagement

Geschäftsprozessmanagement ist heute weit mehr als eine rein operative Notwendigkeit. Immer mehr Unternehmen verstehen Geschäftsprozesse als echte Unternehmenswerte und strategische Ressource, da sich diese entscheidend auf die Leistungsfähigkeit und Rentabilität eines Unternehmens auswirken. Eine umfassende Sicht auf die Geschäftsprozesse stellt sicher, dass alle Abläufe bestmöglich zusammenarbeiten und auf den gemeinsamen Zweck hin, nämlich das Erfüllen der Kundenbedürfnisse, optimiert und abgestimmt sind. Grundlage hierfür sind harmonisierte Prozesse als Voraussetzung für kontinuierliche Verbesserung, Konsistenz in der Leistungserbringung und Vermeidung von Redundanzen. Dies impliziert auch die Notwendigkeit einer durchgängigen Planung, Implementierung und Überwachung der Geschäftsprozesse.

Modularisierte Softwarearchitekturen

An dem Übergang zwischen Planung und der eigentlichen Implementierung ist jedoch eine kritische Nahtstelle zu erkennen: Prozesse werden auf fachkonzeptioneller Ebene häufig konsequent in einem einzigen Tool verwaltet, während die Systeme auf Softwareseite von Technikeffizienz getrieben sind. Hinzu kommt, dass das primäre Ziel moderner Softwareentwicklung in der kostengünstigen, termingerechten Entwicklung und Wartung qualitativ hochwertiger Systeme liegt. Um dieses Ziel zu erreichen, eignet sich die Nutzung *modularisierter Softwarearchitekturen*, deren Einzelkomponenten eine geringe Komplexität aufweisen. Zwei signifikante Probleme von Eigenentwicklungen und proprietärer Software liegen jedoch in der Einschränkung der Wiederverwendbarkeit und Anpassbarkeit durch die Nutzerinnen und Nutzer sowie in der durchgängigen Betrachtung der implementierten Abläufe. Ein transparentes Prozessmanagement muss deshalb auch auf transparent implementierten Prozessen aufsetzen.

Prozessuales Wissensmanagement

Führt man diesen Gedanken konsequent weiter, kann man Prozessmanagement auch als unternehmensweites *Wissensmanagement* in prozessualer Sicht verstehen. Neben der Schaffung von Transparenz über alle End-to-End-Prozesse hinweg ist es dann zusätzlich notwendig, das *implizite prozessuale Wissen*, das heißt das Wissen über Abläufe, das primär in den Köpfen von Sachbearbeiterinnen und Sachbearbeitern zu finden ist, auch für die weitergehende Prozessüberwachung und -optimierung, aber auch für die technische Umsetzung zur Verfügung zu stellen. Dies könnte beispielsweise über lernende Systembestandteile erfolgen.

Proprietäre Abbildung von Wissen

Im klassischen Anwendungsfall von RPA ist das zugrunde liegende Prozesswissen im eigentlichen Bot implementiert. Aufgrund dessen entsteht jedoch eine proprietäre Abbildung der Informationen. Ein unternehmensweites prozessuales Wissensmanagement sollte prozessbezogene Informationen deshalb nicht innerhalb von RPA-Systemen speichern, sondern in einer zentralen *Wissensdatenbank* oder *Knowledge Base* ablegen.

IBoF

Das *Intelligent Bot Framework* (IBoF) ist ein aus einem interdisziplinären Forschungsprojekt resultierender aktueller Lösungsansatz, den wir entwickelt haben, um diesen Anforderungen gerecht zu werden. Die grundlegende Architektur dieses Ansatzes ist in Abbildung 13.1 schematisch dargestellt. Wir verwenden in dieser Architektur eine *Graphdatenbank* als zentralen Speicherort für alle Prozessinformationen eines Unternehmens. Die Endanwenderinnen und Endanwender kommunizieren mit dem System über klassische Anwendungen (z. B. Personal-Information-Management-Software, Messaging-Clients, VoIP-Software usw.) oder beispielsweise über die Chatbot-Plattform *SAP Conversational AI*. Diese Ebene der Kommunikation wird als *Frontend-Schicht* bezeichnet.

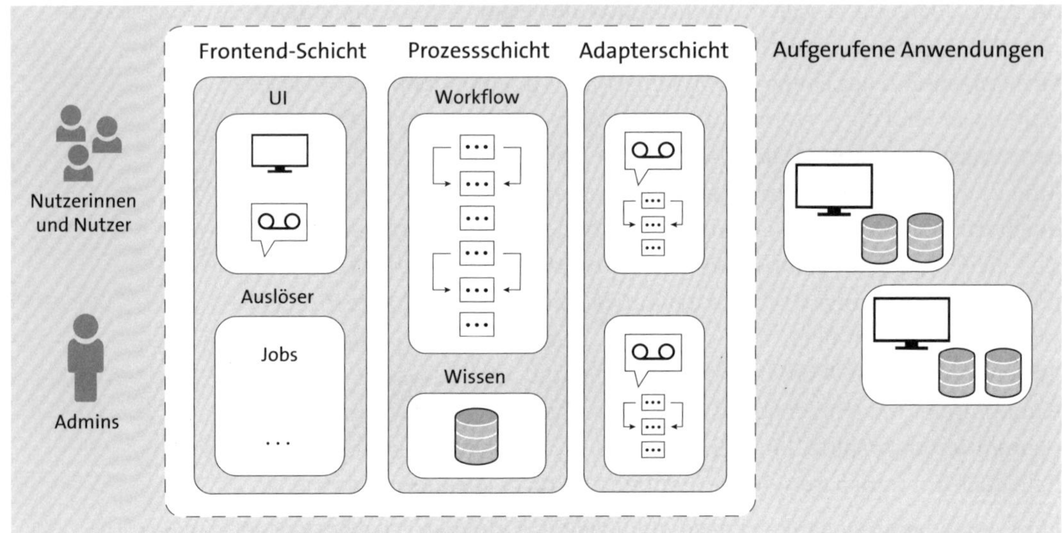

Abbildung 13.1 Intelligent Bot Framework

Auf der *Prozessschicht* läuft ein zentraler Steuerungs-Workflow, um die passenden in der Knowledge Base gespeicherten Prozesse zu selektieren und zu prozessieren. Dieser Steuerungs-Workflow führt die mit einem Auslöser verknüpften Aufgaben basierend auf den in einer Graphdatenbank gespeicherten Informationen aus. Dieser Workflow enthält jedoch keine vollständige Implementierung des Prozesses, sondern entnimmt die relevanten Prozessinformationen der Graphdatenbank.

Der Steuerungs-Workflow sowie die eigentliche Interaktion mit den Zielsystemen werden in der *Adapterschicht* durch RPA-Technologie realisiert. Dadurch wird sichergestellt, dass nur wenige Änderungen an den IT-Landschaften, in denen die Lösung eingesetzt wird, notwendig werden. Gibt es jedoch einen durchgängigen, einfachen und sicheren Weg, eine API zu adressieren, sollte diese Art der Anbindung bevorzugt genutzt werden. Falls nicht vorhanden, ist RPA die Technologie der Wahl.

Prozesswissen persistieren

Die Persistierung von Prozesswissen muss so implementiert werden, dass einerseits eine flexible Erweiterung der Datenstrukturen möglich ist, z. B. das beliebige Hinzufügen von Entitäten, und andererseits die Möglichkeit besteht, auf diesen Daten z. B. KI-, Data-Mining- oder Process-Mining-Technologien anzuwenden. Insbesondere aus diesem Grund erfolgt die Implementierung des IBoF auf Basis einer Graphdatenbank.

Graphdatenbanken in Kombination mit semantischen Werkzeugen oder KI im Allgemeinen ermöglichen es, Wissen zu modellieren. In Content-basierten Prozessen ist es besonders wichtig, dass Dokumente und Rollen semantisch verarbeitet werden können, da der Inhalt selten von quantitativen Werten abhängt – wie Daten in einer herkömmlichen Datenbank –, sondern vielmehr von den jeweiligen Zusammenhängen.

[«]

Graphdatenbanken

Graphdatenbanken zählen zu den *NoSQL-Datenbanken* und werden insbesondere dann eingesetzt, wenn die Verbindungen zwischen den Datenobjekten von höherer Priorität sind als die Daten selbst. Sie nutzen die mathematische Struktur des *Graphen*, um stark vernetzte Informationen abzubilden und zu speichern. Ein solcher Graph besteht aus *Knoten* und aus *Kanten*, die die Verbindungen zwischen den Knoten darstellen.

Ein besonderer Vorteil von Graphdatenbanken gegenüber relationalen Datenbanken ist die bessere Darstellbarkeit und Untersuchbarkeit von komplexen Systemen. Die diversen Beziehungen werden in Form von Graphen dargestellt und können dadurch wesentlich effizienter ausgewertet und auch visualisiert werden. Der Einsatz dieses Typus von Datenbanken hat sich besonders im letzten Jahrzehnt durchgesetzt. Graphdatenbanken ergänzen prinzipiell andere Konzepte wie hierarchische oder relationale Datenbanken.

13.5 Zusammenfassung

In diesem Kapitel haben Sie künstliche Intelligenz als nächste Entwicklungsstufe von RPA kennengelernt und erfahren, in welchen Bereichen sich hier in Zukunft Potenziale ergeben könnten. Dabei wurde offensichtlich, dass KI als Entwicklung von Mechanismen mit dem Ziel, menschenähnliche Intelligenz und das menschliche Gehirn nachzubilden, zunehmend an Bedeutung gewinnen wird. Dementsprechend zeigte sich, dass das Erforschen von Methoden, die es einem Computer ermöglichen, menschliche Wahrnehmung sowie kognitive Fähigkeiten und intelligentes Verhalten durch

Analyse der Umgebung zu analysieren, immer wichtiger wird. KI soll in Zukunft als softwarebasierter Smart Advisor dienen und vor allem in Kombination mit Sprach- und Bilderkennung, Machine Learning und der Verarbeitung natürlicher Sprache eigenständig Hardwaregeräte wie Roboter, autonome Fahrzeuge, Drohnen oder IoT-Anwendungen aktivieren und steuern können.

Nachdem wir Ihnen die KI als nächste Evolutionsstufe der RPA vorgestellt haben, erhalten Sie im letzten Kapitel des Buchs einen Ausblick auf die generelle Entwicklung von RPA sowie kommende Funktionen von SAP Intelligent RPA.

Kapitel 14
Ausblick

Im letzten Kapitel dieses Buchs erfahren Sie mehr über neue Funktionen von SAP Intelligent RPA sowie über die allgemeine Entwicklung von RPA.

SAP Intelligent RPA 2.0 ist eine aktualisierte Version der bestehenden Lösung SAP Intelligent RPA und seit November 2020 verfügbar. Sie wurde für die Nutzung durch bestimmte Zielgruppen entwickelt und um zusätzliche Funktionalität ergänzt. In diesem Kapitel stellen wir Ihnen die Zielgruppen, Hauptkomponenten und Funktionen dieser neuesten Version vor.

14.1 SAP Intelligent RPA 2.0

Hauptkomponenten

Auch SAP Intelligent RPA 2.0 besteht aus drei wesentlichen Komponenten:

- Hauptbestandteil ist das um viele Funktionen erweiterte Cloud Studio, mit dem die Prozesse modelliert werden. Das Cloud Studio kann somit die bisherige Modellierungskomponente Desktop Studio ersetzen.
- Wie bisher werden die Bots mit dem Desktop Agent betrieben.
- Als dritte Komponente ist es die Aufgabe der Cloud Factory, auf der auch das Cloud Studio aufsetzt, die Bots zu orchestrieren und zu überwachen.

Hinsichtlich der Zielgruppe ist SAP Intelligent RPA 2.0 etwas anders ausgerichtet als die Vorgängerversion (siehe Abschnitt 14.1.1, »Erweiterte Zielgruppe«). Außerdem gibt es mit dem Cloud Studio einige neue Funktionen, die Sie in Kapitel 12, »Modellierung im Cloud Studio«, zum Teil schon kennengelernt haben und die wir in Abschnitt 14.1.2, »Neue Funktionen des Cloud Studio«, noch einmal kurz zusammenfassen.

14.1.1 Erweiterte Zielgruppe

SAP Intelligent RPA 2.0 richtet sich nicht mehr ausschließlich an spezialisierte RPA-Entwicklerinnen und -Entwickler, sondern auch an Fachanwenderinnen und Geschäftsprozessexperten, die ihre eigenen Bots bauen möchten. Durch die einfach zu bedienenden Funktionen des Cloud Studio für die Bot-Erstellung und auf der Basis eines Low-Code-/No-Code-Ansatzes bietet die Lösung allen Interessierten die Möglichkeit, Automatisierungen zu entwickeln. Eine grafische Benutzeroberfläche ermöglicht es Ihnen, Workflows per Drag-and-drop zu erstellen und das Programm größtenteils ohne vorherige Programmierkenntnisse zu verwenden. Die Option einer individuellen Softwareentwicklung innerhalb des Tools besteht jedoch weiterhin. SAP Intelligent RPA 2.0 ebnet darüber hinaus den Weg zur Hyperautomation, da zunehmend maschinelles Lernen, künstliche Intelligenz und Funktionen für das Dokumentenmanagement integriert wurden.

Expertinnen aus der Entwicklung, Fachanwender und Geschäftsprozessexpertinnen sollen mit diesen Komponenten optimiert zusammenarbeiten können. Zum Beispiel können Nutzerinnen oder Nutzer mit geringen Programmierkenntnissen bereits mit der Erstellung von Bots beginnen und Expertinnen und Experten können diese später um zusätzliche Funktionen erweitern.

Die verschiedenen Zielgruppen, die SAP Intelligent RPA 2.0 anspricht (siehe Abbildung 14.1), haben jeweils unterschiedliche Fähigkeiten und Bedürfnisse. SAP Intelligent RPA 2.0 bietet daher einerseits einfache Drag-and-drop-Lösungen und andererseits Möglichkeiten, tiefgehendes Expertenwissen anzuwenden. Fachkundige Bot-Entwicklerinnen und -Entwickler verfügen über professionelle Coding-Kenntnisse und benötigen viel Flexibilität, während Geschäftsprozessexpertinnen und -experten möglicherweise nicht programmieren möchten und daher eine leicht zu bedienende Umgebung vorziehen, um schnelle und trotzdem zuverlässige Ergebnisse zu erhalten.

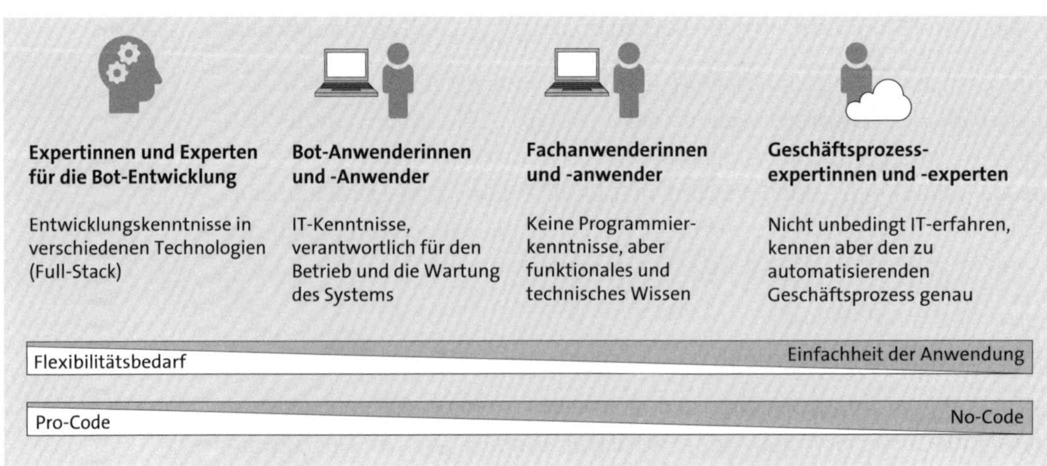

Abbildung 14.1 Zielgruppen von Intelligent RPA 2.0 (Quelle: SAP)

14.1.2 Neue Funktionen des Cloud Studio

Mit SAP Intelligent RPA 2.0 wurde das Cloud Studio um neue Funktionen erweitert, die eine intuitivere Nutzung der Software ermöglichen sollen (siehe Abbildung 14.2):

- Erstens ermöglicht es das Tool nun, Bildschirme in verschiedenen Anwendungen zu erfassen und in End-to-End-Workflows zusammenzusetzen.
- Zweitens ist es möglich, komplexe Automatisierungen mithilfe visueller Programmierung zu entwerfen und die Szenarien zu testen, bevor sie in ihren Umgebungen eingesetzt werden.
- Drittens können Anwenderinnen und Anwender jetzt Cloud-SDKs innerhalb ihrer Projekte verwenden.

Abbildung 14.2 Erweiterte Funktionen des Cloud Studio

Bestehende Projekte, die mit dem Desktop Studio erstellt wurden, können weiterhin verwendet werden, allerdings wird bei der Benutzung des Cloud Studio eine neue Scripting-Engine verwendet, die Node.js anstelle von reinem JavaScript unterstützt. Der Desktop Agent bleibt für beide Engines identisch.

Capturing

Das Capturing von Anwendungen ist der erste Schritt beim Bauen eines Software-Bots. Die neue, assistentenähnliche Oberfläche von SAP Intelligent RPA 2.0 ermöglicht Ihnen eine einfachere und schnellere Erfassung von Anwendungen. Ihnen werden alle Anwendungen angezeigt, die auf Ihrem Gerät aktuell aktiv sind, und Sie können diese auch nach verschiedenen Technologien filtern. Weiterhin können Sie mehrere erfasste Anwendungen zusammenstellen, um End-to-End-Automatisierungen zu erstellen.

Auf den erfassten Screens können Sie die Elemente deklarieren, mit denen Sie dann in einem folgenden Schritt arbeiten. Das Tool schlägt dabei automatisch Kriterien für eine schnelle und genaue Identifizierung der deklarierten Komponenten vor. Darüber hinaus können Sie weitere Kriterien einzeln hinzufügen oder entfernen, beispielsweise wenn Sie Tabellen oder mehrere Instanzen eines Elements innerhalb eines Screens erfassen oder übergeordnete Elemente zur Identifizierung Ihrer Kriterien hinzufügen möchten. Sie können die Kriterien außerdem mit Operatoren wie **beginnt mit** oder **ist gleich** näher spezifizieren.

Frames und Multi-Capture

Durch die Neuerungen ist es auch möglich geworden, für den Prozess relevante *Frames* für die Anwendungsseiten schnell und einfach zu erfassen. Ebenfalls unterstützt wird ein sogenanntes *Multi-Capture*, was bedeutet, dass jede Aufnahme eine Variation desselben Screens darstellt. Die Vorteile dieser Herangehensweise liegen darin, dass Sie weniger Screens verwalten müssen, da Sie diese nicht mehrfach erfassen müssen, wenn bereits einige ähnliche Elemente im Kontext existieren. Dies führt auch zu mehr Möglichkeiten bei der Deklaration von Elementen im Screen, da das Cloud Studio alle Elemente, die in den Multi-Captures vorhanden sind, automatisch verknüpft. Beim Entwurf seiner Automatisierung können Sie zwischen den Multi-Captures eines Screens denjenigen auswählen, den Sie in der Automatisierung verwenden möchte.

Collections

Schließlich können Sie mehrdimensionale Elemente als sogenannte *Collections* erfassen. Dies ist nützlich, wenn das deklarierte Element mehrere Instanzen innerhalb desselben Screens enthält. Im Anschluss an die Definition der Collections können Loops verwendet werden, um durch die Liste aller Instanzen innerhalb der Automatisierungen zu iterieren.

Automatisierung erstellen

Für den nächsten Schritt, das Erstellen einer Automatisierung, war bisher viel technisches Wissen vonnöten. Die neue Benutzeroberfläche unterstützt nun visuelle Programmierfunktionen und erlaubt es Ihnen damit, Aktivitäten und Steuerelemente auf Basis von SDK-Paketen zu verwenden, um komplexe Schritte in Ihren Workflows zu erstellen. Sie können die Eingangsvariablen von Aktivitäten parametrisieren und dann den *Ausdruckseditor* verwenden, um Aufgaben als komplexe Formeln mit JavaScript-ähnlicher Syntax sowie Operatoren und Funktionen zu definieren. Der aktuelle *Code Editor* unterstützt neben den Coding-Assistenten, die Sie aus dem Desktop Studio kennen, zudem Funktionen wie eine Autovervollständigung und eine Syntaxvalidierung.

Aktivitäten

Mithilfe von Aktivitäten werden Daten extrahiert oder andere Aktionen für Elemente ausgeführt, die im Screen deklariert wurden, wie beispielsweise das Befüllen eines Textfelds oder der Klick auf eine Schaltfläche. Die Definition solcher Aktivitäten kann wie beim Desktop Studio auch innerhalb von Desktopanwendungen erfolgen, indem die jeweiligen SDK-Aktivitäten direkt auf Excel- oder PDF-Dateien und andere Anwendungen angewendet werden. Im Cloud Studio ist es dadurch möglich geworden, Daten aus einem bestehenden Excel-Sheet abzurufen, sie an einen definierten Datentyp in Ihrer Automatisierung zu binden, Datenänderungen vorzunehmen und dann die neuen Werte direkt in das Excel-Sheet zu übernehmen. Mithilfe der in den SDK-Paketen bereitgestellten Aktivitäten können Sie also komplexe Arbeitsabläufe erstellen, ohne selbst programmieren zu müssen. Trotzdem besteht auch weiterhin die Möglichkeit, in kundenspezifischen Skripten eigenen Code zu verwenden.

Datenstrukturen

Beim Erstellen eines Cloud-Studio-Projekts wird zudem eine Datenstruktur konfiguriert, die entweder primitive oder komplexe Datentypen verwendet. Zu den komplexen Datentypen zählen beispielsweise Datentypen, die innerhalb anderer Datentypen als Felder oder Listen verschachtelt sind. Datentypen sind auch in Paketen wie dem SDK-Kernpaket und den SDKs für Excel, Outlook usw. vordefiniert. Sie können auf einen Datentyp aus diesen SDK-Paketen verweisen, anstatt die gesamte Datenstruktur von Grund auf neu entwerfen und definieren zu müssen. Das neue Cloud Studio ermöglicht Ihnen auch, Ihre Umgebungsvariablen innerhalb Ihres Cloud-Studio-Projekts einzusetzen, um sie gemeinsam nutzen zu können.

Automatisierungen testen

Sobald die Anwendungen und Automatisierungen erstellt sind, können sie auch getestet werden, um sicherzustellen, dass sie voll funktionsfähig sind, bevor sie in den jeweiligen Umgebungen eingesetzt werden. Zunächst können Sie die Anwendungen debuggen, um zu prüfen, ob die erfassten Screens und Elemente korrekt identifiziert wurden. Dabei können viele Aktionen auf den erfassten Screen-Elementen durchgeführt werden, um die Automatisierungen zu simulieren.

Die Automatisierungen können weiter getestet werden, indem Breakpoints zu bestimmten Schritten des Workflows hinzugefügt werden, um die Debug-Session anzuhalten und die Ausführung zu untersuchen. Eine Zeitleiste zeigt an, welche Automatisierungen und Aktivitäten während der Debug-Session ausgeführt wurden. Diese Funktionen helfen Ihnen, eine tiefgreifende Analyse durchzuführen. Während sich die Konsole im Testmodus befindet, können Sie beispielsweise den Wert verschiedener Variablen an einem bestimmten Punkt des Workflows untersuchen, um zu verstehen, warum ein bestimmtes Problem auftritt. Sobald das Debugging abgeschlossen ist, können Sie die Konsole wieder in den Entwurfsmodus umstellen und die einzelnen Schritte der Automatisierung bei Bedarf verbessern.

Testen mit Eingangsparametern Sie können Daten als Eingangsparameter Ihrer Automatisierung auch mit dem *Variablen-Editor* testen, der beim Debuggen Ihrer Automatisierung eingeblendet wird. Die zugewiesenen Werte können primitiven Datentypen entsprechen, z. B. ein Text oder eine Zahl, es können aber auch komplexe Datentypen verwendet werden, abhängig von den Eingangsparametern, die beim Entwurf der Automatisierung festgelegt wurden. Durch seinen visuellen Aufbau erleichtert es der Variablen-Editor, die Struktur der Variablen zu verstehen. Das aktualisierte Tool enthält auch eine Validierung, die einzubindende Felder anzeigt, sowie eine kontextbezogene Hilfe mit Beispielwerten. Sie haben außerdem die Option, den *JSON-Editor* anstelle des visuellen Editors zu verwenden, um die Werte mit Code zu füllen.

Konnektoren und SDK Schließlich wurden noch neue *Konnektoren* und SDKs zum Tool hinzugefügt (siehe Tabelle 14.1). SAP Intelligent RPA unterstützt damit nun ein breites Angebot an Anwendungskonnektoren, die es Ihnen ermöglichen, anwendungsübergreifende Automatisierungen zu erstellen. So können Bots erstellt werden, die sowohl Prozesse in SAP-Anwendungen als auch in Anwendungen von Drittanbietern wie Microsoft-Office-Anwendungen oder PDFs automatisieren. Die Integration ist hierbei noch einfacher als mit dem Desktop Studio.

SAP-Anwendungen	Drittanbieter-Anwendungen	Microsoft Office und PDF
SAP GUI für Windows	Windows-basierte Anwendungen (UIAutomation)	Excel
SAP S/4HANA	webbasierte Anwendungen	Outlook
SAP S/4HANA Cloud		Word
		PDF

Tabelle 14.1 Unterstützte Anwendungen und Konnektoren

Cloud-SDKs Die neuen, extra für das Cloud Studio bereitgestellten *Cloud-SDKs* sind im SAP Intelligent RPA Store verfügbar und wurden in einer modularen, vom Desktop Agent entkoppelten Weise neu entwickelt. Die ursprünglichen Desktop-SDKs sind weiterhin im Agenten verfügbar, um die Desktop-Studio-Projekte auszuführen.

SDK-Dokumentation Die *Dokumentation* der SDKs wird ebenfalls automatisch generiert und kann über das *SAP Help Portal* aufgerufen werden (siehe *http://s-prs.de/v776800*). Dort können Sie durch die verschiedenen Module der SDKs navigieren, um die Verwendung der einzelnen Aktivitäten besser zu verstehen.

Sie erhalten hier eine detaillierte Erklärung aller Funktionen, die in der Version 2.0 verfügbar sind.

14.2 Zusammenfassung

RPA als Teil einer Gesamtstrategie

RPA ist, abschließend betrachtet, ein unverzichtbarer Teil des Werkzeugkastens für die Unternehmens- und Prozessoptimierung. RPA ist jedoch nur einer von mehreren Bausteinen, die benötigt werden, um effiziente und effektive Prozesse zu schaffen. Jede RPA-Strategie wird von der intelligenten Optimierung und den mittel- und unmittelbaren Auswirkungen auf die Marktpositionierung profitieren, wenn sie als Teil eines breiten strategischen Technologieansatzes gesehen wird.

Zudem sind makroökonomische Auswirkungen der Automatisierung hochinteressant. Eine Folge der Automatisierung kann etwa ein verringertes *Outsourcing* sein, denn häufig sind es gerade die repetitiven Prozesse, die an externe Dienstleister ausgelagert werden. Dieser Trend weckt nicht nur das makroökonomische Interesse, sondern könnte vor allem für Unternehmen interessant sein, in denen die Auslagerung von manuellen, sich wiederholenden Aufgaben einen bedeutenden Teil der Ausgaben ausmacht. Ein interessantes Thema für die weitere Forschung in ein paar Jahren könnte daher »Outsourcing und Automatisierung«, verbunden mit den Auswirkungen für auf Outsourcing spezialisierte Firmen, sein.

In diesem letzten Kapitel dieses Buchs haben Sie die erweiterte Zielgruppe und neue Funktionen von SAP Intelligent RPA kennengelernt. Wir haben Ihnen ergänzende Funktionen für spezifische Zielgruppen vorgestellt, die mit dem neuen Cloud Studio in SAP Intelligent RPA 2.0 eingeführt wurden.

Anhang
Nützliche Befehle und Tastenkombinationen

Die folgenden Tabellen umfassen wichtige Befehle des Hauptfensters, des Code Editor sowie des Projekt- und des Skriptbaums im Desktop Studio. Zusätzlich führen wir die Symbole der entsprechenden Schaltflächen in der Funktionsleiste auf. Wenn vorhanden, geben wir auch die Tastenkombinationen zur Ausführung der entsprechenden Aktionen an.

A.1 Wichtige Befehle des Hauptfensters im Desktop Studio

Die folgenden Tabellen stellen die wichtigsten Befehle des Hauptfensters im Desktop Studio dar, nämlich die Befehle zur Verwaltung von Projekten, zum Aufruf der Hilfefunktion und zur Anpassung der Ansicht sowie Befehle zum Kompilieren und Ausführen von Automatisierungen.

Symbol	Funktion	Beschreibung
	Settings	Zugriff auf die Einstellungen des Desktop Studio
	Save last Debugging session	Speichern der aktuell geöffneten Datei
	Save all	Speichern aller Dateien, die aktuell geöffnet sind
	New Project	Erstellung eines neuen Projekts
–	**Open Debug session**	In einer neuen Debug-Perspek-tive wird eine Debug-Sitzung geöffnet.
–	**Open last Debug session**	In einer neuen Debug-Perspektive wird eine letzte Debug-Sitzung aus dem Speicher geöffnet.

Tabelle A.1 Befehle zur Verwaltung von Projekten

Symbol	Funktion	Beschreibung
	Save last Debug session	In einer neuen Debug-Perspektive wird die letzte Debug-Sitzung gespeichert.
	Open project	Öffnen eines vorhandenen Projekts
	Export project	Vor der Auslieferung zum Testen oder zur Produktion kann die Gesamtlösung exportiert und verpackt werden.
	Archive project	Erstellung eines Archivs, das alle Entwicklungsdateien (Skriptquellen, Bildschirmaufnahmen usw.) enthält
	Close project	Schließen des laufenden Projekts
–	**Recently opened projects**	Zuvor bearbeitete Projekte werden aufgelistet.
	BuildCriteria.doc	Erstellung eines HTML-Dokuments, das eine technische Beschreibung der Apps, Seiten und Positionskriterien enthält
	Generate diagnose	Erstellen einer Fehlerdiagnose
	Close	Schließen von Desktop Studio

Tabelle A.1 Befehle zur Verwaltung von Projekten (Forts.)

Symbol	Funktion	Beschreibung
i	**About Desktop Studio**	Ein Popup-Fenster mit Informationen zur Desktop-Studio-Version wird angezeigt.
–	**Desktop-Studio-Developer Guide**	Die Bedienungsanleitung für das Desktop Studio wird geöffnet.
–	**Language reference**	Die Sprachreferenz-Hilfe wird angezeigt.

Tabelle A.2 Befehle zum Aufruf der Hilfefunktion

Symbol	Funktion	Tasten-kombination	Beschreibung
	Save layout	–	Das vorliegende Layout wird gespeichert.
	Restore layout	–	Das aktuelle Layout wird wiederhergestellt.
–	**Tool pop-up**	–	Durch den Befehl wird jedes Tool-Fenster ein-/ausgeblendet.
–	**Theme**	–	Das aktuelle Theme des Desktop Studio wird geändert.
–	**Open linked dock site**	–	Ermöglicht es, einen Doppelbildschirm zu nutzen.
–	**Full screen**	⇧ + Alt + ↵	Umschalten in den Desktop-Studio-Vollbildmodus

Tabelle A.3 Befehle zur Einstellung der Ansicht

Symbol	Funktion	Tasten-kombination	Beschreibung
	Run	Strg + F5	Projektstart im Freigabe-Modus (ohne Debugger)
	Stop	–	Die Projektausführung wird angehalten.
	Create	Strg + B	Das Projekt wird angelegt.
	Recreate	Strg + ⇧ + B	Nach dem Löschen des **bin**-Verzeichnisses wird das Projekt wiederhergestellt.
	Debugging	F5	Projektstart im Debug-Modus
	Debugging in export mode	⇧ + F5	Projektstart aus dem Exportergebnis im Debug-Modus

Tabelle A.4 Befehle zum Kompilieren und Ausführen von Projekten

A.2 Wichtige Befehle des Code Editor

Bei den Befehlen des Code Editor handelt es sich um Befehle zur Verwaltung der Zwischenablage, zum Suchen und Ersetzen sowie zur Navigation innerhalb des Codes. Außerdem finden Sie in den folgenden Tabellen Befehle zum Editieren und Debuggen von Code sowie zum Aufruf der Hilfe.

Symbol	Funktion	Tasten-kombination	Beschreibung
	Help	F1	Die Kontext-Hilfe wird geöffnet.
–	**Show QuickInfo**	Strg + F1	Das QuickInfo-Tooltip wird eingeblendet.
–	**AutoComplete**	–	Öffnet eine IntelliSense-Liste, die sich auf die mit dem Cursor anvisierte Stelle im Code bezieht. *IntelliSense* ist ein von Microsoft angebotenes Hilfsmittel zur automatischen Vervollständigung von Quellcode. Die IntelliSense-Liste enthält zusätzliche Informationen und Auswahlmöglichkeiten, sodass Sie weniger Code manuell eingeben müssen.
–	**Restore IntelliSense**	–	Wiederherstellung der IntelliSense-Daten
	Choose snippet	–	Bestimmung des Codeausschnitts, der in den Code eingefügt werden soll.

Tabelle A.5 Befehle zum Aufruf der Hilfefunktion

Symbol	Funktion	Tasten-kombination	Beschreibung
	Select all	Strg + A	Der Text wird komplett markiert.
–	**Duplicate**	Strg + D	Die derzeit ausgewählten Daten werden kopiert.

Tabelle A.6 Befehle zur Verwaltung der Zwischenablage

Symbol	Funktion	Tasten-kombination	Beschreibung
	Copy	[Strg] + [C]	Der angeklickte Text wird in die Zwischenablage kopiert.
	Paste	[Strg] + [V]	Aus der Zwischenablage wird der ausgewählte Text eingefügt.
	Cut	[Strg] + [X]	Der markierte Text wird in die Zwischenablage ausgeschnitten.
	Delete	[Entf]	Der markierte Text wird gelöscht.
	Roll back	[Strg] + [Z]	Die letzte Änderung wird zurückgenom-men.
	Repeat	[Strg] + [Y]	Die letzte Änderung wird wiederholt.

Tabelle A.6 Befehle zur Verwaltung der Zwischenablage (Forts.)

Symbol	Funktion	Tasten-kombination	Beschreibung
	Insert bookmark	[Strg] + [F2]	In der aktuellen Zeile wird ein Lesezeichen eingefügt.
	Next bookmark	[F2]	Zum nächsten Lesezeichen springen
	Previous bookmark	[⇧] + [F2]	Zum vorherigen Lesezeichen springen
	Navigate backwards	[Strg] + [.]	Rückwärtsnavigation im Navigationsverlauf
	Navigate forward	[Strg] + [⇧] + [.]	Vorwärtsnavigation im Navigationsverlauf
	GoTo Definition	[F12]	Springt zur Definition im Code Editor ab.
	Show in Page Viewer	[F8]	Springt zur Anzeige der Seite im Page Viewer ab.
–	**Show in code**	–	Der Code wird im Codebaum aufgerufen.

Tabelle A.7 Befehle zur Navigation im Code Editor

Symbol	Funktion	Tasten-kombination	Beschreibung
–	**Show in code map**	–	Der Code wird in der Code Map aufgerufen.

Tabelle A.7 Befehle zur Navigation im Code Editor (Forts.)

Symbol	Funktion	Tasten-kombination	Beschreibung
	Open search	Strg + F	Im laufenden Skript wird das aktuell markierte Wort gefunden.
–	**Quick search: Previous**	Strg + ⇧ + F3	Es wird das letzte Auftreten des gerade ausgewählten Worts gefunden.
–	**Quick search: Next**	Strg + F3	Es wird das nächste Auftreten des gerade ausgewählten Worts gefunden.
–	**Search and replace**	Strg + ⇧ + F	Dateien werden in jedem Projektteil gesucht und ersetzt.
	Search previous	⇧ + F	Das vorherige Auftreten eines Objekts wird gefunden.
	Search next	F3	Das nächste Auftreten eines Objekts wird gefunden.

Tabelle A.8 Befehle zum Suchen und Ersetzen von Codeelementen

Symbol	Funktion	Tasten-kombination	Beschreibung
	Continue	F5	Fortsetzung der Ausführung bis zu einem weiteren Breakpoint
	Insert breakpoint	F9	In der aktuellen Zeile wird ein Breakpoint eingefügt.

Tabelle A.9 Befehle zum Umgang mit dem Debugger

Symbol	Funktion	Tasten-kombination	Beschreibung
	Step Over	F10	Die gesamte Methode wird ausgeführt, und Prozesse im laufenden Codeblock werden fortgesetzt. Der gesamte Methodenaufruf und die Unterbrechung in der nächsten Codezeile werden in der aktuellen Methode durchlaufen.
	Step In	F11	Der Befehl zeigt Abläufe innerhalb eines Methodenaufrufs. In einer Zeile mit einem Methodenaufruf wird die Methode durch den Befehl aufgerufen, der bei der ersten Codezeile innerhalb der Methode wieder abbricht.
	Run and Break	⇧ + F10	Wenn eine Callback-Funktion aufgerufen wird, kann die Ausführung mit diesem Befehl unterbrochen werden. Die Ausführung wird bis zur Abarbeitung einer weiteren Zeile des Codes fortgesetzt.
	Step Out	⇧ + F11	Der restliche Teil der laufenden Methode wird ausgeführt, und der Compiler kehrt zur aufrufenden Methode zurück. Am Rückkehrpunkt der aufrufenden Funktion bricht die Durchführung ab.

Tabelle A.9 Befehle zum Umgang mit dem Debugger (Forts.)

Symbol	Funktion	Tasten-kombination	Beschreibung
	File format	–	Umformatieren des markierten Teils

Tabelle A.10 Befehle zum Editieren von Code

Symbol	Funktion	Tasten-kombination	Beschreibung
	Format document	–	Umformatieren des kompletten Texts
	Remove comment sign	Strg + ⇧ + K	Entfernen der Kommentarzeichen für die ausgewählten Zeilen
	Comment on lines	Strg + ⇧ + Q	Auskommentierung der markierten Zeilen
	Add Watch	–	Sie können verschiedene Variablenwerte während des Testens einer Automatisierung in der *Watch List* anzeigen. Mit diesem Symbol fügen Sie entsprechende Fenster hinzu.
	Insert lines	⇥	Einrücken der markierten Zeilen
	Release lines	⇧ + ⇥	Ausrücken der ausgewählten Zeilen

Tabelle A.10 Befehle zum Editieren von Code (Forts.)

A.3 Wichtige Befehle zum Umgang mit dem Projekt- und dem Skriptbaum

In den folgenden Tabellen werden die Befehle aus den Kontextmenüs des Projekt- und Skriptbaums dargestellt, um Applikations-, Prozess-, Projekt-, Element- und Seitenknoten in der Editor- und Explorer-Perspektive sowie in weiteren Ansichten anzuzeigen. Der Prozessknoten wird ausschließlich in der Editor-Perspektive zur Verfügung gestellt.

Symbol	Funktion	Beschreibung
Nur Editor-Perspektive		
	Add new script	Ein neues Skript wird in der Anwendung ergänzt.
–	**Adapt application**	Die Anwendung wird in der Explorer-Perspektive bearbeitet.

Tabelle A.11 Befehle im Kontextmenü für Applikationsknoten

Symbol	Funktion	Beschreibung
Nur Explorer-Perspektive		
–	**Declarate new site**	Deklaration einer neuen Seite
–	**Delete application**	Entfernen der Anwendung und aller Seiten
Alle Perspektiven		
–	**Adapt XML-resources**	Die XML-Beschreibung der Anwendung wird zur Bearbeitung in der Editor-Perspektive in einer Low-Level-Ansicht geöffnet, die bei Änderungen der Beschreibung an anderer Stelle nicht aktualisiert wird.
	Adapt XML	Der XML-Code der Anwendung wird zur Bearbeitung in der Editor-Perspektive durch eine Low-Level-Ansicht geöffnet, die bei Änderungen des Codes an anderer Stelle nicht aktualisiert wird.

Tabelle A.11 Befehle im Kontextmenü für Applikationsknoten (Forts.)

Symbol	Funktion	Beschreibung
	Delete process	Ein Prozess wird entfernt.
	Add new script	Ein neues Skript wird zum Prozess hinzugefügt.

Tabelle A.12 Befehle im Kontextmenü für Prozessknoten (nur Editor-Perspektive)

Symbol	Funktion	Beschreibung
Nur Editor-Perspektive		
	Add new script	Ergänzung eines neuen Skripts
–	**Add new process**	Deklaration eines neuen Prozesses
Nur Explorer-Perspektive		
–	**Add new application**	Deklaration einer neuen Anwendung

Tabelle A.13 Befehle im Kontextmenü für Projekte

Symbol	Funktion	Beschreibung
–	**Create folder**	Nach dem Anlegen eines neuen Ordners wird das Element darin gespeichert.
–	**Copy element**	Das Elements wird in die Zwischenablage kopiert.
–	**Paste element**	Das Element wird nach dem letzten Element der Seite aus der Zwischenablage eingefügt.
–	**Delete element**	Das Element wird entfernt.
–	**Duplicate element**	Das Element wird kopiert.
–	**Shift element (From the top to the bottom, from the bottom to the top)**	Verschieben des Elements in der Liste der Elemente einer Seite
[icon]	**Adapt XML**	Die XML-Beschreibung des Elements wird zur Bearbeitung in der Editor-Perspektive in einer Low-Level-Ansicht geöffnet, die bei Änderungen der Beschreibung an anderer Stelle nicht aktualisiert wird.

Tabelle A.14 Befehle im Kontextmenü für Elementknoten

Symbol	Funktion	Beschreibung
Nur Editor-Perspektive		
–	**Create folder**	Nach dem Anlegen eines neuen Ordners wird die Seite darin gespeichert.
–	**Adapt page**	Die Seite wird in der Explorer-Perspektive bearbeitet.
Nur Explorer-Perspektive		
–	**Create new capture of the Page**	Ersetzung des aktuellen Captures oder Hinzufügen eines neuen Captures
–	**Delete page**	Die Seite mit allen ihren Unterseiten und Elementen wird entfernt.
–	**Add subpage**	Eine Unterseite wird hinzugefügt.

Tabelle A.15 Befehle im Kontextmenü für Seitenknoten

Symbol	Funktion	Beschreibung
–	**Shift page (From the top to the bottom, from the bottom to the top)**	Durch das Verschieben der Seite befindet sie sich in der Liste der Anwendungsseiten.
–	**Duplicate page**	Die Seite und alle dazugehörigen Elemente werden kopiert.
Alle Perspektiven		
–	**Adapt XML-resources**	Die XML-Beschreibung der Seite wird zur Bearbeitung in der Editor-Perspektive in einer Low-Level-Ansicht geöffnet, die bei Änderungen der Beschreibung an anderer Stelle nicht aktualisiert wird.
	Adapt XML	Der XML-Code der Seite wird zur Bearbeitung in der Editor-Perspektive in einer Low-Level-Ansicht geöffnet, die bei Änderungen des Codes an anderer Stelle nicht aktualisiert wird.

Tabelle A.15 Befehle im Kontextmenü für Seitenknoten (Forts.)

Das Autorenteam

Prof. Dr. Oliver Koch ist Dekan des Hochschulbereichs IT-Management, Direktor des Institute of Management & Information Systems (mis) sowie Professor für Wirtschaftsinformatik an der FOM Hochschule für Oekonomie & Management. Er forscht am Institut mis im Rahmen der Forschungsgruppe RPA, insbesondere zu Cognitive/Intelligent RPA sowie komplexen, parametrisierbaren Bot-Strukturen.

Parallel ist er seit 1991 als Geschäftsführer der CTI CONSULTING in nationalen und internationalen Beratungsprojekten tätig, wobei sein Schwerpunkt auf den Themen SAP Business Workflow, Prozessautomatisierung und Prozessmanagement liegt. Bei der CTI CONSULTING ist er zudem fachlicher Leiter des Competence Center RPA und u. a. für die Integration von KI und RPA verantwortlich.

Prof. Dr. Oliver Koch wirkte sowohl in der Wirtschaft als auch in der Wissenschaft als Beirat und Gutachter, u. a. in einer Expertenkommission des Bundesministeriums für Bildung und Forschung (BMBF) mit. Beim Wirtschaftsrat Deutschland ist er Mitglied der Landesfachkommission Digitalisierung.

Guido W. Stass ist seit Gründung der CTI CONSULTING als Geschäftsführer verantwortlich für Technologie und Vertrieb. Zudem ist er in Beratungsprojekten der CTI CONSULTING aktiv. Seine Schwerpunkte sind die Entwicklung und Umsetzung von IT-Strategien sowie die Themen Robotic Process Automation und Enterprise Architecture Management.

Von 1997 bis 2009 war Guido W. Stass externer Trainer bei SAP im Bereich SAP Workflow Management und hat weltweit Trainings durchgeführt. Er ist berechtigt, Zertifizierungen für SAP Business Workflow durchzuführen. Neben seiner Tätigkeit bei CTI CONSULTING ist Guido W. Stass Lehrbeauftragter für Workflow Management und Geschäftsprozessmanagement an der Universität Kassel.

Index

B

C

N

O

P

T

U